应用型本科 机电类专业“十三五”规划教材

工程材料

主　编　马行驰
参　编　袁斌霞　李　敏

西安电子科技大学出版社

内容简介

本书较为全面地介绍了金属材料、高分子材料、陶瓷材料、复合材料等常用工程材料的相关知识，如工程材料的结构、组织、性能及其影响因素等工程材料的基本理论，并用大量的实例介绍材料的工程应用，目的在于培养和开拓学生的工程思维能力。本书共分9章，内容包括绪论、金属材料的性能、金属材料的结构及结晶、金属材料的组织性能控制、工业常用金属材料、高分子材料、陶瓷材料、复合材料、机械零件的失效分析与选材等。

本书可作为高等院校机械类和近机械类专业的教科书，也可作为有关工程技术人员学习工程材料的参考书。

图书在版编目(CIP)数据

工程材料/马行驰主编. 一西安：西安电子科技大学出版社，2015.8
应用型本科机电类专业“十三五”规划教材
ISBN 978-7-5606-3643-6

Ⅰ. ① 工…　Ⅱ. ① 马…　Ⅲ. ① 工程材料-高等学校-教材　Ⅳ. ① TB3

中国版本图书馆 CIP 数据核字(2015)第171193号

策划编辑　马晓娟
责任编辑　张　玮　马晓娟
出版发行　西安电子科技大学出版社(西安市太白南路2号)
电　　话　(029)88242885　88201467　　邮　　编　710071
网　　址　www.xduph.com　　电子邮箱　xdupfxb001@163.com
经　　销　新华书店
印刷单位　陕西天意印务有限责任公司
版　　次　2015年8月第1版　2015年8月第1次印刷
开　　本　787毫米×1092毫米　1/16　印张　16
字　　数　374千字
印　　数　1～3000册
定　　价　30.00元

ISBN 978-7-5606-3643-6/TB

XDUP　3935001-1

应用型本科 机电类专业系列教材
编审专家委员会名单

前　言

“工程材料”是机械类各专业的一门专业基础课，涉及的知识面广，实用性强。根据应用型本科院校培养高素质的工程技术类应用型人才的需求，我们编写了本书。

本书对工程材料的内容体系做了合理的调整，将内容进行了整合，强化了理论知识的实用性，对材料科学理论和工程技术应用两部分内容进行了完美的交叉融合。材料科学理论部分力求通俗易懂，并与工程实践紧密结合，加强学生实践能力的培养及创新能力的提高，立足于21世纪对应用型人才在材料应用方面的要求。

本书分为金属材料、高分子材料、陶瓷材料、复合材料及工程材料综合应用五大模块。

金属材料模块：包括金属材料的性能、结构及结晶、组织性能控制和工业常用金属材料等内容。

高分子材料模块：包括高分子材料的结构、性能、制备工艺过程及工程常用高分子材料等内容。

陶瓷材料模块：包括陶瓷材料的结构、性能、制备工艺过程及工程常用陶瓷材料等内容。

复合材料模块：包括复合材料的基础理论和工业常用各种基体的复合材料等内容。

工程材料综合应用模块：包括机械零件的失效分析、选材原则、典型零件选材与工艺制定、火电厂主要设备用钢及事故分析等内容。

这五大模块适用于机械类专业的“工程材料”课程，同时，金属材料模块和工程材料综合应用模块又能够很好地适用于能源与动力工程、应用化学等专业的“金属材料”课程。

与同类教材相比较，本书具有以下特色：

(1) 针对本书的适用对象，理顺了其内容体系，使本书具有非常广泛的适用性。

(2) 内容上既具有通用性，又具有电力行业的特色。本书在工程材料综合应用模块中加入了火电厂主要设备用钢及事故分析等内容，可供不同专业选学。

(3) 对每个材料科学理论知识点的介绍均辅以丰富的工程技术应用实例。

(4) 对关键专业词汇加入英文单词对照，以适应新时期人才培养的需要。

上海电力学院能机学院马行驰老师编写绪论和第1、2、3、4、8章，袁斌霞老师编写第5章，李敏老师编写第6、7章。全书由马行驰老师统稿。

在本书编写过程中，参考并引用了国内外相关图书和文献的内容，同时也得到了能机学院同仁的关心和热情帮助，编者在此一并表示衷心的感谢。

由于编者水平有限，本书难免存在不足之处，恳请读者批评指正。

编　者

2015年5月

前　言

目　录

绪　论

1. 材料及其类别

材料(material)是人类用于制造物品、器件、构件、机器或其他产品的物质。由于材料多种多样，因而分类方法没有一个统一的标准。按用途可把材料分成结构材料(structural material)和功能材料(function material)。结构材料主要是利用其强度、韧性、力学等性质，功能材料则主要是利用其声、光、电、磁、热等性能。按化学成分可把材料分为金属材料、高分子材料、无机非金属材料及复合材料等。按材料状态，可把材料分为块体材料、薄膜材料、多孔材料、颗粒材料、纤维材料等。按物理性质可把材料分为半导体材料、磁性材料、导电材料、绝缘材料、透光材料、超硬材料、耐高温材料、高强度材料等。按功能可把材料分为能源材料、生物医用材料、环境友好材料、信息材料、建筑材料、航空航天用材料等。此外，材料按其发展历程又可分为传统材料和新材料两大类。传统材料是指已有悠久生产与使用历史的材料，如钢铁、玻璃、水泥及混凝土等，这些材料的大量生产工艺已基本成熟，但在新的需求牵引和新技术推动下，对生产工艺、质量控制、材料性能的改进也在不断发展，传统材料由于用量大，与国民经济发展关系密切，也可称为基础材料。新材料是指以新制备工艺制成的或正在发展中的材料，这些材料往往比传统材料具有更优异的特殊性能，代表材料领域发展的某些前沿。

金属材料(metal material)具有良好的力学性能、物理性能、化学性能及工艺性能，能采用比较简便和经济的加工方法制成零件，是目前应用最广泛的材料。工业上通常把金属材料分为两大类：一类是黑色金属(ferrous metal)，包括铁(Fe)、锰(Mn)、铬(Cr)及其合金，工业中应用最多的是钢和铸铁，占整个结构和工具材料的80%以上；另一类是有色金属(nonferrous metal)，它是指黑色金属以外的所有金属及其合金。

这两类材料还可进一步分为图0-1所示的系列。

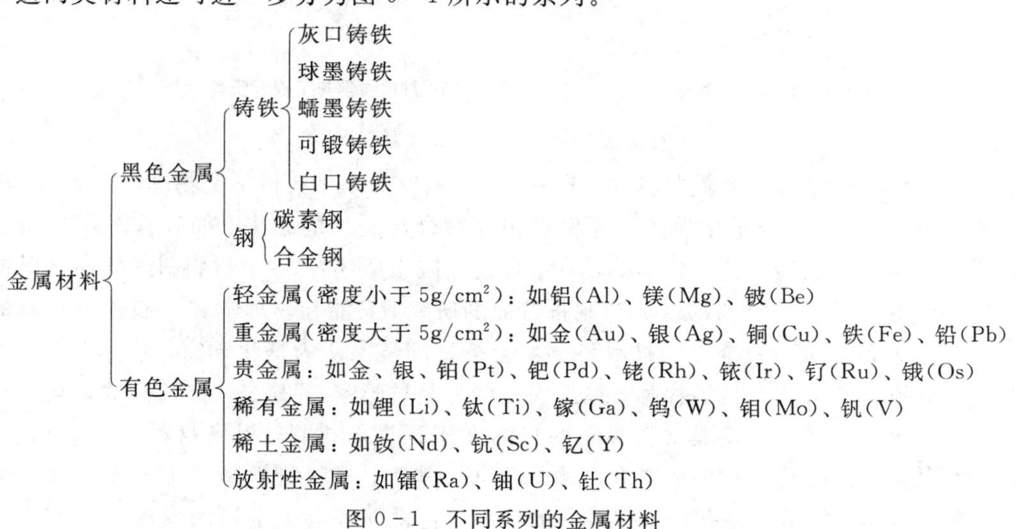

图0-1　不同系列的金属材料

2. 材料科学与工程的定义和基本要素

材料是兼有自然属性和社会属性的物质，“材料”一词早为人们熟知，20 世纪 60 年代提出了“材料科学(material science)”。1957 年前苏联人造地球卫星发射成功，美国朝野上下为之震惊，认为自己落后的主要原因之一是先进材料的落后，于是在一些大学相继成立了十余个材料研究中心，采用先进的科学理论与实验方法对材料进行了深入的研究，并取得了重要成果。从此，“材料科学”这个名词便开始流行。

材料科学所包括的内容往往被理解为研究材料的组织、结构与性质的关系，探索自然规律，属于基础研究。实际上，材料是面向实际、为经济建设服务的，是一门应用科学，研究与发展材料的目的在于应用，而材料又必须通过合理的工艺流程才能制备出具有使用价值的材料来，通过批量生产最终成为工程材料。所以，在“材料科学”这个名词出现后不久，就提出了“材料科学与工程”(material science and engineering)。工程是指研究材料在制备过程中工艺和工程技术的问题。

材料科学与工程是指关于材料成分、制备与加工、组织结构与性能以及材料使用效能诸要素和它们间相互关系的有关知识的开发与应用的科学。《材料科学与工程百科全书》将组成与结构(composition-structure)、合成与生产过程(synthesis-processing)、性质(properties)及使用效能(performance)称为材料科学与工程的四个基本要素(basic elements)，它们形成一个四面体。也有的学者认为，四要素中的组成与结构并非同义词，即相同成分或组成通过不同的合成或加工方法，可以得出不同结构，从而材料的性质或使用效能都会不同，因此提出材料科学与工程有五个基本要素，即成分、合成和加工、结构、性质和使用效能，见图 0－2。

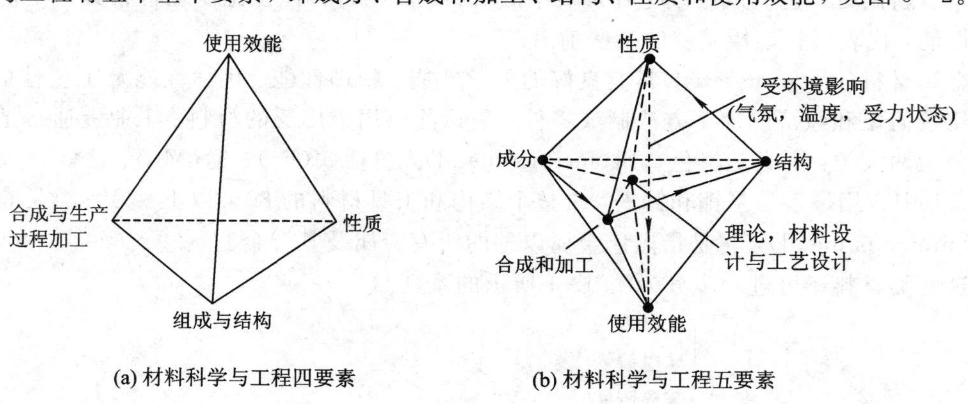

(a) 材料科学与工程四要素　　(b) 材料科学与工程五要素

图 0－2　材料科学与工程要素图

此外，材料科学有三个重要属性。其一，多学科交叉。材料科学是物理学、化学、冶金学、金属学、陶瓷、高分子化学及计算科学相互融合与交叉的结果，如生物医用材料要涉及医学、生物学及现代分子生物学等学科。如姚熹院士所述：“一个材料科学家应该既能和化学家一起深入地进行材料的合成与制备方面的研究，又能和物理学家一起进行材料的结构和性能关系的研究。一个好的材料科学家会被物理学家认为是化学家，被化学家认为是物理学家，被科学家认为是工程师，被工程师认为是科学家。”其二，材料科学是与实际使用结合非常密切的科学，发展材料科学的目的在于开发新材料，提高材料的性能和质量，合理使用材料，同时降低材料成本和减少污染等。其三，材料科学是一个正在发展中的科学，不像物理学、化学已经有一个很成熟的体系，它将随各有关学科的发展而得到充实和完善。

3. 材料技术发展对人类社会的作用

材料是社会进步的物质基础，是人类进步程度的主要标志，所以人类社会的进步以材料作为里程碑，见图 0-3。每一种重要材料的发现和广泛利用，都会把人类支配和改造自然的能力提高到一个新水平，给社会生产力和人类生活水平带来巨大的变化，把人类的物质文明和精神文明向前推进一步。

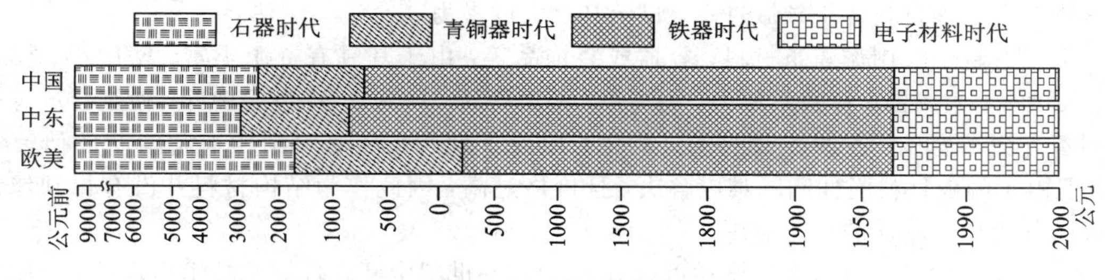

图 0-3　材料与文明

大约在一百万年以前，人类开始用石头做工具，进入旧石器时代。大约在一万年以前，人类对石头进行加工，使之成为器皿或工具，进入新石器时代。在新石器时代，人类开始用皮毛遮身，8000 年前中国开始用蚕丝做衣服，4500 年前印度开始种棉花，这些都标志着人类使用材料促进文明进步。

大约在 8000～9000 年前，人类发明了先用黏土成型、再火烧固化而成的陶器。陶器的出现是对社会文明的一大促进，对人类文明有着不可估量的贡献。在烧制陶器的过程中，发现了金属铜和锡，从而使人类进入青铜时代。这是人类较大量利用金属的开始，也是人类文明发展的重要里程碑。世界各地开始青铜时代的时间各不相同，希腊在公元前 3000 年前，埃及在公元前 2500 年前，巴比伦在公元前 19 世纪中叶，印度大约在公元前 3000 年已广泛使用青铜器。中国的青铜器在公元前 2700 年已经使用，至今约 5000 年的历史，到商周(公元前 17 世纪到公元前 3 世纪)进入鼎盛时期，如河南安阳出土的重达 875 kg 的鼎、湖北随县的编钟、西安青铜车马都充分反映了当时中国冶金技术水平和制造工艺的高超。

在公元前 13～14 世纪前，人类开始用铁，3000 年前铁工具比青铜工具更为普遍，人类进入了铁器时代。中国最早出土的人工冶铁制品约在公元前 9 世纪。到春秋(公元前 770～476 年)末期，生铁技术有较大突破，遥遥领先于世界其他地区，如用生铁退火而制成韧性铸铁及以生铁炼钢技术的发明，对战国和秦汉农业、水利及军事的发展起到了很大作用，促进了中国生产力的大发展。早在公元 2 世纪中国的钢和丝绸已驰名罗马帝国。生铁技术于公元 6～7 世纪传入朝鲜半岛、日本和北欧，推动了整个世界文明的进步。

随着世界文明的进步，18 世纪发明了蒸汽机，19 世纪发明了电动机，这些对金属材料提出了更高的要求，同时对钢铁冶金技术产生了更大的推动作用。1854 年和 1864 年先后发明了转炉和平炉炼钢，使世界钢产量有一个飞速发展。如 1850 年世界钢产量为 6 万吨，1890 年达 2800 万吨，大大促进了机械制造、铁道交通及纺织工业的发展。随着电炉冶炼的开始，不同类型的特殊钢相继问世，如 1887 年的高锰钢、1900 年的高速钢、1903 年的硅钢、1910 年的奥氏体镍铬不锈钢，把人类带进了现代物质文明。在此前后，铜、铝也得到了大量应用，而后镁、钛和很多稀有金属都相继出现，从而金属材料在整个 20 世纪占据了结构材料的主导地位。

随着有机化学的发展，19 世纪末西方科学家发明了人造丝，这是人类改造自然材料的又一里程碑。20 世纪初，人工合成有机高分子材料相继问世，如 1909 年的酚醛树脂(电木)、1920 年的聚苯乙烯、1931 年的聚氯乙烯及 1941 年的尼龙等。这类材料性能优异，原料资源丰富，建设投资少，收效快，因而发展迅速。目前世界三大有机合成材料(树脂、纤维和橡胶)年产量逾亿吨，而且有机材料的性能不断提高，附加值大幅度增加，特别是特种聚合物正向功能材料各个领域进军，显示其巨大的潜力。

陶瓷材料本来用作建筑材料、容器或装饰品等，由于其具有资源丰富、密度小、模量高、硬度高、耐腐蚀、膨胀系数小、耐高温、耐磨等特点，到了 20 世纪中叶，通过合成及其他制备方法，做出了各种类型的先进陶瓷，形成了近几十年来材料中非常活跃的研究领域。但由于陶瓷材料脆性问题难以解决，且价格过高，因此作为结构材料并没有得到像钢铁或高分子材料一样的广泛应用。

通过以上材料发展历史的概述可以看出，自 19 世纪中叶现代炼钢技术出现后，金属材料的重要性急剧增加，一直到 20 世纪中叶，人工合成有机材料、陶瓷材料及先进复合材料迅速发展，金属材料的重要性逐渐下降，但一直到 21 世纪上半叶，金属材料仍将占重要位置。

基于材料对社会发展的作用，20 世纪 70 年代人们把信息、材料和能源誉为当代文明的物质基础，80 年代以高技术群为代表的新技术革命，又把新材料、信息技术和生物技术并列为新技术革命的重要标志。材料技术既是当代高新技术的重要组成部分，又是现代高新技术发展的物质基础和先导。正是因为有了高强度的合金、耐高温材料及各种非金属材料的出现，才会有航空和汽车工业；正是因为有了光纤的发明，才会有今天的光纤通信；正是因为有了半导体的工业化生产，才会有今天高速发展的计算机技术和信息技术。当今世界各国在高技术领域的竞争，在很大程度上是新材料技术水平的竞争。另一方面，材料技术与现代科学技术特别是高技术互相依存、互相促进，高技术的飞速发展对新材料提出了更高的要求，而精密测试技术、电子显微技术、高速大容量计算机技术等的发展，也为材料的研究提供了更有利的工具。

4. 课程的内容与任务

本课程主要包括以下内容：

(1) 工程材料基础理论知识，包括材料的性能、材料的结构、材料的凝固、合金及铁碳相图、金属的塑性变形及钢的热处理。

(2) 常用工程材料，包括工业用钢、铸铁、有色金属、高分子材料、陶瓷材料、复合材料、功能材料等。

(3) 材料的工程应用，包括应用相关理论知识和工程材料进行零件的选材及工艺路线制定。

通过本门课程的学习，学生应当掌握工程材料的基本理论及基本知识；掌握常用工程材料成分、组织、性能、应用之间关系的一般规律；熟悉常用工程材料的生产工艺过程；具备根据机械零件使用条件、性能要求和失效形式，进行合理选材及制定零件工艺路线的初步能力。

第 1 章　金属材料的性能

金属材料具有许多优良的性能，被广泛地应用于制造各种构件、机械零件、工具和日常生活用具。金属材料的性能包括使用性能和工艺性能。使用性能是指材料制成零件或构件后，为保证正常工作和一定的工作寿命所必须具备的性能，具体包括力学、物理和化学性能等。工艺性能是指材料在冷、热加工过程中，为保证加工过程的顺利进行所必须具备的性能，具体包括铸造、锻压、焊接、热处理和切削性能等。优良的使用性能和良好的工艺性能是选材的基本出发点。

1.1　使用性能

1.1.1　力学性能

金属材料的力学性能(mechanical property)是指金属在外力作用下表现出来的性能，包括强度(strength)、塑性(plasticity)、硬度(hardness)、韧性(toughness)及疲劳强度(fatigue strength)等。

1. 拉伸试验

材料抵抗外应力作用的能力称为强度。根据载荷的不同，强度可分为抗拉强度、抗压强度、抗弯强度、抗剪强度和抗扭强度等几种。

金属材料的抗拉强度通过拉伸试验机测定(按 GB/T 228.1—2010《金属材料　拉伸试验　第 1 部分：室温试验方法》进行)，试验机如图 1-1(a)所示。试样横截面可以为圆形、矩形、多边形、环形，特殊情况下可以为某些其他形状。若材料允许，一般采用圆截面试样，如图 1-1(b)所示。图中：d 为试样直径；L 为测量伸长用的试样圆柱或棱柱部分的长度，称为标距。L_0为室温下施力前的试样标距，称为原始标距。L_u为室温下将断裂后的两部分试样紧密地对接在一起，并保证两部分的轴线位于同一条直线上，测量试样断裂后的标距，称为断后标距。试样两端被拉伸试验机的夹头夹紧，然后缓慢而均匀地施加轴向拉力，随拉力的增大，试样开始被拉长，直至断裂为止。自动记录装置将根据负荷-拉长过程绘出拉伸曲线图(见图 1-1(c))。

图 1-1(c)中，R 表示应力(stress)，即试验期间任一时刻的力除以试样原始横截面积 S_0之商。e 表示伸长率(percentage elongation)，即原始标距的伸长与原始标距 L_0之比的百分率。

拉伸过程中，试样明显地表现出以下几个变形阶段：

拉伸开始后，试样首先经历弹性变形阶段(Oa 段)，包括比例弹性变形阶段和非比例弹性变形阶段。所谓弹性(elasticity)，是指材料在外力作用下变形，外力撤除后材料能恢复原状的性能。随外力撤除而消失的变形称为弹性变形(elastic deformation)。材料在比例弹

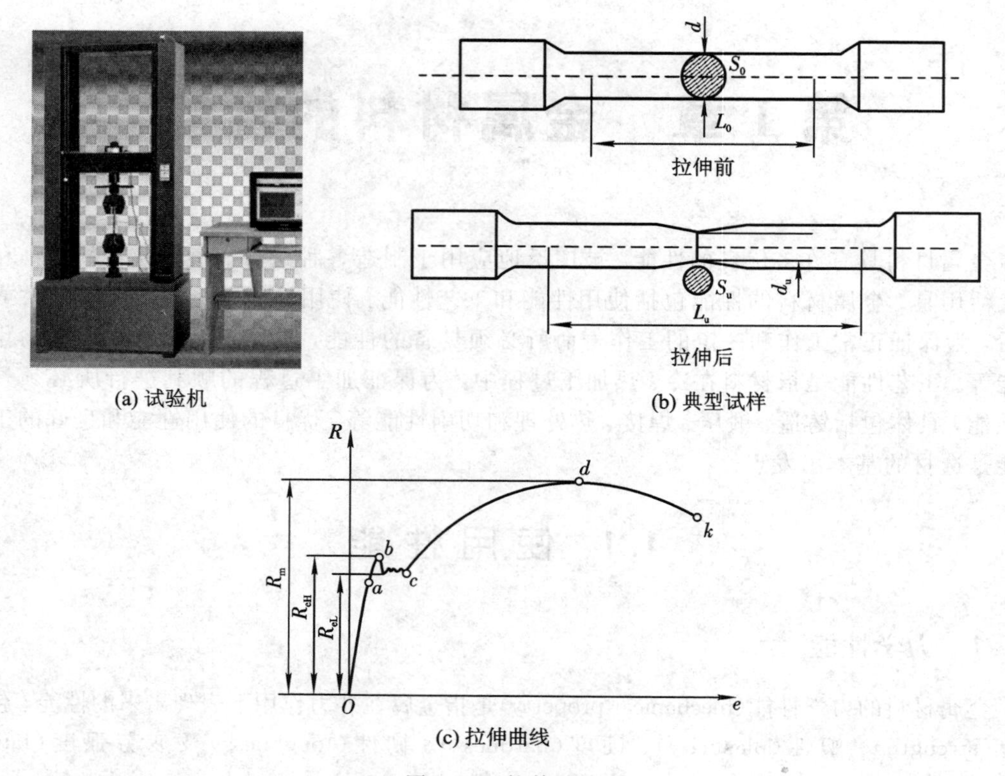

(a) 试验机

(b) 典型试样

(c) 拉伸曲线

图 1－1 拉伸试验

性变形范围内，应力与应变呈线性关系，它们的比值称为弹性模量(elastic modulus)，E 标志材料抵抗弹性变形的能力，用以表示材料的刚度(stiffness)。

随着外力的继续增加，当试样所承受的应力值超过弹性极限之后，试样进入塑性变形阶段。所谓塑性，是指材料在外力作用下产生永久变形而不破坏的性能。不随外力去除而消失的变形称为塑性变形(plastic deformation)。在试验期间，发生塑性变形而力不增加的应力点所对应的应力值称为屈服强度(yield strength)，应区分上屈服强度(b 点)和下屈服强度(c 点)。试样发生屈服而力首次下降前的最大应力称为上屈服强度，用 R_{eH} 表示。在屈服期间，不计初始瞬时效应时的最小应力称为下屈服强度，用 R_{eL} 表示。对于显示屈服点的材料，曲线上的下屈服点就是材料的屈服强度(yield strength)。

一般机械零件和工程结构都不允许在使用过程中产生塑性变形，否则会因失效而发生事故。所以，屈服强度是机械设计和工程设计中的重要依据。

屈服阶段过后，进入强化阶段(cd 段)。为使试样继续变形，载荷必须不断增加，随着塑性变形的增大，材料变形抗力也逐渐增加。d 点所对应的应力值称为抗拉强度(tensile strength)，用 R_m 表示。抗拉强度也是机械设计和工程设计的重要依据。

dk 为颈缩阶段。当载荷达到最大值时，试样的直径发生局部收缩，称为颈缩(necking)，如图 1－2 所示。进入颈缩阶段后，试样的伸长主要集中在颈缩部位，变形所需的载荷逐渐降低，直至 k 点拉断。

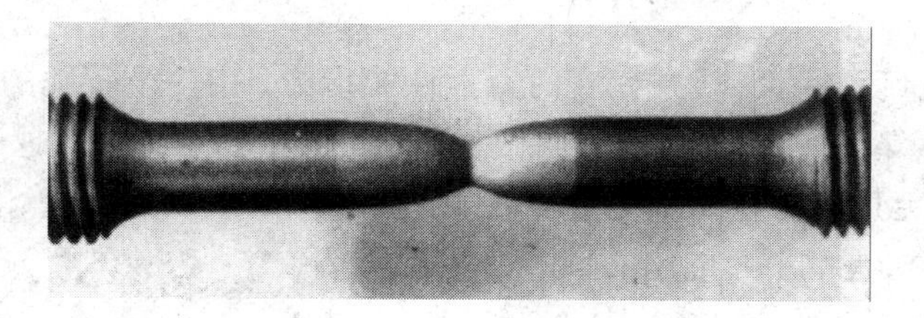

图 1-2　颈缩

有的材料在拉伸时没有明显的屈服现象，需要用作图的方法来求得其屈服时的强度值，它们的拉伸曲线及作图法如图 1-3 所示。根据国家标准，材料在受拉时，发生微小塑性变形时的应力值称为材料的规定塑性延伸强度，以 R_p 表示。例如，$R_{p0.2}$ 表示规定塑性延伸率为 0.2%时的应力。e_p 表示规定的塑性延伸率。

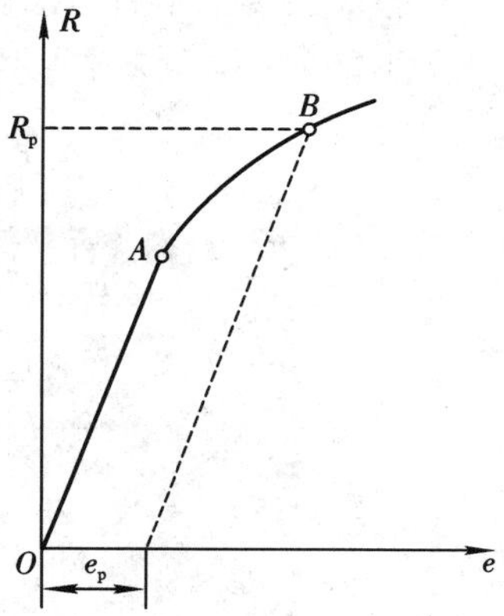

图 1-3　规定塑性延伸强度（R_p）的确定

在拉伸试验中，材料的塑性用断后伸长率(percentage elongation after fracture) A 和断面收缩率(percentage reduction of area) Z 表示。拉伸试验的试样被拉断后，其标距部分所增加的长度与原标距的比值的百分率称为断后伸长率，即

$$A = \frac{L_u - L_0}{L_0} \times 100\% \tag{1-1}$$

试样被拉断后，断面缩小的面积与原截面面积之比的百分率称为断面收缩率，即

$$Z = \frac{S_0 - S_u}{S_0} \times 100\% \tag{1-2}$$

金属材料的断后伸长率和断面收缩率数值越大，表示材料的塑性越好。塑性好的金属可以发生大量塑性变形而不破坏，便于通过各种压力加工获得复杂的零件。塑性好的材料，在受力过大时，由于首先产生塑性变形而不致发生突然断裂，因此比较安全。一般将 $A<5\%$ 的材料称为脆性材料(brittle material)。

本节采用新国家标准的力学性能表示符号，新、旧标准性能名称和符号对照见表 1-1。

表 1-1　新、旧国家标准性能名称和符号对照表

性能名称	新标准	旧标准	单位
屈服强度	—	σ_s	N/mm^2
上屈服强度	R_{eH}	σ_{sU}	N/mm^2
下屈服强度	R_{eL}	σ_{sL}	N/mm^2
规定非比例延伸强度（条件屈服强度）	$R_{p0.2}$	$\sigma_{p0.2}$	N/mm^2
抗拉强度	R_m	σ_b	N/mm^2
断后伸长率	A	δ_5	%
	$A_{11.3}$	δ_{10}	%
断面收缩率	Z	ψ	%

2. 硬度

硬度是用来衡量固体材料软硬程度的力学性能指标。用一个较硬的物体向另一个材料的表面压入，则该材料抵抗压入的能力叫做材料的硬度。通常，材料越硬，其耐磨性越好。常用的硬度测量方法是压入法，主要有布氏硬度(Brinell hardness)、洛氏硬度(Rockwell hardness)、维氏硬度(Vickers hardness)等。

1）布氏硬度

布氏硬度值是由布氏硬度试验法测定的(GB/231.1—2009《金属材料　布氏硬度试验　第1部分：试验方法》)，其试验机和原理见图1-4。

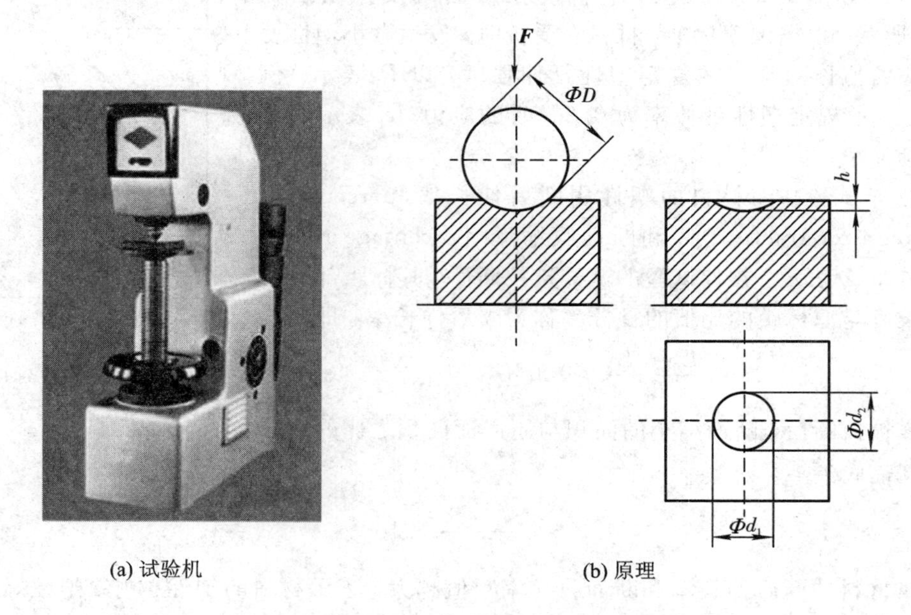

(a) 试验机　　(b) 原理

图1-4　布氏硬度测试试验机及原理

该方法是对一定直径的硬质合金球施加试验力压入被测金属表层，经规定的持续时间后撤除试验力，测定压痕直径 d，通过以下公式计算出布氏硬度的值：

$$布氏硬度 = 常数 \times \frac{试验力}{压痕表面积} = 0.102 \times \frac{2F}{\pi D(D - \sqrt{D^2 - d^2})} \tag{1-3}$$

实际测量时，可通过相应的压痕直径与布氏硬度对照表查得硬度值。

通常布氏硬度值的书写表示方法，应包含下列几个部分：① 布氏硬度值；② 布氏硬度符号；③ 球体直径；④ 试验力；⑤ 试验力保持时间(10～15 s不标出)。

布氏硬度 HBW 表示方法举例如下：

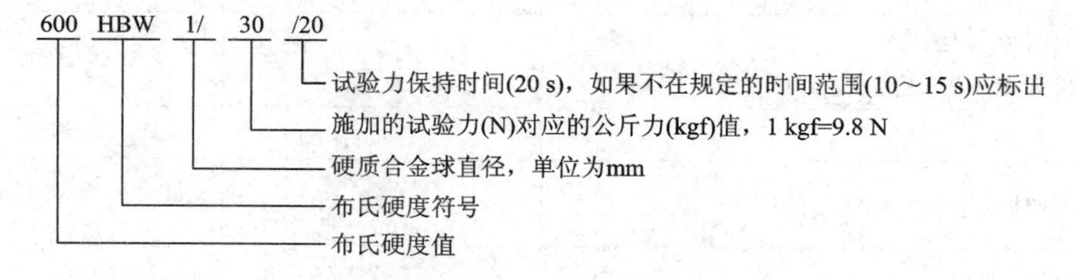

由于试验材料的种类、硬度和试样厚度等不同，因而试验时使用载荷的大小、钢球直径及载荷停留时间也就不同，应遵循相关标准要求。

布氏硬度主要用于各种退火状态下的钢材、铸铁、有色金属等，也用于调质处理的机械零件。

2）洛氏硬度

洛氏硬度的测量依据 GB/T 230.1—2009《金属材料　洛氏硬度试验　第 1 部分：试验方法》进行。试验机及原理如图 1-5 所示。

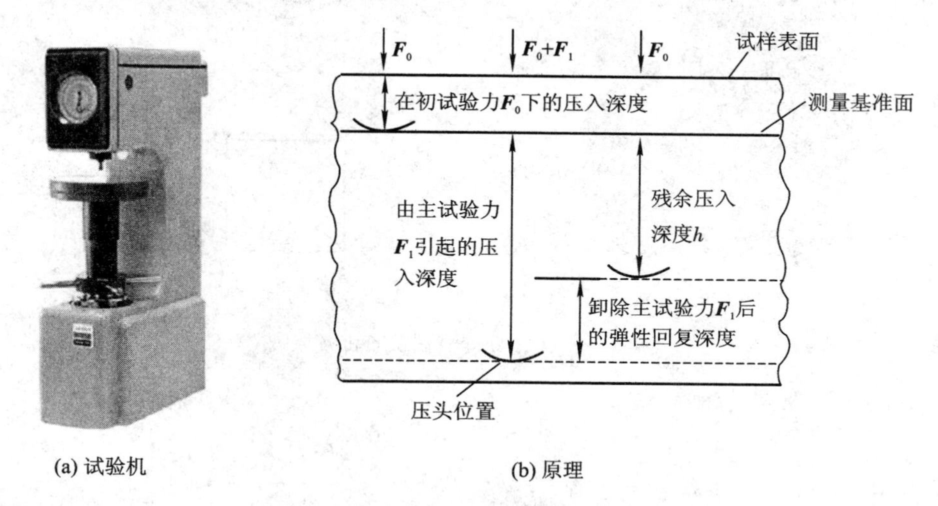

(a) 试验机　　(b) 原理

图 1-5　洛氏硬度测试试验机及原理

将压头（金刚石圆锥、硬质合金球）按图 1-5(b)分两个步骤压入试样表面，经规定的保持时间后，卸除主试验力，测量在初试验力下的残余压痕深度 h。

根据 h 值及常数 N 和 S，用下式计算洛氏硬度值：

$$洛氏硬度=N-\frac{h}{S}$$

洛氏硬度的表示方法举例如下：

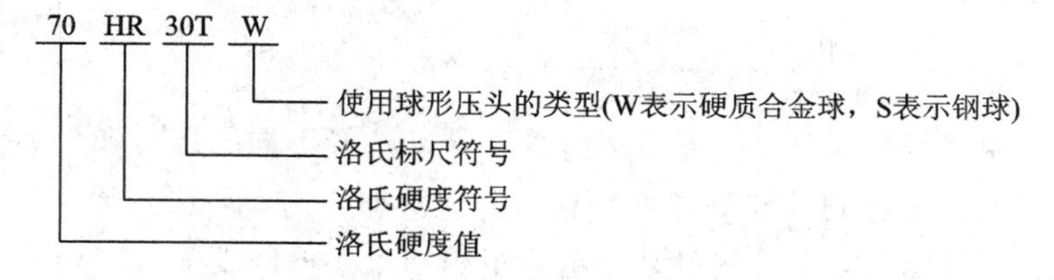

洛氏硬度试验压痕小，能直接读数，操作方便，可测低硬度和高硬度材料，广泛用于各种钢铁原材料、有色金属、经淬火后的工件、表面热处理工件及硬质合金等。

3）维氏硬度

布氏硬度不适用于检测硬度较高的材料；洛氏硬度虽可检测不同硬度的材料，但不同标尺的硬度值不能直接相互比较；而维氏硬度可用同一标尺来测定从极软到极硬的材料。

维氏硬度的测量依据 GB/T 4340.1—2009《金属材料　维氏硬度试验　第 1 部分：试

验方法》进行。维氏硬度的试验原理与布氏硬度的相似，也是以压坑单位表面积所承受压力大小来计算硬度值的。它是用对面夹角为136°的金刚石四棱锥体，在一定压力作用下，在试样试验面上压出一个正方形压痕，如图1-6所示。

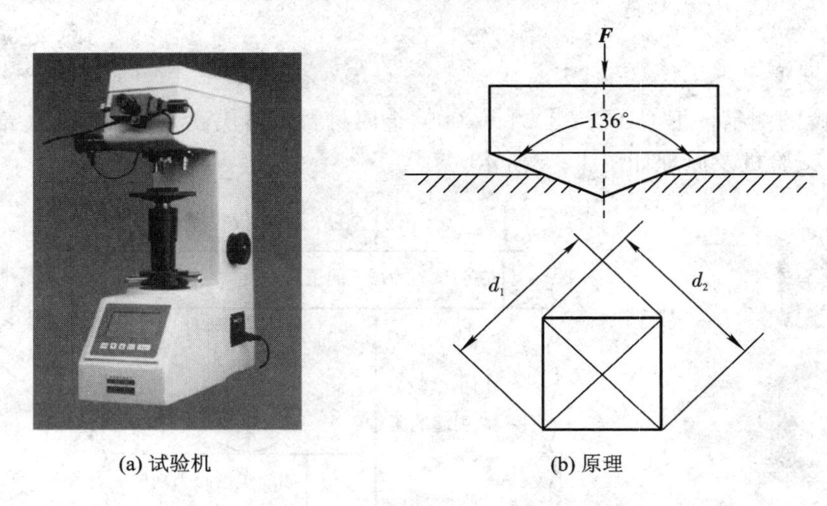

(a) 试验机　　(b) 原理

图1-6　维氏硬度测试试验机及原理

维氏硬度计算公式如下：

$$维氏硬度 = 常数 \times \frac{试验力}{压痕表面积} = 0.102 \times \frac{2F\sin\frac{136°}{2}}{d^2} \approx 0.1891 \times \frac{F}{d^2} \quad (1-4)$$

通过设在维氏硬度计上的显微镜来测量压坑两条对角线的长度，根据对角线的平均长度，从相应表中查出维氏硬度值。

维氏硬度用HV表示，符号之前为硬度值，符号之后按如下顺序排列：

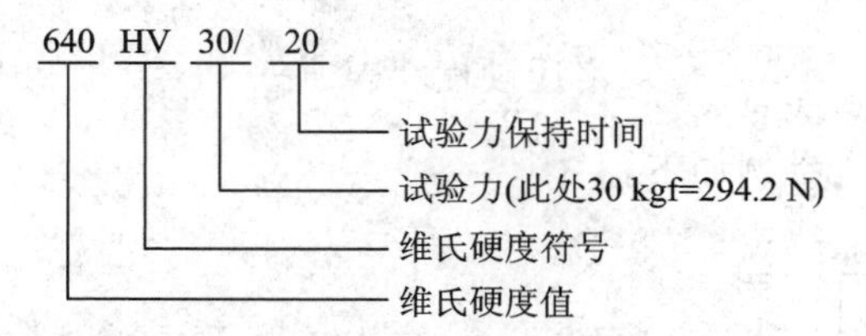

维氏硬度试验可根据试样的大小、厚薄等条件来选择不同的压力和压力保持时间。

维氏硬度可测定很软到很硬的各种材料。由于所加压力小，压入深度较浅，故可测定较薄材料和各种表面渗层，也可测量某个金相组织中某相的硬度等。

3. 冲击韧性

许多机械零件在工作中往往受到冲击载荷的作用，如活塞销、锤杆、冲模和锻模等。制造这类零件所用的材料不能只用静载荷作用下的指标来衡量，而必须考虑材料抵抗冲击载荷的能力。材料或构件抵抗冲击破坏的能力称为冲击韧性(impact toughness)。为了评定材料的冲击韧性，需进行冲击试验，该试验按GB/T229—2007《金属材料　夏比摆锤冲击试验方法》进行。

冲击试验在摆锤式冲击试验机上进行，如图1-7所示。标准尺寸冲击试样长度为55 mm，横截面为 10 mm×10 mm 方形截面，在试样长度中间有 V 形或 U 形缺口。试验时将带缺口的试样安放在试验机的机架上，使试样的缺口位于两支架中间，并背向摆锤的冲击方向。

摆锤从一定的高度落下，将试样冲断。冲断时，用符号 K 表示在试样上所消耗的功，

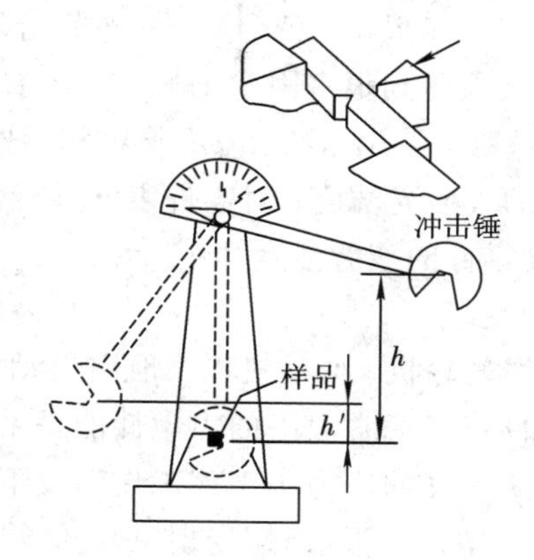

图 1-7　摆锤式一次冲击试验原理图

用字母 U 和 V 表示缺口几何形状，用下标数字 2 或 8 表示摆锤刀刃半径，例如 KV_2表示 V 形缺口试样在 2 mm 摆锤刀刃下的冲击吸收能量。对于标准试样，直接用冲击功表示其韧性。一般金属材料的冲击功数值大致为：灰铸铁、淬火的高强钢，冲击功小于 8 J；未淬火、回火的中碳钢，冲击功为 24～90 J；淬火、回火后的碳钢及合金钢，冲击功为 40～120 J。

以上讨论了金属材料的强度、塑性、硬度、韧性等最基本的力学性能指标，实际上这四者中真正独立的是强度和塑性。前者表示对变形和破坏的抗力，后者表示塑性变形的能力。硬度则是对局部塑性变形的抗力，它与强度有极为密切的关系，而韧性则受强度和塑性的综合影响。因此，在鉴别金属材料的力学性能时，常常以强度和塑性为主要指标。

4. 疲劳性能

许多机械零件，如曲轴、齿轮、轴承、叶片和弹簧等，在工作中各点承受的应力随时间发生周期性的变化，这种随时间周期性变化的应力称为交变应力。在交变应力作用下，零件所承受的应力虽然低于其屈服强度，但经过较长时间的工作会产生裂纹或突然断裂，这种现象称为材料的疲劳(fatigue)。据统计，在机械零件失效中 80%以上是属于疲劳破坏的。

机械零件之所以产生疲劳断裂，是由于材料表面或内部有缺陷(夹杂、划痕、尖角等)。这些地方的局部应力大于屈服强度，从而产生局部塑性变形而开裂。这些微裂纹随应力循环次数的增加而逐渐扩展，使承载的截面大大减小，以致不能承受所加载荷而突然断裂。

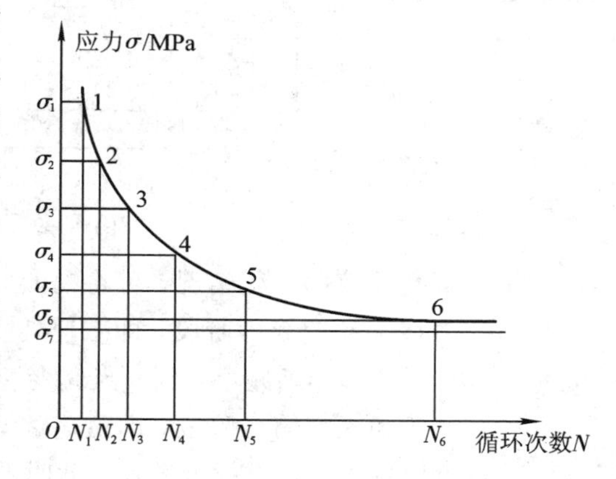

图 1-8　疲劳曲线示意图

疲劳曲线是指交变应力与循环次数的关系曲线，如图 1-8 所示。曲线表明，金属承受的交变应力越大，则断裂时应力循环次数(N)越少；反之，则 N 越大。

当应力降至某一定值时，曲线与横坐标平

行，即表示在一定条件下，当应力低于一定值时，试样可经受无限个周期循环而不破坏，此应力值称为材料的疲劳强度，用σ_r表示。应力对称循环的疲劳强度用σ_{-1}表示。实际上，材料不可能做无限次交变应力试验。对于黑色金属，一般规定应力循环10^7周次而不断裂的最大应力称为疲劳极限，有色金属、不锈钢等取10^8周次。

金属的疲劳极限受到很多因素的影响，主要有工作条件、表面状态、材质、残余内应力等。通过合理选材，细化晶粒、减少材料和零件的缺陷；改善零件的结构设计，避免应力集中；提高零件的表面光洁度；对零件表面进行强化处理(喷丸处理、表面淬火、渗与镀工艺等)，都可提高零件的疲劳强度。

5. 高温力学性能

在汽轮机、燃气轮机、柴油机以及航空发动机等设备中，很多构件是长期在高温下服役的。对这些构件仅考虑常温下的力学性能是不够的。蒸汽锅炉及化工设备中的一些高温高压管道，虽然所承受的应力小于该工作温度下材料的屈服强度，但在长期使用过程中会产生缓慢而连续的塑性变形(即蠕变现象)，使管径逐渐增大，甚至导致管道破裂。所谓蠕变(creep)，是指金属在长时间的恒温、恒载荷作用下缓慢地产生塑性变形的现象。由于这种变形而导致金属材料的断裂称为蠕变断裂。如碳钢超过300 ℃、合金钢超过400 ℃时就必须考虑蠕变。

蠕变在低温下也会产生，但只有当使用温度与金属熔点的比值(即约比温度)大于0.3时才比较显著。

金属的蠕变可以通过蠕变曲线来描述。在一定温度和应力作用下，伸长率与时间的关系曲线称为蠕变曲线。典型的蠕变曲线如图1-9所示。其中温度T和材料所受应力σ保持恒定不变。曲线中，Oa段是试样在温度T下承受恒定应力时所产生的起始应变ε_0，这一应变还不算蠕变。从a点开始随时间t的增长而产生的应变属于蠕变，即曲线的$abcd$段。

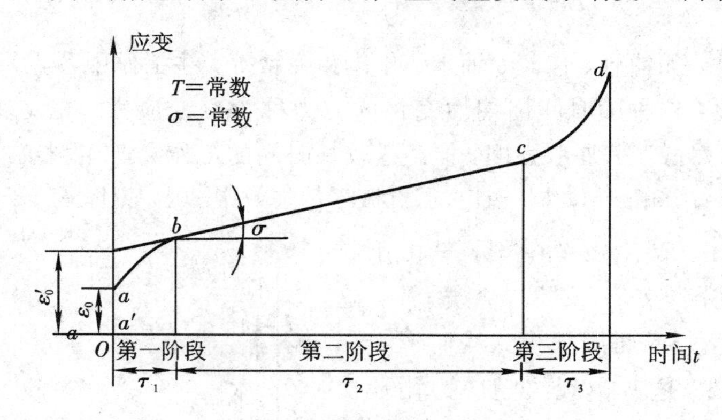

图1-9　典型的蠕变曲线

按照蠕变速率的变化情况，可将蠕变曲线分为以下三个阶段：

(1) ab段为蠕变第一阶段，即减速蠕变阶段。这一阶段开始的蠕变速率很大，随着时间延长，蠕变速率逐渐减小，到b点蠕变速率达到最小值。

(2) bc段为蠕变第二阶段，即恒速蠕变阶段。这一阶段的特点是蠕变速率几乎保持不变，因而通常又称为稳态蠕变阶段。此时的蠕变速度称为最小蠕变速度。

(3) cd 段为蠕变第三阶段，即加速蠕变阶段。随着时间的延长，蠕变速率逐渐增大，直至 d 点产生蠕变断裂。

其中，蠕变速度、蠕变断裂时间及总变形量是材料高温力学性能的重要指标。

蠕变曲线与应力、温度有关：应力小、温度低时，蠕变速率低、第二阶段长；应力增加、温度升高时，第二阶段变短、甚至消失。

1.1.2　物理性能

1. 密度

在规定温度下，单位体积物质的质量称为该物质的密度(density)。

强度 R_m 与密度 ρ 之比称为比强度(specific strength)，弹性模量 E 与密度 ρ 之比称为比弹性模量(specific modulus)。这都是零件选材的重要指标，如航空航天器上一般选择比强度高的材料。

2. 熔点

金属从固态向液态转变时固液两相共存的温度称为熔点(melting point)。熔点高的金属称为难熔金属(refractory metal)，广义范围是指熔点高于铁的所有金属，狭义的高熔点金属则主要指熔点高于 2000 ℃，如钨、钽、钼、铌等。这些高熔点金属除了高的熔点而具有很好的高温强度外，还有各自的优良特性，可以用来制造耐高温零件，在工业高温炉、火箭、导弹、燃气轮机、喷气飞机等方面得到了广泛应用。熔点低的金属称为易熔金属，如锡、铅、铋等，可用于限温保险材料、火警及消防系统中的报警或启动安全装置等。

3. 导电性

材料传导电流的能力称为导电性(electrical conductivity)，用电阻率 ρ 来衡量，单位是 Ω·m。电阻率越小，金属材料的导电性越好。金属银的导电性最好，铜、铝次之，合金的导电性比纯金属的差。电阻率小的金属(如纯铜、纯铝)适于制造导电零件和电线。电阻率大的金属或合金(如钨、钼、铁铬铝合金)适于制造电热元件。

国际电工学会将 IACS 规定为百分电导率或国际标准电导率，退火工业纯铜在 20℃时的电阻率等于 0.017 241 $\Omega \cdot mm^2/m$，以其电导率为 100%IACS 作为国际比较标准。

4. 导热性

材料传导热量的性能称为导热性(thermal conductivity)，用导热系数 λ 表示，单位是 W/m·K。金属的导热性以银为最好，铜、铝次之。合金的导热性比纯金属的差。导热性好的材料(如铜、铝及其合金)常用来制造热交换器等传热设备的零部件。在制定焊接、铸造、锻造和热处理工艺时，必须考虑材料的导热性，防止材料在加热和冷却过程中形成过大的内应力而造成变形与开裂。

5. 热膨胀性

材料随着温度变化而膨胀、收缩的特性称为热膨胀性(thermal expansion)。热膨胀性用线膨胀系数 α_l 和体膨胀系数 x_v 来表示。一般来说，材料受热时膨胀而使体积增大，冷却时收缩而使体积缩小。

由膨胀系数大的材料制造的零件，在温度变化时，尺寸和形状变化较大，轴和轴瓦之间要根据其膨胀系数来控制其间隙尺寸；在热加工和热处理时也要考虑材料的热膨胀影响，以减少工件的变形和开裂。

6. 磁性

通常把材料能导磁的性能称为磁性(magnetism)。金属材料可分为铁磁性材料(即在外磁场中能强烈地被磁化,如铁、钴等)、顺磁性材料(即在外磁场中只能微弱地被磁化,如锰、铬等)、抗磁性材料(即能抗拒或削弱外磁场对材料本身的磁化作用,如铜、锌等)。铁磁性材料可用于制造变压器、电动机、测量仪表等,抗磁性材料则用于要求避免电磁场干扰的零件和结构材料,如航海罗盘。

铁磁性和亚铁磁性物质转变为顺磁性物质的临界温度称为居里点(Curie point),如铁的居里点为 770 ℃。

1.1.3 化学性能

1. 耐腐蚀性

在给定的腐蚀体系中材料所具有的抗腐蚀的能力称为耐腐蚀性(corrosion resistance)。碳钢、铸铁的耐腐蚀性较差;钛及其合金、不锈钢的耐腐蚀性较好。在食品、制药、化工工业中,不锈钢是重要的应用材料。铝合金和铜合金亦有较好的耐腐蚀性。

2. 抗氧化性

金属材料在高温氧化气氛条件下抵抗氧化的能力称为抗氧化性(oxidation resistance)。碳钢的抗氧化性较低,可通过加入合金元素的方式得以提高。钛合金、铜合金的抗氧化性较高。金属及合金的抗氧化的机理是材料在高温下迅速氧化后,能在表面形成一层连续而致密并与母体结合牢靠的膜阻止进一步氧化。

金属材料的耐腐蚀性和抗氧化性统称为化学稳定性(chemical stability)。在高温下的化学稳定性称为热稳定性(thermal stability)。在高温条件下工作的设备,如锅炉、汽轮机、喷气发动机等部件和零件应选择热稳定性好的材料来制造。

1.2 工 艺 性 能

金属材料的一般加工过程如图 1－10 所示。

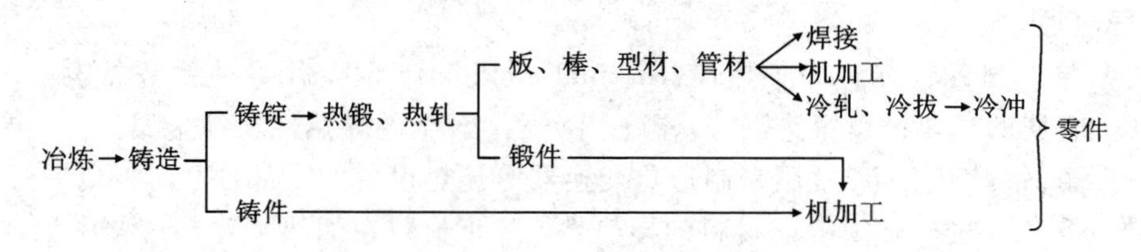

图 1－10　金属材料的一般加工过程

在铸造、锻压、焊接、机加工等加工前后过程中,一般还要进行不同类型的热处理。因此,一个由金属材料制得的零件,其加工过程十分复杂。材料工艺性能的好坏直接影响制造零件的工艺方法、质量及成本。

1. 铸造性能

金属材料铸造成型获得优良铸件的能力称为铸造性能(castability)。衡量铸造性能的指标有流动性(mobility)、收缩性(contractility)和偏析(segregation)等。

1）流动性

熔融材料的流动能力称为流动性。它主要受化学成分和浇铸温度等影响。流动性好的材料容易充满铸腔，从而获得外形完整、尺寸精确和轮廓清晰的铸件。

2）收缩性

铸件在凝固和冷却过程中，其体积和尺寸减小的现象称为收缩性。铸件收缩不仅影响尺寸，还会使铸件产生缩孔、疏松、内应力、变形和开裂等缺陷。因此，用于铸造的材料其收缩性越小越好。

3）偏析

铸件凝固后，内部化学成分和组织的不均匀现象称为偏析。偏析严重的铸件各部分的力学性能会有很大的差异，能降低产品的质量。一般来说，铸铁比钢的铸造性能好。

2. 锻造性能

锻造性能(forgeability)是指材料是否易于进行压力加工的性能，它取决于材料的塑性和变形抗力。塑性越好，变形抗力越小，材料的锻造性能越好。纯铜在室温下就有良好的锻造性能，碳钢在加热状态下锻造性能良好，铸铁不能锻造。

3. 焊接性能

两块材料在局部加热至熔融状态下能牢固地焊接在一起的能力叫做该材料的焊接性能(weldability)。碳钢的焊接性能主要由化学成分决定，其中碳含量的影响最大。低碳钢和碳质量分数低于 0.18%的合金钢有较好的焊接性能，碳质量分数大于 0.45%的碳钢和碳质量分数大于 0.35%的合金钢的焊接性能较差。碳含量和合金元素的含量越高，焊接性能越差。铜合金和铝合金的焊接性能都较差。灰铸铁的焊接性能很差。

4. 切削加工性能

材料接受切削加工的难易程度称为切削加工性能(machinability)。切削加工性能主要用切削速度、加工表面光洁度和刀具使用寿命来衡量。影响切削加工性能的因素很多，主要有材料的化学成分、组织、硬度、导热性和形变硬化程度等。一般认为金属材料具有适当硬度和足够脆性时较易切削。灰铸铁比钢的切削加工性能好，碳钢比高合金钢的切削加工性能好。改变钢的化学成分(如加入少量铅、磷等元素)和进行适当的热处理(如低碳钢进行正火，高碳钢进行球化退火)可改善切削加工性能。

思 考 题

1. 解释以下名词：

弹性　塑性　硬度　韧性　疲劳　比强度

2. 画出低碳钢拉伸曲线，并简述拉伸变形的几个阶段。

3. 某金属材料的拉伸试样，其 $l_0=100$ mm，$d_0=10$ mm。拉伸时产生 0.2%残余变形的外力为 65000 N，$F_m=85000$ N，拉断后对接起来测得 $L_u=120$ mm，$d_u=6.4$ mm，试求该金属材料的 $R_{p0.2}$、R_m、A、Z。

4. 为什么机械零件设计大多以屈服强度为设计依据？

5. 常用的硬度测试方法有几种？这些方法测出的硬度值能否进行比较？

第 2 章 金属材料的结构及结晶

2.1 金属键及金属的特性

金属是由原子(离子)以某种聚集状态组成的材料，金属的原子结构特点及由此而决定的结合方式使其具有高的导电性和导热性、一定的强度和韧性、正的电阻温度系数等性质，一般不透明，有金属光泽。

2.1.1 金属键

金属原子是由带正电的原子核和带负电的核外电子组成的。核外电子被原子核吸引，各电子相互排斥并靠离心力保持着与原子核的距离，不同的电子在一系列轨道或壳层上绕核转动。内层电子的能量低，最为稳定；最外层的电子能量高，与核的结合力弱，最不稳定。金属原子最外层的电子数很少，通常只有 1～2 个，这些外层电子与原子核的结合力弱，很容易脱离原子核的束缚而变成自由电子，这些最外层的电子即为价电子。

处于聚集状态的金属原子，全部或大部分将它们的价电子贡献出来，为全体所共有。共有化的电子(称之为自由电子或电子云)已不再只“围绕”自己的原子核运动，而是与所有的价电子一起在所有原子核周围自由运动着。原子失去电子后则变成正离子，共有化的自由电子和正离子以静电引力而结合起来，这种结合方式叫做金属键(metallic bond)，它没有饱和性和方向性。图 2－1 为金属键模型示意图。在固态金属中，并非所有原子都变成正离子，只是绝大部分处于正离子状态，仍有少部分原子处于中性原子状态。

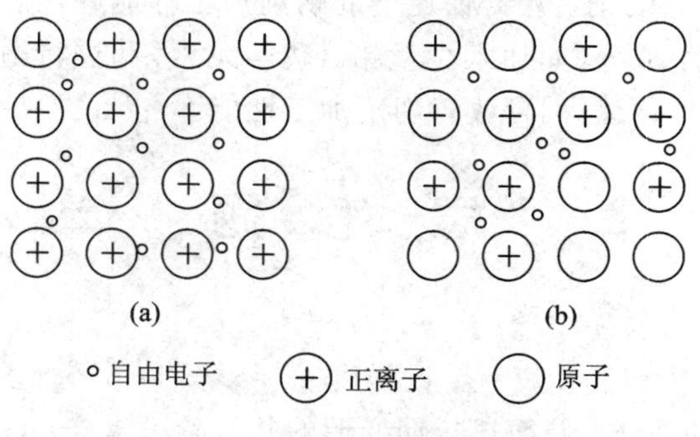

图 2－1 金属键模型示意图

2.1.2 金属的特性

金属主要由金属键结合而成。在外加电场作用下，金属中的自由电子能够沿着电场方向定向运动，形成电流，从而显示出良好的导电性。自由电子的运动和正离子的振动能传递热能，使金属具有良好的导热性。

由于金属键没有饱和性和方向性，所以当金属原子作相对位移时，金属的正离子始终被包围在电子云中，从而保持着金属键结合。这样，金属就能经受变形而不断裂，具有塑性。

金属中的自由电子很容易吸收可见光的能量，而被激发到较高的能级，当它跳回到原来的能级时，就把吸收的可见光能量重新辐射出来，从而使金属不透明，具有金属光泽。

在外电场作用下，加速运动的自由电子与偏离平衡位置的金属正离子发生碰撞，使电子的运动速度降低，宏观上就表现为电阻。随着温度的升高，离子或原子本身振动的振幅加大，可阻碍电子的通过，使电阻升高，因而金属具有正的电阻温度系数。

金属材料的化学成分不同，其性能也不同。例如金、铜、铝的塑性很好，可以顺利进行压力加工，甚至可以碾成金属箔，而镁、锑难以进行压力加工。但是对于同一种成分的金属材料，通过不同的加工处理工艺，改变材料内部的组织结构，也可以使其性能发生极大的变化。由此可以看出，除化学成分外，金属晶体结构不同，即原子的排列方式不同，是决定金属材料性能的重要因素。

2.2　金属的晶体结构

固体材料按其原子(离子或分子)的聚集状态，可分为晶体和非晶体两大类。多数材料在固态下通常都以晶体形式存在，依结合键类型的不同，晶体可分为金属晶体、离子晶体、共价晶体和分子晶体，不同晶体材料的结构不同。晶体中原子(离子或分子)在三维空间的具体排列方式称为晶体结构(crystal structure)。材料的性质通常与晶体结构有关，因此研究和控制材料的晶体结构，对制造、使用和发展材料均具有重要的意义。

2.2.1　晶体结构的基本概念

1. 晶格和晶胞

在实际晶体中，由于组成晶体的物质质点及其排列的方式不同，可能存在的晶体结构有无限多种。由于晶体结构的种类繁多，不便于对其规律进行全面的系统性研究，故人为地将晶体结构抽象为空间点阵。所谓空间点阵，是指由几何点在三维空间作周期性的规则排列所形成的三维阵列。构成空间点阵的每一个点称为阵点或节点。为了表达空间点阵的几何规律，常人为地将阵点用一系列相互平行的直线连接起来形成空间格架，称之为晶格(lattice)，如图 2-2(b)所示。构成晶格的最基本单元称为晶胞(unit cell)，图 2-2(b)

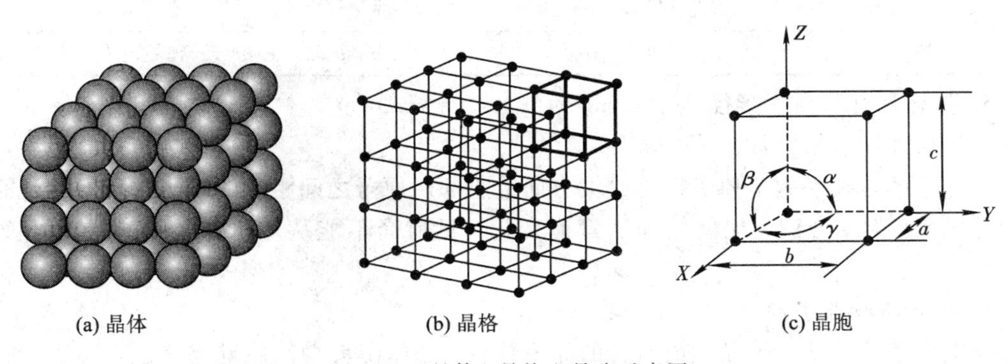

(a) 晶体　(b) 晶格　(c) 晶胞

图 2-2　晶体、晶格和晶胞示意图

的右上方用粗黑线所标出的小平行六面体就是这种晶格的晶胞。可见，晶胞在三维空间重复堆砌就构成了空间点阵。

晶胞是组成晶格的最基本的几何单元。为描述晶胞的形状和大小，在建立坐标系时通常以晶胞角上的某一阵点为原点，以该晶胞上过原点的三个棱边为坐标轴 X、Y、Z（称为晶轴），则晶胞的形状和大小即可由这三个棱边的长度及其夹角完全表示出来（见图 2-2(c)）。晶胞的各棱边长度 a、b、c 叫晶格常数（lattice constant），其大小以 Å（1 Å$=10^{-10}$ m）计；晶胞各边相互之间的夹角分别以 α、β、γ 表示。

空间点阵中各阵列的方向代表晶体中原子排列的方向，称为晶向（crystal orientation）。通过空间点阵中的任意一组阵点的平面代表晶体中的原子平面，称为晶面（crystal plane）。

2. 晶系

在晶体学中，常根据晶胞外形即棱边长度之间的关系和晶轴之间的夹角情况对晶体进行分类。如分类时只考虑 a、b、c 是否相等，α、β、γ 是否相等及它们是否呈直角等因素，而不涉及晶胞中原子的具体排列情况，这样可将所有晶体分成七种类型或称七个晶系（crystal system），见表 2-1。

表 2-1 14 种布拉菲点阵与七个晶系

布拉菲点阵	晶系	棱边长度及夹角关系
简单立方 体心立方 面心立方	立方	$a=b=c$，$\alpha=\beta=\gamma=90°$
简单四方 体心四方	四方	$a=b\neq c$，$\alpha=\beta=\gamma=90°$
简单菱方	菱方	$a=b=c$，$\alpha=\beta=\gamma\neq 90°$
简单六方	六方	$a=b$，$\alpha=\beta=90°$，$\gamma=120°$
简单正交 底心正交 体心正交 面心正交	正交	$a\neq b\neq c$，$\alpha=\beta=\gamma=90°$
简单单斜 底心单斜	单斜	$a\neq b\neq c$，$\alpha=\beta=90°\neq\gamma$
简单三斜	三斜	$a\neq b\neq c$，$\alpha\neq\beta\neq\gamma\neq 90°$

3. 晶格尺寸和原子半径

晶格尺寸即晶格常数。

原子半径是指晶胞中原子密度最大方向上相邻两原子之间距离的一半。原子半径的大小随外界条件、结合键、配位数等因素而变化。目前尚不能从理论上精确地计算出原子半径。

4. 晶胞所含原子数

晶胞原子数是指一个晶胞内所含的原子数目。晶体由大量晶胞堆砌而成，故处于晶胞顶角或晶面上的原子不会为一个晶胞所独有，只有晶胞内的原子才为晶胞所独有。不同晶体结构有不同的原子数与之相对应。

5. 配位数和致密度

晶体中原子排列的精密程度是反映晶体结构特征的一个重要因素，通常用配位数和致密度两个参数来表示。

配位数(coordination number)是指晶体中一个原子周围最近邻的原子数或离子数。

致密度(Atomic Packing Factor，APF)表示晶体中原子或离子在空间堆垛的紧密程度，或称堆垛密度，通常致密度 K 以单位晶胞中原子或离子所占体积与晶胞体积之比来表示，即

$$K=\frac{nv}{V} \tag{2-1}$$

式中：n 表示晶胞原子数；v 表示原子体积；V 表示晶胞体积。

2.2.2　三种典型的晶体晶格

金属晶体中的结合键是金属键，由于金属键没有方向性和饱和性，所以大多数金属晶体都具有排列紧密、对称性高的简单晶体结构。约有 90%以上的金属晶体属于体心立方(Body-Centered Cubic，BCC)、面心立方(Face-Centered Cubic，FCC)和密排六方(Hexagonal Close-Packed，HCP)三种晶格形式。

1. 体心立方晶格

体心立方晶格的晶胞如图 2-3 所示，它是由 8 个原子构成的立方体。立方体的中心有 1 个原子，其晶格常数 $a=b=c$，故通常只用一个常数 a 表示。由图可知，沿晶胞体对角线方向原子紧密排列，故计算出其原子半径为 $r=\frac{\sqrt{3}}{4}a$。

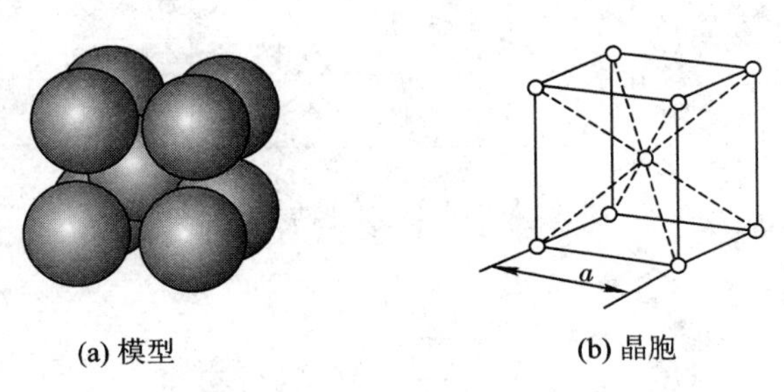

(a) 模型　　(b) 晶胞

图 2-3　体心立方晶胞示意图

因晶胞每个顶点上的原子为其周围 8 个晶胞所共有，实际上每个体心立方晶胞包含的原子数为 $\frac{1}{8}\times8+1=2$ 个。

晶胞中每个原子最近邻的原子数为 8，所以其配位数为 8。

致密度计算如下：

$$K=\frac{nv}{V}=\frac{2\times\frac{4}{3}\pi r^3}{a^3}=0.68(\text{或 }68\%)$$

α-Fe、碱金属(Li、Na、K、Rb、Cs、Fr)、难熔金属(V、Nb、Ta、Cr、Mo、W)等都具有体心立方结构。

2. 面心立方晶格

面心立方晶格的晶胞如图 2-4 所示，它也是由 8 个原子构成的立方体。立方体的每一个面的中心各有 1 个原子，其晶格常数 $a=b=c$，故通常也用一个常数 a 表示。

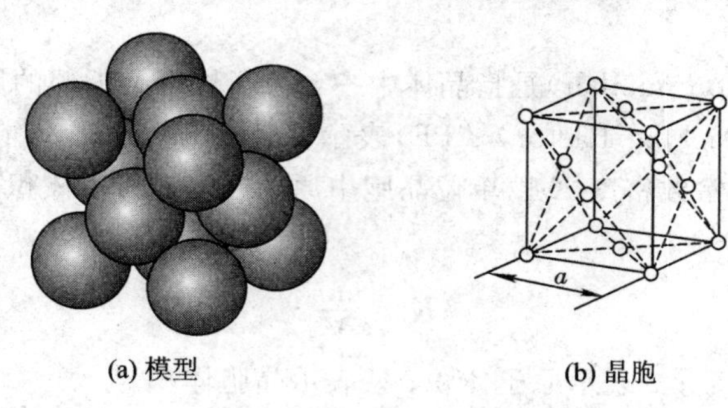

(a) 模型　　(b) 晶胞

图 2-4　面心立方晶胞示意图

由图 2-4 可以看出，这种晶胞中的每个面对角线上原子排列最紧密，故可计算出其原子半径 $r=\frac{\sqrt{2}}{4}a$。

晶胞每个顶点上的原子为其周围 8 个晶胞所共有，立方体每个面心上的原子为两个晶胞共同拥有，所以该晶胞的原子数为$\frac{1}{8}\times8+\frac{1}{2}\times6=4$ 个。

由图 2-5 可知，面心立方晶胞中任一原子与之最近邻的原子数为 12，所以其配位数为 12。

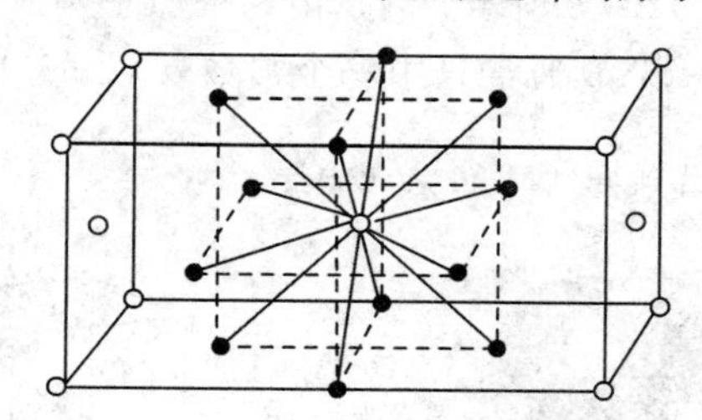

图 2-5　面心立方结构配位数

致密度计算如下：

$$K=\frac{nv}{V}=\frac{4\times\frac{4}{3}\pi r^3}{a^3}=0.74(\text{或 }74\%)$$

许多纯金属如 Cu、Ag、Au、Pt、Al、Pb 和 γ-Fe，一些化合物如 Fe_4N、NbC、Ti_2H 和 NbH 等属于这种结构。

3. 密排六方晶格

密排六方晶格的晶胞如图 2-6 所示，它是一个正六棱柱。它不仅在由 12 个原子所构成的简单六方体的上下两个六边形底面的中心各有 1 个原子，而且在两个六边形底面中间还有 3 个原子(在六棱柱体内)。其晶格常数由正六边形底面的边长 a 和晶胞高度 c 表示，二者的比值 $c/a=1.633$。

密排六方晶胞的原子半径 $r=\frac{1}{2}a$；晶胞原子数为$\frac{1}{6}\times12+\frac{1}{2}\times2+3=6$ 个；配位数为 12；致密度为 0.74(或 74%)。

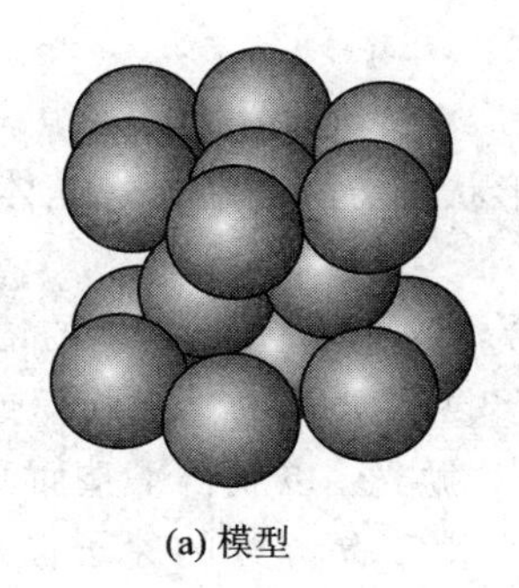

(a) 模型

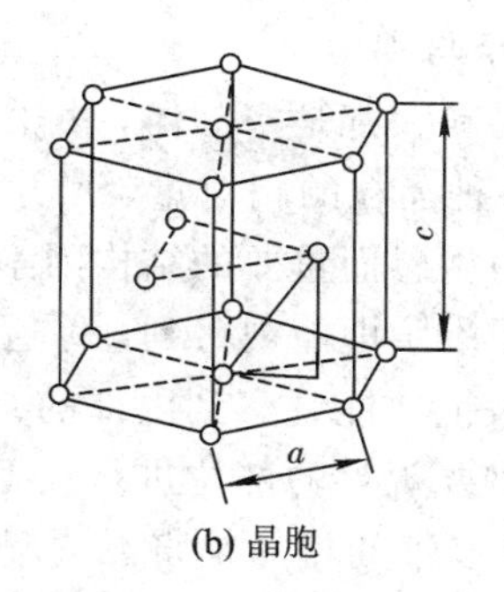

(b) 晶胞

图 2-6　面心立方晶胞示意图

Mg、Zn、α-Ti 等纯金属和 Fe_2N、Cr_2N、W_2C、Mo_2C 等化合物都具有这种晶体结构。

2.2.3　金属的实际晶体结构

1. 单晶体与多晶体

由于晶体在不同晶面和晶向上的原子密度不同，因而晶体在不同晶面和方向上的性能就一定有差异。晶体的这种“各向异性”(anisotropy)的特点，是它区别于非晶体的最重要的标志。晶体的各向异性不仅在物理性能、化学性能和力学性能上有所表现，而且在酸中的溶解速度等诸多方面都有所表现。在生产中应用晶体的各向异性可获得性能优异的产品。在工业金属材料中，通常见不到它们具有各向异性的特征，这是因为实际晶体与理想单晶体相差较远。

如果一块晶体的内部晶格位向完全一致，则称该晶体为单晶体(single crystal)。前面讨论的都是指在理想单晶体条件下的情况，而在工业金属材料中，若非是专门制作，很小的一块金属也包含着许许多多的小晶体。每个小晶体的内部，晶格位向都是均匀一致的，而每个小晶体之间彼此位向不同，如图 2-7 所示。其中每个小晶体的外形多为不规则的颗粒状，故通常把它们叫做晶粒(grain)。这种实际上由两个以上的同种或异种单晶组成的结晶物质称为多晶体(polycrystal)。晶体内点阵相同而取向不同的两个晶粒之间的相邻边界称为晶界(grain boundary)。

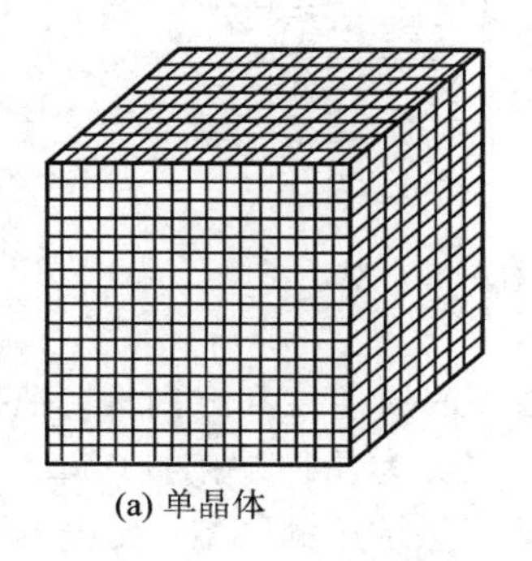

(a) 单晶体

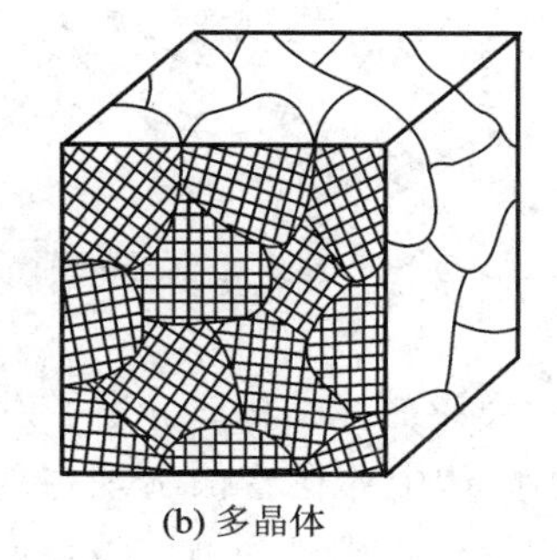

(b) 多晶体

图 2-7　晶体结构示意图

在钢铁材料中，晶粒的尺寸一般为 $10^{-1}\sim10^{-3}$ mm，必须在显微镜下才能看到。在每个晶粒的内部，实际晶格位向也不是非常理想，单晶或者多晶中的一个晶粒中，也可以出现较小取向差的晶块(取向差小于 2°)，通常称为亚晶粒(subgrain)。亚晶粒之间的晶界称为亚晶界(subgrain boundary)。亚晶界需在高倍显微镜或电子显微镜下才能观察到。

2. 组织的显示与观察

实际的晶体材料大都是多晶体，由很多晶粒所组成。所谓材料的组织，是指各种晶粒的组合特征，即各种晶粒的相对量、尺寸大小、形状及分布等特征。晶体的组织是一个影响材料性能的极为敏感而重要的结构因素。

粗大的组织用肉眼即能观察到，称这类组织为宏观组织，而更多的情况下则要用金相显微镜或电子显微镜才能观察到内部的组织，故组织又常称为显微组织或金相组织。观察组织前首先必须对要观察的部位进行反复的磨光和抛光，以获得平整而光滑的表面，然后经化学侵蚀。化学侵蚀的目的是将晶界显示出来，由于晶界处的原子往往处于错配位置，它们的能量较晶内原子的高，因此在化学侵蚀下比晶内容易受蚀，形成沟槽(见图 2-8)，进入沟槽区的光线以很大的角度反射，故不能进入显微镜，于是沟槽在显微镜下成为黑色的晶界轮廓(见图 2-9)。把多晶体内所有的晶界显示出来后就相当于勾画出一幅组织图像，可用来研究材料的组织。

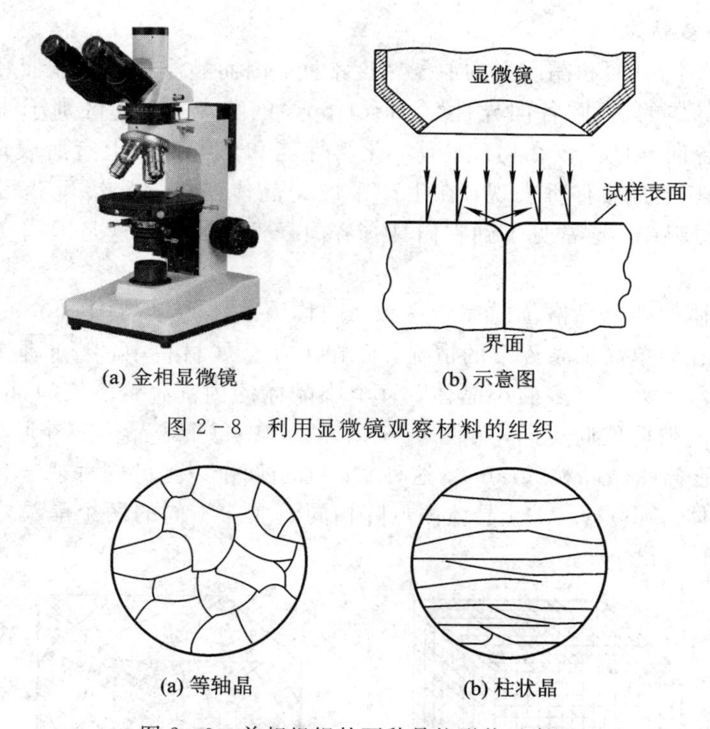

(a) 金相显微镜 (b) 示意图

图 2-8 利用显微镜观察材料的组织

(a) 等轴晶 (b) 柱状晶

图 2-9 单相组织的两种晶粒形状示意图

3. 晶体缺陷

在前面章节中介绍晶体结构时，为了说明晶体的周期性和方向性，把晶体处理成完全理想状态，实际上晶体中存在着偏离理想的结构，称为晶体缺陷(crystal defect)。晶体缺陷是指实际晶体中原子规则排列遭到破坏而偏离理想结构的区域。完美的理想晶体是不存在的。实际晶体中，规则排列是主要的，它决定了晶体的基本结构和许多重要性质，而晶体缺陷则影响了晶体的某些结构敏感性质。

根据晶体缺陷的维度特征，可将它们分为以下三类。

点缺陷(point defect)：在三维空间各方向上的尺寸都很小，也被称为零维缺陷，如空位、间隙原子和异类原子等。

线缺陷(line defect)：也被称为一维缺陷，在两个方向上尺寸很小，主要是位错(dislocation)。

面缺陷(planar defect)：在空间一个方向上的尺寸很小，另外两个方向上的尺寸较大，如晶界、相界等。

1）点缺陷

如果晶体中某些原子获得足够高的能量，就可以克服周围原子的束缚而离开原来的平衡位置，形成空节点，称为空位。与此同时，在某个晶格间隙可能挤进了原子，形成了间隙原子。另外，材料中总存在着一些其他元素或杂质，它们可以占据间隙位置而形成间隙原子，也可能占据原来原子的位置而成为置换原子，如图 2-10 所示。空位、间隙原子以及置换原子破坏了原子的平衡状态，使晶格发生扭曲，即晶格畸变。

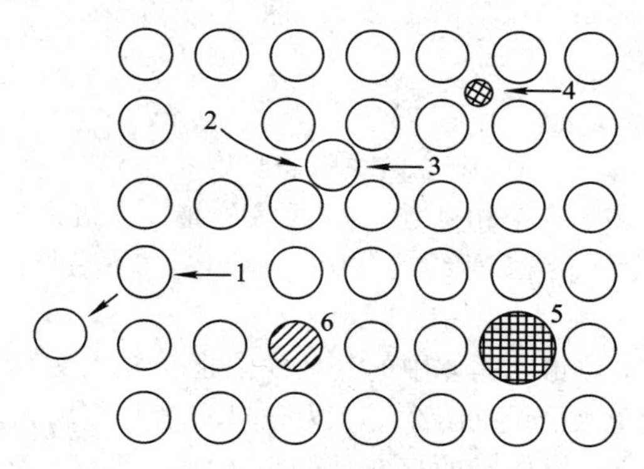

1、2—空位；3、4—间隙原子；5、6—置换原子

图 2-10　晶体中的点缺陷

点缺陷的存在，使晶体内部运动着的电子发生散射，电阻增大。点缺陷数目的增大，使晶体的密度减小。过饱和的点缺陷可提高材料的强度和硬度，但降低了材料的塑性和韧性。

2）线缺陷

晶体中的线缺陷是各种类型的位错。它是晶体中的一列或数列原子发生有规则的错排现象。位错种类很多，但最简单、最基本的类型有两种，一种是刃型位错(edge dislocation)，另一种是螺型位错(screw dislocation)。图 2-11 为常见的一种刃型位错，其中 EF 线为位错线。刃型位错分为正刃位错和负刃位错。图 2-12 为一种螺型位错，其中 BC 线为位错线。螺型位错根据其螺旋方向，分为左螺旋位错和右螺旋位错。

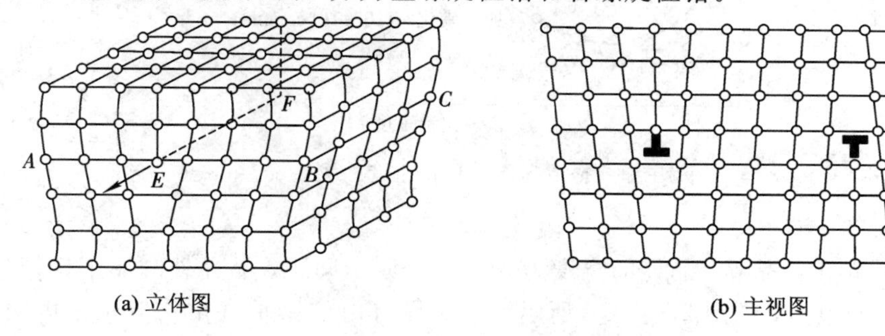

(a) 立体图　　(b) 主视图

图 2-11　刃型位错示意图

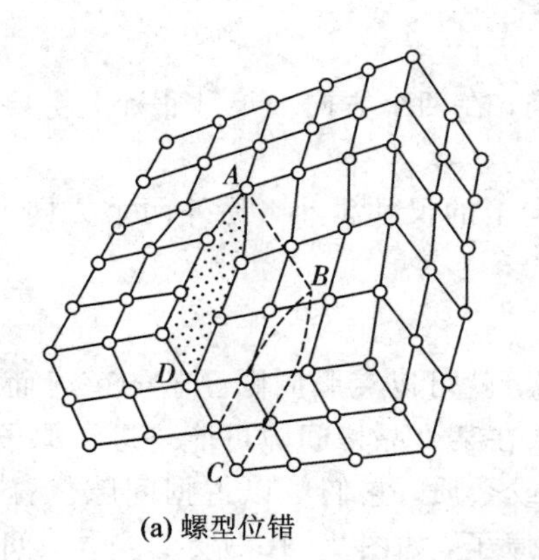

(a) 螺型位错

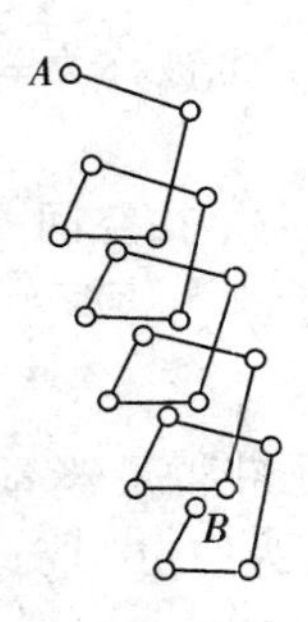

(b) 位错线上的原子的螺旋排列

图 2-12 螺型位错示意图

晶体中位错的数量通常用位错密度来表示，即

$$\rho = \frac{S}{V}\ (\mathrm{cm/cm^3}) \tag{2-2}$$

式中：V 是晶体的体积；S 是该晶体中位错线的总长度。

金属中的位错数量很多，甚至相互连接呈网状分布。位错密度为 $10^6 \sim 10^{12}$ cm/cm³，在充分退火的金属中其位错密度约为 10^6 cm/cm³，冷变形金属中位错密度可达 10^{12} cm/cm³。

位错能引起晶格畸变，位错与晶体中的其他缺陷也会发生交互作用，所以位错的存在对金属的很多性能会产生重大影响。图 2-13 为位错密度与金属强度的关系。从图中可以看出，理想晶体的强度很高，但位错的存在使强度大大下降，当位错数量大量增加以后，强度也提高。事实上，没有缺陷的晶体很难得到。实际生产中一般采用增加位错的方法提高材料强度，即加工硬化(work hardening)，亦称为冷作硬化或应变硬化，是金属材料在冷变形过程中产生的强度和硬度逐渐升高、塑性和韧性逐渐降低的现象。加工硬化是强化金属材料(尤其是纯金属和固溶体合金)的一种重要方法。

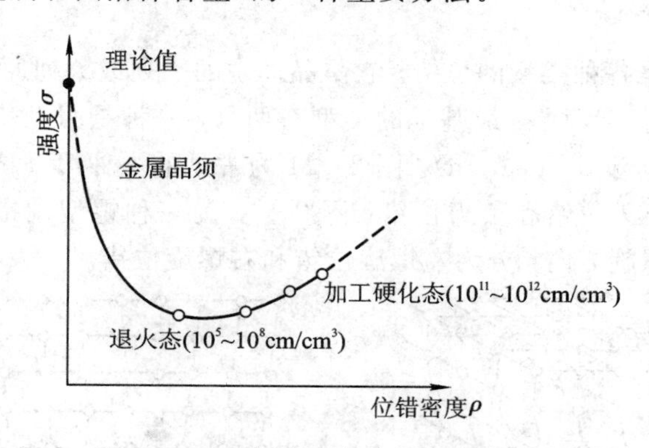

图 2-13 金属强度与位错密度的关系

3) 面缺陷

面缺陷即晶界和亚晶界。晶界的宽度为 5～10 个原子间距。晶界处的原子排列呈不规则状态，晶格畸变很大，如图 2-14(a)所示。亚晶界可由位错垂直排列成位错墙而构成，如图 2-14(b)所示。

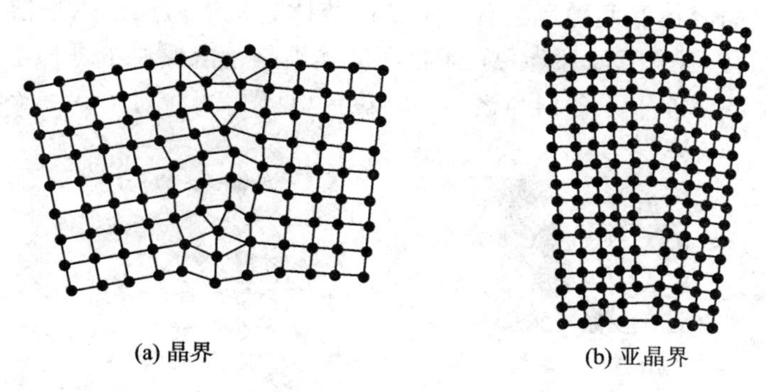

图 2-14 面缺陷示意图

在晶界、亚晶界上，晶格畸变较大，原子处于较高的能量状态。由此，晶界、亚晶界对金属中许多过程的进行具有极为重要的作用，具体如下：

(1) 晶界处的原子平均能量比晶内的高，晶粒长大和晶界的平直化可以降低晶界的总能量。因此，在高温时晶粒容易长大。

(2) 晶界处存在较多的空位、位错，容易吸附异类原子，导致某些元素产生晶界偏聚。

(3) 发生相变时，新相往往在母相的晶界处形成。母相晶粒越细，晶界越多，新相晶粒的数目就越多，晶粒也就越细。

(4) 晶界和亚晶界均可提高金属的强度。晶界越多，晶粒越细，金属的塑性变形能力就越大，塑性越好。

2.2.4 合金的晶体结构

组成材料最基本的、独立的物质称为组元(component)，或简称元。组元可以是纯元素(如金属元素 Cu、Ni、Al、Ti、Fe 等以及非金属元素 C、N、B、O 等)，也可以是化合物(如 Al_2O_3、SiO_2、BN 等)。材料可以由单一组元组成(如纯金属、Al_2O_3 晶体等)，也可以由多种组元组成(如 Al-Cu-Mg 金属材料)。多组元组成的金属材料称为合金(alloy)。所谓合金，是指由两种或两种以上的金属或金属与非金属经熔炼或用其他方法制成的具有金属特性的物质，如应用最为广泛的铁和碳组成的合金、铜和锌组成的铜合金等。由两个组元组成的合金称为二元合金(binary alloy)，由三个组元组成的合金称为三元合金(ternary alloy)，依此类推。

相(phase)是合金中具有同一聚集状态、同一晶体结构和性质并以界面相互隔开的均匀组成部分。材料的性能与各组成相的性质、形态、数量直接相关。

不同的相具有不同的晶体结构。虽然相的种类极为繁多，但根据相的结构特点可以将其归纳为两大类：固溶体与金属间化合物。

1. 固溶体

以合金中某一组元作为溶剂，其他组元为溶质，所形成的与溶剂有相同晶体结构、晶格常数稍有变化的固相称为固溶体(solid solution)。几乎所有的金属都能在固态或多或少地溶解其他元素成为固溶体。固溶体可在一定成分范围内存在，性能随成分变化而连续变化。

根据固溶体的不同特点，可以分为不同类型，如：按溶质原子在溶剂晶格中所占的位置，可以分为置换固溶体和间隙固溶体。置换固溶体是指溶质原子占据溶剂晶格某些节点位置所形成的固溶体(见图 2-15(a))；间隙固溶体则是指溶质原子进入溶剂晶格的间隙中所形成的固溶体，溶质原子不占据晶格的正常位置(见图 2-15(b))。

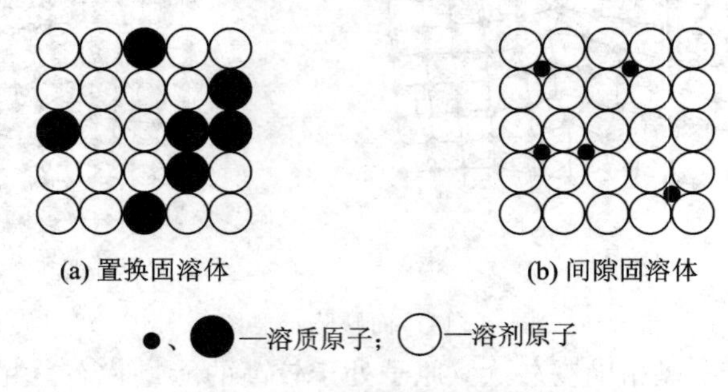

图 2-15 固溶体的两种类型

按固溶度的大小，固溶体又可分为有限固溶体和无限固溶体。有限固溶体是指在一定条件下，溶质原子在溶剂中的溶解度有一极限的固溶体；无限固溶体是指溶质与溶剂可以任何比例相互溶解，即溶解度可达100%，对于这种固溶体，很难区分溶质与溶剂，通常将摩尔分数大于50%的组元称为溶剂，小于50%的组元称为溶质。

2. 金属间化合物

合金中，当溶质含量超过固溶体的固溶度时，将出现新相。若新相的晶格结构与合金中另一组成元素相同，则新相是以另一组成元素为溶剂的固溶体。若新相的晶格结构不同于任一组成元素，则新相将是组成元素之间相互作用而生成的另一种新相。其成分在相图中位于组元 A、B 为溶剂的固溶体的最大固溶度之间，故称之为中间相(intermediate phase)。中间相的结合键主要为金属键，兼有离子键、共价键。因此，中间相具有金属性质，又称金属间化合物(intermetallic compound)。

金属间化合物可以成为合金的基本组成相。金属间化合物一般具有复杂的晶体结构，熔点高，硬而脆。当合金中出现金属间化合物的时候，通常能提高合金的强度、硬度以及耐磨性，但会降低合金的塑性和韧性。金属间化合物是各类合金钢、硬质合金和许多有色金属的重要组成相。

2.3 纯金属的结晶

金属材料冶炼后，浇铸到锭模或铸模中，通过冷却，液态金属转变为固态金属，获得一定形状的铸锭或铸件。物质由液态冷却转变为固态的过程称为凝固(solidification)。根据凝固过程的条件不同，凝固后的固体可能是晶体或非晶体。了解材料凝固过程及一般规律，对于控制材料内部组织机构、减少铸件缺陷、提高材料性能等具有十分重要的意义。

某些材料由液体冷却到某一温度时变成固体，其流动性及物理性能发生突然变化。凝固后的固体是晶体，这种凝固过程称为结晶(crystallization)。金属的凝固过程大部分是结晶过程。另外，一些材料的液体在冷却过程中是逐渐变硬的，其物理性质不会发生突然变化，固化后的物质一般是非晶体。玻璃、聚乙烯、沥青和松香等物质都是这种情况。不同物质所能发生的凝固过程是随条件变化而变化的。从理论上讲，任何物质都可能出现两类凝固过程。固态金属一般处于晶体状态，因此金属从液态转变为固体晶态的过程称为结晶过程。广义上讲，金属从一种原子状态转变为另一种原子规则状态(晶态)的过程均属于结晶过程。通常把金属从液态转变为固体晶态的过程称为一次结晶，而把金属从一种固体晶态转变为另一种固体晶态的过程称为二次结晶或重结晶。

由于液体的易流动性和无定形等宏观特性，一般认为在液态下原子间的相互作用很弱，原子的运动毫无规则，呈现混乱的排列，与气体相似。但是近代研究表明，液态金属，特别是在接近凝固点时，原子间的距离、原子间的作用力和原子的运动状态并不与气体相似，而与固体金属比较相近。在液态金属内部，短距离的小范围内，原子作近似于固态结构的规则排列，即存在近程有序的原子集团。这种原子集团是不稳定的，瞬时出现又瞬时消失。液态金属的这种结构不稳定现象称为结构起伏。当这种短程规则排列的原子小集团达到一定尺寸时，有可能成为结晶核心。所以，金属由液态转变为固态的凝固过程，实质上就是原子由近程有序状态过渡为远程有序状态的过程。

2.3.1　纯金属的冷却曲线和过冷现象

金属材料的凝固过程大部分属于结晶过程。掌握金属结晶过程及其规律，对于控制零件的组织和性能是十分重要的。

利用热分析法(如图 2 - 16(a)所示)将金属材料加热到熔化状态，然后缓慢冷却，记录下液体金属的冷却温度和时间的变化关系，作出材料的冷却曲线，如图 2 - 16(b)所示。

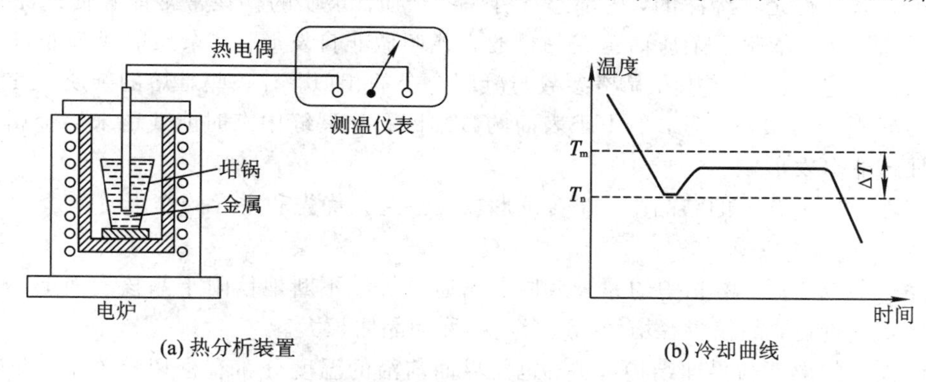

图 2 - 16　热分析装置及纯金属的冷却曲线

由图可见，液态金属在理论结晶温度 T_m时并不产生结晶，而需冷至 T_m以下 T_n时才能结晶，这种现象称为过冷(supercooling)。液态金属在实际结晶温度下结晶时，冷却曲线上出现了一个水平台阶，这是由于结晶时所释放出的结晶潜热补偿了坩埚中液体向周围散失的热量。理论结晶温度 T_m与实际结晶温度 T_n之差值称为过冷度(supercooling degree)ΔT，$\Delta T = T_m - T_n$。过冷度的大小除与金属的性质和纯度有关外，主要取决于结晶时的冷却速度。一般冷却速度越大，过冷度就越大，金属的实际结晶温度就越低。

2.3.2　纯金属的结晶过程

铸型模内的液体在理论结晶温度以下，虽然满足金属结晶的热力学条件，但并非瞬间全部转变成固体，而是要经历一个形核(nudeation)与长大(growth)的过程。液态金属结晶时，首先在液体中形成一些极微小的晶体，称为晶核(crystal nucleus)，然后再以它们为核心不断地长大。在这些晶体长大的同时，又出现新的晶核并逐渐长大，直至液体金属消失。金属的结晶过程如图 2－17 所示。

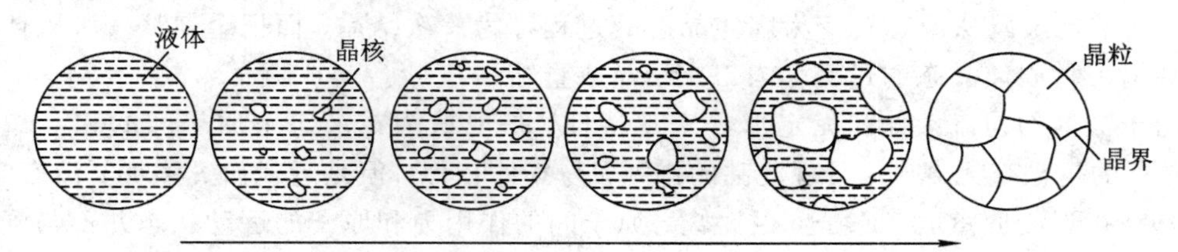

图 2－17　结晶过程示意图

1. 晶核的生成

晶核的形成有两种形式，即自发形核(均质形核)和非自发形核(异质形核)。

自发形核是在液态下，金属中的近程有序的原子集团在温度降低到结晶温度以下，并且达到一定的过冷度时，液体中那些超过一定尺寸的近程有序的原子集团开始变得稳定，不再消失，成为结晶核心而长大。能够自发长大的最小晶核称为临界晶核。这种从液体结构内部自发长出结晶核心的形核方式叫做自发形核。实际结晶温度越低，即过冷度越大，由金属液态向固态转变的驱动力越大，能稳定存在的近程有序的原子集团的尺寸越小，则生成的自发晶核越多。但过冷度过大或温度过低时，原子的扩散能力降低，形核的速率反而减小。

因为金属往往是不纯净的，内部总含有一些杂质。杂质的存在常常能够促进晶核在其表面上形成。这种依附于杂质而生成晶核的方式叫做非自发形核。杂质能成为非自发形核的核心条件是它的晶体结构和晶格参数与凝固合金的相似。有一些难熔的杂质，虽然其晶体结构与凝固金属相差甚远，但由于表面的微细凹孔和裂缝中有时能残留未熔金属，也能强烈地促进非自发形核。

在实际金属和合金的结晶中，非自发形核往往起到优先和主导的作用。

2. 晶体的长大

当晶核形成之后，液相中的原子或原子团通过扩散不断地依附于晶核表面上，使固液界面向液相中推进，晶核半径增大，这个过程称为晶体长大。

晶体长大的形态与界面结构有关，也与界面前沿的温度分布有密切的关系。金属结晶时生长形态有平面推进和树枝状生长两种。在液固相界面为正的温度梯度下，晶体生长呈平面式向液相中推进；在负的温度梯度下，晶体则呈树枝状向液体中生长，如图 2－18 所示。

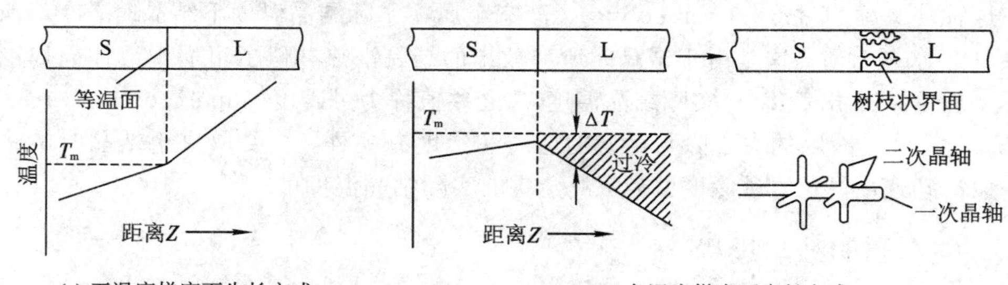

(a) 正温度梯度下生长方式　　(b) 负温度梯度下生长方式

图 2－18　粗糙界面晶体生长与温度梯度

液态金属在铸模中凝固时，通常是由于模壁散热而得到冷却的。即液态金属中，距液固相界面越远处温度越高，则凝固时释放的热量只能通过已凝固的固体传导散出。此时若液固相界面上有偶尔凸出部分并伸入液相中，由于正温度梯度的存在，液相实际温度高、过冷度小，其长大速度立即减小，因此使液固相界面保持近乎平面，缓慢地向前推进，即平面生长。应该指出，晶体的平面长大方式在实际金属的结晶中是较少见的。

当铸模内金属液均被迅速过冷时，靠近模壁的液体首先形核发生结晶，并释放结晶潜热。此时，在液固相界面附近一定范围内液固相界面温度最高，即处于距液固相界面越远，液体温度越低，即负温度梯度。开始时，晶核可以长大成很小、形状规则的晶体。随后，在晶体继续长大的过程中，优先沿一定方向生长出空间骨架。这种骨架形同树干，称为一次晶轴。在一次晶轴增长和变粗的同时，在其侧面生长出新的枝芽，枝芽发展成枝干，此为二次晶轴。随着时间的推移，二次晶轴成长的同时，又可长出三次晶轴。三次晶轴上再长出四次晶轴……如此不断成长和分枝下去，直至液体全部消失。

实际金属的铸态组织多为树枝状结构，在结晶过程中，如果液体供应不充分，金属最后凝固的树枝晶之间的间隙不能被填满，将形成缩孔和疏松等缺陷。同时发现树枝间最后结晶的液体，其成分与已结晶的树枝晶有明显的不同，即出现了成分偏析，它将引起铸件力学性能恶化和抗腐蚀性能降低。

2.3.3 金属晶粒大小的控制

1. 晶粒大小对力学性能的影响

金属结晶后，获得由大量晶粒组成的多晶体。一个晶粒是由一个晶核长成的晶体，实际金属的晶粒在显微镜下呈颗粒状。晶粒大小可用晶粒度来表示，常用晶粒度为 1～8 级(见表 2－2)。晶粒度号越大，晶粒越细。

表 2－2　晶 粒 度

晶 粒 度	1	2	3	4	5	6	7	8
单位面积晶粒数/(个/mm^2)	16	32	64	128	256	512	1024	2048
晶粒平均直径/mm	0.250	0.177	0.125	0.088	0.062	0.044	0.031	0.022

实验表明，在常温下的细晶粒金属比粗晶粒金属有更高的强度、硬度、塑性和韧性(见表 2－3)。这是因为细晶粒受到外力发生塑性变形时，其塑性变形可分散在更多的晶粒内进行，塑性变形较均匀，应力集中较小；此外，晶粒越细，晶界面积越大，晶界越曲折，越不利于裂纹的扩展。在工业上，使晶粒细化是提高金属机械性能的重要途径之一。这种方法称为细晶强化(fine-grain strengthening)。

表 2－3　晶粒大小对纯铁力学性能的影响

晶粒平均直径/μm	R_m/MPa	R_e/MPa	A/%
70	184	34	30.6
25	216	45	39.5
2.0	268	58	48.8
1.6	270	66	50.7

2. 细化晶粒的方法

金属结晶后，单位体积中晶粒的数目 Z 取决于结晶时的形核速率 N(单位时间、单位体积形成的晶核数，个/(m^3 · s))和晶粒长大的线速度 G(单位时间晶体长大的长度，m/s)，它们之间的关系为

$$Z = K\left(\frac{N}{G}\right)^{3/4} \tag{2-3}$$

当晶粒为球状时，式中系数 K 约为 0.9。

由公式可知，结晶时形核速率 N 越大，晶粒长大的线速度 G 越小，结晶后单位体积内的晶粒数目 Z 越大，晶粒就越细小。因此，控制金属结晶后的晶粒大小，必须控制形核率 N 和长大的线速度 G 这两个因素，主要途径有以下几种。

1）增加过冷度

从金属的结晶过程可知，一定体积的液态金属中，若形核率 N 越大，则结晶后的晶粒越多，晶粒就越细小；晶粒长大的线速度 G 越快，则晶粒越粗。形核率和长大的线速度与过冷度密切相关(见图 2-19)。随着过冷度的增加，形核率和长大的线速度均会增大；但当过冷度超过一定数值后，形核率和长大的线速度都会下降。这是由于液体金属结晶时形核和长大均需原子扩散才能进行，当温度太低时，原子扩散能力减弱了，因而形核率和长大的线速度都将降低。对于液体金属，一般条件下不会得到如此大的过冷度，通常处于曲线的左边上升部分。所以，随着过冷度的增大，形核率和长大的线速度都会增大，但前者增大得更快，因而比值 N/G 也增大，结果使晶粒细化。

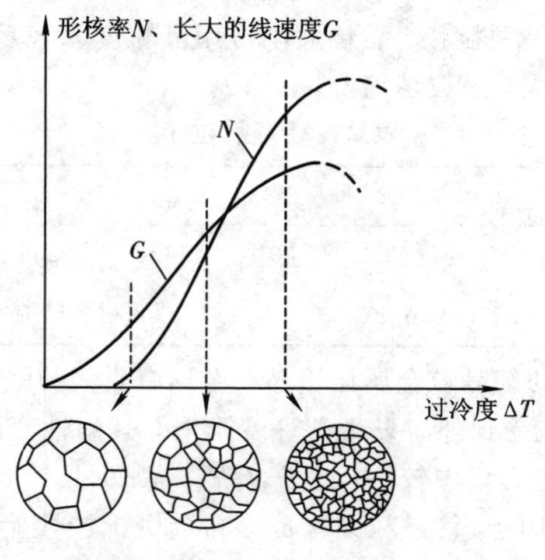

图 2-19 形核率和长大的线速度与过冷度的关系

提高金属凝固的冷却速度即可增大过冷度。实际生产中为了得到细小的晶粒，常常采用降低铸型温度和导热系数大的金属铸型来提高冷却速度。例如，采用金属型铸模比采用砂型铸模获得的铸件晶粒要更细小。

2）变质处理

提高冷却速度以细化铸件晶粒的方法只能用于小件或薄壁件。对于大型铸件和形状复杂的铸件，为防止快速冷却使内应力过大而产生开裂，常常不允许过多地提高冷却速度。生产上为了得到细晶粒铸件，多采用变质处理(modification treatment)。

变质处理就是在液体金属中加入孕育剂或变质剂，增加非自发晶核的数量或者阻碍晶核的长大，以细化晶粒和改善组织。有一类物质符合作为非自发晶核的条件，可以大大增加晶核的数目。例如，在铝合金液体中加入钛、硼，在钢水中加入钛、锆、钒等，都可使晶粒细化。在铁水中加入硅铁、硅钙合金时，能使铸铁组织中的石墨变细。还有一类物质能附着在晶体的前缘，强烈地阻碍晶粒长大。例如，在铝硅合金中加入钠盐，钠能富集在硅的表面，降低硅的长大速度，阻碍粗大的硅晶体的形成，从而使合金的组织细化。

3）振动与搅拌

在浇注和结晶过程中实施振动或搅拌也可以起到细化晶粒的作用。振动和搅拌一方面能向液体中输入额外能量以提供形核功，促进晶核形成；另一方面使正在生长的晶体破碎而细化，而破碎的枝晶尖端又能起晶核作用，增加晶核数量，从而细化晶粒。

进行振动和搅拌的方法有机械振动、电磁振动和超声波振动等。

2.3.4　金属的同素异构转变

有些金属在固态下只有一种晶体结构，如铝、铜、银等金属在固态时无论温度高低，均为面心立方晶格；钨、钼、钒等金属则为体心立方晶格。但有些金属在固态下，存在着两种或两种以上的晶格形式。在固态下随温度的改变，由一种晶格转变为另一种晶格的现象，称为同素异构转变(allotropy transformation)。具有同素异构转变的金属有铁、钴、钛、锡、锰等。以不同晶格形式存在的同一金属元素的晶体称为该金属的同素异晶体。同一金属的同素异晶体按其稳定存在的温度，由低到高依次用希腊字母 α、β、γ、δ 等表示。

铁是典型的具有同素异构转变特性的金属。图 2－20 是纯铁的冷却曲线，它表示了冷却时纯铁的结晶和同素异构转变的过程。

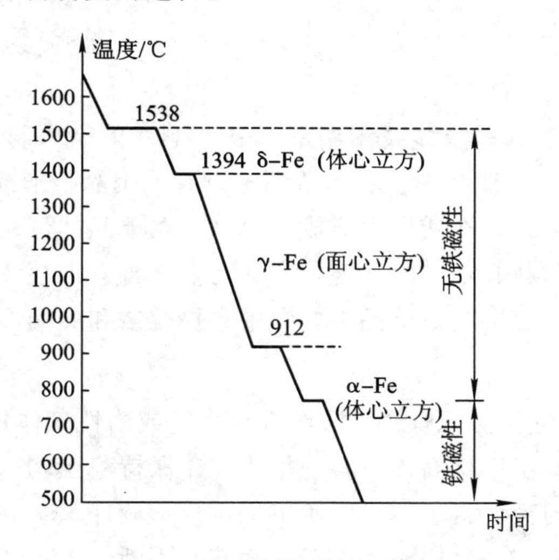

图 2－20　纯铁的冷却曲线

由图可见，液态纯铁在 1538℃时进行结晶，得到具有体心立方晶格的 δ－Fe，继续冷却到 1394℃时发生同素异构转变，δ－Fe 转变为面心立方晶格的 γ－Fe，再冷却到 912℃时又发生同素异构转变，γ－Fe 转变为体心立方晶格的 α－Fe。如再继续冷却到室温，晶格的类型不再发生变化。这些转变可以用下式表示：

$$\text{纯铁液体} \xrightleftharpoons{1538\ ℃} \delta-\text{Fe} \xrightleftharpoons{1394\ ℃} \gamma-\text{Fe} \xrightleftharpoons{912\ ℃} \alpha-\text{Fe}$$

（体心立方晶格） （面心立方晶格） （体心立方晶格）

另外，由图 2-20 可以看到，在 770℃出现了一个平台，该温度下纯铁的晶格没有发生变化，因此它不是同素异构转变，该点是纯铁的居里点。

同素异构转变不仅存在于纯铁中，而且存在于以铁为基的钢铁材料中。这是钢铁材料性能多种多样、用途广泛并能通过热处理进一步改善其组织和性能的重要因素。

金属或合金加热或冷却时，发生结构转变的温度称为临界温度或临界点。例如 1538 ℃、1394 ℃、912 ℃等都是纯铁的临界温度或临界点。金属发生同素异构转变时其原子将会重新排列，所以它也是一种结晶过程。为了把这种固态下进行的转变与液态结晶相区别，称之为二次结晶或重结晶(recrystallization)。

同素异构转变是指形核和晶核长大的过程，具有一定的转变温度，并有潜热放出或吸收。这种结晶过程一般在旧相的晶界处产生新相晶核，然后逐渐长大，直到旧相全部消失为止。同素异构转变是在固态下进行的，因此需要较大的过冷度。由于晶格的变化导致金属的体积发生变化，因此转变时会产生较大的内应力。例如 γ-Fe 转变为 α-Fe 时，铁的体积会膨胀 1%，它可引起钢淬火时产生应力，严重时会导致工件变形和开裂。但适当提高冷却速度，可以细化同素异构转变背后的晶粒，从而提高金属的力学性能。

锡在 13.2 ℃以上具有四方晶系结构，称为 β-Sn 或白锡；在 13.2 ℃以下为金刚石型结构，称为 α-锡或灰锡。白锡转化为灰锡时，体积大约膨胀 26.2%，因此会产生很大的应变能，使灰锡变形及开裂，成为灰色粉末。当人们还不了解锡的同素异构性时，就把这一现象称为“锡疫”。

2.3.5 结晶理论的应用

1. 单晶的制备

单晶体是用于电子工业和激光技术中的必备材料，单晶体制备已成为一种重要的技术。单晶体制备的基本原理是设法使液体结晶时只有一个晶核形成并长大。该晶核可以是事先制备好的籽晶，也可以是在液体中形成的晶核。在单晶体制备中，必须严格防止形成多余的晶核。这就要求材料有很高的纯度，以免发生非自发形核，还要保证凝固过程中液体不达到可以形核的过冷度。制备单晶主要有垂直提拉法和尖端形核法。

1）垂直提拉法

图 2-21(a)为垂直提拉法原理图。操作应在真空或惰性气体保护下进行。工作时，先将材料放入坩埚熔化，使温度略高于材料的熔点，并保持稳定均一。将籽晶夹持在籽晶杆上，并使籽晶杆下降到与液面接触，然后使坩埚温度缓慢下降，并向上提拉籽晶杆。籽晶杆上升的过程中应不断旋转，这样液体以籽晶为核心不断长大，形成单晶体。

2）尖端形核法

尖端形核法的原理如图 2-21(b)所示。这一方法的特点是熔化材料的容器具有尖底，材料熔后使容器从炉中缓慢退出，并使尖端首先冷却。在这种尖端先冷、冷却缓慢的条件下，保证了只有一个晶核在尖端形成。这个晶核在容器出炉过程中不断长大，形成单晶体。

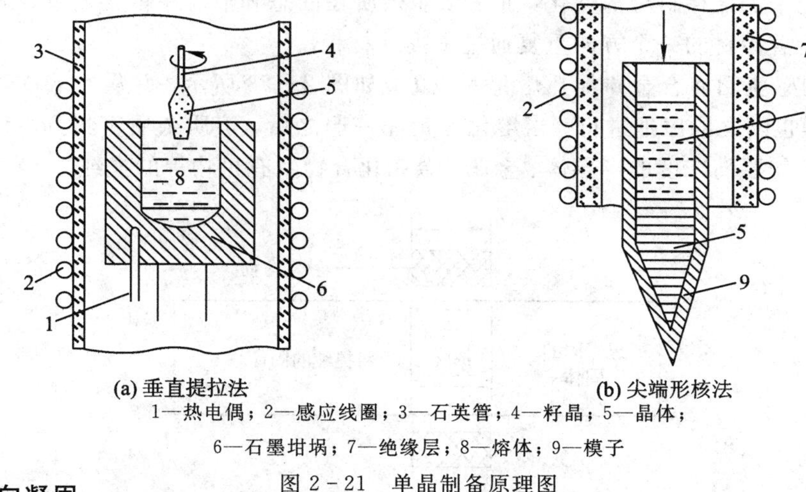

(a) 垂直提拉法　　(b) 尖端形核法

1—热电偶；2—感应线圈；3—石英管；4—籽晶；5—晶体；

6—石墨坩埚；7—绝缘层；8—熔体；9—模子

图 2-21　单晶制备原理图

2. 定向凝固

单向柱状晶、片层状或杆状共晶的纵向和横向性能差别很大，在许多情况下，沿纵向具有较为优良的力学性能。如果能使铸件全部由向单一方向延伸的柱状晶、片层状或杆状共晶所组成，并使其延伸方向与铸件工作应力最大的方向一致，则可使这些铸件具有良好的使用性能。为此，必须使液体的热量沿单一方向散失，并在此方向造成很陡的温度梯度，以消除悬浮细晶长大形成等轴晶区的可能性。

图 2-22 为定向结晶示意图。在这种措施中，铸型被安放在一块水冷铜板上，并一起被放在炉中加热，当它们的温度超过待浇注金属的熔点后，将已熔化的过热金属液体注入铸型，使之在炉中保持一段时间达到热稳定。在水冷铜板的作用下沿铸型纵向将产生一定温度梯度，并使金属液体开始在铜板上凝固。随后令水冷铜板连同铸型以一定速度从炉中退出，直到铸件完全凝固为止。整个操作均需在真空中进行，以防止金属氧化。

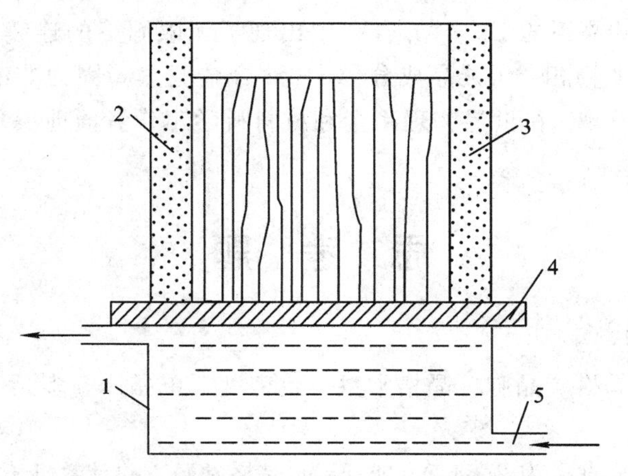

1—结晶器；2—热砂模；3—铸锭；4—水冷铜板；5—冷却水

图 2-22　定向结晶示意图

3. 区域提纯

区域提纯不需把棒材全部熔化，而是依靠杂质在固态和液态中的溶解度不同，通过一个窄的溶区沿着棒材的一个方向重复通过来提纯材料。

例如，用感应圈使合金棒加热熔化一段 L，如图 2-23 所示，并从左端逐步向右端移动，凝固过程也随之顺序地进行。当熔化区走完一遍之后，溶质杂质富集到右端。该方法已广泛应用于需要高纯度的半导体、金属、金属化合物及有机物等的提纯。

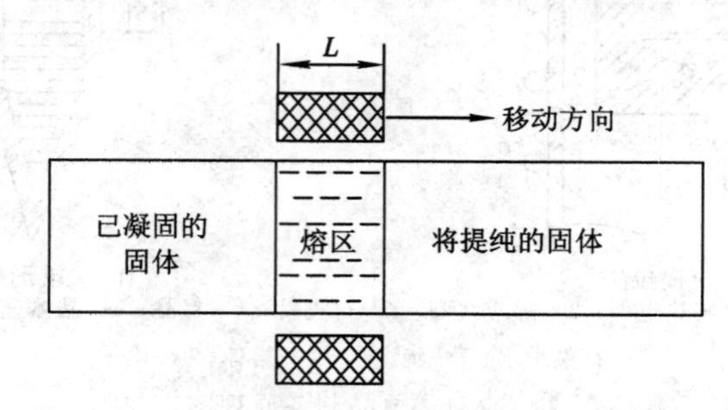

图 2-23 区域提纯示意图

4. 急冷凝固技术

在金属凝固过程中，凝固系统的传热强度及凝固速率对凝固过程及合金组织有着直接而重要的影响。快速凝固指的是在比常规工艺过程中快得多的冷却速度下，金属或合金以极快的速度从液态转变为固态的过程。常规工艺下金属的冷却速度一般不会超过 10^2℃/s。例如：大型砂型铸件及铸锭凝固时的冷却速度为 10^{-6}～10^{-3}℃/s；中等铸件及铸锭凝固时的冷却速度为 10^{-3}～10^0℃/s；薄壁铸件、压铸件、普通雾化凝固时的冷却速度为 10^0～10^2℃/s。

快速凝固的金属冷却速度一般要达到 10^4～10^9℃/s。经过快速凝固的合金，会出现一系列独特的结构与组织现象。1960 年美国加州理工学院 Duwez 等人采用一种特殊的熔体急冷技术，首次使液态合金在大于 10^7℃/s 的冷却速度下凝固。他们发现，在这样快的冷却速度下，本来属于共晶系的 Cu-Ag 合金中出现了无限固溶的连续固溶体，在 Ag-Ge 合金系中出现了新的亚稳相，而共晶成分 Au-Si 合金竟然凝固为非晶态的结构，因而可称为金属玻璃。这些发现，在世界物理冶金和材料科学工作者面前展现了一个新的广阔的研究领域。

思 考 题

1. 解释以下名词：

晶体　非晶体　晶格　晶胞　晶格常数　致密度　单晶体　多晶体　固溶体　金属间化合物

2. 已知 Fe 的原子直径为 2.54 Å，求 Fe 的晶格常数，并计算 1 mm^3 Fe 中的原子数。

3. 试比较 α-Fe 与 γ-Fe 晶格的原子排列紧密程度与溶碳能力。

4. 常见的金属晶体晶格类型有哪些？它们的原子排列和晶格常数各有什么特点？γ-Fe、α-Fe、Al、Cu、Ni、Cr、Mg、Zn 各属于何种晶格结构？

5. 为什么单晶体具有各向异性，而多晶体在一般情况下不显示各向异性？
6. 实际晶体中存在哪些晶体缺陷？它们对性能有什么影响？
7. 简述固溶体和金属间化合物在晶体结构与机械性能方面的区别。
8. 金属结晶的基本规律是什么？
9. 为什么金属材料一般希望获得细晶粒组织？细化晶粒的方法有哪些？

第 3 章 金属材料的组织性能控制

3.1 合金相图

3.1.1 相图的建立

在研究多组元材料的性能前，首先要了解各组元在不同的物理化学条件下的相互作用，以及由于这种作用而引起的系统状态的变化及相的转变。系统状态的变化及相的转变与材料中各组元的性质、质量分数、温度及压力等有关。描写在平衡条件下，环境约束(如温度、压力)、组分和稳定的相区之间关系的图形便是相图(phase diagram)。所谓平衡，是指在一定条件下合金系中参与相变过程的各相的成分和质量分数不再变化所达到的一种状态。合金在极其缓慢冷却条件下的结晶过程，一般可认为是平衡的结晶过程。在常压下，二元合金的相状态取决于温度和成分。因此二元合金相图可用温度-成分坐标系的平面图来表示。

掌握相图的分析方法和使用方法，可以分析和了解材料在不同条件下的相转变及相的平衡存在状态，预测材料的性能和研制新的材料。相图还可以作为制定材料的制备工艺的重要依据。

二元相图可通过实验进行测定，根据实验数据，在以温度为纵坐标、以组成材料的成分为横坐标的坐标系中，绘制出曲线图。下面以铜镍(Cu－Ni)二元合金系为例，说明用热分析方法测定其临界点及绘制相图的过程。

(1) 配制一系列成分不同的 Cu－Ni 合金：100%Cu；80%Cu＋20%Ni；60%Cu＋40%Ni；40%Cu＋60%Ni；20%Cu＋80%Ni；100%Ni。

(2) 用热分析法测定出所配制合金的冷却曲线，如图 3－1 所示。

(3) 找出各冷却曲线上的临界点。

(4) 将各个合金的临界点分别标注在温度-成分坐标系中相应的合金成分垂线上。

(5) 连接相同意义的临界点，所得的线称为相界线。

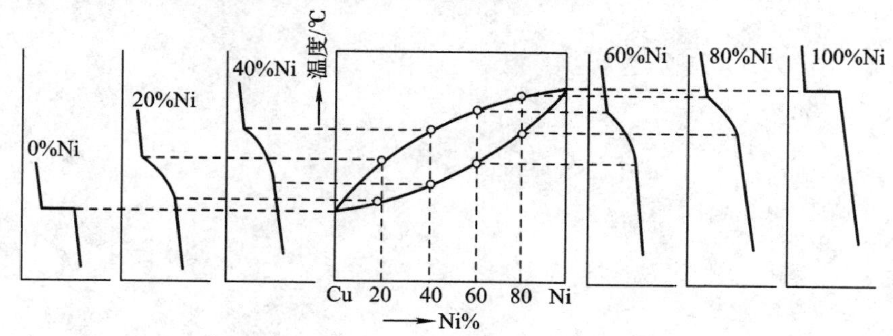

图 3－1　Cu－Ni 合金相图的测定与绘制

这样就获得了 Cu－Ni 合金相图。该相图是一种最简单的相图。许多材料的相图都是比较复杂的，但它们建立相图的基本方法都是相同的，而复杂的相图可以看成是由若干基本的、简单的相图所组成的。

3.1.2　相图的基本类型

二元合金相图主要有匀晶相图、共晶相图、包晶相图和共析相图等几种基本类型。

1. 匀晶相图

从合金的均匀熔体中只结晶出一种固溶体的转变过程称为匀晶转变(isomorphous transformation)。只发生匀晶转变的相图称为匀晶相图(isomorphous phase diagram)。匀晶相图中两组元在液态和固态下，均能无限互溶。如 Cu－Ni、Au－Ag、Fe－Ni、Cu－Au 等二元合金都具有这样的相图。现以 Cu－Ni 合金相图为例进行分析。

1) 相图分析

图 3－2 为 Cu－Ni 合金匀晶相图。图中 A 为纯铜的熔点(1083 ℃)，B 为纯镍的熔点(1445 ℃)。ALB 为液相线，是各种成分合金在冷却过程中开始结晶或在加热过程中熔化终了的温度；$A\alpha B$ 为固相线，是各种成分合金在冷却过程中结晶结束或在加热过程中开始熔化的温度。液相线以上为液相区，以“L”表示；固相线以下为单相固溶体区，以“α”表示；固相线和液相线之间为液相和固相两相共存区，以“L＋α”表示。

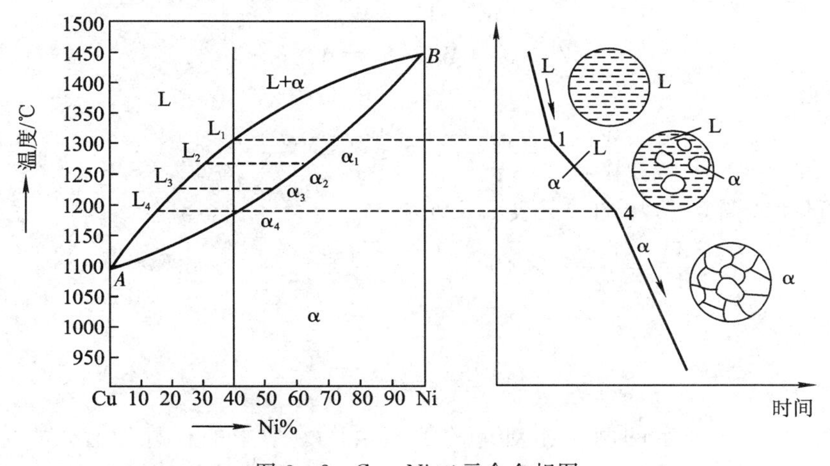

图 3－2　Cu－Ni 二元合金相图

2) 合金结晶过程分析

以 40％的 Cu－Ni 合金为例分析其结晶过程，如图 3－2 所示。

当合金自高温液态缓慢冷却到液相线 t_1 温度时，开始从液相中结晶出 α 固溶体，此时固溶体的成分为 α_1(这时固溶体中含镍量高于合金的含镍量)；随着温度的下降，α 固溶体的量逐渐增多，剩余的液相逐渐减少；冷至 t_2 温度时，固溶体的成分为 α_2，液相成分为 L_2(这时液相中的含镍量低于合金含镍量)；当冷至 t_3 温度时，固溶体成分为 α_3，液相成分为 L_3；当冷至 t_4 温度时，成分为 L_4 的液相结晶为 α 固溶体，此时固溶体成分为 α_4，即为合金的成分。由此可见，随着温度由 $t_1 \rightarrow t_4$ 的缓慢冷却结晶过程中，液相的成分沿液相线由高镍向低镍方向变化，即 $L_1 \rightarrow L_2 \rightarrow L_3 \rightarrow L_4$；固相的成分沿固相线由高镍向低镍方向变化，即 α_1

→α_2→α_3→α_4。在极其缓慢的冷却条件下，液、固相中的原子能进行充分的扩散，合金中的液相和固相的成分在结晶这个不断变化的过程中逐渐趋于一致。

3）杠杆定律

杠杆定律(lever rude)是分析相图时的重要工具，可用来确定两相平衡时的相成分和相对量，如图 3-3 所示。成分为 x 的合金在 t_1 温度出现两相平衡时，过 o 点引一水平线，该线与相区边界线分别交于 a 和 b，两交点 a、b 所对应的成分 x_1 和 x_2 即为两平衡相 L 和 α 相的成分。

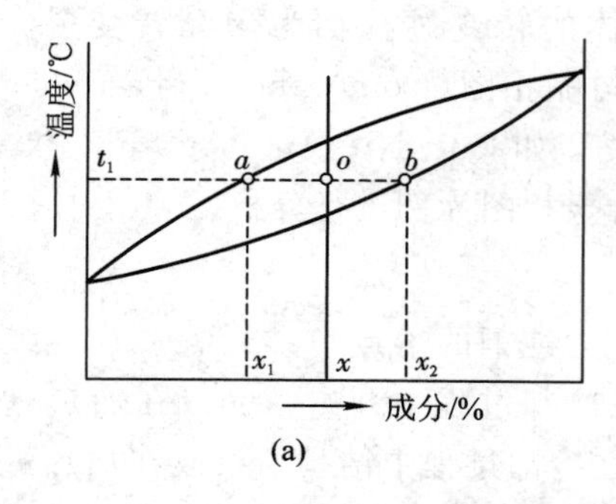

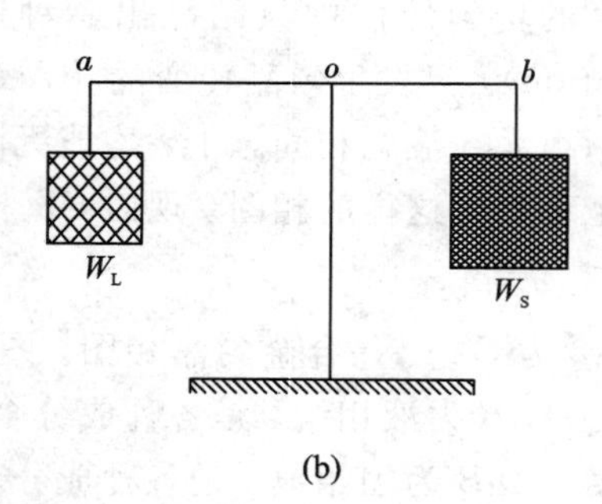

图 3-3 杠杆定律的证明和力学比喻

设液相重为 W_L，固相重为 W_S，合金总量为 W_O，则可列出如下方程：

$$W_L + W_S = W_O$$

$$W_L \cdot x_1 + W_S \cdot x_2 = W_O \cdot x$$

由上两式可得

$$\frac{W_L}{W_O} = \frac{x_2 - x}{x_2 - x_1}, \quad \frac{W_S}{W_O} = \frac{x - x_1}{x_2 - x_1} \tag{3-1}$$

将分子、分母换成图 3-3 中的线段表示，则为

$$\frac{W_L}{W_O} = \frac{xx_2}{x_1x_2} \times 100\%, \quad \frac{W_S}{W_O} = \frac{x_1x}{x_1x_2} \times 100\% \tag{3-2}$$

故两相的重量比为

$$\frac{W_L}{W_S} = \frac{xx_2}{x_1x} \tag{3-3}$$

可以看出，上式表示的两相相对量的关系很像力学中的杠杆原理，故称之为杠杆定律。

4）枝晶偏析

固溶体结晶时成分是变化的，缓慢冷却时原子的扩散能充分进行，形成成分均匀的固溶体；冷却较快时，原子扩散不能充分进行，则形成成分不均匀的固溶体。先结晶的树枝晶轴含高熔点组元较多，后结晶的树枝晶枝干含低熔点组元较多，结果造成在一个晶粒内化学成分分布不均。这种现象称为枝晶偏析(dendritic segregation)，如图 3-4 所示。枝晶偏析对材料的机械性能、抗腐蚀性能、工艺性能都不利。生产上为了消除其影响，常把合金加热到高温(低于固相线 100 ℃左右)，并进行长时间保温，使原子充分扩散，获得成分均匀的固溶体，这种处理称为扩散退火(diffusion annealing)。

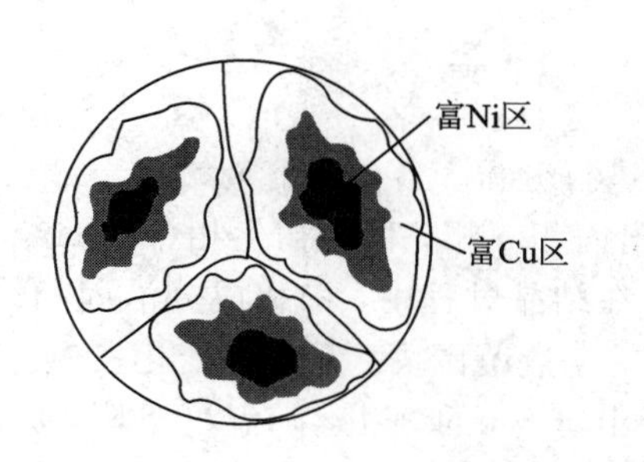

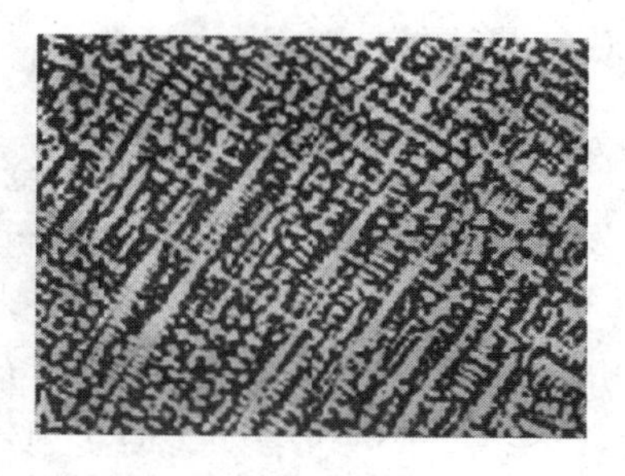

图 3-4　Cu-Ni 合金枝晶偏析示意图及金相图

2. 共晶相图

一个液相冷却到某一温度，在恒温下同时结晶出两个不同的固相的转变，称为共晶转变(eutectic transformation)。转变所得的两相机械混合物成为共晶体(eutecticum)。两组元在液态无限互溶，固态有限互溶或完全不互溶，且冷却过程中发生共晶转变的相图，称为共晶相图。在工业上常见的共晶相图有 Pb-Sn、Pb-Sb、Al-Si、Ag-Cu 相图等，图 3-5所示的 Pb-Sn 相图是典型的二元共晶相图。

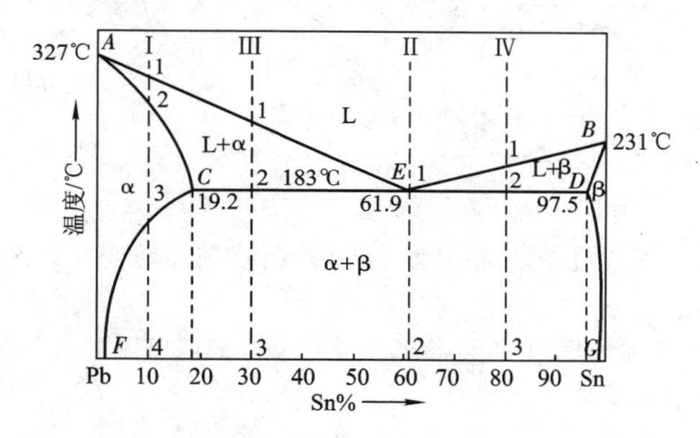

图 3-5　Pb-Sn 二元共晶相图

1) 相图分析

相图中，组元 Pb 的熔点为 327 ℃，组元 Sn 的熔点为 232 ℃。液态下两组元无限互溶，在固态下有限互溶，可形成两个固溶体。α 是以铅为溶剂锡为溶质的固溶体，β 是以锡为溶剂铅为溶质的固溶体。

相图中，*AEB* 为液相线，它的上方全部为单一的液相，表示从液相中开始结晶出 α 或 β 固溶体的温度。*ACEDB* 为固相线，它的下方全部为固相，其中 *AC* 和 *DB* 线分别表示 α、β 固溶体合金的结晶过程全部结束；*CED* 水平线(183 ℃)为共晶转变线，表示具有 *E* 点成分的液相，在恒温下发生共晶转变，同时结晶出成分为 *C* 和 *D* 的 α、β 固溶体，即

$$L_E \xrightleftharpoons{183\ ℃} (\alpha_C + \beta_D)$$

成分点位于 *CD* 之间的合金，在结晶过程中都将发生共晶转变。*CF* 线和 *DG* 线称为固溶度线，分别是 α、β 固溶体的固溶度变化曲线，其固溶体的固溶度随着温度的降低而减小。

上述各线将相图分成若干区域。如图可知，该相图包含有 α、β、L 三个单相区，还有 L+α、L+β、α+β 三个双相区，在 *CED* 线上为 L+α+β 三相共存区。

2）合金的结晶过程

（1）合金Ⅰ的结晶过程。

$\omega_{Sn} \leqslant 19.2\%$的合金。取$\omega_{Sn}=10\%$的合金Ⅰ进行分析。当合金溶液缓冷至液相线（图3-5中的1点）时发生匀晶转变，开始从液相中析出固相α相，称为初生相（primary phase），随着温度下降α相不断增多，而液相不断减少。在结晶过程中，固相成分沿固相线AC变化。冷至t_2点时，结晶完毕。继续冷却，温度在$t_2 \sim t_3$点范围内，无任何变化发生。当温度降至t_3点以下时，称过饱和状态的α相，将不断析出富Sn的β相。随温度下降，α相的固溶度逐渐减少，此析出过程不断进行。这种析出过程称为脱溶过程或二次析出，析出相称为二次相或次生相（secondary phase），用$\beta_{Ⅱ}$表示。二次相可在晶界上析出，也可在晶内缺陷处析出。图3-6为该合金缓冷时平衡转变过程示意图。

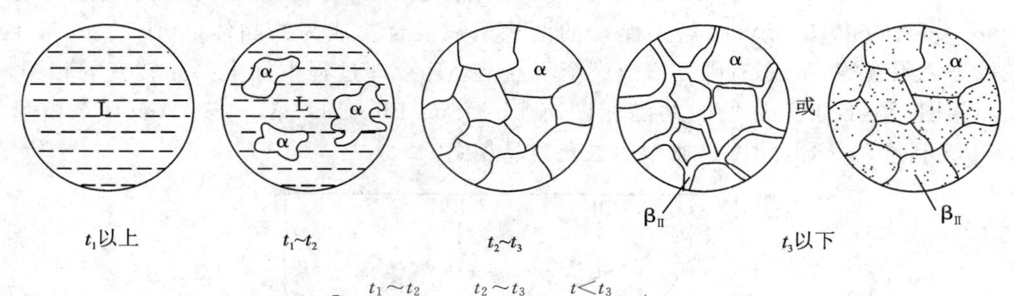

$$L \xrightarrow[L\to\alpha]{t_1 \sim t_2} \alpha \xrightarrow[\text{无变化}]{t_2 \sim t_3} \alpha \xrightarrow[\delta\to\gamma]{t<t_3} \alpha + \beta_{Ⅱ}$$

图3-6　$\omega_{Sn}=10\%$的Sn-Pb合金平衡结晶过程

由上述分析可见，合金Ⅰ在结晶过程中的转变为“匀晶转变＋二次析出”，其室温下的组织为$\alpha+\beta_{Ⅱ}$。

利用杠杆定律可以算出析出的$\beta_{Ⅱ}$相的质量分数。如取室温时α相及β相的固溶度分别为图3-5中F点及G点，取合金成分$\omega_{Sn}=10\%$。

$$\omega_{\beta_{Ⅱ}}=\frac{10-F}{G-F}\times 100\%$$

同样，富Sn的β相在冷却过程中，当超出其固溶度时，也会析出低Sn的$\alpha_{Ⅱ}$相。

由于这种脱溶过程是在固态下发生，原子的扩散能力较小，故析出的二次相一般都较为细小。

（2）合金Ⅱ的结晶过程。

成分为图3-5中E点的对应合金，称为共晶合金（eutectic alloy），具有共晶成分（$\omega_{Sn}=61.9\%$），其冷却过程的组织变化如图3-7所示。

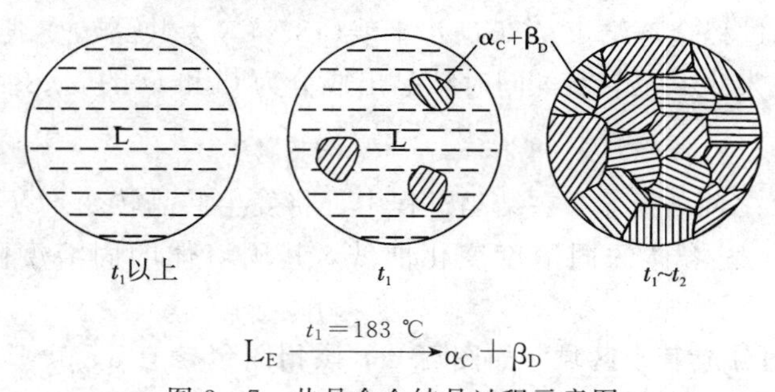

$$L_E \xrightarrow{t_1=183\ ℃} \alpha_C+\beta_D$$

图3-7　共晶合金结晶过程示意图

由相图可知，该合金在 t_1 点温度(183 ℃)以上为液相，在 t_1 温度发生恒温共晶转变，成分为 E 点的液相在恒温下析出成分为 C 的 α 相和成分为 D 的 β 相。这时获得细密的 $\alpha_C+\beta_D$ 两相机械混合物共晶体。共晶体中 α 和 β 固溶体的相对质量可用杠杆定律计算，结果如下：

$$\alpha_C=\frac{D-E}{D-C}\times 100\%=\frac{97.5-61.9}{97.5-19.2}\times 100\%\approx 45.5\%$$

$$\beta_D=\frac{E-C}{D-C}\times 100\%=\frac{61.9-19.2}{97.5-19.2}\approx 54.5\%$$

或

$$\beta_D\%=1-\alpha_C\%$$

共晶转变结束，温度继续下降，在温度不断下降的过程中 α_C 和 β_D 的固溶度分别沿 CF 线和 DG 线不断变化，分别析出二次相 $\beta_{Ⅱ}$ 和 $\alpha_{Ⅱ}$。由于此种二次相常依附于同类相上形核、长大，在显微镜下难以区分，故一般不予考虑。

由上述分析可知，合金Ⅱ在结晶过程中的转变为“共晶转变＋二次析出”，室温组织为 α＋β 共晶体，如图 3－8 所示。

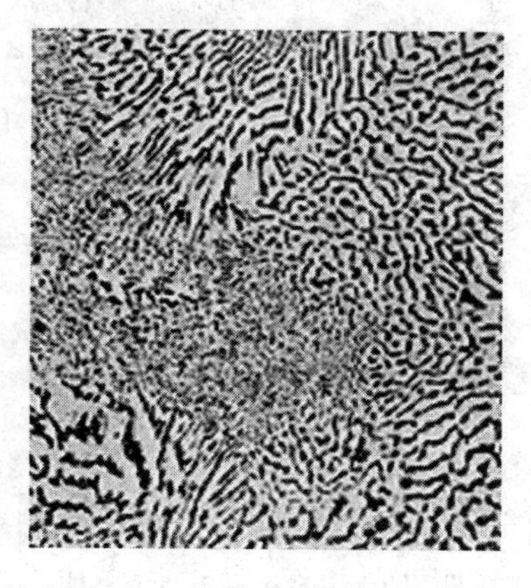

图 3－8　共晶合金组织的形态

(3) 合金Ⅲ的结晶过程。

在图 3－5 中成分位于共晶点 E 以左、C 以右的合金，叫做亚共晶合金(hypoeutectic alloy)。其冷却过程中的组织变化如图 3－9 所示。

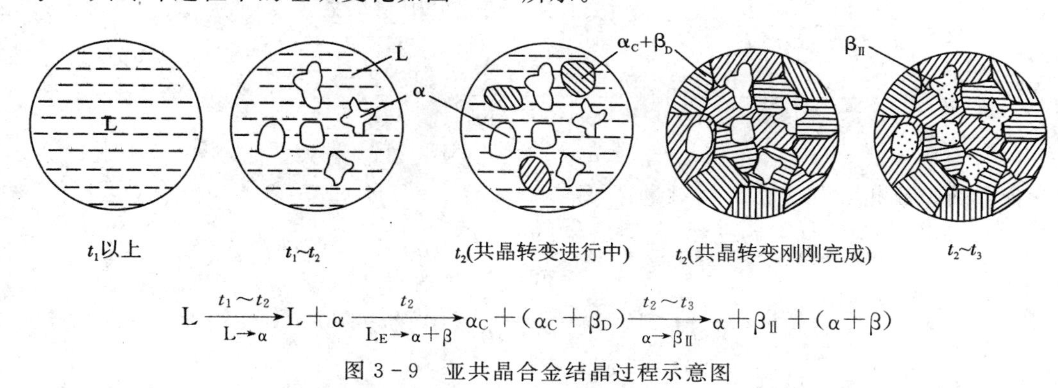

$$L\xrightarrow[L\to\alpha]{t_1\sim t_2}L+\alpha\xrightarrow[L_E\to\alpha+\beta]{t_2}\alpha_C+(\alpha_C+\beta_D)\xrightarrow[\alpha\to\beta_{Ⅱ}]{t_2\sim t_3}\alpha+\beta_{Ⅱ}+(\alpha+\beta)$$

图 3－9　亚共晶合金结晶过程示意图

由图可知，当合金液相缓冷至 t_1 温度时，液态合金首先发生匀晶转变，从液相中结晶出 α 相。随着温度的下降，α 相的量不断增加，与此同时，α 相的成分沿 AC 线向 C 点变化，

液相成分沿 AE 线向 E 点变化。当温度降至 t_2 共晶温度时，先共晶 α 相为 C 点成分，剩余的液相为 E 点成分。两相的相对量为(以 $\omega_{Sn}=30\%$ 的合金为例)

$$\omega_\alpha=\frac{E-30}{E-C}\times100\%=\frac{61.9-30}{61.9-19.2}\times\%\approx74.7\%$$

$$\omega_L=\frac{30-C}{E-C}\times100\%=\frac{30-19.2}{61.9-19.2}\times\%\approx25.3\%$$

剩余液相发生共晶转变，即 $L_E \xrightleftharpoons{183\ ^\circ\mathrm{C}} \alpha_C+\beta_D$，共晶反应结束后，温度继续下降，先共晶 α 相的成分沿 CF 线变化，析出二次相 β_{II}，同时共晶体 α+β 中也析出 β_{II} 和 α_{II}。但由于前述原因，共晶体中的次生相可以不予考虑，而只考虑先共晶 α 相中析出的 β_{II} 相。

由上述分析可知，合金Ⅲ在结晶过程中的转变为“匀晶转变＋共晶转变＋二次析出”，其室温下的组织为 $\alpha+\beta_{II}+(\alpha+\beta)$，如图 3-10 所示。

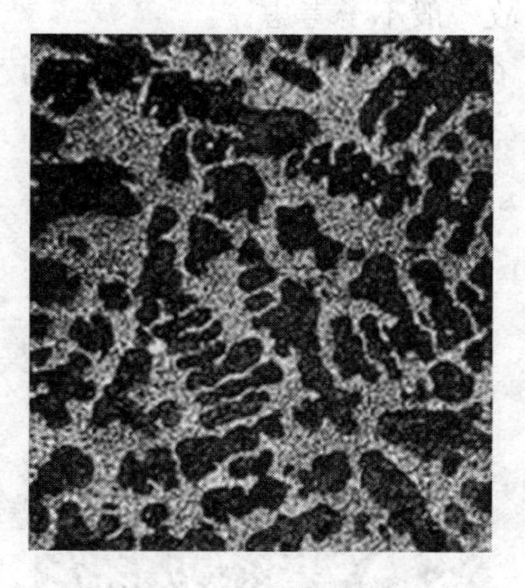

图 3-10　亚共晶合金组织

一般将显微组织中能清晰分辨的独立组成部分称为组织组成物。组织组成物可以是单相(如 α 相、β_{II} 相)，也可由多相(如共晶组织 α+β)所组成。组织组成物的相对量也可以用杠杆定律求出(以 $\omega_{Sn}=30\%$ 的合金为例，取 F 点成分为 $\omega_{Sn}=2\%$，G 点成分为 $\omega_{Sn}=99\%$)：

$$\omega_{\alpha+\beta}=\frac{30-C}{E-C}\times100\%=\frac{30-19.2}{61.9-19}\times100\%\approx25.3\%$$

$$\omega_\alpha=\frac{E-30}{E-C}\cdot\frac{G-C}{G-F}\times100\%=\frac{61.9-30}{61.9-19.2}\times\frac{99-19.2}{99-2}\times100\%\approx61.5\%$$

$$\omega_{\beta_{II}}=\frac{E-30}{E-C}\cdot\frac{C-F}{G-F}\times100\%=\frac{61.9-30}{61.9-19.2}\times\frac{19.2-2}{99-2}\times100\%\approx13.2\%$$

或

$$\omega_{\beta_{II}}=1-\omega_{(\alpha+\beta)}-\omega_\alpha=13.2\%$$

合金的组成相 α 和 β 相的相对量：

$$\omega_\alpha=\frac{G-30}{G-F}\times100\%=\frac{99-30}{99-2}\times100\%=71.1\%$$

$$\omega_\beta=\frac{30-F}{G-F}\times100\%=\frac{30-2}{99-2}\times100\%=28.9\%$$

(4) 合金Ⅳ的结晶过程。

在图 3-5 中成分在 E 点以右、D 点以左的合金称为过共晶合金(hypereutectic alloy)。过共晶合金的结晶过程与亚共晶合金类似，所不同的是过共晶合金的初生相为 β 相

(L→β)，二次相由初生相 β 析出($\beta\rightarrow\alpha_{\mathrm{II}}$)。该合金室温下的组织为 $\beta+\alpha_{\mathrm{II}}+(\alpha+\beta)$，如图 3－11 所示。

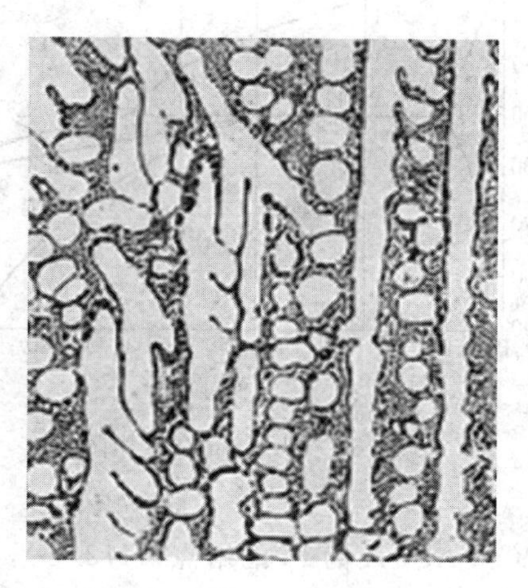

图 3－11　过共晶合金组织

综合上述结晶过程分析可知，在 Pb－Sn 合金的结晶过程中，固相仅出现了 α、β 两相。所以我们称 α、β 是该合金的相组成物，图 3－5 中各相区就是以合金的相组成填写的。

不同合金由于形成条件不同，各种相将以不同数量、形状、大小互相结合，形成在显微镜上可观察到的不同组织，如 α、β、α_{II}、β_{II}、(α＋β)等。若把合金的组织直接填写在相图中，如图 3－12 所示，即得到以组织组成物填写的 Pb－Sn 相图。这样填写的合金组织与用显微镜看到的金相组织是一致的，因此更加明确具体，可以直观地了解任一成分的合金在不同温度下的组织状态，以及冷却过程中组织的转变情况。

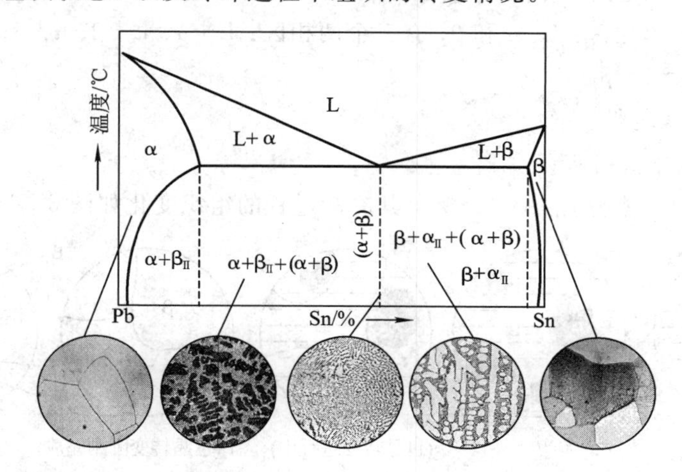

图 3－12　由组织组成物填写的 Pb－Sn 相图及对应的金相组织

3. 包晶相图

一个液相与一个固相相互作用，在恒温下生成一个新的固相的转变称为包晶转变(peritectic transformation)，即 L＋α→β。具有包晶转变的相图称为包晶相图。在二元合金中，Pt－Ag、Sn－Sb、Cu－Sn、Cu－Zn 等合金都有包晶相图，其中 Pt－Ag 合金相图是典型的包晶相图，如图 3－13 所示。

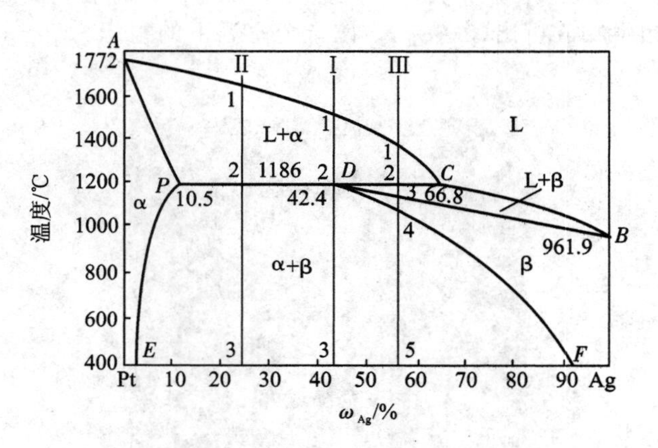

图 3-13 Pt-Ag 合金相图

1）相图分析

相图中二组元分别是 Pt 和 Ag，*A* 为 Pt 的熔点(1172 ℃)，*B* 为 Ag 的熔点(961.9 ℃)。在液态下两组元无限互溶，在固态下为有限互溶，分别形成以 Pt 为溶剂的 α 固溶体和以 Ag 为溶剂的 β 固溶体。α 固溶体中 Ag 的最大溶解度为 10.5%，β 固溶体中 Pt 的最大溶解度为 57.6%。

相图中 *ACB* 线为液相线，分别表示 α 和 β 固溶体从液相中结晶的开始温度。*APDB* 为固相线，分别表示 α、β 固溶体结晶结束的温度，水平线 *PDC* 为包晶转变线，即发生 $L_C+\alpha_P \rightarrow \beta_D$ 的包晶转变。凡是成分点位于 *PC* 之间的合金，在结晶过程中都将发生包晶转变。*PE* 线和 *DF* 线分别为 α、β 固溶体的溶解度变化曲线，当合金冷至 *PE*、*DF* 线以下时，将会分别从过饱和的 α、β 固溶体中析出 β_{II} 和 α_{II}。

相图中有三个单相区：L、α 和 β；有三个两相区：L＋α、L＋β、α＋β；相图中 *PDC* 水平线为三相区：L＋α＋β。

2）合金的结晶过程

(1) 合金Ⅰ的结晶过程。

合金Ⅰ具有包晶成分 $\omega_{Ag}=42.4\%$，其冷却过程的组织变化如图 3-14 所示。

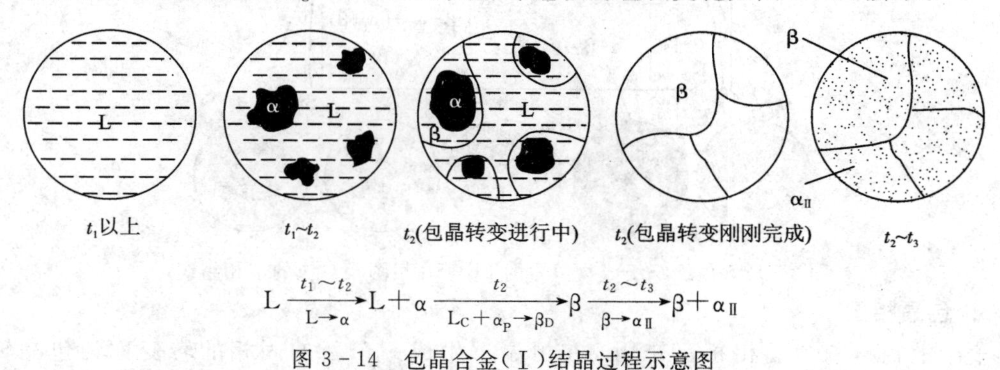

$$L \xrightarrow[L\rightarrow\alpha]{t_1\sim t_2} L+\alpha \xrightarrow[L_C+\alpha_P\rightarrow\beta_D]{t_2} \beta \xrightarrow[\beta\rightarrow\alpha_{II}]{t_2\sim t_3} \beta+\alpha_{II}$$

图 3-14 包晶合金(Ⅰ)结晶过程示意图

在 t_1 温度以上为液相，在 $t_1\sim t_2$，随温度降低不断结晶出初晶 α 固溶体。这期间 α 固溶体的成分沿 *AP* 线向 *P* 变化，液相成分沿 *AC* 向 *C* 变化。在 t_2 点温度时 α 的成分到达 *P* 点，液相成分到达 *C* 点，这时将发生包晶转变，即 $L_C+\alpha_P\rightarrow\beta_D$，转变结束后液相和 α 固溶

体全部转变为 β 固溶体。继续冷却，β 固溶体的溶解度沿 DF 线变化，这时过饱和的 β 固溶体将不断析出二次晶 α_{II}。合金 Ⅰ 在室温下的平衡组织为 $\beta+\alpha_{\mathrm{II}}$。

（2）合金 Ⅱ 的结晶过程。

合金 Ⅱ 成分在 $\omega_{\mathrm{Ag}}=10.5\%\sim42.4\%$之间，其冷却过程的组织变化如图 3-15 所示。

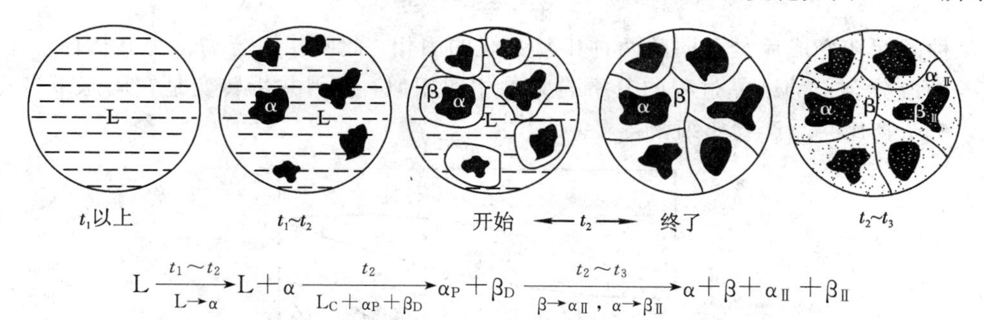

图 3-15　包晶合金（Ⅱ）结晶过程示意图

当合金冷却到 t_1温度时开始结晶出初晶 α 固溶体。在 $t_1\sim t_2$温度冷却时，α 固溶体的数量不断增加。到 t_2温度时，α 固溶体的成分为 P，液相成分为 C，这时将发生恒温包晶转变，即 $\mathrm{L_C}+\alpha_{\mathrm{P}}\rightarrow\beta_{\mathrm{D}}$。合金在包晶转变后有 α 固溶体剩余。在 t_2温度以下继续冷却时，α 固溶体的固溶度沿 PE 线变化，析出二次相 β_{II}，β 固溶体溶解度沿 DF 线变化，析出二次相 α_{II}。所以，合金 Ⅱ 结晶过程的反应为“匀晶转变＋包晶转变＋二次析出”，室温下的平衡组织为 $\alpha+\beta+\alpha_{\mathrm{II}}+\beta_{\mathrm{II}}$。

（3）合金 Ⅲ 的结晶过程。

合金 Ⅲ 成分在 $\omega_{\mathrm{Ag}}=42.4\%\sim66.8\%$之间，其冷却过程的组织变化如图 3-16 所示。

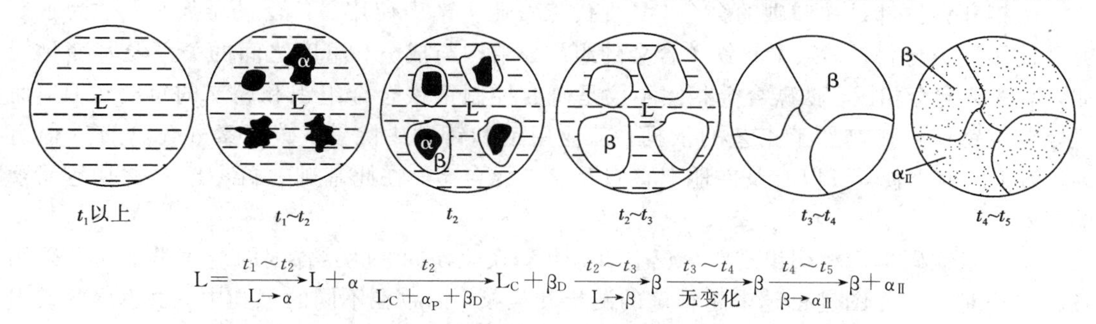

图 3-16　包晶合金（Ⅲ）结晶过程示意图

在 t_1温度以上时为液相。在 t_1温度开始结晶出初晶 α 固溶体。在 $t_1\sim t_2$温度区间，随着温度下降不断析出初晶 α 固溶体，这时 α 固溶体成分沿 AP 线向 P 变化，液相成分沿 AC 线向 C 变化。到 t_2温度时，α 成分为 P，液相成分为 C，发生包晶转变 $\mathrm{L_C}+\alpha_{\mathrm{p}}\rightarrow\beta_{\mathrm{D}}$。包晶转变结束后，有液相剩余。在 $t_2\sim t_3$温度冷却，剩余液相按匀晶转变全部转变为 β 固溶体。在 $t_3\sim t_4$温度之间为 β 固溶体自然冷却的过程。在 t_4温度以下，β 相的固溶度沿 DF 线变化，析出二次晶 α_{II}。所以，合金 Ⅲ 结晶过程的转变为“匀晶转变＋包晶转变＋匀晶转变＋二次析出”。室温平衡组织为 $\beta+\alpha_{\mathrm{II}}$。

4. 共析相图

一定成分的固相在恒温下生成另外两个一定成分的固相的转变叫共析转变。共析转变与共晶转变非常类似，所不同的是反应相不是液相，而是固相。

图 3－17 下半部为共析相图。d 点成分(共析成分)的合金从液相经过匀晶转变生成 γ 相后，继续冷却到 d 点温度(共析温度)时，在此恒温下发生共析转变，同时析出 c 点成分的 α 相和 e 点成分的 β 相：

$$\gamma_d \xrightleftharpoons{\text{恒温}} \alpha_c + \beta_e$$

即由一种固相转变成完全不同的两种相互关联的固相，此两相混合物称为共析体。共析相图中各种成分合金的结晶过程的分析与共晶相图相似，但因共析转变是在固态下进行的，所以共析产物比共晶产物要细密得多。

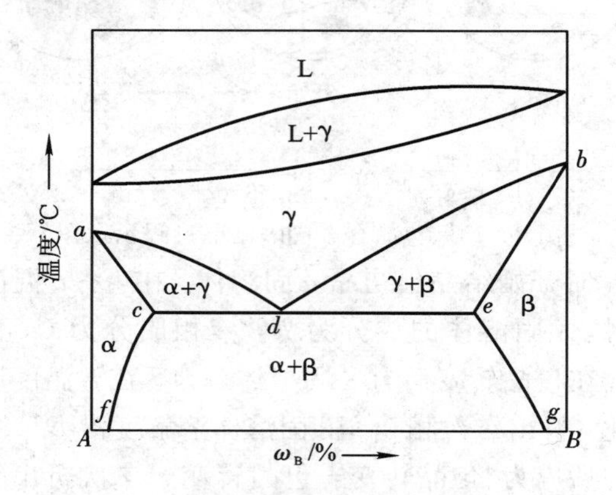

图 3－17　具有共析转变的二元合金相图

3.1.3　铁碳合金相图

碳钢和铸铁都是铁和碳的合金，是现代工农业生产中使用最广泛的金属材料。为了研究和使用这类材料，必须了解铁碳合金的组织、结构与成分、温度之间的关系及其变化规律，即铁碳合金相图。铁碳合金相图不仅是研究控制钢铁合金组织和相交的重要工具，而且是制定钢铁材料热加工工艺的依据。工业用钢和铸铁中除铁、碳元素外还含有其他组元。为了研究方便，可以有条件地把它们看成二元合金，在此基础上再考虑所含其他元素的影响。

第一张铁碳平衡相图出现距今已有百余年，在此期间，世界各国的金属学工作者采用各种方法对这一相图进行越来越精确的测定和校核，以致在不同的书刊中，由于出版或引用年代的不同而使这一相图中的某些参数会略有差别。

铁和碳可以形成一系列化合物，如 Fe_3C、Fe_2C、FeC 等，因此整个铁碳相图包括 Fe－Fe_3C、Fe_3C－Fe_2C、Fe_2C－FeC、FeC－C 等几个部分。Fe_3C 的碳质量分数为 6.69%。碳质量分数超过 6.69%的铁碳合金脆性很大，没有使用价值，所以有实用意义并被深入研究的只是相图中的 Fe－Fe_3C 部分。另外，铁碳合金中的碳除了以化合物 Fe_3C 的形式存在外，在特殊情况下也可形成石墨相。当碳以 Fe_3C 的形式存在时，可以把 Fe_3C 看做一个组元，此时的铁碳相图称为 Fe－Fe_3C 系相图；当碳以石墨形式存在时，铁碳相图称为铁-石墨相图。由于石墨相的吉布斯自由能较 Fe_3C 低，所以前者称为介稳定系相图，后者称为稳定系相图。本节只讨论按介稳态转变的 Fe－Fe_3C 相图，如图 3－18 所示。

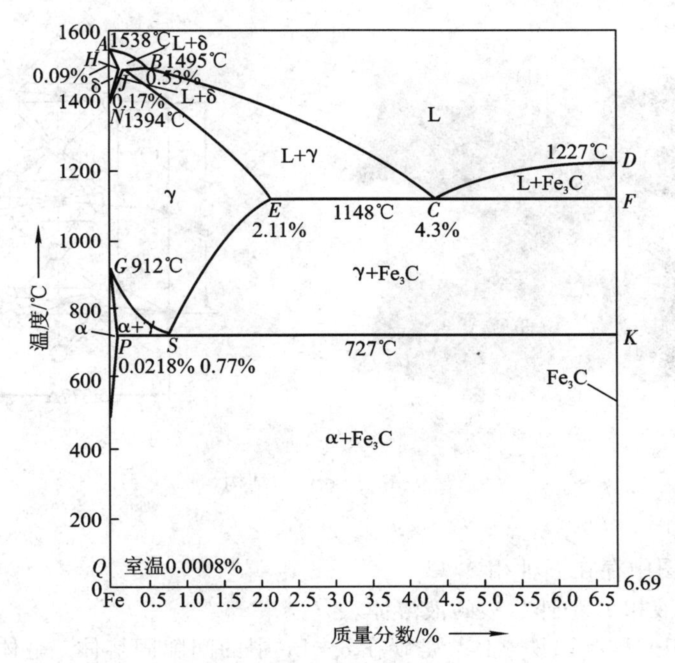

图 3－18　铁碳相图

1. 铁碳合金的组元与基本相

1）纯铁

铁属于过渡族元素，在常压下的熔点为 1538 ℃。纯铁从液态结晶为固态后，继续冷却到 1394 ℃及 912℃时，先后发生两次同素异构转变：1538～1394 ℃为体心立方结构，称为 δ－Fe；1394～912 ℃为面心立方结构，称为 γ－Fe；912 ℃以下为体心立方结构，称为α－Fe。

一般所谓的纯铁，会含有微量的碳和其他杂质元素。纯铁的力学性能因其纯度及晶粒大小的不同而有较大差别，其大致范围如下：

屈服强度(σ_s)：128～206 MPa

抗拉强度(σ_b)：275～314 MPa

伸长率(δ)：30%～50%

断面收缩率(ψ)：70%～80%

冲击韧度(a_k)；130～200 J/cm²

硬度 HB：70～80

纯铁的塑性和韧性好，但强度硬度低，很少用作结构材料。由于纯铁具有较高的磁导率，故可用于要求软磁性的场合。

2）Fe_3C

Fe_3C 称为渗碳体(cementite)，是铁与碳形成的间隙化合物，其含碳量为 6.69%，熔点为 1227 ℃，是 Fe－Fe_3C 系中的组元，又是铁碳合金中的重要基本相。

渗碳体属正交晶系，晶体结构十分复杂(见图 3－19)。渗碳体的硬度很高(约 800 HBW)，可以刻划玻璃，但塑性很差($\delta\approx0$，$\psi\approx0$，$a_k\approx0$)。当它被塑性良好的基体所包围时，在三向压缩应力下，仍可表现出一定的塑性。

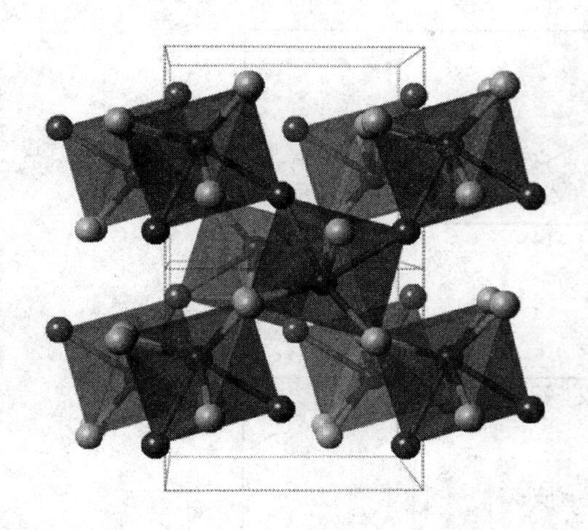

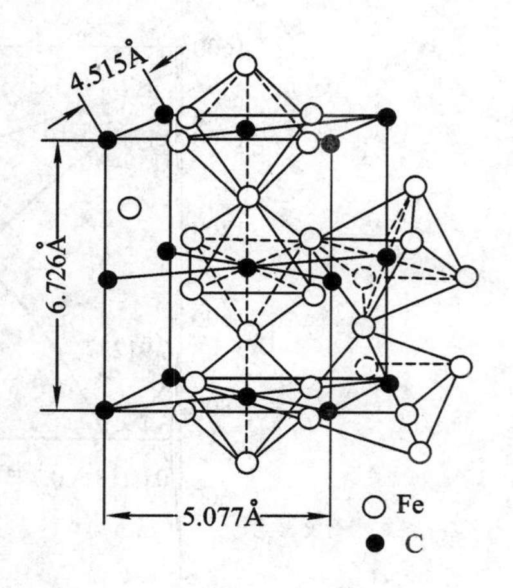

图 3－19　Fe_3C 的结构

3）铁碳合金相

Fe－Fe_3C 相图中存在五种相。

(1) 液相 L：液相 L 是铁与碳的液溶体。

(2) δ 相：δ 相又称高温铁素体，是碳在 δ－Fe 中的间隙固溶体，呈体心立方晶格，在 1394 ℃以上存在，在 1495 ℃时溶碳量最大，碳的质量分数为 0.09%。

(3) α 相：α 相也称铁素体(ferrite)，用符号 F 或 α 表示，是碳在 α－Fe 中的间隙固溶体，呈体心立方晶格。铁素体中碳的固溶度极小，室温时约为 0.0008%，600 ℃时为 0.0057%，在 727 ℃时溶碳量最大，碳的质量分数为 0.0218%。铁素体的性能特点是强度低、硬度低、塑性好。其力学性能与工业纯铁大致相同。

(4) γ 相：γ 相常称奥氏体(austenite)，用符号 A 或 γ 表示，是碳在 γ－Fe 中的间隙固溶体，呈面心立方晶格。奥氏体中碳的固溶度较大，在 1148 ℃时溶碳量最大，碳的质量分数达 2.11%。奥氏体的强度较低，硬度不高，易于塑性变形。

(5) Fe_3C 相：Fe_3C 相是一个化合物相，其晶体结构和性能已于前述。渗碳体根据生成条件不同有条状、网状、片状、粒状等形态，对铁碳合金的力学性能有很大影响。

2. Fe－Fe_3C 相图介绍

图 3－18 为 Fe－Fe_3C 相图，相图中各特性点的温度、成分及意义示于表 3－1 中。各特性点的符号是国际通用的，不能随意更换。

表 3－1　Fe－Fe_3C 相图中各主要点的温度、含碳量及意义

符号	温度/℃	含碳量 ω_C	说　明
A	1538	0	纯铁的熔点
B	1495	0.53%	包晶转变时液态合金的成分
C	1148	4.30%	共晶点
D	1227	6.69%	渗碳体熔点
E	1148	2.11%	碳在 γ－Fe 中的最大溶解度
F	1148	6.69%	渗碳体的成分
G	912	0	α－Fe↔γ－Fe 同素异构转变点
H	1495	0.09%	碳在 δ－Fe 中的最大溶解度

续表

符号	温度/℃	含碳量 ω_C	说　明
J	1495	0.17%	包晶点
K	727	6.69%	渗碳体的成分
N	1394	0	γ - Fe↔δ - Fe 同素异构转变点
P	727	0.0218%	碳在 α - Fe 中的最大溶解度
S	727	0.77%	共析点
Q	600	0.0057	600 ℃和室温时碳在 α - Fe 中的溶解度
	室温	0.0008%	

图 3 - 18 中 *ABCD* 为液相线，*AHJECF* 为固相线。整个相图中有三个恒温转变。

1）三个恒温转变

（1）包晶转变。

在 *HJB* 水平线(1495 ℃)发生包晶转变：

$$L_B+\delta_H \xrightleftharpoons{1495\ ℃} \gamma_J$$

即在 1495 ℃的恒温下 $\omega_C=0.53\%$的液相与 $\omega_C=0.09\%$的 δ 铁素体发生反应，生成 $\omega_C=0.17\%$的奥氏体。完全包晶反应时，由杠杆定律可算得 L 相与 δ 相的相对量比值为

$$\frac{\omega_{L_B}}{\omega_{\delta_H}}=\frac{0.17-0.09}{0.53-0.17}\approx\frac{1}{4.5}$$

（2）共晶转变。

ECF 线(1148℃)是共晶转变线。含碳量在 *E*～*F*($\omega_C=2.11\%$～6.69%)之间的铁碳合金均要发生共晶转变：

$$L_C \xrightleftharpoons{1148\ ℃} (\gamma_E+Fe_3C)$$

转变产物是奥氏体和渗碳体的机械混合物，称为莱氏体(ledeburite)，用 Ld 表示。莱氏体中奥氏体及渗碳体的相对量比值为

$$\frac{\omega_{\gamma E}}{\omega_{Fe_3C}}=\frac{6.69-4.3}{4.3-2.11}\approx\frac{1}{0.92}$$

莱氏体中的渗碳体称为共晶渗碳体(eutectic cenmentite)。

（3）共析转变。

在 *PSK* 线(727 ℃)发生共析转变：

$$\gamma_S \xrightleftharpoons{727\ ℃} (\alpha_P+Fe_3C)$$

转变产物是铁素体和渗碳体的机械混合物，称为珠光体(Pearlite)，用符号 *P* 表示。*PSK* 线称为共析转变线，常称为 A_1 线。从图中可以看出，凡是 $\omega_C>0.0218\%$的铁碳合金都将发生共析转变。

经共析转变形成的珠光体是片层状的，组织中的渗碳体称为共析渗碳体(eutectoid cementite)。渗碳体与铁素体含量的比值为

$$\frac{\omega_{Fe_3C}}{\omega_\alpha}=\frac{0.77-0.0218}{6.69-0.77}\approx\frac{1}{8}$$

2）三条固态转变线

（1）*GS* 线。

GS 线又称 A_3 线，它是在冷却过程中，由奥氏体析出铁素体的开始线，或加热时铁素体全部溶入奥氏体的终了线。

(2) ES 线。

ES 线是碳在奥氏体中的固溶度曲线。此温度线常称 A_{cm} 线。当温度低于此线时，奥氏体中将析出 Fe_3C，称为二次渗碳体 $Fe_3C_{Ⅱ}$(second cementite)，以区别从液相中经 CD 线析出的一次渗碳体 $Fe_3C_{Ⅰ}$(primary cementite)。

(3) PQ 线。

PQ 线是碳在铁素体中的固溶度曲线。碳在铁素体中的最大固溶度，在 727℃时 $\omega_C=0.0218\%$，600℃时降为 0.008%，300℃时约为 0.001%，因此铁素体从 727 ℃冷却下来时，也将析出渗碳体，称为三次渗碳体 $Fe_3C_{Ⅲ}$ (third cementite)。

3. 铁碳合金的平衡结晶过程及组织

根据铁碳合金的成分和组织可将其分为三类：$\omega_C<0.0218\%$ 的铁碳合金称为工业纯铁，$0.0218\%\leqslant\omega_C<2.11\%$ 的铁碳合金称为钢，$\omega_C\geqslant2.11\%$ 的铁碳合金称为铸铁。钢与铸铁是按有无共晶转变来区分的，钢与工业纯铁是按有无共析转变来区分的。在工程上，按组织特征又将其细分为七种类型，所划分出的各类铁碳合金的名称、含碳量范围以及室温平衡组织见表 3-2。

表 3-2　铁碳合金分类

总类	分类名称	$\omega_C/\%$	室温平衡组织
铁	工业纯铁(indastry pure iron)	<0.0218	铁素体或者铁素体+三次渗碳体
钢	亚共析钢(hypoeutectoid steel)	0.0218～0.77	铁素体+珠光体
	共析钢 (eutectoid steel)	0.77	珠光体
	过共析钢(hypereutectoid steel)	0.77～2.11	二次渗碳体+珠光体
铸铁	亚共晶铸铁(hypoeutectic white cast iron)	2.11～4.3	珠光体+二次渗碳体+莱氏体
	共晶铸铁(eutectic white cast iron)	4.3	莱氏体
	过共晶铸铁(hypereutectic white cast iron)	4.3～6.69	一次渗碳体+莱氏体

现从每一类中选择一个合金来分析其平衡转变过程和室温组织。

1) 含碳 $\omega_C=0.01\%$ 的合金(工业纯铁)

此成分的合金在相图上的位置示于图 3-20 中①。

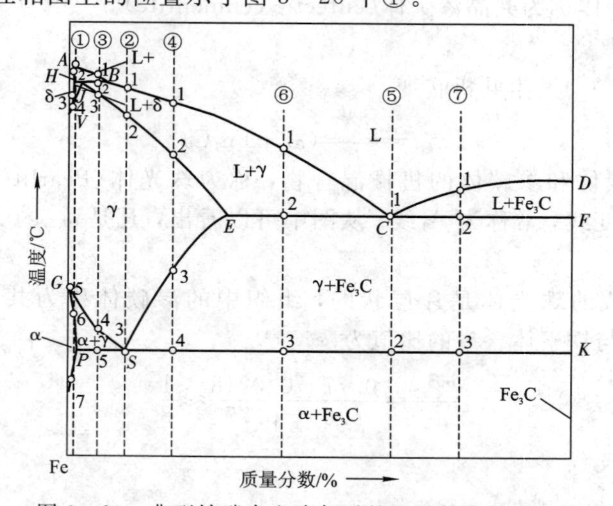

图 3-20　典型铁碳合金冷却时的组织转变过程分析

含碳 $\omega_C=0.01\%$的合金冷却过程的组织变化如图 3-21 所示。

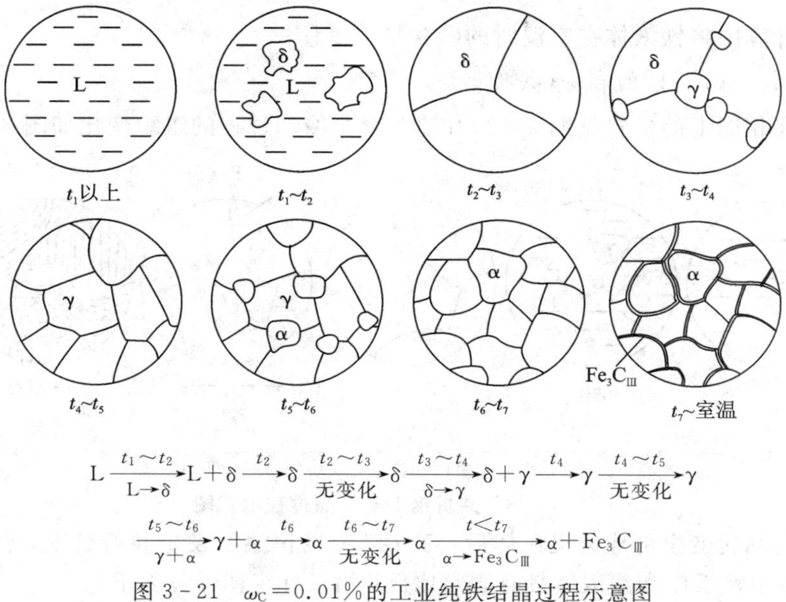

$$L \xrightarrow[L\to\delta]{t_1\sim t_2} L+\delta \xrightarrow{t_2} \delta \xrightarrow[\text{无变化}]{t_2\sim t_3} \delta \xrightarrow[\delta\to\gamma]{t_3\sim t_4} \delta+\gamma \xrightarrow{t_4} \gamma \xrightarrow[\text{无变化}]{t_4\sim t_5} \gamma$$

$$\xrightarrow[\gamma+\alpha]{t_5\sim t_6} \gamma+\alpha \xrightarrow{t_6} \alpha \xrightarrow[\text{无变化}]{t_6\sim t_7} \alpha \xrightarrow[\alpha\to Fe_3C_{III}]{t<t_7} \alpha+Fe_3C_{III}$$

图 3-21　$\omega_C=0.01\%$的工业纯铁结晶过程示意图

当合金由高温冷却时，在 $t_1\sim t_2$温度发生匀晶转变，即 L→δ，到 t_2温度液相全部转变为 δ 固溶体。$t_2\sim t_3$温度为 δ 固溶体的自然冷却。t_3温度开始发生 δ→γ 转变，到 t_4温度转变结束，δ 固溶体全部转变为 γ 固溶体。$t_4\sim t_5$温度为奥氏体的自然冷却。t_5温度开始发生 γ→α 转变，生成铁素体，到 t_6温度该转变结束，合金全部转变为铁素体。$t_6\sim t_7$温度为铁素体的自然冷却过程。t_7温度以下，因铁素体溶解度变化而析出三次渗碳体。三次渗碳体呈细颗粒状分布在铁素体基体上或铁素体晶界上。室温下的组织为铁素体＋三次渗碳体。如图 3-22 所示，基体为铁素体，晶界处为呈连续网状分布的三次渗碳体。

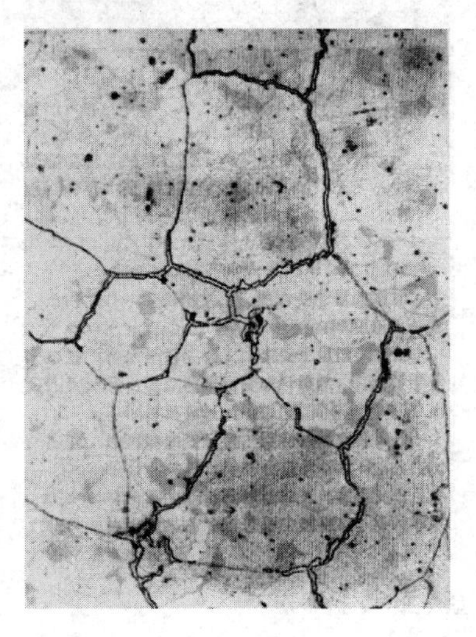

图 3-22　铁素体晶粒及沿晶界析出的网状三次渗碳体

此成分的合金在室温时析出的 Fe_3C_{III} 量可由杠杆定律求得

$$\omega_{Fe_3C_{Ⅲ}}=\frac{0.01-0}{6.69-0}\times100\%\approx0.15\%$$

在以上计算中将铁素体在室温时的碳含量以零计。

2）含碳 $\omega_C=0.77\%$ 的合金（共析钢）

此合金在相图上的位置见图 3-20 中②。合金冷却过程的组织变化如图 3-23 所示。

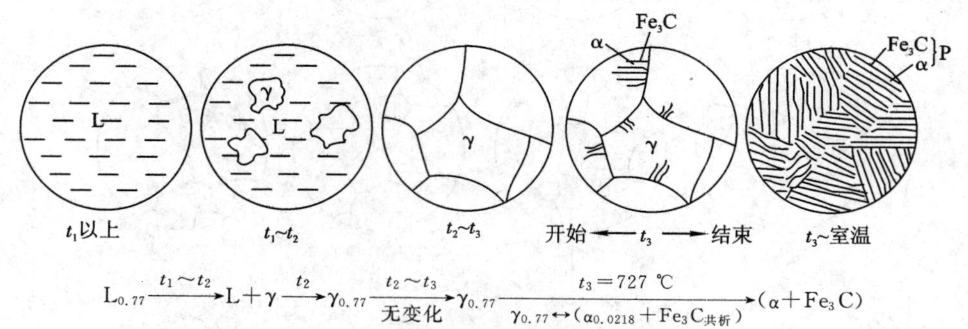

图 3-23　共析钢平衡结晶过程示意图

合金经匀晶转变全部成为奥氏体后，于 727 ℃的恒温下发生共析转变，转变产物为珠光体，珠光体中铁素体和渗碳体具有固定比例，用杠杆定律计算如下：

$$\omega_\alpha=\frac{K-S}{K-P}\times100\%=\frac{6.69-0.77}{6.69-0.0218}\times100\%\approx88.8\%$$

$$\omega_{Fe_3C}=\frac{S-P}{K-P}\times100\%=\frac{0.77-0.0218}{6.69-0.0218}\times100\%\approx11.2\%$$

继续冷却时，由于铁素体固溶度的变化，将析出三次渗碳体，因其数量少难于区分，一般忽略不计。共析钢室温下的组织是珠光体，如图 3-24 所示。

图 3-24　共析钢片状珠光体

3）含碳 $\omega_C=0.40\%$ 的合金（亚共析钢）

合金在相图的位置见图 3-20 中③。合金冷却过程的组织变化如图 3-25 所示。

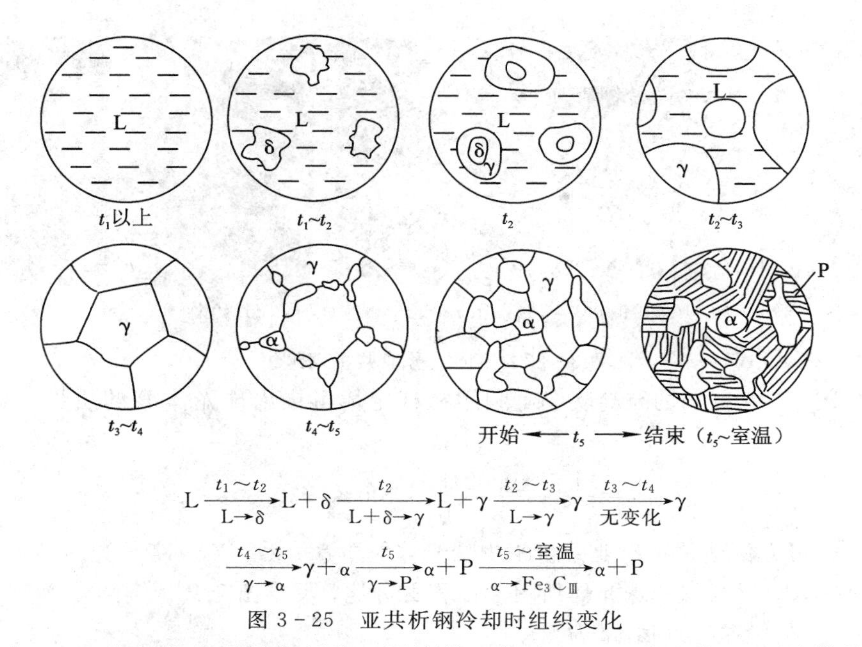

$$L \xrightarrow[L\rightarrow\delta]{t_1\sim t_2} L+\delta \xrightarrow[L+\delta\rightarrow\gamma]{t_2} L+\gamma \xrightarrow[L\rightarrow\gamma]{t_2\sim t_3} \gamma \xrightarrow[\text{无变化}]{t_3\sim t_4} \gamma$$

$$\xrightarrow[\gamma\rightarrow\alpha]{t_4\sim t_5} \gamma+\alpha \xrightarrow[\gamma\rightarrow P]{t_5} \alpha+P \xrightarrow[\alpha\rightarrow Fe_3C_{Ⅲ}]{t_5\sim\text{室温}} \alpha+P$$

图 3-25　亚共析钢冷却时组织变化

合金在 $t_1 \sim t_2$之间按匀晶转变析出 δ 固溶体。冷至 t_2(1495℃)时，δ 固溶体的含碳量为 $\omega_C=0.09\%$，液相的 $\omega_C=0.53\%$。此时液相和 δ 相发生包晶转变 $L_{0.53}+\delta_{0.09}\leftrightarrow\gamma_{0.17}$。由于合金的 $\omega_C=0.40\%$大于 0.17%，所以包晶转变终了后，还有剩余的液相存在。在 $t_2 \sim t_3$之间，液相不断结晶出奥氏体，奥氏体的成分随温度下降沿 JE 线变化。冷却至 t_3温度，合金全部为 $\omega_C=0.40\%$的奥氏体。单相奥氏体在 t_4温度，开始析出铁素体。随温度下降铁素体不断增多，铁素体的含碳量沿 GP 线变化，而剩余奥氏体的含碳量沿 GS 线变化。当温度达 t_5(727 ℃)时，剩余奥氏体的 $\omega_C=0.77\%$，发生共析转变形成珠光体，此时合金组织为铁素体和珠光体。727 ℃以下，铁素体中将析出三次渗碳体，但数量很少，一般可以忽略。该合金在室温时的组织为铁素体和珠光体。亚共析钢的 ω_C范围为 0.0218%～0.77%，所以缓冷到室温后的组织均由铁素体与珠光体组成(见图 3-26)。钢的含碳量越高，室温时珠光体的含量也越多(见图 3-27)。

图 3-26　20 钢室温平衡组织

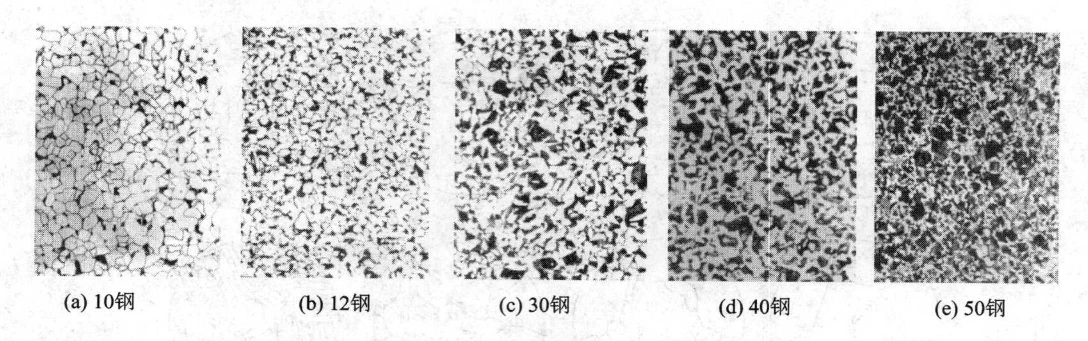

图 3-27　不同成分亚共析钢组织

若以含碳 $\omega_C=0.4\%$ 的合金为例，利用杠杆定律可推出珠光体 P 的质量分数 ω_P 的表达式：

$$\omega_P=\frac{0.4-0.0218}{0.77-0.0218}\times100\%\approx50.5\%$$

利用上式可方便地估算出亚共析钢中珠光体的质量分数。若忽略珠光体与铁素体密度的差别，则可以根据组织中珠光体所占的面积百分比，反推出亚共析钢的碳含量。

同样，合金中各相的相对量为

$$\omega_\alpha=\frac{6.69-0.4}{6.69-0.0218}\times100\%\approx94.3\%$$

$$\omega_{Fe_3C}=\frac{0.4-0.0218}{6.69-0.0218}\times100\%\approx5.7\%$$

4）含碳 $\omega_C=1.2\%$ 的合金(过共析钢)

合金在相图的位置见图 3-20 中④。合金冷却过程的组织变化如图 3-28 所示。

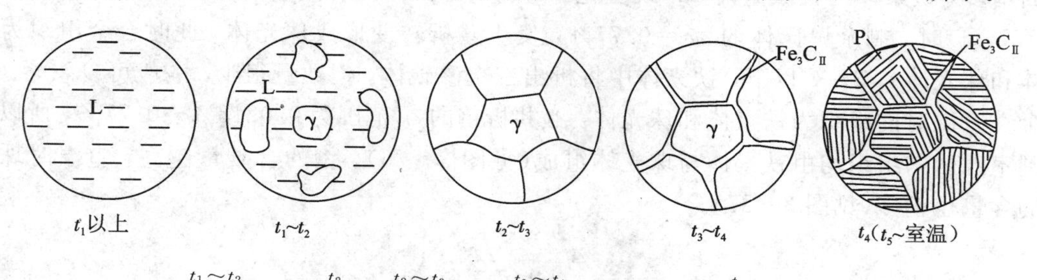

$$L\xrightarrow[L\rightarrow\gamma]{t_1\sim t_2}L+\gamma\xrightarrow{t_2}\gamma\xrightarrow[\text{无变化}]{t_2\sim t_3}\gamma\xrightarrow[\gamma\rightarrow Fe_3C_{II}]{t_3\sim t_4}\gamma+Fe_3C_{II}\xrightarrow[\gamma\rightarrow P]{t_4}P+Fe_3C_{II}$$

图 3-28　过共析钢冷却时的组织变化

合金从高温冷却到 t_1 温度时，开始结晶出初晶奥氏体。$t_1\sim t_2$ 温度发生 $L\rightarrow\gamma$ 匀晶转变，并在 t_2 温度完全转变为奥氏体。$t_2\sim t_3$ 温度为奥氏体的自然冷却过程。t_3 温度与 ES(碳在奥氏体中的固溶度曲线)接触，$t_3\sim t_4$ 温度由于固溶度的变化，析出二次渗碳体。到 t_4 温度二次渗碳体停止析出，这时奥氏体成分为 $\omega_C=0.77\%$，发生恒温共析转变，即 $\gamma\rightarrow P$。t_4 温度以下，由于铁素体溶解度的变化将析出三次渗碳体，但其数量很少，故忽略不计。所以，共析钢的室温组织为 $P+Fe_3C_{II}$，如图 3-29 所示。

过共析钢随含碳量的增加其二次渗碳体的量也增加。珠光体和二次渗碳体的量可由杠杆定律计算如下(以含碳 $\omega_C=1.2\%$ 的合金为例)：

（组织说明：沿奥氏体晶界析出呈网状分布碳化物，片状珠光体呈斑条状整齐分布。）

图 3-29　过共析钢缓冷后的组织

$$\omega_{P}=\gamma\%=\frac{6.69-1.2}{6.69-0.77}\times 100\%\approx 92.7\%$$

$$\omega_{Fe_3C_{II}}=\frac{1.2-0.77}{6.69-0.77}\times 100\%\approx 7.3\%$$

5）含碳 $\omega_C=4.3\%$ 的合金（共晶白口铸铁）

合金在相图中的位置见图 3-20 中⑤，结晶过程如图 3-30 所示。

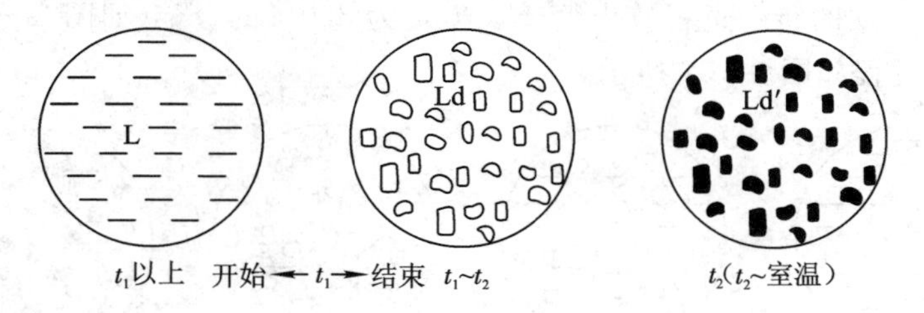

$$L_{4.3}\xrightarrow[L_{4.3}\leftrightarrow Ld]{t_1}Ld(\gamma_{2.11}+Fe_3C_{共晶})\xrightarrow[\gamma\rightarrow Fe_3C_{II}]{t_1\sim t_2}(\gamma_{2.11\rightarrow 0.77}+Fe_3C_{II}\uparrow+Fe_3C_{共晶})$$

$$\xrightarrow[\gamma\leftrightarrow P]{t_2}Ld'(P+Fe_3C_{II}+Fe_3C_{共晶})$$

图 3-30　共晶白口铸铁的平衡结晶过程

该合金在 t_1 温度（1148 ℃）即共晶温度发生共晶转变，获得奥氏体和渗碳体的机械混合物——莱氏体，其中奥氏体和渗碳体的相对量为

$$\omega_{\gamma_{2.11}}=\frac{F-C}{F-E}\times 100\%=\frac{6.69-4.3}{6.69-2.11}\times 100\%\approx 52.2\%$$

$$\omega_{Fe_3C}=\frac{C-E}{F-E}\times 100\%=\frac{4.3-2.11}{6.69-2.11}\times 100\%\approx 47.8\%$$

或

$$=1-\omega_{\gamma_{2.11}}\%=1-52.2\%=47.8\%$$

在 $t_1\sim t_2$ 温度冷却，由于奥氏体固溶度沿 ES 线变化，因此奥氏体将不断析出二次渗碳体。至 t_2 温度，奥氏体成分为 $\omega_C=0.77\%$，发生共析转变得到珠光体组织。可见，共晶莱氏体组织中的奥氏体冷却后转变为珠光体和二次渗碳体组织，而共晶渗碳体则不发生改

变。我们把室温下获得的由 $P+Fe_3C_{II}+Fe_3C_{共}$ 组成的莱氏体称为变态莱氏体(transformed ledeburite)，用 Ld′表示。室温莱氏体保留了高温莱氏体的形貌，只是组成相奥氏体发生了转变，如图 3－31 所示。

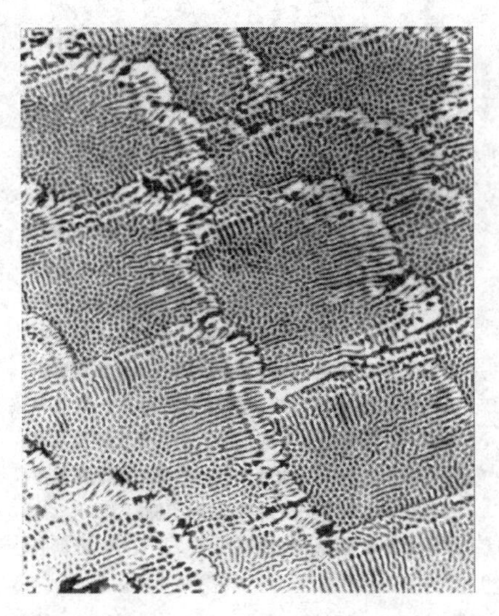

组织说明：组织由圆粒状或条状分布的珠光体(黑色)与白色基体渗碳体构成的机械混合物。

图 3－31　共晶白口铸铁的室温组织

6) 含碳 $\omega_C=3.0\%$ 的合金(亚共晶白口铸铁)

亚共晶白口铸铁的转变过程较为复杂，以 ω_C 为 3.0％的合金(如图 3－20 中⑥)为例进行分析，其结晶过程如图 3－32 所示。

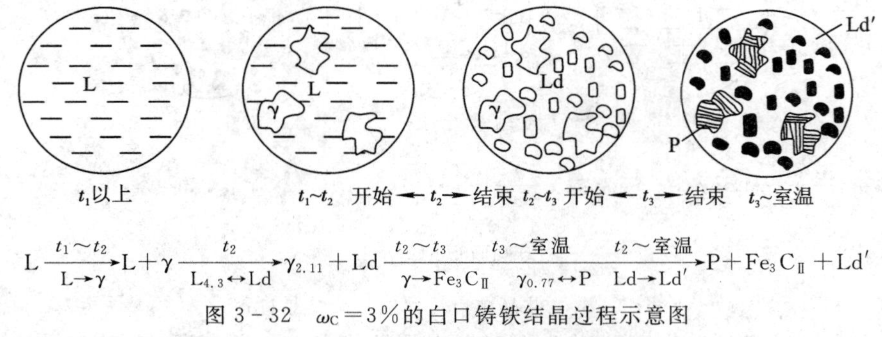

$$L \xrightarrow[L\to\gamma]{t_1\sim t_2} L+\gamma \xrightarrow[L_{4.3}\leftrightarrow Ld]{t_2} \gamma_{2.11}+Ld \xrightarrow[\gamma\to Fe_3C_{II}]{t_2\sim t_3} \xrightarrow[\gamma_{0.77}\leftrightarrow P]{t_3\sim 室温} \xrightarrow[Ld\to Ld']{t_2\sim 室温} P+Fe_3C_{II}+Ld'$$

图 3－32　$\omega_C=3\%$ 的白口铸铁结晶过程示意图

合金自高温冷至 t_1 温度，开始析出先共晶奥氏体，随着温度的下降，先共晶奥氏体量不断增多，液相成分沿 BC 线向 C 变化，奥氏体成分沿 JE 线向 E 变化。到 t_2 温度时，先共晶奥氏体成分为 2.11％，液相成分为 $\omega_C=4.3\%$，发生恒温共晶转变生成莱氏体(Ld)组织。共晶转变后组织为先共晶奥氏体(γ)和莱氏体(Ld)。在 $t_2\sim t_3$ 温度范围内，合金继续冷却，奥氏体的固溶度沿 ES 线发生变化，析出二次渗碳体，这时奥氏体的成分由 $\omega_C=2.11\%$ 降至 $\omega_C=0.77\%$。在 t_3 温度，奥氏体发生共析转变生成珠光体。共析转变后，先共晶奥氏体转变为 $P+Fe_3C_{II}$，莱氏体转变为变态莱氏体(Ld′)。合金的组织最终为 $P+Fe_3C_{II}+Ld'$(见图 3－33)。

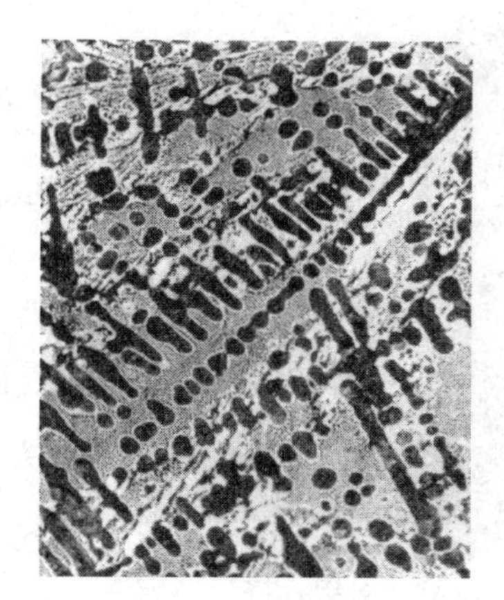

(a) 100×

(组织说明：黑色枝晶状为珠光体，分布在共晶莱氏体基体上，在枝晶珠光体边缘有一层白色组织为渗碳体。)

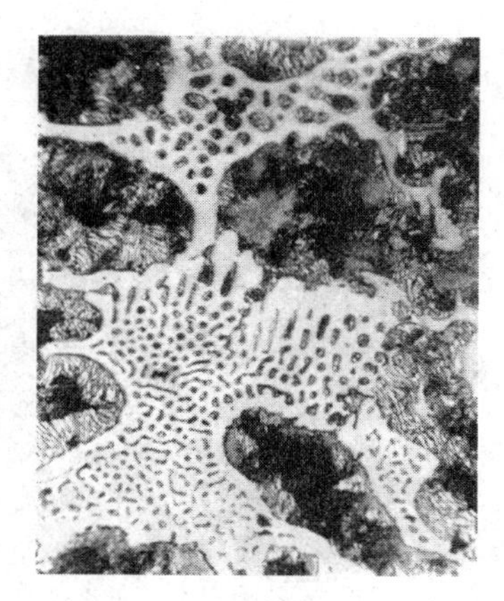

(b) 500×

(组织说明：基体为片状珠光体，其上分布着蜂窝状莱氏体，由于冷却速度较缓慢，珠光体中的层片状和莱氏体部分珠光体颗粒的层片状均可辩认。)

图 3－33　亚共晶白口铸铁在室温下的组织

根据杠杆定律计算该铸铁中组织组成物的质量分数：

$$\omega_{Ld'}=\omega_{Ld}\%=\omega_{L}\%=\frac{3.0-2.11}{4.3-2.11}\times100\%\approx40.6\%$$

$$\omega_{P}=\frac{4.3-3.0}{4.3-2.11}\times\frac{6.69-2.11}{6.69-0.77}\times100\%\approx46\%$$

$$\omega_{Fe_3C_{II}}=\frac{4.3-3.0}{4.3-2.11}\times\frac{2.11-0.77}{6.69-2.11}\times100\%\approx13.4\%$$

7）含碳 $\omega_C=5.0\%$的合金(过共晶白口铸铁)

以碳含量 $\omega_C=5.0\%$的过共晶白口铁为例，其在相图中的位置如图 3－20 中⑦，结晶过程如图 3－34 所示。

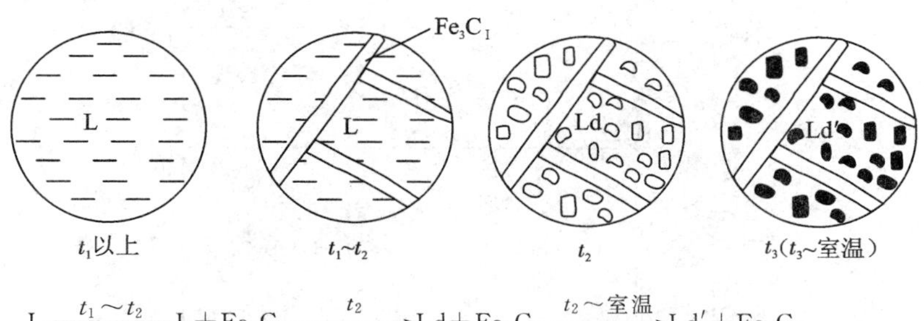

$$L\xrightarrow[L\rightarrow Fe_3C_I]{t_1\sim t_2}L+Fe_3C_I\xrightarrow[L_{4.3}\leftrightarrow Ld]{t_2}Ld+Fe_3C_I\xrightarrow{t_2\sim 室温}Ld'+Fe_3C_I$$

图 3－34　$\omega_C=5.0\%$的过共晶白口铸铁结晶过程示意图

合金自高温冷至 t_1 温度，首先发生 $L\rightarrow Fe_3C_I$ 的匀晶转变，渗碳体的析出使液相的含碳量降低，其成分沿 CD 线向 C 变化。到 t_2 温度，液相成分为 4.3%，发生共晶转变生成莱氏体。共晶反应后组织为一次渗碳体和共晶莱氏体。在 $t_2\sim t_3$ 温度范围内，随温度降低莱氏体中奥氏体析出二次渗碳体。到 t_3 温度发生共析转变生成珠光体。此时莱氏体组织转变为变态莱氏体组织。合金的室温组织为 Fe_3C_I+Ld'，如图 3－35 所示。

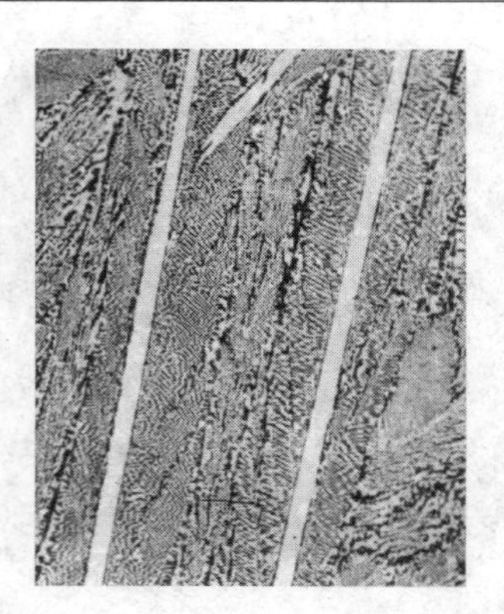

（组织说明：粗大白色板条状为初生渗碳体，基体为共晶莱氏体。）

图 3－35　过共晶白口铸铁冷却到室温后的组织

过共晶白口铸铁中，含碳量越高，一次渗碳体的含量越多，变态莱氏体越少。各组织组成物的质量分数可通过杠杆定律计算(以 $\omega_C=5.0\%$合金为例)：

$$\omega_{Ld'}=\frac{6.69-5.0}{6.69-4.3}\times100\%\approx70.7\%$$

$$\omega_{Fe_3C_Ⅰ}=\frac{5.0-4.3}{6.69-4.3}\times100\%\approx29.3\%$$

4. 铁碳合金的成分、组织及性能关系

由上述分析可知，铁碳合金不论其成分如何，室温下的相组成都是铁素体和渗碳体。但随成分不同，合金经历的转变有所不同，因而相的相对量、形态、分布差异较大，即不同成分的铁碳合金其组织有较大差异。因为合金的性能是由其组织决定的，因此人们更加关注合金的组织。可将 $Fe-Fe_3C$ 相图中的相区按组织组成物填写，如图 3－36 所示。

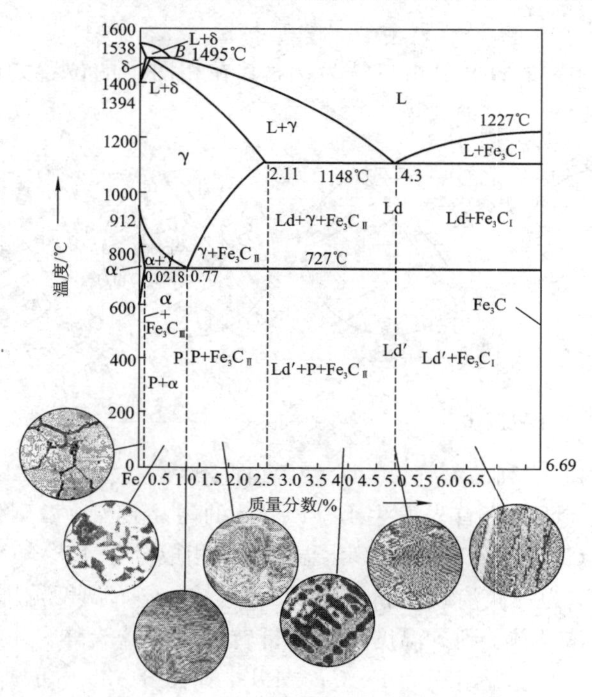

图 3－36　按组织分区的铁碳合金相图

在不同成分的铁碳合金室温平衡组织中，组织组成物的相对量或组成相的相对量可总结如图 3－37 所示。

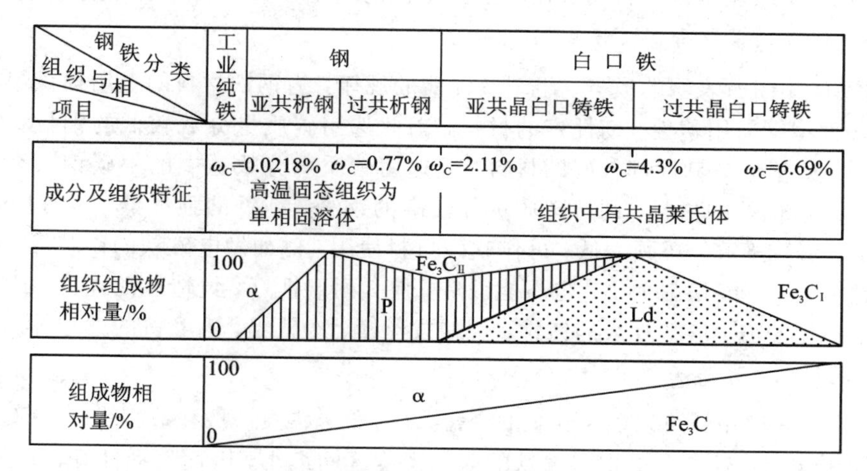

图 3－37　铁碳合金的成分与组织的关系

由以上两图可以看出，随含碳量的增加，铁碳合金平衡组织的相应改变为

$$\alpha+Fe_3C_{Ⅲ}\rightarrow\alpha+P\rightarrow P\rightarrow P+Fe_3C_{Ⅱ}\rightarrow P+Fe_3C_{Ⅱ}+Ld'\rightarrow Ld'\rightarrow Ld'+Fe_3C_{Ⅰ}$$

另外，从相组成角度考虑，铁碳合金在室温下的平衡组织皆由铁素体和渗碳体两相所组成。当碳含量为零时，合金为单一的铁素体，随含碳量增加，铁素体量直线下降。与此相反，渗碳体则由零增至百分之百，其形态也发生如下变化：

$Fe_3C_{Ⅲ}$（薄片状）→共析 Fe_3C（层片状）→$Fe_3C_{Ⅱ}$（网状）→共晶 Fe_3C（连续基体）→$Fe_3C_{Ⅰ}$（粗大片状）。

前面已经提到，铁素体的硬度和强度低，塑性好，渗碳体硬而脆。珠光体是由铁素体和渗碳体所组成的机械混合物，细片状渗碳体分布在铁素体基体上，起强化作用。珠光体的力学性能大致如下：$\sigma_{0.2}\approx 600$ MPa，$\sigma_b\approx 1000$ MPa，$\delta\approx 10\%$，$\psi\approx 12\%\sim 15\%$，硬度≈240 HBS。珠光体数量对铁碳合金性能有很大影响。亚共析钢随着含碳量增加，珠光体数量逐渐增多，因而强度、硬度上升，塑性与韧性下降；过共析钢除珠光体外，还出现了二次渗碳体，当 ω_C 不超过 1% 时，在晶界上析出的二次渗碳体一般还未形成连续网状，故对性能影响不大，ω_C 接近 1% 时强度达最高值；当 ω_C 超过 1% 以后，因二次渗碳体的数量逐渐增多而呈连续网状分布，则使钢的脆性大大增加，塑性很低，σ_b 也随之降低。

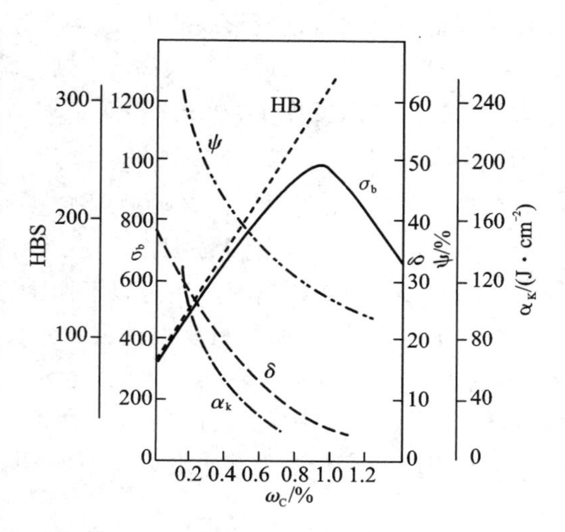

图 3－38　含碳量对平衡状态下碳钢力学性能的影响

在白口铸铁中，由于含有大量渗碳体，故脆性很大，强度很低。含碳量对平衡状态下碳钢力学性能的影响如图 3－38 所示。

5. 铁碳相图的工程应用

$Fe-Fe_3C$ 相图在钢铁材料的选用和加工工艺的制定方面的应用具有重要的实际意义。

1）在钢铁材料选用方面的应用

$Fe-Fe_3C$ 相图所表明的成分、组织及性能的规律，为钢铁材料的选用提供了根据。建筑结构和各种型钢需用塑性、韧性好的材料，因此选用碳质量分数较低的钢材。各种机械零件需要强度、塑性及韧性都较好的材料，应选用碳质量分数适中的中碳钢。各种工具要用硬度高和耐磨性好的材料，则选碳质量分数高的钢种。纯铁的强度低，不宜用作结构材料，但由于其磁导率高，矫顽力低，可作软磁材料使用，例如做电磁铁的铁芯等。白口铸铁硬度高、脆性大，不能切削加工，也不能锻造，但其耐磨性好，铸造性能优良，适用于制作要求耐磨、不受冲击、形状复杂的铸件，例如拔丝模、冷轧辊、球磨机的磨球等。

2）在铸造工艺方面的应用

根据 $Fe-Fe_3C$ 相图可以确定合金的浇铸温度。浇铸温度一般在液相线以上 50～100 ℃。从相图上可看出，纯铁和共晶白口铸铁的凝固温度区间最小，因而流动性好，分散缩孔少，可以获得致密的铸件，所以铸铁在生产上总选在共晶成分附近。

3）在热锻、热轧工艺方面的应用

钢处于奥氏体状态时强度较低，塑性较好，因此锻造或轧制选在单相奥氏体区内进行。一般始锻、始轧温度控制在固相线以下 100～200 ℃范围内，温度高时，钢的变形抗力小，可节约能源，设备要求的吨位低，但温度不能过高，以免钢材严重烧损或发生晶界熔化(过烧)。终锻、终轧温度不能过低，以免钢材因塑性差而发生锻裂或轧裂。亚共析钢热加工终止温度多控制在 *GS* 线以上一点，避免变形时出现大量铁素体，形成带状组织而使韧性降低。过共析钢变形终止温度应控制在 *PSK* 线以上一点，以便把呈网状析出的二次渗碳体打碎。终止温度不能太高，否则再结晶后奥氏体晶粒粗大，使热加工后的组织也粗大。一般始锻温度为 1150～1250 ℃，终锻温度为 750～850 ℃。

4）在热处理工艺方面的应用

$Fe-Fe_3C$ 相图对于制定热处理工艺有着特别重要的意义。一些热处理工艺如退火、正火、淬火的加热温度都是依据 $Fe-Fe_3C$ 相图确定的。

运用 $Fe-Fe_3C$ 相图需注意以下两个方面：

(1) $Fe-Fe_3C$ 相图只反映铁碳二元合金中相的平衡状态，如含有其他元素，相图将发生变化。

(2) $Fe-Fe_3C$ 相图反映的是平衡条件下铁碳合金中相的状态，冷却或加热速度较快时，其组织转变也会发生变化，就不能只用此平衡相图来分析了。

3.2 金属的塑性加工

金属材料在熔炼浇注成为铸锭以后，可通过塑性加工的方法获得具有一定形状、尺寸和力学性能的型材、板材、管材或线材，以及零件毛坯或零件。塑性加工包括轧制、挤压、拉拔、锻压、冲压等方法，如图 3－39 所示。

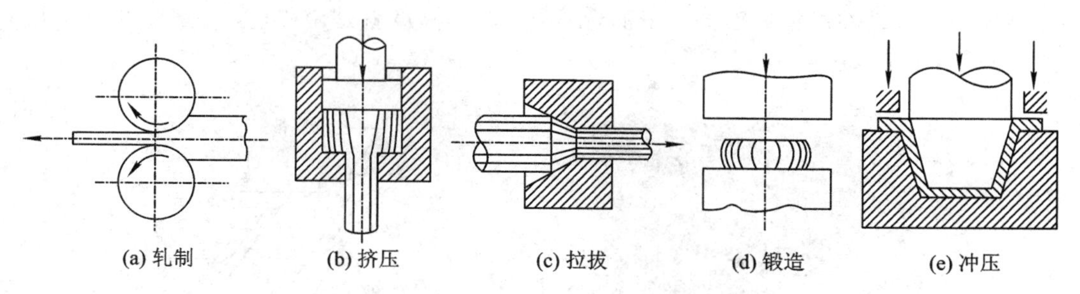

图 3-39　压力加工方法示意图

通过塑性加工不仅可以将金属材料加工成各种形状和尺寸的制品，而且还可以改变材料的组织和性能。经塑性变形的金属，在加热过程中，其组织又会发生回复、再结晶和晶粒长大等一系列的变化。分析这些过程的实质，了解各种影响因素及规律，对掌握和改进金属材料的塑性加工工艺，控制材料的组织和性能，均具有重要意义。

3.2.1　金属的塑性变形

金属在外力的作用下会发生变形。这种变形可分为弹性变形和塑性变形。弹性变形是可逆的，即外力去除后，变形可完全恢复；而塑性变形是不可逆的，在外力去除后变形不能恢复，即是永久变形。

1. 单晶体的塑性变形

单晶体的塑性变形是在切应力作用下产生的。单晶体的塑性变形方式有两种，即滑移(slip)和孪生(twinning)，如图 3-40 所示。

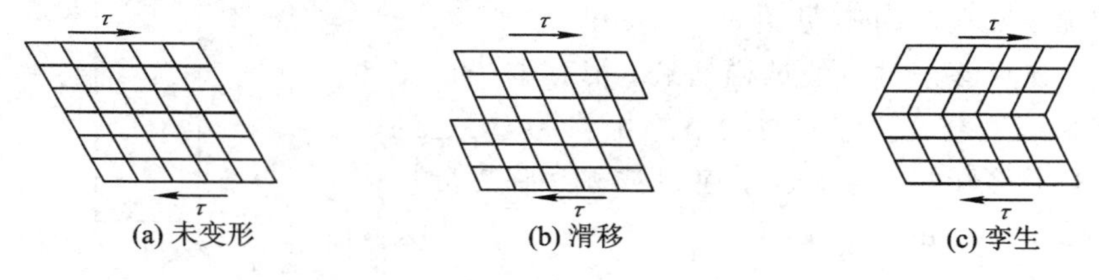

图 3-40　晶体塑性变形的基本形式

1）滑移

晶体相邻部分在切应力作用下沿一定晶体学平面和方向上的相对移动称为滑移。

(1) 滑移带。

将表面磨制抛光的试样进行适量的塑性变形，晶体滑移后将在经抛光的试样表面上出现由平行线状痕迹构成的带，称为滑移带(slip band)，见图 3-41。

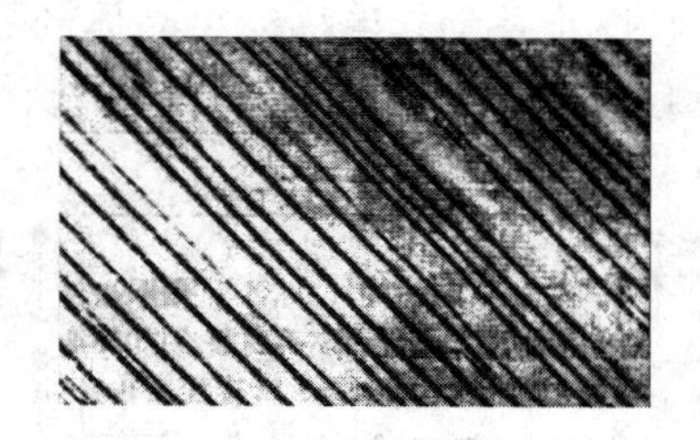

图 3-41　滑移带(铜)500×

实际上，一条滑移带是由计多密集在一起的滑移线(slip line)组成的，滑移线是滑移面两侧晶体相对移动在晶体表面上留下的台阶，台阶的高度就是滑移量，一般是几百至几千个原子间距，如图 3－42 所示。

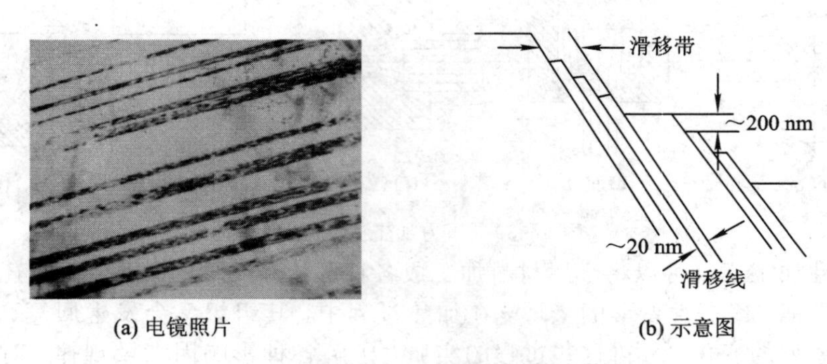

(a) 电镜照片　　(b) 示意图

图 3－42　滑移带与滑移线示意图

(2) 滑移系。

晶体的滑移通常是沿一定的晶面发生的，此组晶面称为滑移面(slip plane)，往往是金属晶体中原子排列最密的晶面。每个滑移面和该面上的一个滑移方向合起来叫做一个滑移系(slip system)。在其他条件相同时，金属晶体中的滑移系越多，这种金属的塑性越好。例如，面心立方和体心立方金属滑移系较多，因而塑性高于密集六方结构的金属。

(3) 滑移的临界分切应力。

试样受拉伸时，外力 $\boldsymbol{P}$ 对试样某一晶面的作用可分解为垂直于此面的分力 $\boldsymbol{P}_1$ 和平行于此面的分力 $\boldsymbol{P}_2$，对应的应力为正应力 σ 和切应力 τ(见图 3－43)。正应力 σ 可使试样弹性伸长，在足够大时可使试样断裂。滑移取决于拉伸应力在滑移系统上分解切应力的大小。当这个应力达到一个临界值时，滑移开始发生。这个应力被称为临界分切应力(critical resolved shear stress)。

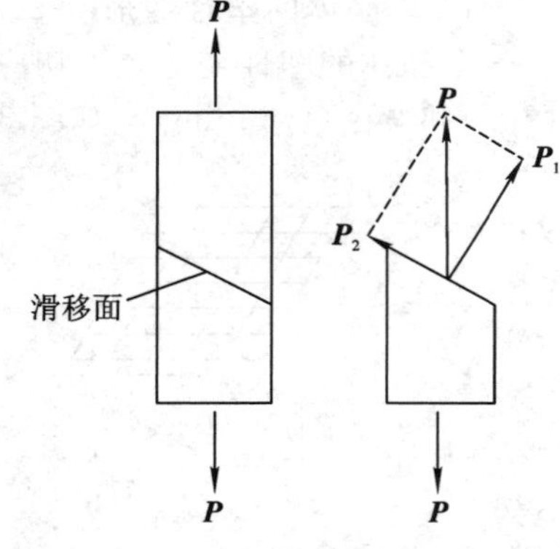

图 3－43　外力在晶面上的分解

(4) 滑移的机理。

最初设想的滑移过程是晶体的一部分相对于另一部分作整体刚性移动，但按照这种观点计算的临界切应力比实测的临界切应力大 3～4 个数量级，这说明刚性移动的设想是不合理的。实际上，滑移是通过位错在滑移面上的运动来实现的。由图 3－44 可看出，在切应力作用下，晶体中产生了位错。若晶体中存在着一个正刃位错(晶体上半部多半个原子面)，则在切应力的作用下，这个多出的半原子面会由左向右逐步移动；当移动出晶体的右边缘时，晶体的上半部就相对于下半部移动了一个原子间距。而大量位错的移动导致晶体发生宏观尺度的塑性变形。

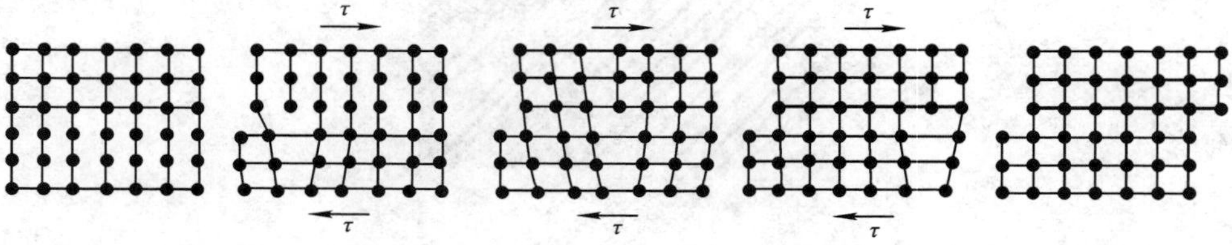

图 3－44　通过位错移动造成滑移的示意图

图 3-45(a)说明，当位错中心前进一个原子间距时，需要移动的只是位错中心附近的少数原子，而且它们的位移量也不大。因此要使位错中心沿滑移面移动，所需要的切应力是不大的，就好像涟漪状运动的地毯，如图 3-45(b)所示。

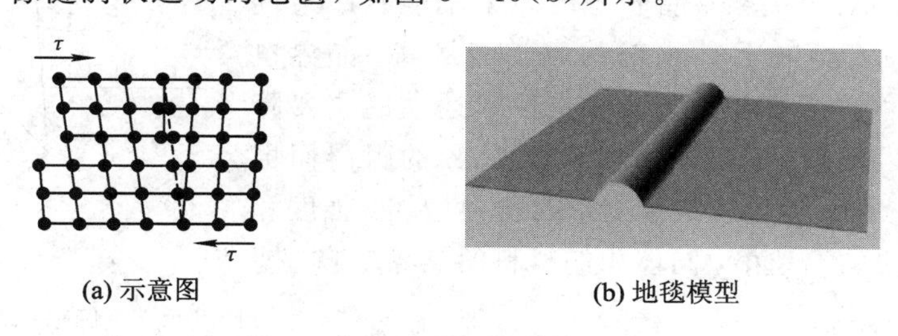

图 3-45 位错运动时的原子位移示意图

2) 孪生

孪生是金属进行塑性变形的另一种基本方式，是指晶体的一部分相对于另一部分沿一定晶面和晶向发生切变，造成原子排布关于该晶面对称排列的结构。发生孪生的部分称为孪生带或孪晶(twins)，沿其发生孪生的晶面称为孪生面(twin plane)。孪生的结果，使孪生面两侧的晶体呈镜面对称，如图 3-46 所示。

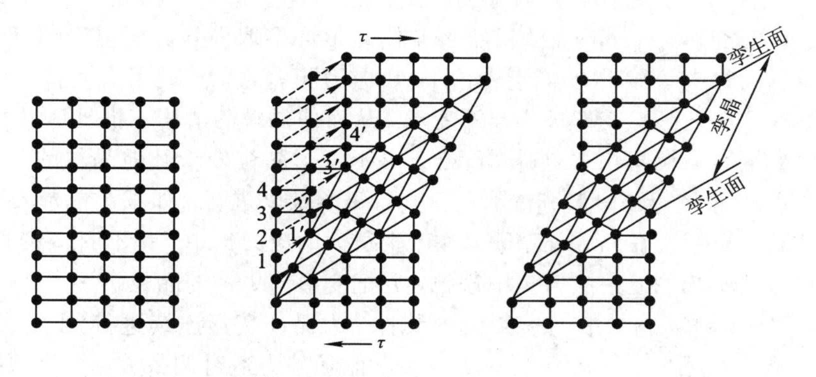

图 3-46 孪生示意图

孪生与滑移的主要区别有以下几点：

(1) 晶格位向。孪生通过晶格切变使晶格位向改变，使变形部分与未变形部分呈镜面对称；而滑移不引起晶格位向的变化。

(2) 原子间距。孪生时，相邻原子面的相对位移量小于一个原子间距，而滑移时滑移面两侧晶体的相对位移量是原子间距的整数倍。

(3) 临界分切应力。孪生所需要的分切应力比滑移大得多。

由于密排六方结构的金属滑移系少，故常以孪生方式变形。体心立方结构的金属滑移系较多，只有在低温或受到冲击时才发生孪生变形。面心立方结构的金属一般不发生孪生变形。

2. 多晶体的塑性变形

工程上使用的金属绝大部分是多晶体。多晶体金属中由于存在大量的晶粒与晶界，所以它的变形比单晶体要复杂得多。尽管如此，多晶体金属塑性变形的基本方式仍为滑移和孪生。

1）晶界和晶粒位向对多晶体塑性变形的影响

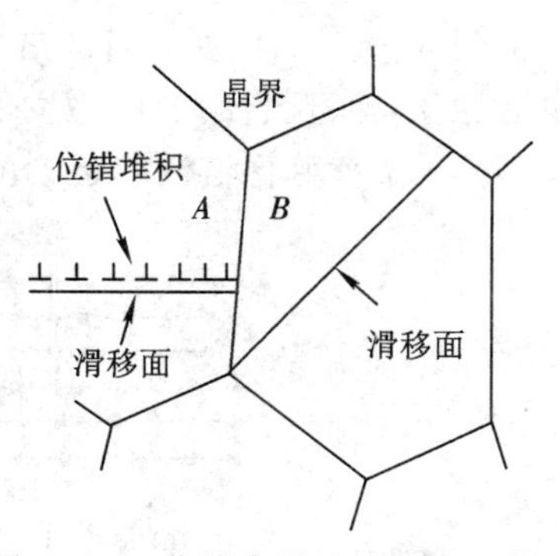

图 3-47 位错在晶界处堆积示意图

(1) 晶界的影响。晶界是相邻晶粒的过渡区域，两侧的点阵不存在明显的对应关系，晶界上的原子不能有序地堆积，因而晶界上的原子比晶体内部的原子能量高。晶界也是杂质原子和各种缺陷集中的地方，是位错运动的主要障碍。当晶内位错运动到晶界附近时，受到晶界的阻碍而堆积(见图 3-47)，从而使金属继续变形时抗力增加，强度和硬度增加。材料的晶粒越小，同体积的材料的晶界越多，塑性变形的抗力越大。

(2) 晶粒位向的影响。由于相邻晶粒之间存在位向差，当一个晶粒发生变形时，周围的晶粒如不发生塑性变形，则必须产生弹性变形来与之协调。这样，周围晶粒的弹性变形就成为该晶粒继续塑性变形的阻力。所以，由于晶粒间相互约束，多晶金属塑性变形抗力大大提高。同时，晶粒越细，相同体积内的晶粒越多，晶粒位向的影响就越显著。

2）多晶体塑性变形的特点

多晶体塑性变形和单晶体相比有下列特点：

(1) 各晶粒的滑移是不等时的。由于多晶体是由许多取向各异的晶粒组成的，在外力作用下，由于各晶粒中滑移系上取向的差别，切应力相差很大。处于有利位向的晶粒首先变形，处于不利位向的晶粒变形极小或不变形，从而使晶粒的滑移一批批地进行。

(2) 塑性变形时晶粒间相互协调和配合。由于每个晶粒处于其他晶粒的包围之中，它的变形必须与邻近晶粒相互协调和配合，否则，变形难以进行。如某个晶粒变形，会受到相邻晶粒的阻碍，位错将在晶界处塞积，并产生很大的应力集中。在不断增大的高应力下，产生新的位错而得以滑移，使应力集中松弛，并把变形向更远的晶粒扩展。

(3) 只有多个滑移系才能保证变形的连续性。为保证变形连续进行，防止晶界产生空隙和开裂，每个晶粒至少有 5 个独立的滑移系才能随外力适时调整方向，使晶粒之间能协调地变形。

(4) 多晶体变形是不均匀的。多晶体中有的晶粒变形较大，有的可能只产生弹性变形。在一个晶粒内变形量也有差别，晶界变形小于晶粒内部，从而表现出多晶体变形不均匀，并由此产生内应力。

(5) 多晶体比单晶体有较高的塑性变形抗力。这是由于晶界和晶粒取向各异所致的。

3. 合金的塑性变形

工业上广泛应用的金属材料大都是合金。按其组成相的不同，可分为单相固溶体和多相混合物两种，它们的塑性变形各有不同的特点。

1）单相固溶体塑性变形与固溶强化

单相固溶体的组织与纯金属的组织基本相同，故其塑性变形过程与多晶的纯金属相似，具有相同的变形方式和特点。所不同的是溶质原子的存在，会造成溶剂晶格畸变，溶质原子还常常分布在位错附近，使位错移动性减小，产生滑移的临界分切应力远比纯金属大，滑移系的开动也比较困难。这种通过形成固溶体而使金属的强度和硬度升高，而塑性和韧性下降的现象叫做固溶强化(solid solution strengthening)。

2）多相合金的塑性变形与弥散强化

含有两种或两种以上组成相的合金发生塑性变形时，其变形能力除了取决于基体相的性质以外，在很大程度上还取决于第二相的性质、数量、大小、形状、分布等。合金中的第二相可以是纯金属，也可以是固溶体和化合物，工业上所用合金的第二相大多是硬而脆的化合物。

（1）第二相以连续网状分布在晶界上。当发生塑性变形时，硬而脆的晶界网络处产生严重的应力集中，造成过早的断裂。

（2）第二相在基体晶粒内呈层片状分布。随着第二相片间距的减小，合金的强度增加，而塑性有所降低。由于层片状的第二相对基体的连续性破坏稍严重些，因此塑性降低的数值要比粒状第二相的更大。

（3）第二相以弥散的质点（或粒状）分布在晶内。这可使合金的强度和硬度显著提高，而塑性和韧性稍有降低。这种由于弥散分布在金属基体中的第二相（弥散相）粒子对位错运动起阻碍作用而引起变形抗力增大的现象称为弥散强化（dispersion strengthening）。

弥散强化的原因是第二相在晶格内弥散分布，一方面使相界面积显著增多，并使其周围晶格发生畸变；另一方面，这些第二相质点本身成为位错运动的障碍物，位错的运动需绕过（见图 3-48）或切过（见图 3-49）第二相质点，增加了位错运动的阻力，使塑性变形抗力增加。因此第二相粒子越细小，分布越均匀，合金的强度越高。

第二相呈弥散强化时，弥散分布的粒子几乎不影响基体的连续性，对合金的塑性变形和韧性的影响很小。塑性变形时，第二相质点可随基体相的变形而流动，不会造成明显的应力集中，因此合金仍能达到较大的变形量而不致破裂。

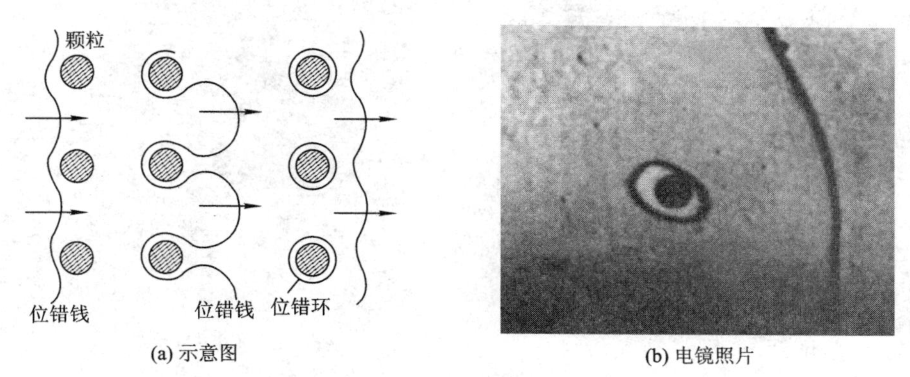

(a) 示意图　(b) 电镜照片

图 3-48　位错绕过第二相粒子示意图

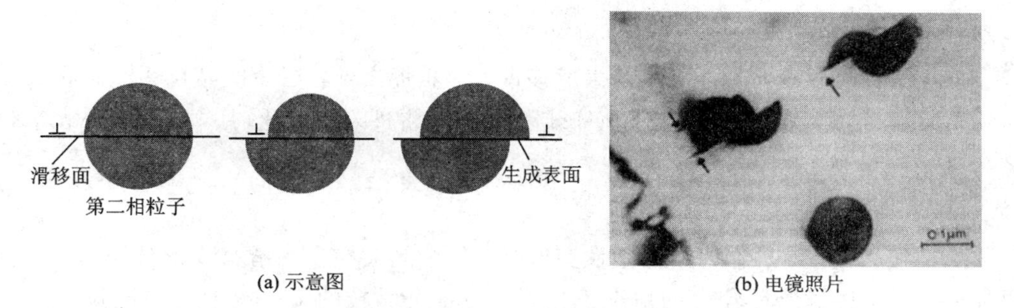

(a) 示意图　(b) 电镜照片

图 3-49　位错切割第二相粒子示意图

3.2.2　塑性变形对金属组织和性能的影响

金属经冷塑性变形以后，其组织和性能将发生一系列明显的变化。

1. 塑性变形对组织结构的影响

1）晶粒变形

金属在外力作用下产生塑性变形时，随着变形量的增加，晶粒形状也发生变化。通常晶粒沿变形方向被拉长、变细或压扁，如图3－50所示。变形的程度越大，则晶粒形状的改变越大。

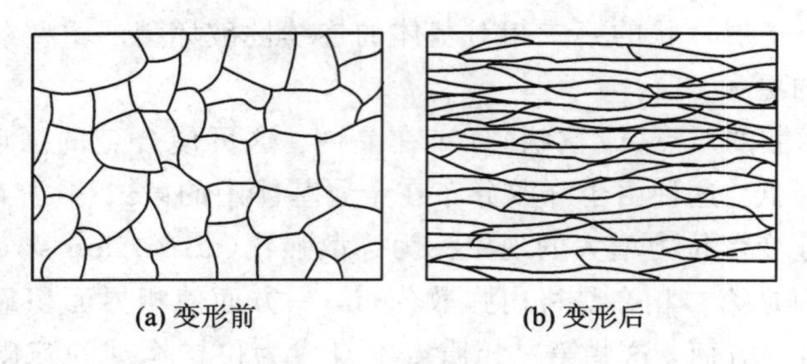
(a) 变形前　　(b) 变形后

图3－50　变形前后晶粒形状变化示意图

当变形程度很大时，各晶粒将显著地沿同一方向被拉长呈细条状或纤维状，晶界变得模糊不清，同时金属中的夹杂物也沿变形方向被拉长。人们把这种晶粒组织称为纤维组织(fibre structure)，如图3－51所示。具有纤维组织的金属，其性能具有明显的方向性，即纵向的强度和塑性远远大于横向。

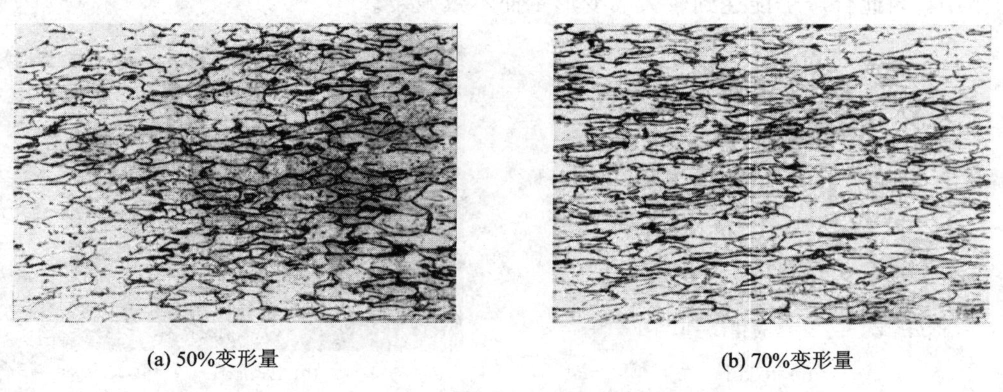
(a) 50%变形量　　(b) 70%变形量

图3－51　纤维组织(200×)

2）亚结构的形成

金属经大的塑性变形时，除了产生滑移带、孪晶带之外，还会使晶粒逐渐碎化成亚晶粒，亚晶界排列着许多位错。经塑性变形后，亚晶粒将进一步细化(10^{-4}～10^{-6} cm)，位错的密度进一步增高。

3）形变织构的产生

金属在接受拔丝、轧制等单向塑性变形时，各个晶粒在发生滑移变形的同时，还会发生晶体的转动。在变形量较大的情况下，拔丝使各个晶粒的某一晶向转向与拉拔方向平行，轧制则会使晶粒的某一晶向转向与轧制方向平行，见图3－52。这种金属在塑性形变后，晶面或者晶向呈现一定择优取向的组织状态称为形变织构(deformation texture)，拔丝产生的织构称为丝织构，轧制产生的织构称为板织构。

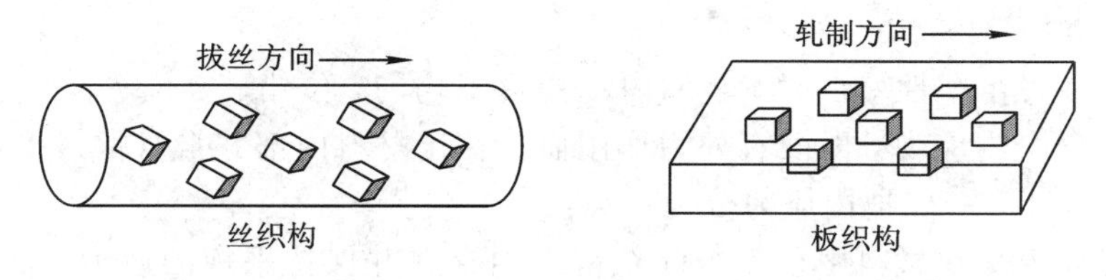

图 3-52　丝织构与板织构示意图

织构使金属的性能出现各向异性，对金属的力学性能、物理性能和拉伸加工工艺有很大的影响。存在板织构的板材进行冲压器皿时，会因各向异性使变形程度不相同，使器皿壁厚不均匀和产生“制耳”现象，如图 3-53 所示，这些板材具有不同程度的织构，造成在不同方向有不同的力学性能。以具有退火立方织构的加工铜带为例：其垂直和平行于轧制方向的伸长率仅为 16%；而与轧制方向成 45°方向的伸长率却高达 73%，结果使冲制件出现大小不同的“制耳”。织构可通过加工及退火工艺来改进或加入某些微量元素使之减轻或消除。

图 3-53　因形变织构造成深冲制品的“制耳”

如果能够掌握织构形成的规律，并在生产中得以控制，则织构将对材料在某些场合的使用和加工产生极为有利的影响。比如，变压器铁芯的硅钢片就是利用钢板的有利织构来改善磁阻，从而达到减少铁损、提高磁导率的目的。

2. 塑性变形对性能的影响

1）加工硬化

金属材料在塑性变形过程中，随变形量的增加，强度和硬度不断上升，而塑性和韧性不断下降，这一现象称为加工硬化。如退火状态的 T1 紫铜，其抗拉强度为 214 MPa，经冷加工变形 50%后，抗拉强度可达 360 MPa，提高了 1.7 倍。对不能用热处理强化的材料，如铝、铜或不锈钢等单相合金，加工硬化是提高强度的有效方法，也常称为形变强化(deformation strengthening)。

加工硬化是金属材料冷成型加工工艺的保证。如在图 3-39 生产线材时，当金属线被拉过模孔后，断面尺寸减小，应力值增加。若金属不产生加工硬化提高承载能力，必然被拉断。因为变形部分产生加工硬化后，停止变形，将变形转移至尚未变形的部分，保证连续均匀地发生变形，得到等径的金属线材。另外，加工硬化也是工程结构瞬间过载的安全保证，可防止过载引发的塑性变形持续进行。

2）物理、化学性能的变化

金属经塑性变形后，晶格发生畸变，空位和位错密度增加，电阻增大、电阻温度系数下降，磁导率下降，磁滞和矫顽力略有增加。变形提高了金属的内能，使原子活动能力增大，容易扩散，因此会加快腐蚀速度。

3）产生残余内应力

由于金属在发生塑性变形时，金属内部变形不均匀，位错、空位等晶体缺陷增多，金属内部会产生残余内应力，即没有外力作用而存在于材料内部并自身保持平衡的应力。根据作用范围的大小，一般把内应力分为三类：

第一类内应力是在材料中很多个晶粒范围内存在并保持平衡的应力，称为宏观应力；第二类内应力是在一个晶粒范围内存在并保持平衡的应力；第三类内应力是在若干个原子范围内存在并保持平衡的应力。通常把第二类和第三类内应力合称为微观应力。

材料中的内应力对材料的力学性能和服役行为有很大影响。金属塑性变形后内应力的存在可能会引起金属的变形和开裂，如冷轧钢板的翘曲、零件切削加工后的变形。因此，一般情况下，不希望工件中存在内应力，往往要采取适当的热处理工艺降低或消除内应力的不利影响。但有时也利用工件表面产生的一定压力的内应力来强化在疲劳载荷下工作的零件，以延长工件寿命，如对工件表面进行喷丸和滚压处理等。

3.2.3 回复与再结晶

金属经塑性变形后，在热力学上处于一种亚稳定的状态，有自发恢复到变形前的组织状态的倾向。在常温下，这种转变一般不易进行。如果将变形金属加热到某一温度，使原子具有足够的能量，变形金属的组织和性能会发生一系列的变化。随着加热温度的升高，变形金属相继发生回复(recovery)、再结晶(recrystalization)和晶粒长大(grain growth)三个阶段的变化。图 3－54 显示了三个阶段组织和性能的变化。

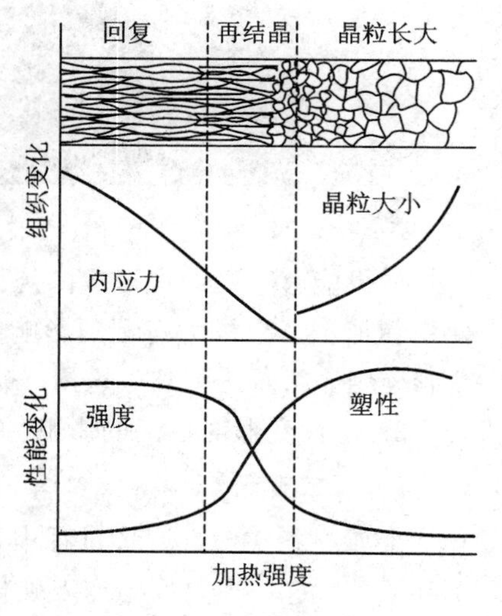

图 3－54 变形金属加热时组织和性能的变化

1. 回复

加热温度较低时，原子的活动能力不大，金属中主要发生点缺陷的运动，空位消失，位错密度变化不大，但位错可以重新排列成更稳定的状态，即多边形化(polygonization)，见图 3－55。晶格畸变的消除，晶体缺陷的降低，使金属的物理、化学性能逐渐恢复，力学性能也有不同程度的恢复，即强度、硬度略有降低，塑性有所回升，这一变化过程称为回复。

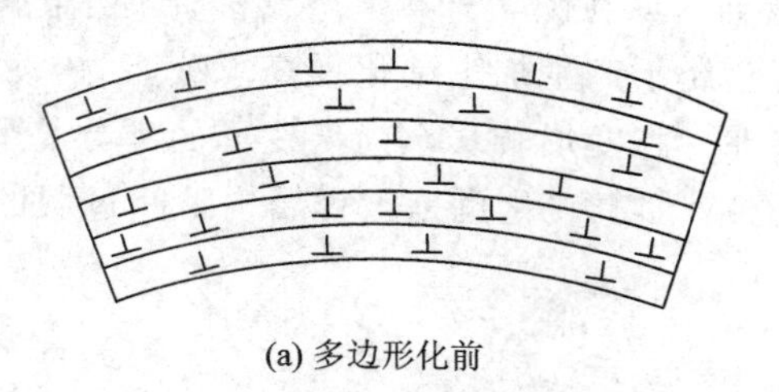

(a) 多边形化前

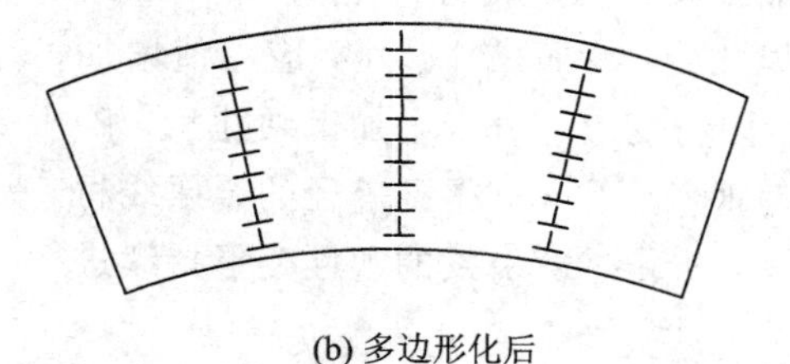

(b) 多边形化后

图 3－55 位错在多边形化过程中重新分布图

产生回复的温度 $T_{回}$ 约为

$$T_{回}=(0.25\sim0.3)T_m$$

式中 $T_{回}$ 表示该金属的熔点，单位为热力学温度(K)。

通过回复，金属基本上保持加工硬化状态，但内应力显著降低，从而避免了工件的变形和开裂。在工业上，常利用回复现象将冷变形金属低温加热，既稳定组织，又保留了加工硬化，这种方法称为去应力退火(stress-relief annealing)。例如，用冷拉钢丝卷制弹簧，在卷成弹簧之后都要进行一次 250～300 ℃的低温处理，以消除内应力使其定型。

2. 再结晶

1) 再结晶过程及其对金属组织、性能的影响

变形后的金属在较高温度加热时，金属的显微组织将发生显著的变化。塑性变形中破碎的、被拉长的晶粒全部转变成均匀而细小的等轴晶粒，如图 3－56 所示。金属的强度和硬度明显下降，而塑性和韧性显著上升，所有的性能完全恢复到变形前的水平。这一过程称为再结晶。再结晶是通过形核与核长大方式进行的。再结晶生成的晶粒的晶格类型和成分与金属变形前的完全一样，因此，再结晶不是相变。

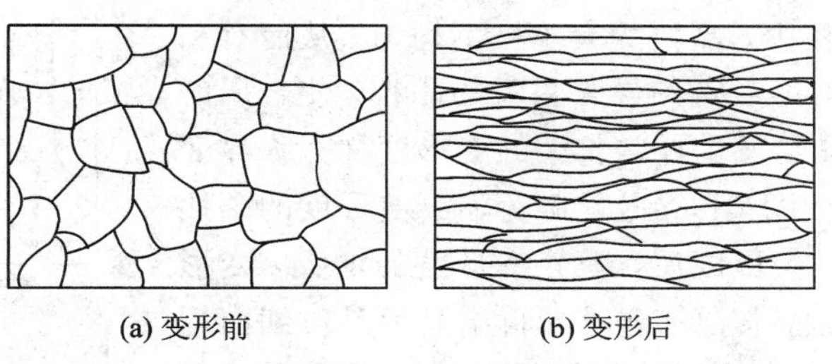

(a) 变形前　　(b) 变形后

(组织说明：拉伸变形的晶粒已被再结晶的等轴铁素体晶粒所替代。)

图 3－56　70%冷拉变形的 10 钢试样经 700 ℃×3 h 处理后的组织(200×)

2) 再结晶温度及其影响因素

变形后的金属发生再结晶是在一个温度范围内进行的，并非某一恒定温度。一般所说的再结晶温度(recrystalization temperature)指的是最低再结晶温度。通常规定金属经较大冷塑性变形($\varepsilon>70\%$)，加热 1 h，而再结晶体积达到总体积 95%的最低温度来表示。

对于工业纯金属，实践证实，再结晶温度与熔点之间存在下列近似公式：

$$T_{再}=(0.35\sim0.4)T_{熔点}$$

影响再结晶温度的主要因素有以下几点：

(1) 金属的熔点。熔点越高，最低再结晶温度也就越高。

(2) 金属的纯度。在金属中的微量杂质和合金元素，特别是那些高熔点元素，常常会阻碍原子的扩散和晶界的迁移，显著地提高金属的再结晶温度。例如，纯铁的再结晶温度约为 724 K，而低碳钢再结晶温度提高到约 813 K。

(3) 预变形度。金属再结晶前的冷变形越大，金属的晶体缺陷就越多，组织越不稳定，再结晶时的驱动力越大，故再结晶温度越低。但当变形度增加到一定数值之后，再结晶温度趋于定值。

(4) 加热速度和保温时间。由于再结晶是一个扩散过程，提高加热速度会使再结晶推迟到较高温度发生；而保温时间延长，原子扩散较充分，再结晶温度就低。

在工业生产中，把消除加工硬化所进行的热处理称为再结晶退火（recrystallization annealing）。考虑到影响再结晶的因素较多，并要求缩短退火周期，一般将再结晶温度定得比理论再结晶温度高出 100～200 ℃。

3. 再结晶后的晶粒大小

晶粒大小对金属的力学性能具有重大的影响，因此，生产上非常重视控制再结晶后的晶粒度，特别是对那些无相变的钢和合金。

1）加热温度和保温时间的影响

加热温度越高，保温时间越长，金属再结晶后的晶粒越大。这是因为晶粒长大的驱动力取决于晶界能的下降。晶粒长大可以减少金属晶界的总面积，它是通过晶界的迁移来实现的。

2）预变形度的影响

预变形度对再结晶后晶粒大小的影响规律如图 3-57 所示。

当变形度很小时，由于金属晶格畸变很小，不足以引起再结晶，晶粒仍保持原来的形状。当变形度在 2%～10%范围内时，金属只有部分晶粒变形，变形很不均匀。再结晶时生成的晶核少，晶粒的大小极不均匀，从而有利于晶粒的吞并过程，最后得到异常粗大的晶粒，使金属的力学性能下降。使晶粒发生异常长大的变形度称为临界变形度。一般情况下，生产上应尽量避免临界变形度的塑性变形加工。超过临界变形度后，随着变形度的增大，变形越来越均匀，再结晶晶核越来越多，再结晶后晶粒细而均匀。当变形量大于 90%时，金属内部将出现形变织构，具有形变织构的金属在再结晶后的加热过程中，将发生再结晶晶粒的急骤长大现象。

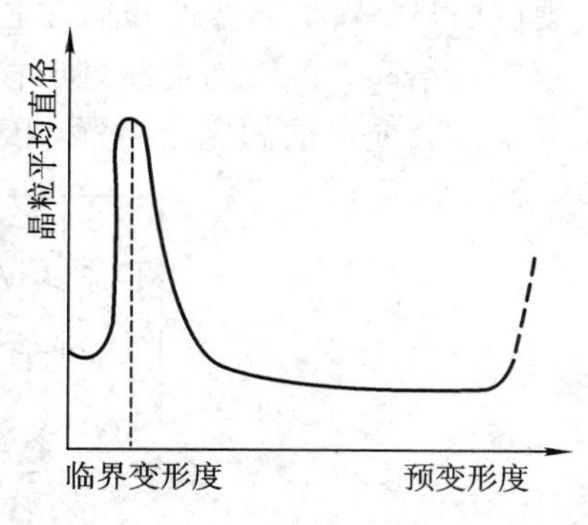

图 3-57 预变形度与再结晶晶粒度的关系

3.2.4 金属的热加工

1. 热加工和冷加工的区别

金属在高温下强度、硬度较低，而塑性、韧性较高，在高温下对金属进行加工变形比较容易，因此生产上广泛采用热加工。

金属的冷加工和热加工是以再结晶温度来划分的。凡在金属的再结晶温度以下进行的加工变形称为冷加工（cold working），而在再结晶温度以上的加工变形称为热加工（hot working），例如钢材的热锻和热轧。熔点高的金属，再结晶温度高，热加工温度也高。如钨的最低再结晶温度约为 1200 ℃，它的热加工温度要比这个温度高；而铅、锡等低熔点金属，再结晶温度低于室温，它们在室温进行塑性变形已属于热加工。这类金属热加工时产生的加工硬化现象随时被再结晶过程产生的软化所抵消，因而热加工带来的强化效果不显著。

2. 热加工对金属组织和性能的影响

热加工时温度处于再结晶温度以上，金属材料发生塑性变形后，随即发生再结晶过程。因此塑性变形引起的加工硬化效应随即被再结晶过程的软化作用所消除，使材料保持良好的塑性状态。

再结晶属于热扩散过程。金属热加工时，往往会由于变形速度较大而来不及再结晶。为了保证热加工能够充分进行，生产中实际采用的热加工温度常常比再结晶温度高得多。

热锻和热轧加工对金属的组织和性能有以下重要影响：

(1) 消除铸态组织缺陷，如铸态金属中的气孔、疏松、微裂纹压合等，提高金属的致密度，减轻甚至消除枝晶偏析和改善夹杂物、第二相的分布等，明显提高金属的强度、韧性和塑性。

(2) 细化晶粒，使破碎铸态金属中的粗大树枝晶和柱状晶破碎，并通过再结晶获得等轴细晶粒(见图 3-58)，使金属的力学性能全面提高。但这与热加工的变形量和加工终了温度关系很大，一般来说变形量应大一些，加工终了温度不能太高。

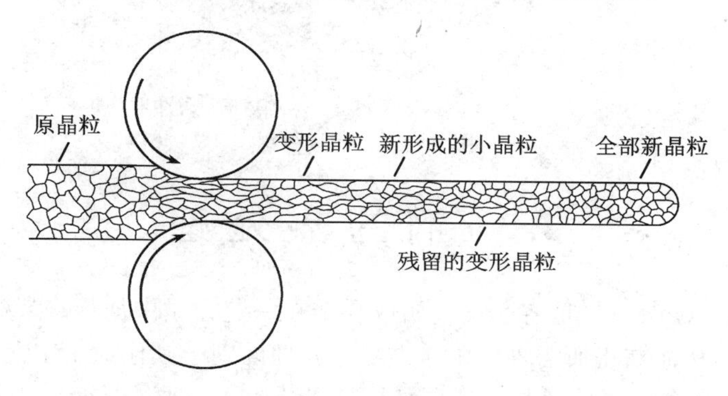

图 3-58　金属在热轧时变形和再结晶的示意图

(3) 形成锻造流线：使金属中的可变形夹杂物或第二相沿金属流动方向被拉长或分布，形成锻造流线，使金属的力学性能具有明显的方向性，纵向上的强度、塑性和韧性显著大于横向上的。因此热加工时应使工件流线分布合理。图 3-59(a)表示锻造吊钩的合理流线分布，吊钩不易断裂；图 3-59(b)表示切削加工制成的吊钩，其流线分布不合理，易发生断裂。

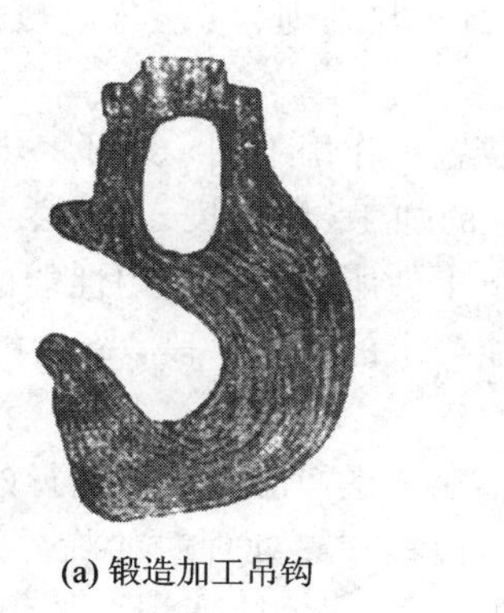

(a) 锻造加工吊钩

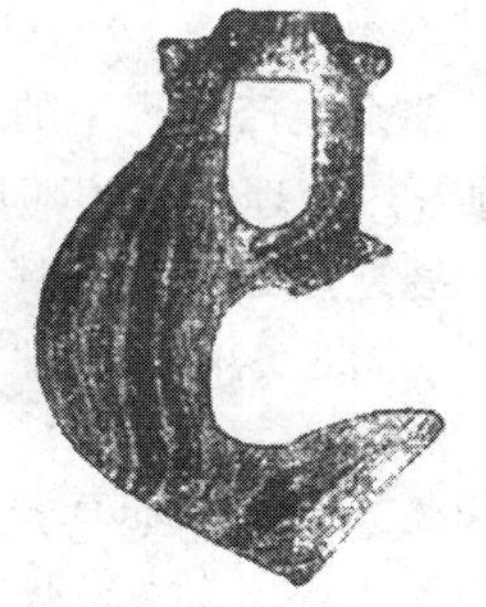

(a) 切削加工吊钩

图 3-59　吊钩流线分布

(4) 形成带状组织：热轧低碳钢时，钢中珠光体和铁素体沿轧制方向呈带状或层状分布，称为带状组织(banded structure)。若钢中非金属夹杂物较多，则在热轧后的冷却过程中先共析铁素体可能依附于被拉长的夹杂物，而析出铁素体带，其两侧为珠光体带；若钢中含磷偏高，则铸态树枝晶间富磷贫碳，且在轧制时被延伸拉长。当冷却转变时，这些贫碳区域优先形成铁素体带而呈现带状组织，如图 3-60 所示。带状组织会使钢件的力学性能变坏，可通过适当的热处理方法来消除。

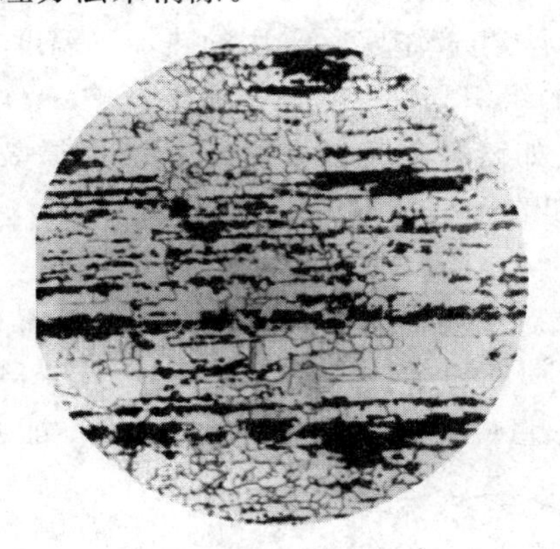

（组织说明：晶粒大小不均匀的铁素体和呈严重带状偏析分布的片状珠光体。）

图 3-60　带状组织

3.3 钢的热处理

热处理(heat treatment)是将固态金属或合金在一定介质中加热、保温和冷却，以改变整体或表面组织，从而获得所需性能的工艺。热处理区别于其他加工工艺(如铸造、压力加工等)的特点是不改变工件的形状，只改变其组织结构，并通过改变组织结构来改变性能。金属材料的热处理包括：

(1) 基本热处理：不改变原有的化学成分，只改变内部组织，如退火、正火、淬火、回火等。

(2) 化学热处理：改变工件表层化学成分和组织，同时也改变内部组织，如渗碳、渗氮、渗金属等。

(3) 表面热处理：仅改变表面组织，如表面淬火、表面激光热处理等。

(4) 特殊热处理：附加有特殊手段，如真空热处理、可控气氛热处理、形变热处理、磁场热处理等。

按照热处理在零件整个生产过程中的位置和作用不同，又可将热处理工艺分为预备热处理和最终热处理。预备热处理是指为随后的加工(如冷拔、冲压、切削)或进一步热处理作准备的预先热处理。最终热处理是指赋予工件所需要的使用性能的热处理。热处理是现代工业中发挥材料特性、满足零件多种性能要求的重要手段，高性能的零件都需要进行热处理。

实际热处理加热和冷却时的相变是在不完全平衡的条件下进行的，相变温度与铁碳平衡相图中的相变点之间有一定差异，这样就使钢在热处理时的临界点偏离了铁-碳相图中的临界点。如珠光体向奥氏体转变必须高于 A_1 温度才能实现，即有一定的过热度；反之，冷却时要有一定过冷度。

为了区别热处理时加热和冷却的临界点，在字母 A 旁分别加注字母 c 和 r。于是，工程上应用的加热时的临界点为 A_{c1}、A_{c3}、A_{ccm}，冷却时的临界点为 A_{r1}、A_{r3}、A_{rcm}，如图 3-61 所示。

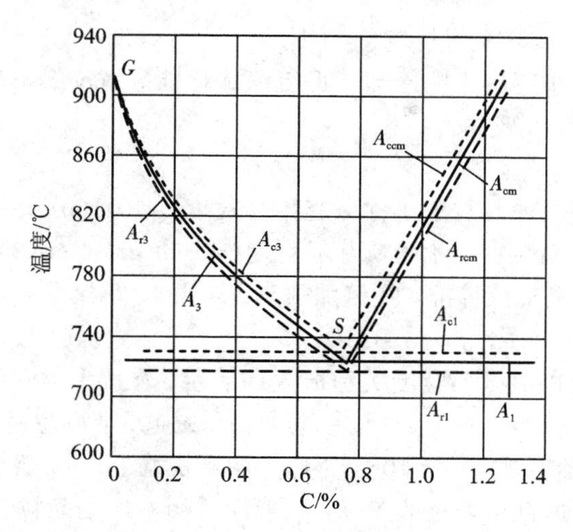

图 3-61　实际加热和冷却时临界点的变化

3.3.1　热处理原理

1. 钢的加热转变

钢的加热转变是将钢加热到临界点温度以上，获得全部或部分奥氏体组织，并使其成分均匀化，即进行奥氏体化(austenization)的过程。

1）奥氏体形成过程

奥氏体的形成过程遵循结晶过程的一般规律，是通过形核和长大两个基本过程来完成的。下面以共析钢为例加以说明。

奥氏体的形成过程包括奥氏体晶核形成(austenite uncleation)、奥氏体晶核长大(growth of nuclei)、剩余渗碳体溶解(dissolving of retained cementite)、奥氏体成分均匀化(homogenizing of austentite)四个基本过程。

(1) 奥氏体晶核形成。奥氏体的晶核优先在铁素体与渗碳体的相界处形成。这是因为在相界上成分不均匀，且晶格畸变较大，为产生奥氏体晶核提供了浓度和结构两方面的有利条件。

(2) 奥氏体晶核长大。奥氏体晶核形成后，晶核的一侧是铁素体，另一侧是渗碳体，从而使其与铁素体相接触处的碳浓度降低，与渗碳体相接触处的碳浓度增高，通过原子扩散，奥氏体向铁素体和渗碳体两侧逐渐长大。

(3) 剩余渗碳体溶解。在奥氏体晶核长大过程中，由于铁素体向奥氏体的转变速度比渗碳体溶解速度要快，因而在奥氏体全部形成之后，还残存一定量的未溶渗碳体。它们只能在随后的保温过程中逐渐溶入奥氏体中，直至完全消失。

(4) 奥氏体成分均匀化。由于渗碳体的碳含量(6.69%)比铁素体的碳含量(0.0218%)高得多，因而原先是渗碳体的区域碳浓度较高，铁素体的区域碳浓度较低。因此必须继续保温，通过碳原子的扩散获得碳含量均匀的奥氏体。

亚共析钢和过共析钢的奥氏体化过程与共析钢基本相同，但由于先共析铁素体或二次渗碳体的存在，为了全都获得奥氏体组织，必须相应加热到 A_{c3} 或 A_{ccm} 以上的温度，才能使它们全部转变为奥氏体。

2）奥氏体晶粒大小及其影响因素

钢的奥氏体晶粒大小直接影响冷却所得组织和性能。晶粒细小均匀，冷却后钢的组织则弥散，强度与塑性、韧性较高。

（1）奥氏体晶粒度。

奥氏体化刚刚完成时的晶粒大小称为起始晶粒度(initial grain size)。钢在某一具体加热条件下获得的奥氏体晶粒大小称为实际晶粒度(actual grain size)，它直接影响钢冷却后的力学性能。按国家冶金部门标准，把钢加热到930±10 ℃保温8小时，冷却后测得的晶粒度定为本质晶粒度(inherent grain size)。

奥氏体晶粒度通常以显微晶粒度级别指数G表示，在放大100倍下，6.45 mm^2面积所包含的晶粒数n与G的关系为$n=2^{G-1}$，晶粒越细，n越大，G也越大。一般将$G\leqslant 4$称为粗晶粒，$G=5\sim 8$称为细晶粒，$G=10\sim 13$称为超细晶粒。1～4级为本质粗晶粒钢，5～8级为本质细晶粒钢。需进行热处理的工件，一般应采用本质细晶粒钢制造。在工业生产中，经锰硅脱氧的钢(沸腾钢)一般都是本质粗晶粒钢，而经铝脱氧的钢(镇静钢)则多为本质细晶粒钢。

（2）影响奥氏体晶粒度的因素。

① 加热温度和保温时间。奥氏体晶粒长大是一个自发过程，因晶界能量较高，通过晶粒长大，晶界面积减少，可降低系统能量。奥氏体晶粒长大是通过晶界两侧原子的扩散，大晶粒吞并小晶粒来完成的。奥氏体刚形成时晶粒是细小的，但随着温度升高晶粒将逐渐长大。温度越高，晶粒长大越明显。在一定温度下，保温时间越长，奥氏体晶粒也越粗大。获得细小的奥氏体晶粒是热处理始终要注意的重要问题。材料选定以后，采用适当的加热温度和保温时间是控制奥氏体晶粒度的主要手段。

② 化学成分。随奥氏体中含碳量的增加，奥氏体晶粒长大的倾向变大。但如果碳以未熔碳化物的形式存在，则由于其对晶界移动作用的阻碍，反而长大倾向减小。在钢中加入形成碳化物的元素(如钛、钒、铌、锆等)和形成氮化物、氧化物的元素(如铝等)，都能阻碍奥氏体晶粒的长大；而锰、磷溶于奥氏体后，使铁原子扩散加快，所以会促进奥氏体晶粒长大。

2. 钢的冷却转变

钢在发生加热转变后，接着进行冷却，发生冷却转变。冷却方式通常有以下两种：

（1）等温冷却(isothermal cooling)：将钢由加热温度迅速冷却到临界点A_{r1}以下某一温度，进行保温使其在该温度下发生恒温转变后再冷却到室温，如图3-62中曲线1所示。

（2）连续冷却(continuous cooling)：将钢由加热温度以某种冷却速度连续冷却到室温，使其在临界点以下发生变温连续转变，如图3-62中曲线2所示。

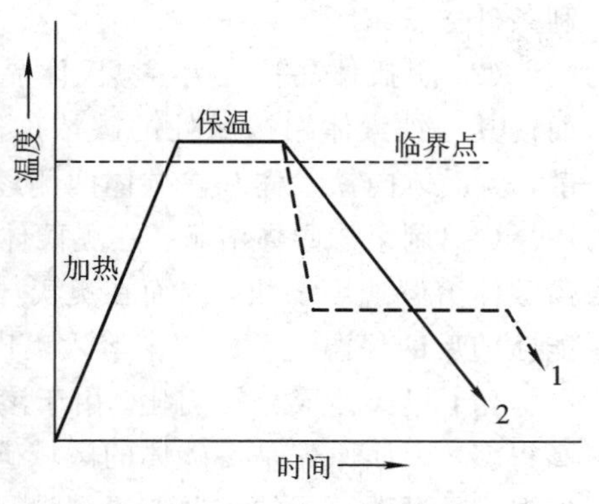

1—等温冷却；2—连续冷却

图3-62　钢的两种冷却方式示意图

1）过冷奥氏体的等温转变

（1）共析钢过冷奥氏体等温转变图（time-temperatare transformation diagram，TTT 曲线或 C 曲线）。

共析钢过冷奥氏体（supercooled austenite）和等温转变过程和转变产物可用其等温转变曲线（TTT 曲线）图来分析（见图 3－63）。图中横坐标为转变时间（对数坐标），纵坐标为温度。根据曲线的形状，过冷奥氏体等温转变曲线可简称为 C 曲线。C 曲线的左边一条线为过冷奥氏体转变开始线，右边一条线为过冷奥氏体转变终了线。图中 M_s线是过冷奥氏体转变为马氏体（M）的开始温度，M_f线是过冷奥氏体转变为马氏体的终了温度。

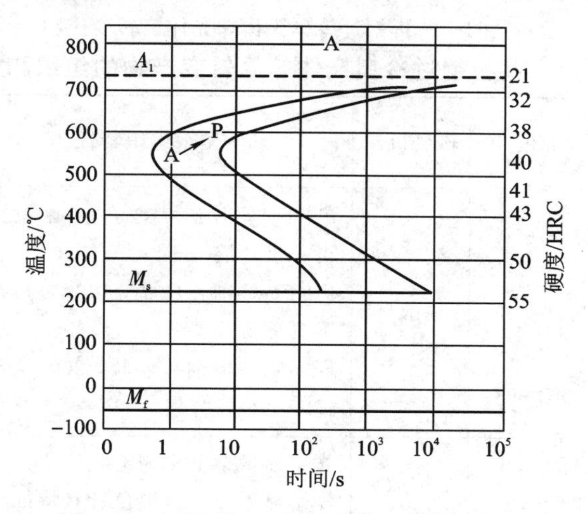

图 3－63　共析钢过冷 A 的等温转变曲线图

（2）共析钢过冷奥氏体等温转变规律。

C 曲线表明，在 A_1以上，奥氏体处于稳定状态，不发生转变，能长期存在；在 A_1以下，奥氏体不稳定，要发生转变。转变之前处于过冷状态，过冷奥氏体的稳定性取决于其转变的孕育期（incubation period），在曲线的“鼻尖”处（约 550 ℃时）孕育期最短，过冷奥氏体的稳定性最小。“鼻尖”将曲线分成上下两部分。在上面随温度下降（即过冷度增大）孕育期变短，转变速度加快；在下面，随着温度下降孕育期变长，转变速度减慢。过冷奥氏体转变速度随温度变化的这种规律，是由两种因素相互作用造成的。随温度降低，一方面，转变动力（奥氏体与其转变产物的自由能差 ΔF）增大；另一方面，转变所必要的原子扩散能力（扩散系数 D）降低。结果在“鼻尖”温度出现最佳转变条件，高于此温度时，自由能差 ΔF 起主导作用；低于此温度时，扩散系数 D 起主导作用。

（3）共析钢等温转变产物的组织和特性。

根据转变产物的组织，共析钢的 C 曲线可以划分为三个转变区：珠光体转变区（高温转变），在 A_1～550 ℃之间；贝氏体转变区（中温转变），在 550 ℃～M_s之间；马氏体转变区（低温转变），温度低于 M_s点（230 ℃）。

① 珠光体转变。珠光体（P）是铁素体和渗碳体的机械混合物，渗碳体呈层状分布在铁素体基体上。转变温度愈低，层间距愈小。按层间距珠光体组织习惯上分为珠光体（P）、索氏体（sorbite，S）和屈氏体（troostite，T）。它们并无本质区别，也没有严格界限，只是形态上不同。珠光体较粗，索氏体较细，屈氏体最细，见图 3－64。它们的大致形成温度及性能

见表 3-3。

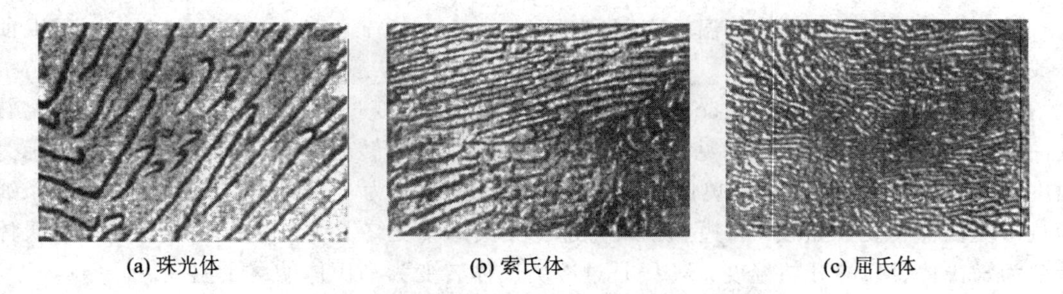
(a) 珠光体　(b) 索氏体　(c) 屈氏体

图 3-64　共析钢过冷奥氏体珠光体区转变产物

表 3-3　共析钢过冷奥氏体等温转变产物的组织和性能

转变类型	组织名称	形成温度/℃	转变机制	显微组织特征	HB（HRC）
珠光体转变	珠光体 P	A_1～650	扩散型	F+Fe_3C 片层状，500×显微镜下可分辨片层	170～200(～20)
	索氏体 S	650～600		F+Fe_3C 细片层状，1000×显微镜下可分辨片层	230～320(25～35)
	屈氏体 T	600～550		F+Fe_3C 极细片层状，2000×显微镜下可分辨片层	330～400(35～40)
贝氏体转变	上贝氏体 $B_{上}$	550～350	半扩散型	光学显微镜下呈羽毛状特征	(42～48)
	下贝氏体 $B_{下}$	350～M_s		光学显微镜下呈黑色针状特征	(48～58)
马氏体转变	针状马氏体 M	M_s～M_f	非扩散型	光学显微镜下呈竹叶状或凸透镜状	(62～65)
	板条马氏体 M	M_s～M_f		光学显微镜下呈一束束细板状	(50～60)

奥氏体向珠光体的转变是一种扩散型的形核、长大过程，是通过碳、铁原子的扩散和晶体结构的重构来实现的。首先，在奥氏体晶界或缺陷(如位错等)密集处生成渗碳体晶核，并依靠周围奥氏体不断供给碳原子而长大；与此同时，渗碳体晶核周围的奥氏体中碳含量逐渐降低，为形成铁素体创造有利浓度条件，并最终从结构上转变为铁素体。铁素体的溶碳能力很低，在长大过程中必定将过剩碳排移到相邻奥氏体中，使其碳含量升高，这样又为生成新的渗碳体创造了有利条件。上述过程反复进行，奥氏体就逐渐转变成渗碳体和铁素体片层相间的珠光体组织了。

② 贝氏体转变。贝氏体(bainite，B)是渗碳体分布在铁素体基体上的两相混合物。奥氏体向贝氏体的转变属于半扩散型转变，即铁原子不扩散而碳原子有一定的扩散能力。转变温度不同，形成的贝氏体形态也明显不同。通常将 550～350 ℃间形成的称为上贝氏体(upper bainite，$B_{上}$)，350 ℃～M_s间形成的称为下贝氏体(lower bainite，$B_{下}$)。

上贝氏体的形成过程：首先在奥氏体晶界上碳含量较低的地方生成铁素体晶粒，然后向晶粒内沿一定方向成排长大。在上贝氏体温区内，碳有一定的扩散能力，铁素体片长大时，它能扩散到周围的奥氏体中，使其富碳。当铁素体片间的奥氏体浓度增大到足够高时，便从中析出小条状或小片状渗碳体，断续地分布在铁素体片之间，形成羽毛状上贝氏体，见图 3-65。

(a) 光学显微照片

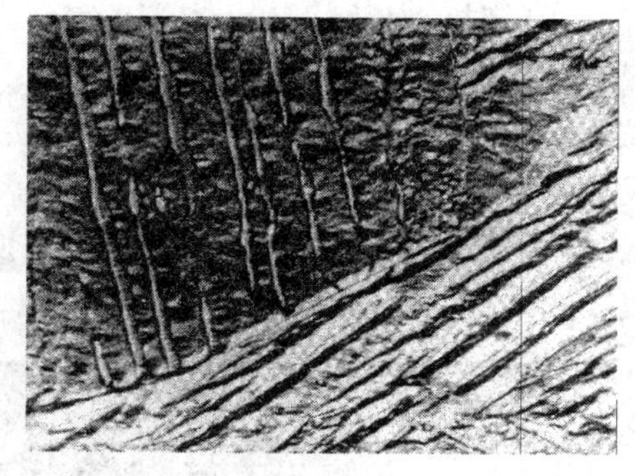
(b) 电子显微照片

图 3-65　上贝氏体形态

下贝氏体的形成过程：首先铁素体晶核在奥氏体晶界、孪晶界或晶内某些畸变较大的地方生成，然后沿奥氏体的一定晶向呈针状长大。下贝氏体的转变温度较低，碳原子的扩散能力较小，不能长距离扩散，只能在铁素体针内沿一定晶面以细碳化物粒子的形式析出，形成黑色针状的下贝氏体，见图 3-66。

(a) 光学显微照片

(b) 电子显微照片

图 3-66　下贝氏体形态

贝氏体的机械性能与其形态有关。上贝氏体中铁素体片较宽，塑性变形抗力较低；同时，渗碳体分布在铁素体片之间，容易引起脆断，因此，强度和韧性都较差。下贝氏体中铁素体针细小，无方向性，碳的过饱和度大，碳化物分布均匀，所以硬度高，韧性好，具有较好的综合机械性能，是一种很有应用价值的组织。

③ 马氏体转变。当转变温度在 $M_s \sim M_f$ 之间时，即可发生马氏体(martensite)组织转变。

· 马氏体的形成。马氏体转变是非扩散型转变。由于转变温度低，铁、碳原子不能扩散，所在奥氏体向马氏体转变过程中，铁原子集体进行一些微调整使原来奥氏体的面心立方晶格改组成体心立方晶格，碳原子原地不动，过饱和地留在新组成的晶胞中。因此马氏体实质是碳在 α-Fe 中的过饱和间隙固溶体，马氏体中的碳浓度与奥氏体中的碳浓度完全相同。马氏体形成时体积膨胀，在钢中造成很大的内应力，已生成的马氏体对未转变的奥氏体构成大的压应力，也使马氏体转变不能进行到底，而总要保留一部分不能转变的残余奥氏体。

· 马氏体的形态。马氏体的形态一般分板条状和针状(或称片状)两种。马氏体的形态主要取决于奥氏体的碳含量。碳含量低于 0.30%时，为板条状马氏体(lath martensite)；碳含量大于1.0%时，为针状马氏体(acicular martensite)；碳含量在0.30%～1.0%之间时，为板条状和针状马氏体的混合组织。

在光学显微镜下，板条状马氏体为一束束由许多尺寸大致相同并几乎平行排列的细板条，马氏体板条束之间则成较大角度。在一个奥氏体晶粒内，可以形成不同位向的许多马氏体区，见图3-67。高倍透射电镜分析表明，在板条状马氏体内有大量位错缠结的亚结构。所以，低碳板条状马氏体又称位错马氏体。

图3-67　低碳板条状马氏体形态

在光学显微镜下，针状马氏体呈竹叶状或凸透镜状，在空间形同铁饼。马氏体针之间互相成一定角度(60°或120°)。马氏体针多在奥氏体晶体内形成，并限制在奥氏体晶粒范围之内。最先形成的马氏体针较粗大，往往贯穿整个奥氏体晶粒，并将其分割。以后，马氏体则在被分割了的奥氏体中形成，因而马氏体针愈来愈细。先形成的马氏体容易被腐蚀，颜色较深。所以，完全相变后的马氏体为大小不同、分布不规则、颜色深浅不一的针状组织，见图3-68。高倍透射电镜分析表明，马氏体内有大量细孪晶带的亚结构。因此，高碳针状马氏体又称孪晶马氏体。

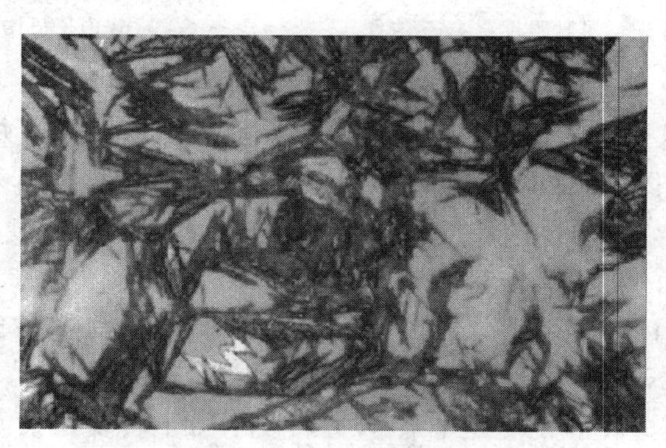

图3-68　高碳针状马氏体形态

· 马氏体的性能。高硬度是马氏体组织机械性能的主要特点。马氏体的硬度主要受其含碳量的影响，如图3-69所示，随马氏体含碳量增加，其硬度也随之升高。马氏体强化是钢的主要强化手段之一，广泛应用于工业生产中。马氏体强化的主要原因是过饱和碳引起的晶格畸变，即固溶强化。此外，马氏体在转变过程中产生的大量晶体缺陷(如位错、孪晶等)和引起的组织细化，以及过饱和的碳以弥散碳化物形式的析出都对马氏体的强化有不同程度的贡献。马氏体的塑性和韧性主要取决于其亚结构的形式和碳在马氏体中的过饱和度。高碳针状马氏体的塑性和韧性均很差，而低碳板条状马氏体的塑性和韧性却相当好。

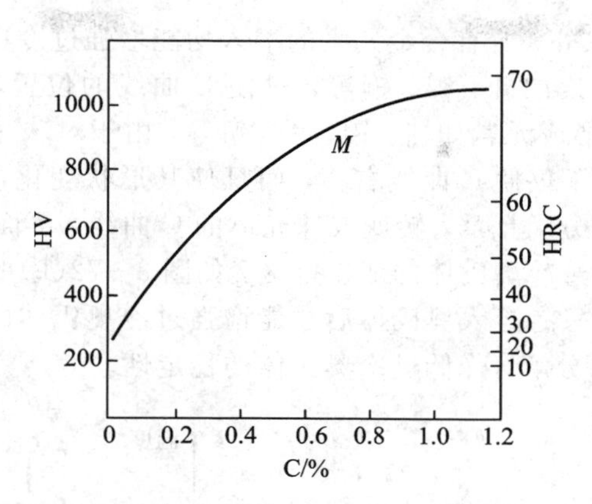

图 3-69　碳含量对马氏体硬度的影响

(4) 亚共析钢和过共析钢的等温转变。

亚共析钢的过冷奥氏体等温转变曲线见图 3-70(以 45 钢为例)，在 C 曲线上还有一条铁素体析出线。在高温转变区过冷奥氏体将先有一部分转变为铁素体，剩余的过冷奥氏体再转变为珠光体型组织。如 45 钢过冷奥氏体在 600～650 ℃等温转变后，其产物为 F+S。

过共析钢的过冷奥氏体等温转变曲线见图 3-71(以 T10 钢为例)，在 C 曲线上还有一条二次渗碳体析出线。过共析钢的过冷奥氏体在高温转变区，将先析出二次渗碳体，其余的过冷奥氏体再转变为珠光体型组织。T10 钢过冷奥氏体在 A_1～650 ℃等温转变后，将得到 Fe_3C_{II} +P 组织。

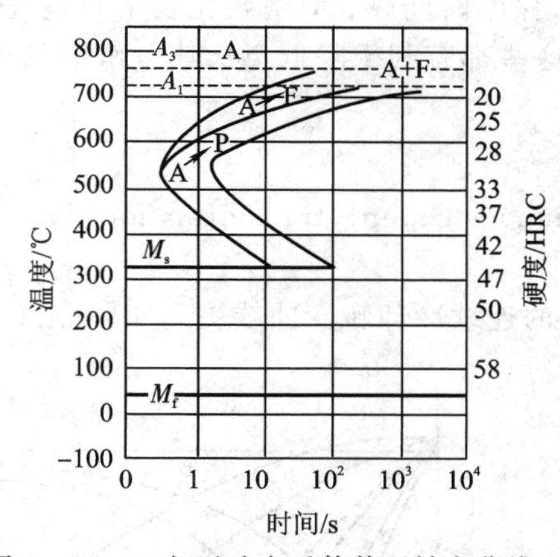

图 3-70　45 钢过冷奥氏体等温转变曲线

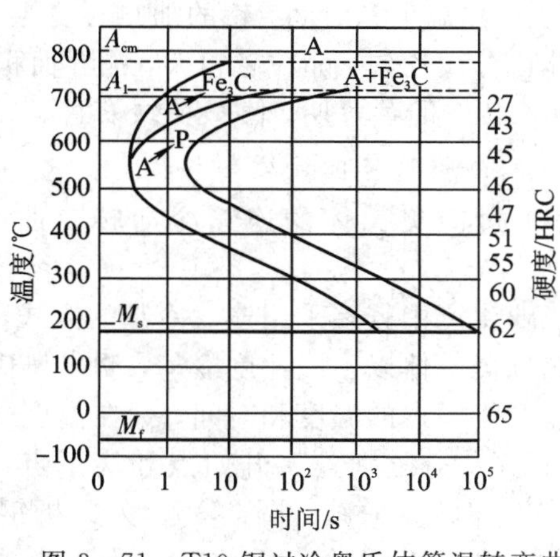

图 3-71　T10 钢过冷奥氏体等温转变曲线

(5) 影响过冷奥氏体等温转变的因素。

一切影响奥氏体稳定性和分解特性的因素都能影响过冷奥氏体的等温转变，从而改变 C 曲线的位置和形状。主要的影响因素有奥氏体的成分、加热温度和时间。

① 碳含量。随着奥氏体碳含量的增加，奥氏体的稳定性增大，C 曲线的位置向右移。对于过共析钢，加热到 A_{c1} 以上一定温度时，随钢中碳含量增长，奥氏体碳含量并不增高，而未溶渗碳体含量增多。渗碳体作为结晶核心，能促进奥氏体分解，C 曲线左移。过共折钢只有在加热到 A_{ccm} 以上，渗碳体完全溶解时，碳含量的增加才使奥氏体稳定性增加，C 曲线右移。因此，在一般热处理加热条件下，共析钢中奥氏体最稳定，C 曲线最靠右边，亚共析钢和过共析钢的 C 曲线相对共析钢 C 曲线全部左移。

② 合金元素。除钴以外，所有合金元素的溶入均能增强过冷奥氏体的稳定性，使C曲线右移。非碳化物形成元素如硅、镍、铜等，只使C曲线的位置右移，不改变其形状(见图3－72(a))。强碳化物形成元素如铬、钼、钨、钒等，由于对珠光体转变和贝氏体转变推迟作用的影响程度不同，不仅使C曲线右移，而且使其形状变化，产生两个“鼻子”，整个C曲线分裂成上下两个部分。上面为转变成珠光体的C曲线，下面为转变成贝氏体的C曲线。两条曲线之间有一个过冷奥氏体的亚稳定区，如图3－72(b)所示。

与碳相似，合金元素只有溶入奥氏体后才能增强过冷奥氏体的稳定性，而未溶的合金碳化物因有利于奥氏体的分解，降低过冷奥氏体的稳定性。

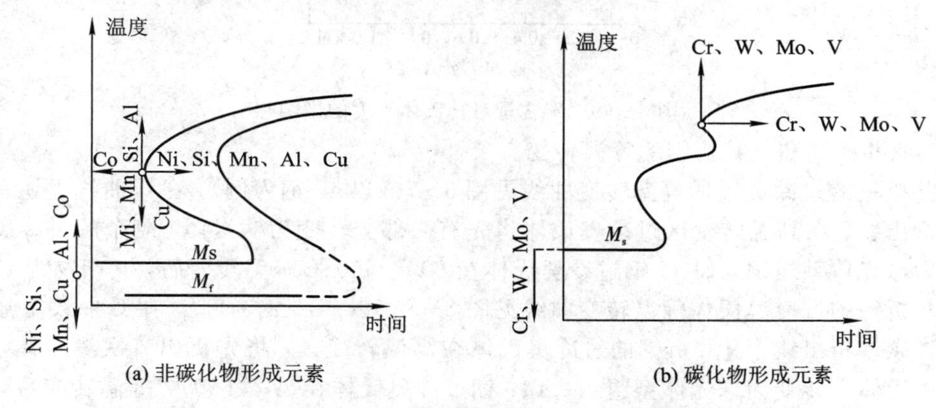

图3－72 合金元素对碳钢C曲线的影响

③ 加热温度和时间。钢的加热转变温度越高，保温时间越长，则碳化物溶解越完全，奥氏体成分越均匀，晶粒越粗大，晶界面积越小。这些都有利于降低奥氏体分解时的形核率，延长转变的孕育期，使C曲线右移。

2) 过冷奥氏体的连续冷却转变

(1) 过冷奥氏体的连续冷却转变曲线(continuous-cooling transformation diagram，CCT曲线)。

工业生产中较多采用连续冷却的方式，所以钢的连续冷却转变曲线更有实际意义，将钢加热到奥氏体以不同速度冷却，测出奥氏体转变开始点和终了点的温度和时间，标在温度-时间(对数)坐标系中，分别连接开始点和终了点，就能得到连续冷却转变曲线。图3－73为共析钢的CCT图，图中P_s线为过冷奥氏体转变为珠光体的开始线，P_f为转变终了线，两线之间为转变的过渡区，KK'为转变的中止线，当冷却到达此线时，过冷奥氏体转变中止。由图中可见共析钢在连续冷却时无贝氏体生成。

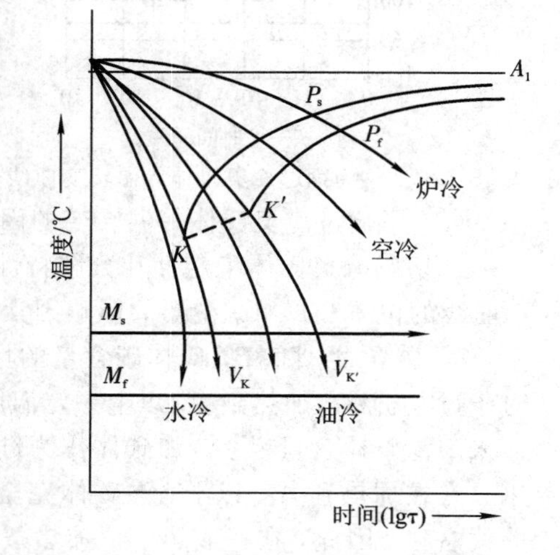

图3－73 共析钢连续冷却转变曲线示意图

(2) 临界冷却速度。

如果使钢件在冷却过程中不发生珠光体或贝氏体转变，仅发生马氏体转变，则必须把加热到奥氏体状态的钢，以等于或大于V_K的冷却速度(如图3－73所示)进行冷却，一直冷却到M_s点以下。V_K

是只发生马氏体转变的最小冷却速度(critical cooling rate)，称为临界冷却速度。V_K的大小与C曲线的位置有关。如C曲线越往右移，则V_K就越小，越容易在较低冷却速度下获得马氏体组织。冷却速度小于$V_{K'}$时，钢将全部转变为珠光体。冷却速度处于V_K～$V_{K'}$之间(例如油冷)时，在到达KK'线之前，奥氏体部分转变为珠光体，从KK'线到M_s点，剩余的奥氏体停止转变，直到M_s点以下时，才开始转变成马氏体，超过M_f点后马氏体转变完成。

与共析钢的TTT曲线相比，CCT曲线稍靠右向下一点(见图3-74)，表明连续冷却时，奥氏体完成珠光体转变的温度要低一些，时间要长一些。由于连续转变曲线较难测定，因此一般用过冷奥氏体的等温转变曲线来分析连续转变的过程和产物。在分析时要注意TTT曲线和CCT曲线的上述一些差异。

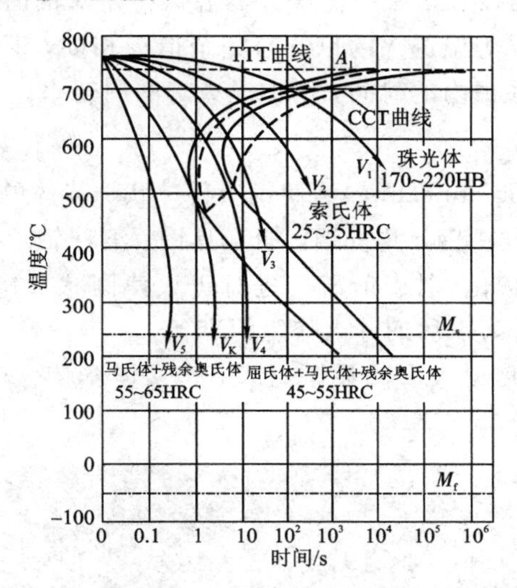

图3-74　共析钢的等温转变曲线和连续冷却转变曲线的比较及转变组织

3.3.2　热处理工艺

1. 退火

退火(annealing)是将钢加热到适当温度，保温一定时间，然后缓慢冷却(一般为随炉冷却)的热处理工艺。退火经常作为预备热处理工序，大量应用于机械制造过程中。各种退火的加热温度范围如图3-75所示。

根据处理的目的和要求不同，钢的退火可分为完全退火、等温退火、球化退火、扩散退火和去应力退火等。

1) 完全退火

完全退火(complete annealing)主要用于亚共析钢，又称重结晶退火。完全退火是把钢加热至A_{c3}以上30～50 ℃，保温一定时间后缓慢冷却(随炉冷却或埋入石灰和砂中冷却)，以获得接近平

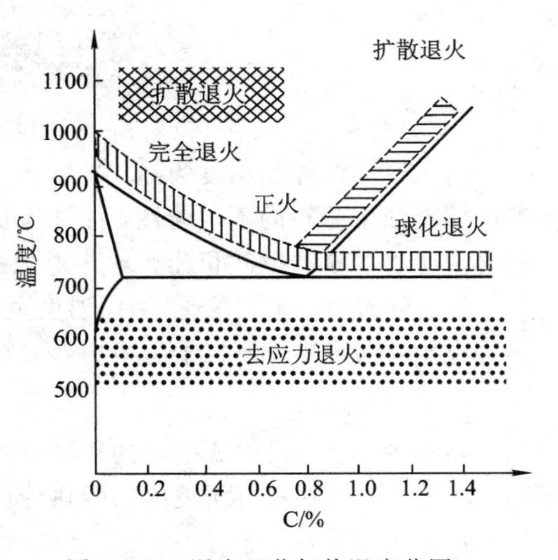

图3-75　退火工艺加热温度范围

衡组织的热处理工艺。亚共析钢经完全退火后得到的组织是F+P。

通过重结晶，使热加工造成的不均匀、粗大的组织均匀化和细化，以提高性能；或使中碳以上的碳钢和合金钢得到接近平衡状态的组织，以降低硬度，改善切削加工性能。由于完全退火的冷却速度缓慢，因此还可消除内应力。

过共析钢不宜采用完全退火，因为加热到A_{ccm}以上慢冷时，二次渗碳体会以网状形式沿奥氏体晶界析出，使钢的韧性大幅下降，并可能在以后的热处理中引起裂纹。

2）等温退火

等温退火(isothermal annealing)是将亚共析钢加热到A_{c3}（过共析钢加热到A_{c1}）以上30～50 ℃，保温后快冷到A_{r1}以下某一温度并等温保持足够的时间使奥氏体转变后，钢件即可出炉空冷或在炉缓冷。等温退火的目的与完全退火相同，但转变较易控制，能获得均匀的组织，并且节省钢件在炉内的时间，增加退火炉的周转率。

3）球化退火

球化退火(spheroidizing annealing)是使钢获得球状珠光体的退火处理工艺。

球化退火主要用于过共析钢、共析钢，如工具钢、滚珠轴承钢等，目的是使二次渗碳体及珠光体中的渗碳体球状化(退火前需先进行正火使网状二次渗碳体破碎)，以降低硬度，改善切削加工性能，并为以后的淬火作组织准备。

图3－76为T12钢球化退火后的显微组织，铁素体基体上分布着细小均匀的球状渗碳体。

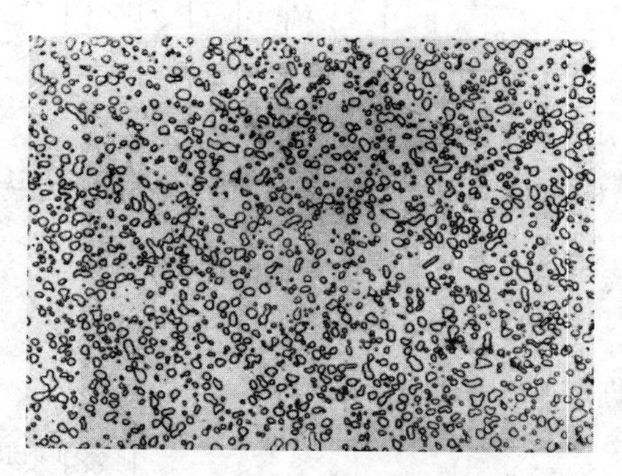

图3－76　T12钢球化退火处理后的组织

球化退火的加热温度为A_{c1}以上20～30℃，以便保留较多的未溶碳化物粒子和较大的奥氏体碳浓度分布的不均匀性，促进球状碳化物的形成。若加热温度过高，二次渗碳体易在慢冷时以网状的形式析出。球化退火需要较长的保温时间来保证二次渗碳体的自发球化。保温后随炉冷却，在通过A_{r1}温度范围时，应足够缓慢，以使奥氏体在进行共析转变的过程中，以未溶渗碳体粒子为核心形成粒状渗碳体。

4）扩散退火

为减少钢锭、铸件或锻坯的化学成分和组织不均匀性，将其加热到略低于固相线的温度，长时间保温并进行缓慢冷却的热处理工艺，称为扩散退火或均匀化退火。

扩散退火的加热温度一般选定在钢的熔点以下100～200 ℃，保温时间一般为10～15 h。加热温度提高时，扩散时间可以缩短。

扩散退火后钢的晶粒很粗大，因此一般再进行完全退火或正火处理。

5）去应力退火

为消除铸造、锻造、焊接和机加工、冷变形等冷热加工在工件中造成的残余应力而进行的低温退火，称为去应力退火。去应力退火是将钢件加热至低于 A_{c1} 的某一温度（一般为 500～650 ℃），保温，然后随炉冷却，这种处理可以消除约 50%～80%的内应力，不引起组织变化。

2. 正火

正火（normalizing）是将钢加热到 A_{c3}（对于亚共析钢）、A_{c1}（对于共析钢）或 A_{ccm}（对于过共析钢）以上 30～50 ℃，保温适当时间后，在空气中冷却，得到珠光体类组织（亚共析钢：F+S；共析钢：S；过共析钢：S+Fe_3C_{II}）的热处理工艺。

正火与完全退火的主要区别是冷却速度较快，得到的组织较细，能获得更高的强度和硬度；同时生产周期较短，成本较低。正火常用于以下方面：

(1) 作为最终热处理。正火可以细化晶粒，使组织均匀化；减少亚共析钢中铁素体含量，使珠光体含量增多并细化，从而提高钢的强度、硬度和韧性。对于普通结构钢零件，机械性能要求不很高时，可以正火作为最终热处理。

(2) 作为预先热处理。截面较大的合金结构钢件，在淬火或调质处理（淬火＋高温回火）前常进行正火，以消除魏氏组织和带状组织，并获得细小而均匀的组织。对于过共析钢，采用正火可减少二次渗碳体量，并使其不形成连续网状，为球化退火作组织准备。

(3) 改善切削加工性能。低碳钢或低碳合金钢退火后硬度太低，不便于切削加工，采用正火可提高其硬度，改善其切削加工性能。

3. 淬火

淬火（quenching）是将钢加热到相变温度以上，保温一定时间，然后快速冷却以获得马氏体组织的热处理工艺。淬火是钢最重要的强化方法。

1）淬火加热温度

亚共析碳钢的淬火加热温度为 A_{c3} 以上 30～50 ℃，共析和过共析碳钢的淬火加热温度为 A_{c1} 以上 30～50 ℃（见图 3-77）。如果淬火温度太高，则会形成粗大的马氏体，使机械性能恶化；同时也增大淬火应力，使变形和开裂倾向增大。

亚共析钢淬火加热温度在 A_{c3} 以下时，淬火组织中会保留自由铁素体，使钢的硬度降低。过共析钢淬火加热温度在 A_{c1} 以上时，组织中会保留少量二次渗碳体，有利于提高钢的硬度和耐磨性，同时由于降低了奥氏体中的碳含量，可以改变马氏体的形态，从而降低了马氏体的脆性；此外，还可以减少淬火后残余奥氏体的量。

对于合金钢，由于大多数合金元素有阻碍奥氏体晶粒长大的作用，因而淬火加热温度比碳钢稍高，使合金元素在奥氏体中充分溶解和均匀化，以获得较好的淬火效果。

2）淬火加热时间

淬火加热时间包括升温时间和保温时间两个阶段。通常以装炉后温度达到淬火加热温度所需时间为升温时间，并以此作为保温时间的开始；保温时间是指钢件内外温度均匀并完成奥氏体化所需的时间。

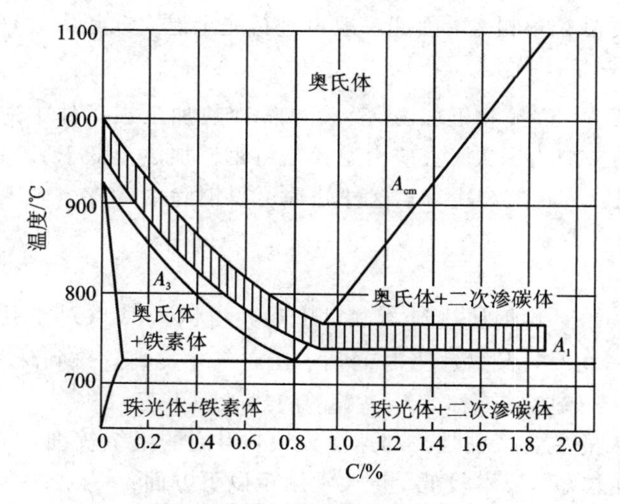

图 3 - 77　碳钢的淬火温度范围

淬火加热时间受钢件成分、尺寸和形状、装炉量、加热炉类型、炉温和加热介质等因素的影响。一般钢的碳含量和合金元素含量越高，零件的尺寸越大，淬火加热时间越长。淬火加热时间可根据热处理手册中介绍的经验公式来估算，也可由实验来确定。

3）淬火冷却介质

冷却是淬火工艺中最重要的工序，一方面必须保证钢件获得马氏体，另一方面不造成开裂并尽可能减少变形。解决这一矛盾的理想淬火冷却曲线如图3 - 78所示。在 650℃以上，在保证不形成珠光体类组织的前提下，冷却应尽可能慢，以减少热应力；在 650～400℃范围应快速冷却，避免碰上 C 曲线的“鼻尖”，保证奥氏体不分解；在 400℃以下，则又要求慢冷，以减轻马氏体转变时的相变应力。但目前并没有这样理想的冷却介质。常用的冷却介质有水、油和无机盐水溶液等。

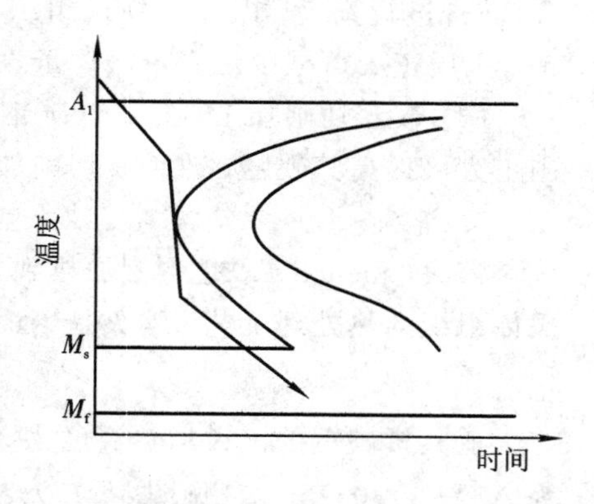

图 3 - 78　理想淬火冷却曲线示意图

水在 650～550℃范围内的冷却能力不够强，而在 300～200℃范围内的冷却能力又很大，易造成零件的变形和开裂。因此水在生产上主要用于形状简单、截面较大的碳钢零件的淬火。

淬火用油为各种矿物油。它的优点是 300～200℃范围冷却能力低，有利于减少工件的变形；缺点是在 650～550℃范围冷却能力也低，不利于钢的淬硬，所以油一般用作合金钢的淬火介质。

为了减少零件淬火时的变形，可用盐浴作淬火介质。熔盐主要用于分级淬火和等温淬火，其特点是沸点高，冷却能力介于水和油之间，常用于处理形状复杂、尺寸较小、变形要求严格的工具等。

4）淬火方法

常用的淬火方法有单介质淬火、双介质淬火、分级淬火和等温淬火等，见图 3 - 79 和表 3 - 4。

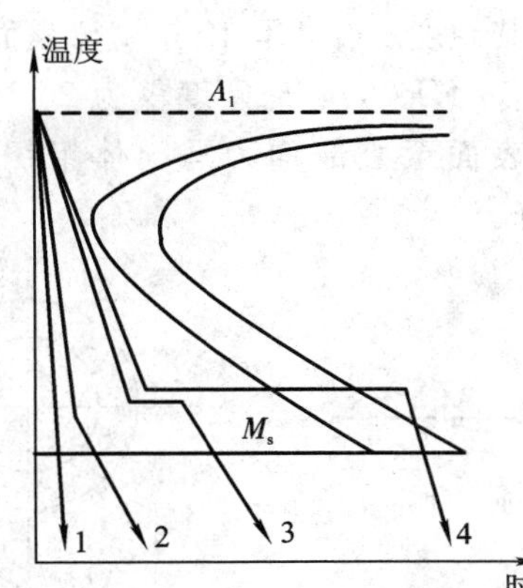

1—单介质淬火；2—双介质淬火；3—分级淬火；4—等温淬火

图 3-79　不同冷却方法示意图

表 3-4　常见淬火方法的特点及适用范围

淬火方法	操作特点	优缺点评价	使用范围
单介质淬火	加热好的工件直接放入一种淬火介质中冷却	操作简单，易实现机械化，应用较广；但水淬变形开裂倾向大，油淬冷却速度小，大件淬不硬	适用于简单形状碳钢（水冷）和合金钢（油冷）件
双介质淬火	加热好的工件先在一种冷却能力较强的介质中冷至 300 ℃左右后，再淬入另一种冷却能力较弱的介质进行冷却	马氏体转变时产生的内应力小，减少了变形和开裂的可能性；但操作复杂，要求操作人员有实践经验	适用于形状复杂的碳钢件及大型合金钢工件
分级淬火	加热好的工件迅速淬入温度在 M_s 点附近的液体介质（盐浴或碱浴）中，保温适当时间，取出空冷	克服双介质淬火不好掌握的缺点，工件心部和表面温度差较小，有效防止开裂和变形	只适用于小尺寸零件，常用于刀具的淬火
等温淬火	加热好的工件，在温度稍高于 M_s 点的盐浴（或碱浴）炉中，长时间保温，形成下贝氏体，然后再空冷	大大降低钢件的内应力，减少变形；但生产周期长、生产率低	适用于处理形状复杂和精度要求高的小件，如弹簧、螺栓、小齿轮等；也可用于高合金钢较大截面零件的淬火

5）钢的淬透性

（1）淬透性、淬透层深度和淬硬性。

淬透性（hardenability）是指钢在淬火时所能获得淬硬层深度的能力。实际淬火工件中，如果整个截面都得到马氏体，即表明此工件已淬透。大的工件表面淬成了马氏体，而心部未得到马氏体，这是因为淬火时，表层冷却速度大于临界冷却速度 V_K，而内部冷却速度小于 V_K，如图 3-80 所示。所以钢的淬透层深度取决于其临界冷却速度的大小，并与工件的截面尺寸和淬火介质的冷却能力有关。钢的临界冷却速度越小，工件的淬透层越深。如直径为 30 mm 的 40 钢和 40 CrNiMo 试棒，加热到奥氏体区（840℃），然后都用水进行淬火。

分析两根试棒截面的组织，测定其硬度。结果是45钢试棒表面组织为马氏体，而心部组织为铁素体＋索氏体，表面硬度为55 HRC，心部硬度仅为20 HRC，表示45钢试棒心部未能淬火；而40 CrNiMo钢试棒表面至心部均为马氏体组织，硬度均为55 HRC，可见40 CrNiMo的淬透性比40钢要好。

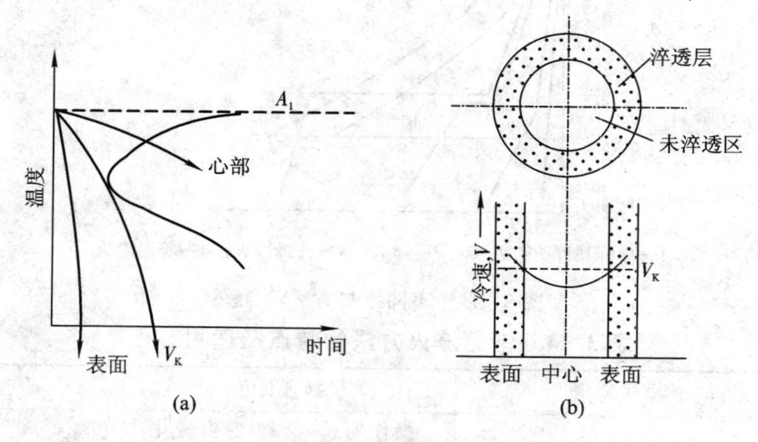

图3-80　工件截面的冷却速度与淬透层示意图

一般规定，以表面至半马氏体区(即马氏体和非马氏体组织各占一半)的距离为淬透层深度。半马氏体组织可由显微镜或硬度的变化来确定。

淬硬性是指钢在理想条件下淬火所能达到的最高硬度的能力，主要取决于马氏体的碳含量，含碳量越高，硬度就越高，钢的淬硬性就越大。

(2) 淬透性(hardening capacity)的测定与淬透性曲线。

"结构钢末端淬透性试验法"也叫"末端淬火法"，是测定钢材淬透性的常用方法。将规定尺寸的试样加热成奥氏体后，立即在标准条件下淬火，由于试样自下端喷水冷却，因此沿试样长度方向冷却速度自下而上递减，试样内组织及硬度也随冷速不同而变化。在试样侧面沿长度方向磨一深度为0.2～0.5 mm的一窄条平面，然后从末端开始，每隔一定距离测量一个硬度值，即可测得试样沿长度方向上的硬度变化(见图3-81)，所得曲线称为淬透性曲线。

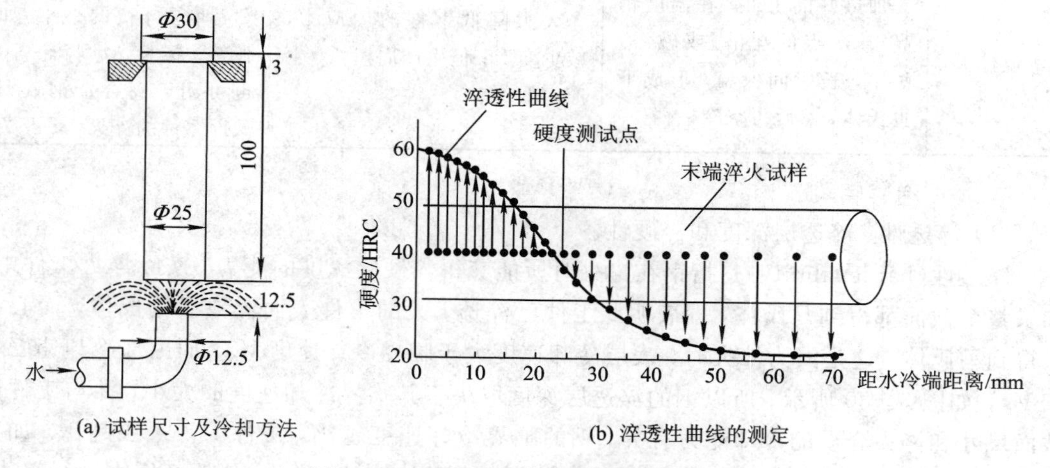

图3-81　用末端淬火法测定钢的淬透性

不同钢号的淬透性曲线可查阅有关手册。每个钢种的化学成分有一个波动范围，晶粒度和组织略有差别，所以手册上给出的是每种钢的淬透性带。钢的淬透性值用 $J\,\dfrac{\mathrm{HRC}}{d}$ 表示。其中 J 表示末端淬火的淬透性，d 表示距水冷端的距离，HRC 为该处的硬度。例如，淬透性值 $J\,\dfrac{42}{5}$，即表示距水冷端 5 mm 处试样的硬度为 42 HRC。

热处理中也常用临界淬火直径来具体衡量钢的淬透性。临界淬火直径是指钢在某种介质中淬火时心部得到半马氏体组织的最大直径，以 D_0 表示。D_0 可由试验来确定，也可用淬透性曲线来推算。

(3) 影响淬透性的因素。

钢的淬透性由其临界冷却速度来决定。临界冷却速度越小，奥氏体越稳定，钢的淬透性越好。因此，凡是影响奥氏体稳定性的因素，都能影响钢的淬透性。

① 碳含量。亚共析钢随碳含量的增加，临界冷却速度降低，淬透性增大；过共析钢随碳含量增加，临界冷却速度增大，淬透性下降。碳含量超过 1.2%～1.3%时，淬透性明显下降。

② 合金元素。除钴以外，大多数合金元素溶于奥氏体后，降低临界冷却速度，将使 C 曲线右移，从而提高钢的淬透性。

③ 奥氏体化温度。提高奥氏体化温度，将使奥氏体晶粒长大，成分均匀化，从而减少珠光体的形核率，降低钢的临界冷却速度，增加淬透性。

(4) 淬透性的实际应用。

淬透性是机器零件选材和热处理工艺制定的重要依据。淬透性不同的钢材淬火后沿截面的组织和机械性能差别很大。

有些零件，如螺栓、连杆和锤杆等，整个截面均匀受拉、压应力或受较大的冲击载荷，应使整个截面淬透。因为淬透了的工件，整个截面性能均匀一致。若中心未淬透，则性能不均匀，特别是冲击韧性在中心明显下降。受弯曲、扭转的实心轴类零件及表面要求高耐磨性并受冲击的一些模具，心部一般不要求很高的硬度。选用钢材时淬透性可以小些，只要求淬透层为半径的 1/3～1/2 即可。焊接零件一般不选用淬透性高的钢，否则，在焊缝及其附近的热影响区，容易转变成马氏体而增加脆性，导致焊缝开裂。

4. 回火

淬硬钢加热到临界点 A_1 以下预定的温度的热处理称为回火(tempering)。通过松弛淬火应力和使组织向稳定状态过渡，改善材料的延性和韧性，使钢获得一定的力学性能和稳定的几何尺寸。淬火钢一般不直接使用，必须进行回火。回火也用于松弛构件在焊接成型、加工过程中产生的应力。

1) 钢回火时的组织转变

淬火钢在回火时的组织转变主要发生在加热阶段，随着回火温度的升高和时间的延长，将发生四种转变，如图 3－82 所示。

(1) 马氏体分解。在温度低于 100 ℃回火时，钢的组织没有变化。马氏体分解主要发生在 100～200 ℃，此时马氏体中的碳以 ε 碳化物(Fe_xC)的形式析出，使马氏体的过饱和度降低，晶格畸变度减弱，内应力有所下降。析出的碳化物以极细小的片状分布在马氏体

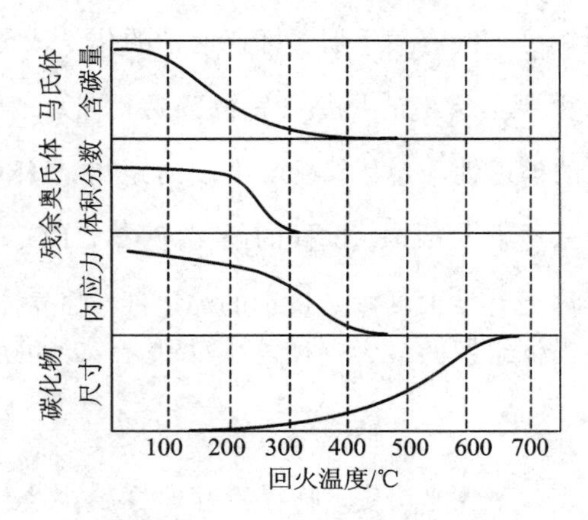

图 3-82　淬火钢组织及相关参数与回火温度的关系

基体上，这种组织称为回火马氏体，用 $M_{回}$ 表示。在显微镜下观察，如图 3-83(a)所示，回火马氏体为黑色，其中的 α 相仍保持针状，而残余奥氏体为白色。

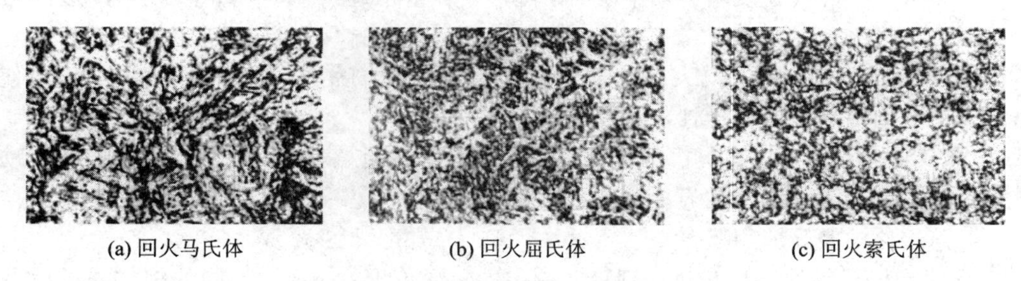
(a) 回火马氏体　(b) 回火屈氏体　(c) 回火索氏体

图 3-83　淬火钢回火的显微组织

马氏体分解过程一直进行到 350 ℃，此时 α 相中的含碳量接近平衡成分，但仍保持马氏体的形态。马氏体中的含碳量越高，析出的碳化物越多，对于含碳量小于 0.2%的低碳马氏体，在这一阶段不析出碳化物，只发生碳原子在位错附近的偏聚。

(2) 残余奥氏体的转变。回火温度达到 200～300 ℃时，由于马氏体的继续分解，减轻了对残余奥氏体的压力，残余奥氏体分解为 ε 碳化物和过饱和 α 相，其组织与同温度下马氏体的回火产物一样，也是回火马氏体。

(3) ε 碳化物转化为 Fe_3C。回火温度达到 250～400 ℃时，因碳原子的扩散能力增大，碳过饱和 α 固溶体转变为铁素体，同时 ε 碳化物亚稳定相也转变为稳定的细粒状渗碳体，淬火应力大量消除。硬度有所降低，塑性和韧性得到提高。此时回火马氏体转变为在保持马氏体形态的铁素体基体上分布着细粒状渗碳体的组织，称为回火屈氏体，用 $T_{回}$ 表示，如图 3-83(b)所示。

(4) 渗碳体的聚集长大及 α 相再结晶。回火温度大于 450 ℃时，渗碳体通过聚集长大形成较大颗粒的渗碳体。回火温度升到 600 ℃时，铁素体发生再结晶，由针片状转变为多边形。这种由颗粒状渗碳体与多边形铁素体组成的组织称为回火索氏体，用 $S_{回}$ 表示，如图 3-83(c)所示。

2) 钢回火时的性能变化

(1) 硬度变化。各种钢在 200 ℃以下回火时，硬度变化不大，保持淬火马氏体的高硬度(见图 3-84)。200～300 ℃回火后，由于马氏体分解造成的硬度降低已由残余奥氏体转变为回火马氏体或下贝氏体带来的硬度升高所补偿，所以硬度的降低不大。对于高碳钢，因为淬火后残余奥氏体量较多，回火后有时还可使硬度略有提高。回火温度继续升高，钢的硬度大幅下降。对于碳钢，回火温度每升高 100 ℃，硬度约下降 HRC10。

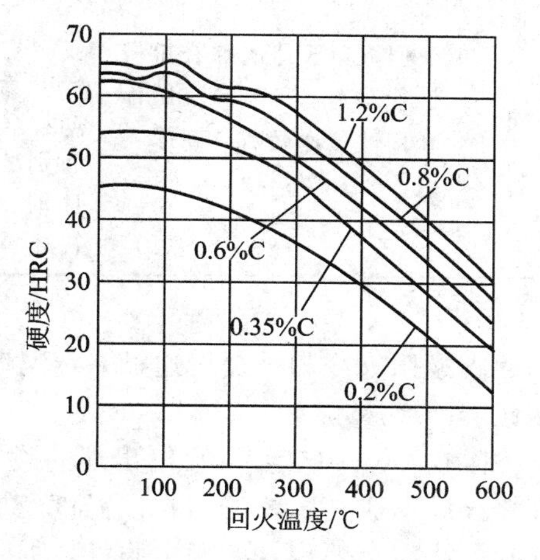

图 3-84　钢的硬度与回火温度的关系

(2) 强度与塑性的变化。随着回火温度的升高，钢的强度不断下降，而塑性和韧性不断上升，但超过650℃时反而降低，如图 3-85 所示。这是由于回火温度增高，马氏体中的碳不断析出，位错密度下降，内应力减小以及粒状渗碳体粗化等原因。回火温度大于650℃时，由于组织过分粗化而使塑性下降。

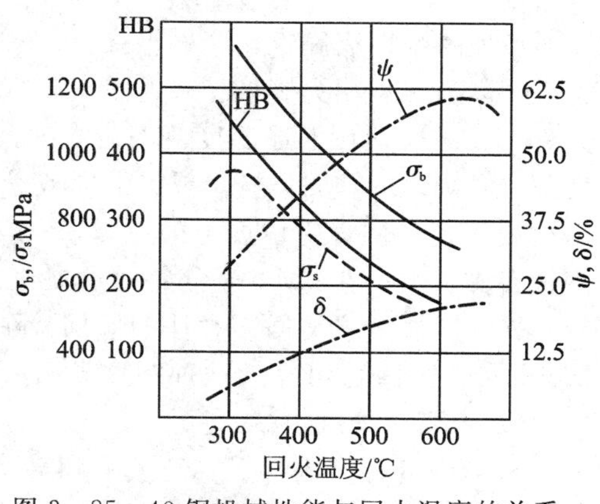

图 3-85　40 钢机械性能与回火温度的关系

3) 回火的分类和应用

淬火钢的回火组织和性能主要取决于回火温度，根据回火温度范围的不同，大致可将碳钢的回火分为三种，见表 3-5。

表 3-5　回火的分类与应用

回火名称	温度区间/℃	回火组织	回火目的	主要应用
低温回火	150～250	回火马氏体	保持钢淬火后的高硬度（一般为 HRC58～64）和高耐磨性的同时，部分降低了钢中残余应力和脆性，提高了工件韧性	主要用于高碳钢、合金工具钢制造的刀具、量具和模具，轴承零件，高强度钢制造的结构件，以及渗碳和表面淬火的零件
中温回火	400～500	回火屈氏体	内应力基本消除，具有高的弹性极限和屈服强度，并具有一定的韧性，硬度一般为 HRC35～45	主要用于处理各类弹簧、热作模具以及其他结构钢制造的有相应硬度要求的工装夹具等

续表

回火名称	温度区间/℃	回火组织	回火目的	主要应用
高温回火	500～650	回火索氏体	回火索氏体的综合机械性能最好，即强度、塑性和韧性都比较好，硬度一般为 HRC25～35	通常把淬火后随之进行高温回火的复合热处理工艺称为调质处理(quenched and tempered treatment)，它广泛用于各种重要的机器结构件，特别是受交变载荷的零件，如发动机曲轴、连杆、连杆螺栓、机床主轴和齿轮等

4）回火脆性

淬硬钢在一定温度区间回火或回火冷却中缓慢通过一定温度区间而引起韧性降低的现象称为回火脆性(temper brittleness)。

(1) 低温回火脆性。淬火钢在 250～400 ℃回火时出现的脆性称为低温回火脆性，也称第一类回火脆性。几乎所有淬火后形成马氏体的钢在该温度范围内回火时，都不同程度地产生这种脆性。目前尚无有效办法完全消除这类回火脆性，所以一般都不在此温度范围内进行回火。

(2) 高温回火脆性。淬火钢在 450～650℃范围内回火后出现的脆性称为高温回火脆性，又称第二类回火脆性。这类回火脆性主要发生在含 Cr、Ni、Si、Mn 等合金元素的结构钢中。当淬火钢在上述温度范围内长时间保温或以缓慢的速度冷却时，便发生明显的脆化现象；但快速冷却时，脆化现象消失或受到抑制。

关于高温回火脆性产生的原因，一般认为与 Sb、Sn、P 等杂质元素在原奥氏体晶界上偏聚有关。Ni、Cr、Mn 等合金元素促进杂质元素的偏聚，这些元素本身也易在晶界上偏聚，所以增强了这类回火脆性的倾向。除快冷可以防止高温回火脆性外，在钢中加入 W、Mo 等合金元素也可有效地抑制这类回火脆性的产生。

5. 表面热处理

机械中的许多零件是在弯曲和扭转等交变载荷、冲击载荷的作用或强烈摩擦的条件下工作的，如齿轮、凸轮轴、机床导轨等，要求金属表层具有较高的硬度以确保其耐磨性和抗疲劳强度，而心部具有良好的塑性和韧性以承受较大的冲击载荷。为满足零件的上述要求，需进行表面热处理。

表面热处理可分为表面淬火和表面化学热处理两大类。

1）钢的表面淬火

表面淬火是将工件表层规定深度快速加热到淬火温度，迅速冷却，得到规定淬硬层的淬火工艺。根据表面加热使用能源，表面淬火可分为感应加热表面淬火、火焰加热表面淬火、激光加热表面淬火等。表面淬火的原始组织一般是经过正火或调质热处理的。表面淬火应用于要求表面耐磨、抗弯曲疲劳以及抗扭转的零件。

(1) 感应加热表面淬火。

① 原理和工艺。感应线圈中通过交流电时，在其内部和周围会产生一个与电流相同频率的交变磁场，处在磁场中的钢件内部会产生感应电流，并由于电阻的作用而被加热。交变电流通过金属，其表面的电流密度大，而中心的电流密度小，并且随电流频率的增加，这种电流密度的分布特点更加明显。这一现象称为“集肤效应”，如图 3-86 所示。电流透

入钢件表层的深度，主要与电流频率有关。对于碳钢，存在以下表达式：

$$\delta=\frac{500}{\sqrt{f}}$$

式中，δ 为电流透入深度(mm)；f 为电流频率(Hz)。

可见，电流频率越高，电流透入深度越小，加热层也越薄。因此，通过频率的选定，可以得到不同的淬硬层深度。例如，要求淬硬层厚度为 2～5 mm 时，适宜的频率为 2500～8000 Hz；对于淬硬层厚度为 0.5～2 mm 的工件，适宜的频率为 200～300 kHz；频率为 50 Hz 的工频发电机，适于处理要求 10～15 mm 以上淬硬层的工件。

感应加热后，根据钢的导热情况，采用水、乳化液或聚乙烯醇水溶液喷射淬火。淬火后进行 180～200℃ 低温回火，以降低淬火应力，并保持高硬度和高耐磨性。在生产中也常采用自回火，即在工件冷却到 200℃ 左右时停止喷水，利用工件内部的余热来达到回火的目的。

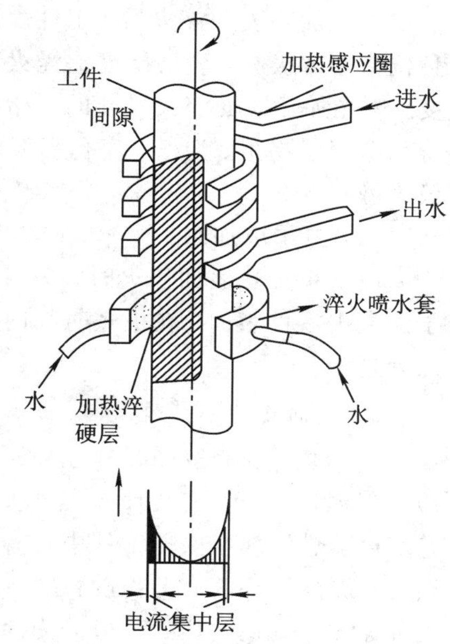

图 3-86　感应加热表面淬火示意图

② 组织和性能特点。由于高频感应加热时相变速度极快，因此其组织和性能具有不同一般淬火的特点：

· 高频感应加热时，钢的奥氏体化是在较大的过热度(A_{c3} 以上 80～150 ℃)下进行的，因此晶核多，且不易长大，淬火后组织为极细小的隐晶马氏体，表面硬度高，比一般淬火高 2～3 HRC，而且脆性较低。

· 表面层淬得马氏体后，由于体积膨胀在钢件表层造成较大的残余压应力，显著提高钢件的疲劳强度，小尺寸零件可提高 2～3 倍，大件也可提高 20%～30%。

· 因加热速度快，没有保温时间，钢件的氧化脱碳少；另外，由于内部未加热，钢件的淬火变形也小。

· 加热温度和淬硬层厚度容易控制，便于实现机械化和自动化。

由于有以上特点，感应加热表面淬火在热处理生产中得到了广泛的应用。其缺点是对于形状复杂的零件处理比较困难。

③ 应用。高频表面淬火一般用于中碳钢和中碳低合金钢，如 45、40Cr、40MnB 钢等。这类钢经预先热处理(正火或调质)后表面淬火，心部保持较高的综合机械性能，而表面具有较高的硬度(大于 HRC50)和耐磨性。高碳钢也可高频表面淬火，主要用于受较小冲击和交变载荷的工具、量具等。

(2) 火焰加热表面淬火。

火焰加热表面淬火是利用可燃气体(如乙炔等)的火焰直接将工件表面快速加热到淬火温度，然后立即喷水冷却，以获得不同表面硬度和淬硬层深度的一种表面淬火方法。与感应加热表面淬火相比，火焰加热表面淬火具有设备简单、成本低和灵活性大等优点，可满足单件或小批量零件的生产和大型零件局部表面淬火的需要。但火焰加热表面淬火较易引起过热，淬火质量难以控制，因此有一定的局限性。

(3) 激光加热表面淬火。

激光加热表面淬火是将激光器产生的高功率密度的激光束照射在工件表面上，使其表面被快速加热到淬火温度，激光束移开后零件表面的热量依靠金属本身的热传导迅速向内部传递，而形成极大冷却速度，靠自激冷却使零件表面淬火，使其硬化。

激光加热表面淬火后，工件表层获得极细小的板条马氏体和孪晶马氏体的混合组织，且位错密度极高，表层硬度比淬火+低温回火提高20%，即使是低碳钢也能提高一定的硬度。激光加热表面淬火最佳的原始组织是调质组织，淬火后零件变形极小，表面质量很高，特别适用于拐角、沟槽、盲孔底部及深孔内壁的热处理，而这些部位是其他表面淬火方法极难做到的。

(4) 电子束加热。

电子束加热表面淬火时将零件放置在高能密度的电子枪下，保持一定的真空度，用电子流轰击零件表面，在极短时间内，使其加热到淬火温度，再靠自身激烈冷却进行淬火的热处理工艺。

2) 钢的化学热处理

化学热处理(thermo-chemical treatment)是将金属或合金工件置于一定温度的活性介质中保温，使一种或几种元素渗入它的表层，以改变其化学成分、组织和性能的热处理工艺。化学热处理在保持钢件中心有足够强度和韧性的同时，强化表面，提高表面硬度和耐磨性；提高钢件的疲劳强度；提高钢件的抗蚀性和耐热性等物理化学性能。按照表面渗入的元素不同，化学热处理可分为渗碳、氯化、碳氮共渗、渗硼、渗铝等。目前生产上应用最广的化学热处理工艺是渗碳、氮化和碳氮共渗。化学热处理包括以下三个基本过程：

· 介质分解：加热时化学介质分解出活性原子，为了增加化学介质的活性，通常加入催化剂来加速反应过程的进行。

· 表面吸收：活性原子被钢件表面吸收，然后溶入基体金属铁的晶格中形成固溶体，超过溶解度时还能形成化合物。

· 原子扩散：表面吸收了活性原子后，形成了从表面至中心的浓度梯度，在此浓度梯度作用下，溶入原子由表及里扩散形成一定厚度的扩散层。

上述基本过程都和温度有关。温度越高，过程进行速度越快，扩散层越厚；但温度过高会引起奥氏体粗化，使钢变脆。所以，化学热处理在选定合适的处理介质之后，重要的是确定加热温度，而渗层厚度主要由保温时间来控制。

(1) 渗碳。

为了增加表层的碳含量和获得一定碳浓度梯度，低碳钢制造的钢件在渗碳介质中加热和保温，使碳原子渗入表面的工艺称为渗碳(carburizing)。渗碳使低碳(0.15%～0.30%)钢件表面获得高碳浓度(约1%)，在经过适当淬火和回火处理后，可提高表面的硬度、耐磨性及疲劳强度，而使心部仍保持良好的韧性和塑性。因此渗碳主要用于同时受严重磨损和较大冲击载荷的零件，例如各种齿轮、活塞销、套筒等。

渗碳所用介质称为渗碳剂。按照渗碳剂的不同，分为固体渗碳、液体渗碳和气体渗碳三种，目前最常用的是气体渗碳。

气体渗碳是将零件装在密封的渗碳炉中，加热到900～950 ℃，向炉内滴入易分解的有机液体(如煤油、苯、甲醇等)或直接通入渗碳气体(如煤气、石油液化气等)，通过反应产生活性碳原子渗入钢件表面。

渗碳需加热到 A_{c3} 以上，温度越高，渗碳速度越快，生产率也越高。为了避免奥氏体晶粒过于粗大，渗碳温度一般采用 900～950 ℃。渗碳时间则取决于对渗层厚度的要求。

低碳钢零件渗碳后，表面层碳的质量分数 ω_C＝0.85％～1.05％。低碳钢渗碳后缓冷下来的显微组织见图 3－87。表层为过共析组织(珠光体和二次渗碳体)，心部为原始亚共析组织(珠光体＋铁素体)，中间为过渡组织。一般规定，从表面到过渡层的一半处为渗碳层厚度。

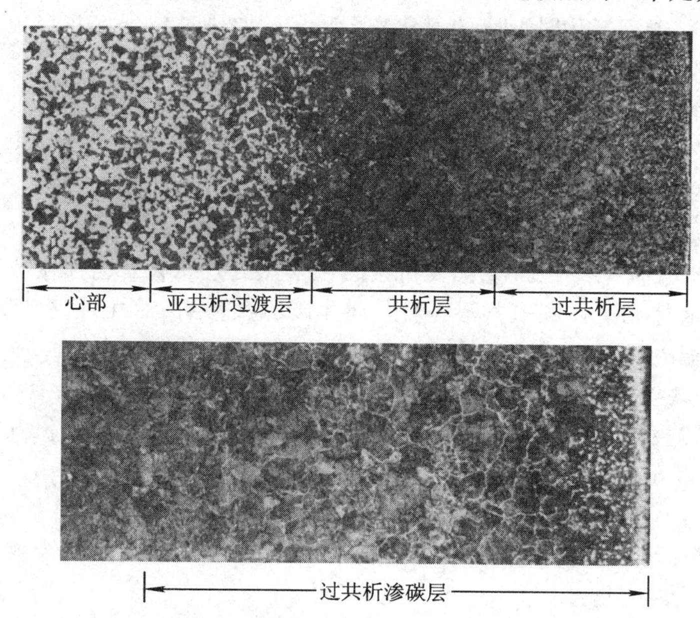

图 3－87　低碳钢渗碳缓冷后的显微组织

工件经渗碳后都应进行淬火＋低温回火。最终表面为细小片状回火马氏体及少量渗碳体，硬度可达 58～64 HRC，耐磨性很好；心部的组织取决于钢的淬透性，低碳钢如 15、20 钢，心部组织为铁素体和珠光体，低碳合金钢如 20CrMnTi，心部组织为回火低碳马氏体(淬透件)，具有较高的强度和韧性。

(2) 氮化。

氮化(nitriding)是将氮原子渗入工件表层以获得表面硬化层的化学热处理工艺，又称渗氮。氮化的目的是提高工件表面的硬度和耐磨性，提高疲劳强度和耐蚀性。

① 氮化工艺。目前广泛应用的是气体氮化。将零件放在带有进气口、出气口的密封容器中，通入氨，加热到 500～600 ℃。在高温作用下氨分解成活性氮原子，活性氮原子被零件表面吸收、并向内层扩散形成渗氮层。氮化时间一般为 20～50 h，氮化层厚度为 0.3～0.5 mm。

氮化前工件须经调质处理，目的是改善机械加工性能和获得均匀的回火索氏体组织，保证较高的强度和韧性。对于形状复杂或精度要求高的零件，在氮化前精加工后还要进行消除内应力的退火，以减少氮化时的变形。

② 氮化件的组织和性能。

· 氮化层组织。氮化后，工件的最外层为一白色氮化物薄层(称为白亮层)，很脆，常用精磨磨去；中间是暗黑色含氮共析体层；心部为原始回火索氏体组织。

· 氮化件的性能。钢件氮化后具有很高的硬度，可达 1000～1100 HV，并且在 600～650 ℃下保持不下降，所以具有很高的耐磨性和热硬性。

钢经过氮化后，渗层体积增大，造成表面压应力，使疲劳强度提高。

由于氮化时温度低，且氮化后不再进行淬火，因而零件变形小。

氮化后的零件表面形成致密的化学稳定性较高的氮化层，所以耐蚀性好，在水中、过热蒸汽、碱性溶液中都很稳定。

③ 氮化用钢。碳钢氮化时形成的氮化物不稳定，加热时易分解并聚集粗化，使硬度很快下降。为了克服这个缺点，氮化钢中常加入 Al、Cr、Mo、V 等合金元素。它们的氮化物都很稳定，并在钢中均匀分布，使钢的硬度提高，在 600～650 ℃也不降低。

由于氮化工艺复杂、时间长、成本高，所以只用于耐磨性和精度要求都较高的零件，或要求抗热、抗蚀的耐磨件，例如镗床主轴、精密传动齿轮、高速柴油机曲轴、发动机汽缸等。

（3）碳氮共渗。

碳氮共渗是同时向零件表面渗入碳和氮的化学热处理工艺，也称氰化（carbonitriding）。碳氮共渗主要有液体和气体碳氮共渗两种。液体碳氮共渗有毒，已很少应用。气体碳氮共渗又分高温和低温两种。

① 高温碳氮共渗。在工艺上，高温碳氮共渗与渗碳相似。高温碳氮共渗主要是渗碳，但氮的渗入使碳浓度很快提高，从而使共渗温度降低和时间缩短。碳氮共渗温度为 830～850 ℃，保温 1～2 h 后，共渗层可达 0.2～0.5 mm。

碳氮共渗后淬火，再低温回火。共渗温度较低，不发生晶粒长大，一般可采用直接淬火。共渗层的组织近似渗碳，在淬火并低温回火后组织是铁的碳氮化合物、回火马氏体和少量残余奥氏体的混合物。

由于碳、氮两种元素同时渗入，在硬度、耐磨性、疲劳强度、抗蚀性以及回火抗力的提高上，共渗层都优于渗碳层。这是因为含氮马氏体、碳氮化合物更加稳定，硬度也更高。共渗层的淬透性由于氮溶入奥氏体而有明显提高，并且淬火温度较低，所以淬火变形也较小。高温碳氮共渗主要用于汽车和机床齿轮、蜗轮、蜗杆和轴类零件的热处理。

② 低温碳氮共渗。低温碳氮共渗在 500～600 ℃温度下进行共渗，在经 1～4 h 处理后，形成氮碳共渗层为 0.01～0.02 mm。低温碳氮共渗以渗氮为主，与气体氮化相比，渗层硬度较低，脆性较低，故又称软氮化（soft-nitriding）。

低温碳氮共渗具有处理温度低、时间短、工件变形小的特点，而且不受钢种限制；碳钢、合金钢及粉末冶金材料均可进行碳氮共渗处理，达到提高耐磨性、抗咬合、疲劳强度和耐蚀性的目的。由于共渗层很薄，因而不宜在重载下工作，目前软氮化广泛应用于模具、量具、刃具以及耐磨、承受弯曲疲劳的结构件。

思 考 题

1. 解释以下名词。

合金　组元　相　组织　固溶体　金属间化合物　相图　同素异构转变　铁素体　奥氏体　珠光体　莱氏体　滑移　孪生　加工硬化　形变织构　回复　再结晶　退火　正火　淬火　回火　调质处理　淬透性　淬硬性

2. 依据 Pb－Sn 合金相图，若 F 点的合金成分是 $\omega_{Sn}=2\%$，G 点的合金成分是 $\omega_{Sn}=99\%$。问在下列温度时，$\omega_{Sn}=30\%$的合金显微组织中有哪些相组成物？哪些组织组成物？它们的相对质量百分数是多少？

(1) $t=300$ ℃；

(2) 刚冷到 183 ℃，共晶转变尚未开始；

(3) 在 183 ℃，共晶转变正在进行中；

(4) 共晶转变刚完成，温度仍在 183 ℃时；

(5) 冷却到室温(20 ℃)时。

3. 画出 Fe－Fe_3C 相图，注明特性点的符号及其成分、温度，并分别以相组分、组织组分的形式标注相图中各区域。

4. 分析含 0.4%C、1.2%C、3%C 合金的结晶过程，并计算在室温下各相组成物和各组织组成物在整个合金中占的相对质量分数。

5. 某钢试样在显微镜下观察，其组织为珠光体和铁素体各占 50%，试求此钢的含碳量。

6. 比较退火状态下的 45、T8、T12 钢的硬度、强度和塑性的高低，并简述原因。

7. 说明滑移变形与孪生变形的主要区别。

8. 什么是加工硬化？试举例说明加工硬化现象在生产中的利弊。

9. 用低碳钢板冲压成型的零件，冲压后发现各部位硬度不同，为什么，如何解决？

10. 热加工对金属的组织和性能有何影响？钢材在热变形加工(锻造)时，为什么不出现硬化现象？

11. 什么是热处理？常见的热处理方法有几种，其目的是什么？从相图上看，怎样的合金才能进行热处理？

12. 试述马氏体转变的基本特点。

13. 试说明下述组织结构及力学性能特点，并回答它们之间有何区别与联系：珠光体和球化组织；马氏体和回火马氏体；索氏体和回火索氏体；屈氏体和回火屈氏体。

14. 现有低碳钢和中碳钢齿轮各一个，为了使齿面具有高硬度和高耐磨性，应进行何种热处理？试比较经热处理后它们在组织和性能上有何不同。

15. 试说明表面淬火、渗碳、氮化热处理工艺在用钢、性能、应用范围等方面的差别。

第 4 章　工业常用金属材料

4.1　黑色金属

工业用钢按化学成分可分为碳素钢(简称碳钢，carbon steel)和合金钢(alloy steel)两大类。碳钢是含碳量小于2.11%的铁碳合金。钢中除铁、碳之外，还含有少量的锰、硅、硫、磷等杂质。由于碳钢价格低廉、便于获得、容易加工、具有较好的力学性能，因此得到了极广泛的应用。但是，随着现代工业和科学技术的发展，对钢的力学性能和物理、化学性能提出了更高的要求，从而就发展了合金钢。所谓合金钢，是为了得到或改善某些性能，在碳钢的基础上添加适量的一种或多种合金元素而得到的多元的以铁为基的合金。

铸铁是含碳量大于2.11%的铁碳合金。除碳以外，铸铁还含有较多的Si、Mn和其他一些杂质元素。为了提高铸铁的机械性能，还可加入一定量的合金元素，形成合金铸铁。同钢相比，铸铁熔炼简便、成本低廉，虽然强度、塑性和韧性较低，但是具有优良的铸造性能、很高的减摩和耐磨性、良好的消震性和切削加工性以及缺口敏感性低等一系列优点。因此，铸铁广泛应用于机械制造、冶金、石油化工、交通、建筑和国防等工业部门。铸铁和钢有相同的基体。铸铁中的金属基体主要有铁素体、珠光体及铁素体加珠光体三类。由于铁液化学成分、冷却速度以及铁液处理方法不同，因此铸铁中的碳除少量固溶于铁素体外，其余的既可以形成石墨，也可以形成渗碳体。

4.1.1　碳钢

在工业上使用的钢铁材料中，碳钢占有重要的地位。常用碳钢的质量分数一般都小于1.3%，其强度和韧性均较好。与合金钢相比，碳钢冶炼简便，加工容易，价格便宜，而且一般情况下能够满足使用性能的要求，故应用十分广泛。

1. 碳钢的成分和分类

1）碳钢的成分

实际使用的碳钢，除Fe、C两种主要元素之外，还含有少量Mn、Si、S、P、H、O、N等非特意加入的杂质元素。它们对钢材性能和质量影响很大，必须严格控制在牌号规定的范围之内。

(1) 硅。硅在钢中是有益元素，是在炼钢过程中用硅铁脱氧而进入钢中。硅在碳钢中的含量一般不大于0.5%。硅可以增加钢液的流动性，除形成非金属夹杂物外，硅溶于铁素体可使钢的强度提高，断面收缩率和冲击韧性稍有下降。但是，当硅含量在0.8%～1.0%时，则引起断面收缩率和冲击韧性显著降低。另外，硅与氧的亲合力很强，形成SiO_2在钢中以夹杂物形式存在，会影响钢的质量。

(2) 锰。锰在钢中也是有益元素，在炼钢过程中通过锰铁脱氧而进入钢中。一般锰在碳钢中的含量小于 0.8%。锰与硅一样，可溶入铁素体引起固溶强化，提高热轧碳钢的强度和硬度。对于镇静钢来说，锰可以提高硅和铝的脱氧效果，也可以同硫化合形成硫化锰，从而消除硫在钢中的有害作用。

(3) 硫。硫在钢中是有害元素，它是在炼钢时由矿石和燃料带来的。硫只能溶于钢液，而在固态铁中的溶解度极小。硫的最大危害是引起钢在热加工时开裂，即产生所谓的热脆。造成热脆的原因是硫的严重偏析，当结晶接近完成时，钢中的硫几乎全部集中到枝晶之间的剩余钢液中，并最后形成低熔点(Fe+FeS)共晶。在热加工时(加工温度一般为 1150～1250℃)，由于(Fe+FeS)共晶熔化温度很低(985℃)而处于熔融状态，从而导致加工时开裂。为了避免热脆，在钢中必须严格控制含硫量。

(4) 磷。磷在钢中也是有害元素。它来源于矿石和生铁等炼钢原料。磷在常温固态下能全部溶入铁素体中，有较强的固溶强化作用，它使钢的强度、硬度显著提高，但剧烈降低钢的韧性，特别是低温韧性。这种在低温时由磷导致钢严重脆化的现象称为冷脆。磷的存在还使钢的焊接性能变坏，因此钢中的含磷量要严格控制。

(5) 氧、氮、氢。氧在钢中是有害元素，对机械性能不利，使强度和塑性降低，特别是氧化物夹杂，对疲劳强度有很大的影响。

氮的存在常导致钢的硬度、强度的提高和塑性的下降，而使脆性增大。若炼钢时用 Al、Ti 脱氮，生成 AlN、TiN，可消除氮的脆化效应。

钢中的氢能造成氢脆、白点等缺陷，是有害杂质。

总之，杂质元素对钢的性能和质量影响很大，必须严格控制在牌号规定的范围内。

2) 碳钢的分类

碳钢主要有下列几种分类方法：

(1) 按钢的碳质量分数分类。

低碳钢：$\omega_C \leqslant 0.25\%$。

中碳钢：$0.25 < \omega_C \leqslant 0.6\%$。

高碳钢：$\omega_C > 0.6\%$。

(2) 按钢的质量分类。

普通碳素钢：$\omega_S \leqslant 0.055\%$，$\omega_P \leqslant 0.045\%$。

优质碳素钢：$\omega_S \leqslant 0.040\%$，$\omega_P \leqslant 0.040\%$。

高级优质碳素钢：$\omega_S \leqslant 0.030\%$，$\omega_P \leqslant 0.035\%$。

(3) 按钢的用途分类。

碳素结构钢：用于制造各种工程构件(如桥梁、船舶、建筑构件等)和机器零件(如齿轮、轴、连杆等)。

碳素工具钢：用于制造各种工具(如刃具、量具、模具等)。

2. 碳钢的牌号及用途

1) 钢铁牌号表示方法概述

关于钢铁产品牌号表示方法，我国现有两个推荐性国家标准，即《钢铁产品牌号表示方法》和《钢铁及合金牌号统一数字代号体系》。前者采用汉语拼音、化学元素符号及阿拉伯数字相结合的原则命名钢铁牌号，后者要求凡列入国家标准和行业标准的钢铁产品，应同时列入产品牌号和统一数字代号，相互对照并列使用。牌号中采用的汉字及汉语拼音或英文单词见表 4-1。

表 4-1　牌号中采用的汉字及汉语拼音或英文单词

产品名称	采用的汉字及汉语拼音或英文单词			采用字母	位置
	汉字	汉语拼音	英文单词		
碳素结构钢及低合金高强度结构钢	屈	QU	—	Q	牌号头
耐候钢	耐候	NAI HOU	—	NH	牌号尾
高耐候钢	高耐候	GAO NAI HOU	—	GNH	牌号尾
集装箱(用钢)	集	JI	—	J	牌号尾
保证淬透性钢	淬透性	—	Harden ability	H	牌号尾
冷镦钢	铆螺	MAO LUO	—	ML	牌号头
易切削钢	易	YI	—	Y	牌号头
非调质机械结构钢	非	FEI	—	F	牌号头
高碳铬轴承钢、(滚柱)轴承钢	滚	GUN	—	G	牌号头
管线用钢	—	—	Line	L	牌号头
碳素工具钢	碳	TAN	—	T	牌号头
低焊接裂纹敏感性钢	—	—	CrackFree	CF	牌号尾

2) 碳素结构钢

碳素结构钢(carbon structural steel)的硫、磷含量较多，但由于冶炼容易，工艺性好，价格便宜，在力学性能上一般能满足普通机械零件及工程结构的要求，因此用量很大，约占钢材总量的 70%。这类钢主要保证机械性能，故其牌号体现其机械性能。

碳素结构钢的牌号通常由以下四部分组成：

第一部分：前缀符号+强度值(以 N/mm^2 或 MPa 为单位)，其中通用结构钢前缀符号为代表屈服强度的拼音字母“Q”，专用结构钢的前缀符号用专用符号，如煤机用钢为 M。例如，Q235 表示屈服强度为 235 MPa 的碳素结构钢。

第二部分(必要时)：钢的质量等级，用英文字母 A、B、C、D、E、F……表示，其中 A 级钢中硫、磷含量最高。

第三部分(必要时)：脱氧方式表示符号，即沸腾钢、半镇静钢、镇静钢、特殊镇静钢分别用“F”、“b”、“Z”、“TZ”表示。例如 Q235A · F 表示屈服强度为 235 MPa 的 A 级沸腾钢。镇静钢、特殊镇静钢表示符号通常可以省略。

第四部分(必要时)：产品用途、特性和工序方法后缀特定表示符号。如：NH 表示耐候钢。

GB/T 700—2006《碳素结构钢》中有 Q215A 等 11 个牌号，见表 4-2。

碳素结构钢的用途：Q195、Q215、Q235A、Q235B 等钢塑性较好，有一定的强度，通常轧制成钢筋、钢板、钢管等，可用于桥梁、建筑物等构件，也可用作普通螺钉、螺帽、铆钉等。Q235C、Q235D 可用于重要的焊接件。Q275 强度较高，可代替 30 钢、40 钢用于制造较重要的某些零件，以降低原材料成本。碳素结构钢一般在热轧状态下使用，不再进行热处理。

表 4-2　碳素结构钢的牌号、性能特点及用途

<table>
<tr><th>牌号</th><th>等级</th><th>统一数字代号</th><th>脱氧方法</th><th>性能特点</th><th>用　途</th></tr>
<tr><td>Q195</td><td>—</td><td>U11952</td><td>F、Z</td><td>塑性好，有一定的强度</td><td>用于载荷较小的钢丝、铆钉、垫圈、地脚螺栓等</td></tr>
<tr><td rowspan="2">Q215</td><td>A</td><td>U12152</td><td rowspan="2">F、Z</td><td rowspan="2">塑性好，焊接性好</td><td rowspan="2">用于钢丝、铆钉、垫圈、地脚螺栓、金属结构件、渗碳件等</td></tr>
<tr><td>B</td><td>U12155</td></tr>
<tr><td rowspan="4">Q235</td><td>A</td><td>U12352</td><td rowspan="2">F、Z</td><td rowspan="4">有一定的强度、塑性、韧性、焊接性好，易于冲压，可满足钢结构的要求，应用广泛</td><td rowspan="4">应用最广，可制作薄板、中板、钢筋、各种型材、受力不大的机器零件，如小轴、拉杆、螺栓
C、D 级用于较重要的焊接件</td></tr>
<tr><td>B</td><td>U12355</td></tr>
<tr><td>C</td><td>U12358</td><td>Z</td></tr>
<tr><td>D</td><td>U12359</td><td>TZ</td></tr>
<tr><td rowspan="4">Q275</td><td>A</td><td>U12752</td><td>F、Z</td><td rowspan="4">强度较高，焊接性一般，应用不如 Q235 广泛</td><td rowspan="4">可用于强度要求较高的机械零件，如轴、齿轮、拉杆、键等</td></tr>
<tr><td>B</td><td>U12755</td><td>Z</td></tr>
<tr><td>C</td><td>U12758</td><td>Z</td></tr>
<tr><td>D</td><td>U12759</td><td>TZ</td></tr>
</table>

3）优质碳素结构钢

优质碳素结构钢中的硫、磷含量较低，非金属夹杂物也较少，因此机械性能比碳素结构钢优良，被广泛用于制造机械产品中较重要的结构钢零件，为了充分发挥其性能潜力，一般都是在热处理后使用。

优质碳素结构钢牌号通常由以下五部分组成：

第一部分：以两位阿拉伯数字表示平均碳含量(以万分之几计)，例如，钢号“20”即表示碳质量分数为 0.20％的优质碳素结构钢。

第二部分(必要时)：较高锰含量优质碳素结构钢，加锰元素符号 Mn，如 15Mn、45Mn等。

第三部分(必要时)：钢材冶金质量，即高级优质钢、特级优质钢分别以 A、E 表示，优质钢不用字母表示。

第四部分(必要时)：脱氧方表示符号，即沸腾钢、半镇静钢、镇静钢分别以“F”、“b”、“Z”表示，但镇静钢表示符号“Z”通常可以省略。

第五部分(必要时)：产品用途、特性或工艺方法后缀特定表示符号，如 45AH 表示碳质量分数为 0.45％的保证淬透性的高级优质碳素结构钢。

GB/T 699—1999《优质碳素结构钢》标准中共有 45、60Mn 等 31 个牌号，见表 4-3。

表 4－3　优质碳素结构钢的牌号

牌号	统一数字代号	推荐热处理/℃			牌号	统一数字代号	推荐热处理/℃		
		正火	淬火	回火			正火	淬火	回火
08F	U20080	930			70	U20702	790		
10F	U20100	930			75	U20752		820	480
15F	U20150	920			80	U20802		820	480
08	U20082	930			85	U20852		820	480
10	U20102	930			15Mn	U21152	920		
15	U20152	920			20Mn	U21202	910		
20	U20202	910			25Mn	U21252	900	870	600
25	U20252	900	870	600	30Mn	U21302	880	860	600
30	U20302	880	860	600	35Mn	U21352	870	850	600
35	U20352	870	850	600	40Mn	U21402	860	840	600
40	U20402	860	840	600	45Mn	U21452	850	840	600
45	U20452	850	840	600	50Mn	U21502	830	830	600
50	U20502	830	830	600	60Mn	U21602	810		
55	U20552	820	820	600	65Mn	U21652	830		
60	U20602	810			70Mn	U21702	790		
65	U20652	810							

10、20 钢冷冲压性与焊接性能良好，可用作冲压件及焊接件，经过热处理(如渗碳)也可以制造轴、销等零件。例如，20 钢制造自行车链条销钉。热轧材料机加工后进行 920 ℃渗碳，水淬后 180 ℃回火，表面硬度达 60 HRC，耐磨性高。

35、40、45、50 钢经热处理后，可获得良好的综合机械性能，用来制造齿轮、轴类、套筒等零件。例如，45 钢制造凸轮轴。热轧棒料模锻后进行正火，粗加工后进行调质处理，精加工后轴颈和凸轮进行表面淬火、低温回火。凸轮轴心部为回火索氏体，强韧性好。表面为回火马氏体，硬度为 58 HRC，耐磨性高。

60、65 钢主要用来制造弹簧。例如，采用 65 钢可制造弹簧。机加工成型后 840 ℃加热淬火、500 ℃回火，组织为回火屈氏体，弹性好。

4）碳素工具钢

碳素工具钢是用于制造各种工、模具的非合金钢。碳质量分数在 0.65%～1.35%之间，碳素工具钢牌号通常由以下四部分组成：

第一部分：碳素工具钢表示符号“T”。

第二部分：阿拉伯数字，表示平均碳含量(以千分之几计)。例如，T9 表示碳质量分数为 0.9%的碳素工具钢。

第三部分(必要时)：较高锰含量的碳素工具钢，加锰元素符号 Mn。

第四部分(必要时)：钢材冶金质量，即高级优质碳素工具钢以“A”表示，优质钢不用字母表示。

GB/T 1298—2008《碳素工具钢》标准中有 T8、T8Mn 等 8 个牌号，见附录三中的表 7。

碳素工具钢使用前都要进行热处理。预备热处理一般为球化退火，其目的是降低硬度(≤217 HB)，便于切削加工，并为淬火作组织准备。最终热处理为淬火加低温回火。使用状态下的组织为回火马氏体加颗粒状碳化物及少量残余奥氏体，硬度可达 60～65 HRC。

碳素工具钢成本低、耐磨性和加工性较好，但热硬性差(切削温度低于 200 ℃)，淬透性低，只适于制作尺寸不大、形状简单的低速刃具。

碳素工具钢在工程上主要用于制造各种刃具、量具、模具等。

T7、T8 硬度高、韧性较高，可制造冲头、凿子、锤子等工具。

T9、T10、T11 硬度高，韧性适中，可制造钻头、刨刀、丝锥、手锯条等刃具及冷作模具等。例如，采用 T10 钢可制造冷冲模具。T10 钢锻造后进行正火，球化退火后机加工，淬火、低温回火，最后进行磨削、抛光，其硬度高，耐磨。T11 钢制造刨刀，T11 钢正火、球化退火后加工成形为刨刀，760 ℃加热淬火后 180 ℃回火，最后进行磨削加工。组织为回火马氏体＋粒状二次渗碳体＋残余奥氏体，硬度高达 60 HRC，耐磨性高。

T12、T13 硬度高，韧性较低，可制造锉刀、刮刀等刃具及量规、样套等量具。

4.1.2　合金钢

1. 概述

为了提高钢的力学性能、工艺性能或物理、化学性能，在冶炼时特意往钢中加入一些合金元素，这种钢称为合金钢。在合金钢中，经常加入的合金元素有锰、硅、铬、镍、钼、钨、钒、钛、铌、锆、稀土元素(RE)等。合金元素在钢中的作用十分复杂。

1) 合金元素对钢中基本相的影响

铁素体和渗碳体是碳钢中的两个基本相，合金元素加入钢中时，可以溶于铁素体内，也可以溶于渗碳体内。与碳亲和力弱的非碳化物形成元素，如镍、硅、铝、钴等，主要溶于铁素体中形成合金铁素体；而与碳亲和力强的碳化物形成元素，如铬、钼、钨、钒、铌等，则主要与碳结合形成合金渗碳体或碳化物。

(1) 形成合金铁素体。

合金元素在溶入铁素体后，引起铁素体晶格畸变，产生固溶强化，使铁素体的强度、硬度提高，但塑性、韧性呈下降趋势。图 4－1 和图 4－2 分别为几种合金元素对铁素体硬度和韧性的影响。

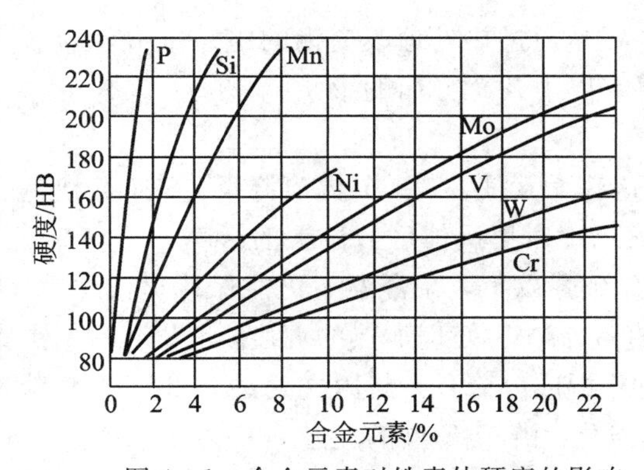

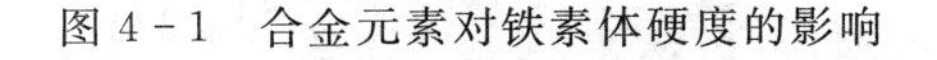
图 4－1　合金元素对铁素体硬度的影响

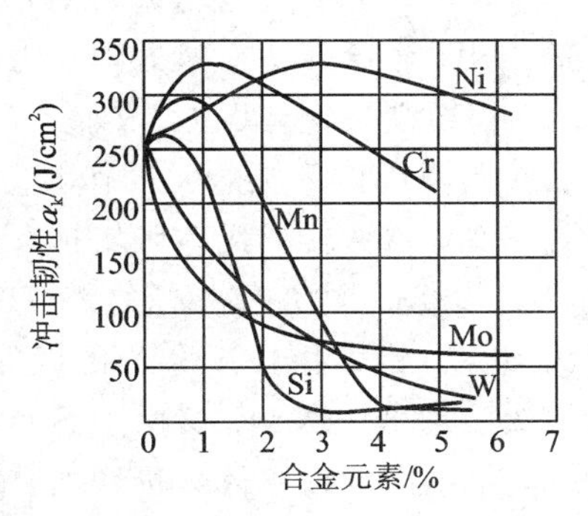

图 4－2　合金元素对铁素体冲击韧性的影响

硅、锰能显著地提高铁素体的强度和硬度，但含硅量超过 0.5%，含锰量超过 1.5%

时，将降低其韧性；而铬与镍两个元素在铁素体中的含量适当时（$\omega_{Cr} \leqslant 2\%$，$\omega_{Ni} \leqslant 5\%$），在显著强化铁素体的同时仍能提高韧性。

（2）形成碳化物。

碳化物是钢中的重要组成相，其类型、数量、大小、形状及分布对钢的性能有很重要的影响。

锰是弱碳化物形成元素，与碳的亲合力比铁强，溶于渗碳体中，形成合金渗碳体。这种碳化物的熔点较低，硬度较低，稳定性较差。铬、钼、钨属于中强碳化物形成元素，既能形成合金渗碳体，又能形成各自的特殊碳化物，如 Cr_7C_3、$Cr_{23}C_6$、MoC、WC 等。这些碳化物的熔点、硬度、耐磨性以及稳定性都比较高。钒、铌、钛、锆是强碳化物形成元素，它们在钢中，优先形成特殊碳化物。它们的稳定性最高，熔点、硬度和耐磨性也最高。表 4-4 中给出了钢种常见碳化物的类型及基本性能。

表 4-4　钢中常见碳化物的类型及基本性能

碳化物类型	M_3C		$M_{23}C_6$	M_7C_3	M_2C		M_6C		MC		
常见碳化物	Fe_3C	$(Fe, Me)_3C^*$	$Cr_{23}C_6$	Cr_7C_3	W_2C	Mo_2C	Fe_3W_3C	Fe_3Mo_3C	VC	NbC	TiC
硬度/HV	900~1050	稍大于900~1050	1000~1100	1600~1800			1200~1300		1800~3200		
熔点/℃	~1650		1550	1665					2830	3500	3200
在钢中溶解的温度范围	A_{C1}至950~1000 ℃	A_{C1}至1050~1200 ℃	950~1100 ℃	>950 ℃，直到熔点	回火时析出，>650~700 ℃时转变为M_6C		1150~1300 ℃		>1100~1150 ℃	几乎不溶解	
含有此类碳化物的钢种	碳钢	低合金钢	高合金工具钢及不锈钢、耐热钢	少数高合金工具钢	高合金工具钢，如高速钢、Cr12MoV、3Cr2W8V等		高合金工具钢，如高速钢、Cr12MoV、3Cr2W8V等		钒质量分数>0.3%的所有含钒合金钢	几乎所有含铌、钛的钢种	

注：* Me 可以是 Mn、Cr、W、Mo、V 等碳化物形成的元素。

2）合金元素对热处理和力学性能的影响

合金钢一般都是经过热处理后使用的，主要是通过热处理改变钢的组织来显示合金元素的作用。合金元素对热处理和力学性能主要有以下几个方面的影响。

（1）改变奥氏体区域。

扩大奥氏体区域的元素有镍、锰、铜等，这些元素使 A_1 和 A_3 温度降低，使 GS 线向左下方移动，从而使奥氏体区域扩大。图 4-3 表示锰对奥氏体区域位置的影响。

$\omega_{Mn} > 13\%$或$\omega_{Ni} > 9\%$的钢，其 S 点就能降到零以下，在常温下仍能保持奥氏体状态，称为奥氏体钢。由于 A_1、A_3 温度的降低，将直接影响热处理加热的温度，所以锰钢、镍钢的淬火温度低于碳钢。又由于 S 点的左移，使共析成分降低，与同样含碳量的亚共析碳钢相比，组织中的珠光体数量增加，而使钢得到强化。由于 E 点的左移，又会使发生共晶转

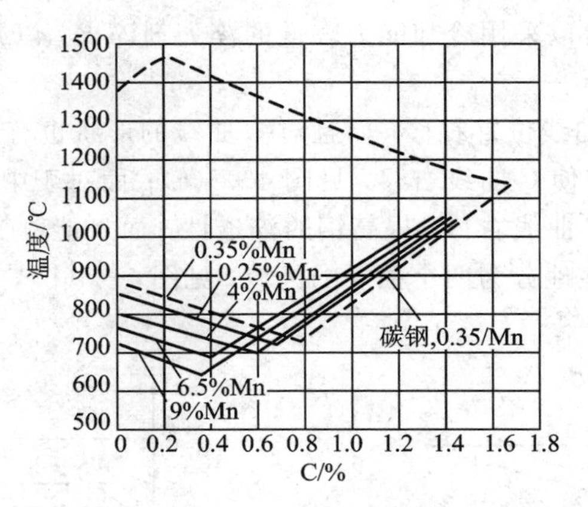

图 4－3　合金元素锰对奥氏体区域位置的影响

变的含碳量降低，使钢在 ω_C 较低时具有莱氏体组织，称为莱氏体钢。例如，在高速钢中，虽然含碳量只有 0.7%～0.8%，但是由于 E 点左移，在铸态下会得到莱氏体组织。

缩小奥氏体区域的元素有铬、钼、硅、钨等，使 A_1、A_3 温度升高，使 S 点、E 点向左上方移动，从而使奥氏体的淬火温度也相应地提高了。图 4－4 是铬对奥氏体区域位置的影响。当 $\omega_{Cr}>13\%$(含碳量趋于零)时，奥氏体区域消失，钢在室温下的平衡组织是单相铁素体，这种钢称为铁素体钢。

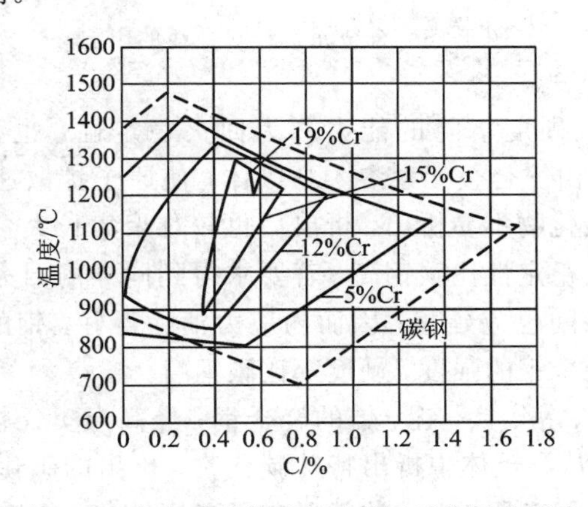

图 4－4　合金元素铬对奥氏体区域位置的影响

(2) 影响奥氏体化。

大多数合金元素减缓奥氏体化过程。合金钢在加热时，奥氏体化的过程基本上与碳钢相同。钢中加入碳化物形成元素后，奥氏体化减慢。一般合金钢，特别是含有强碳化物形成元素的钢，为了得到较均匀的、含有足够数量的合金元素的奥氏体，充分发挥合金元素的有益作用，就需更高的加热温度与较长的保温时间。

(3) 细化晶粒。

合金元素形成的碳化物以弥散质点的形式分布在奥氏体晶界上，对奥氏体晶粒长大起机械阻碍作用。因此，大多数合金钢在加热时不易过热，在高温下较长时间的加热仍能保持细晶粒组织，这样有利于在淬火后获得细晶马氏体。

(4) 对 C 曲线和淬透性的影响。

除钴以外，大多数合金元素均使 C 曲线右移，临界冷却速度减小，从而提高钢的淬透性，通常对于合金钢就可以采用冷却能力较低的淬火剂淬火，以减少零件的淬火变形和开裂倾向。

合金元素不仅使C曲线位置右移，而且对C曲线的形状也有影响。非碳化物形成元素和弱碳化物形成元素，仅使C曲线右移，见图4-5(a)；而对于中强和强碳化物形成元素，溶于奥氏体后，不仅使C曲线右移，提高钢的淬透性，而且能改变C曲线的形状，将珠光体转变与贝氏体转变明显地分为两个独立的区域，见图4-5(b)，两区之间，过冷奥氏体具有很大的稳定性。

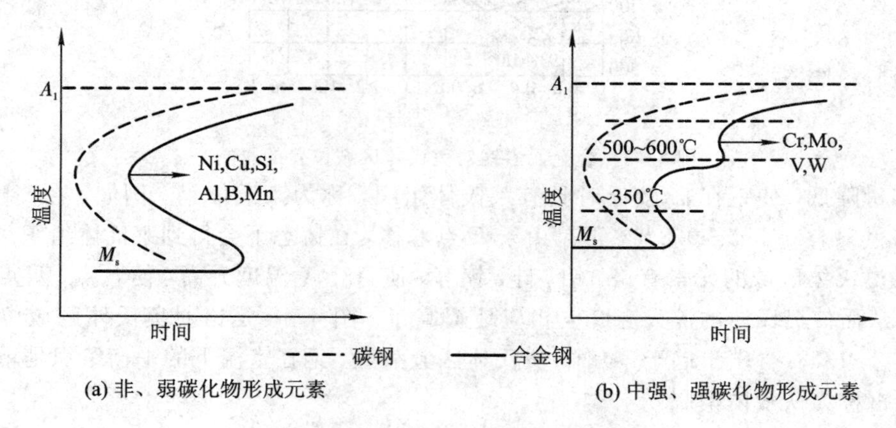

图4-5　合金元素对C曲线的影响

(5) 提高回火稳定性。

淬火钢回火时，抵抗硬度下降的能力称为回火稳定性，也称回火抗力或抗回火性(tempering resistance)。由于合金元素溶入马氏体，使原子扩散速度减慢，因而在回火过程中马氏体不易分解，碳化物不易析出，析出后也较难聚集长大，从而提高了钢的回火稳定性。由于合金钢的回火稳定性比碳钢高，若要求得到同样的回火硬度，则合金钢的回火温度应比碳钢高；回火时间也应延长，因而内应力消除得好，钢的韧性和塑性指标就高；而当回火温度相同时，合金钢的强度、硬度都比碳钢高。

一些含有钨、钼、钒、铬、钛、铌、锆的合金钢，经高温奥氏体充分均匀化并淬火后，在500～600 ℃回火时会从马氏体中析出特殊碳化物，析出的碳化物高度弥散分布在马氏体基体上，使钢的硬度反而有所提高，这就形成了二次硬化。二次硬化实质是一种弥散硬化，对需要较高红硬性的工具钢具有重要意义。如高速钢淬火后在560 ℃回火，自马氏体中析出弥散细小的W_2C、Mo_2C、VC特殊碳化物，使钢的硬度提高，即出现二次硬化，从而提高了钢的红硬性。

2. 合金结构钢

合金结构钢(constructional alloy steel)用于制造重要工程结构和机器零件，是合金钢中用途最广、用量最大的一类钢。我国合金钢是按碳质量分数、合金元素的种类和质量分数以及质量级别来编号的，十分简单明了。

合金结构钢牌号通常由以下四部分组成：

第一部分：以两位阿拉伯数字表示平均碳含量(以万分之几计)。

第二部分：合金元素及含量，以化学元素符号及阿拉伯数字表示。具体表示方法为：平均质量分数小于1.50%时，牌号中仅标明元素，一般不标明含量；平均质量分数为

1.50%～2.49%、2.50%～3.49%、3.50%～4.49%、4.50%～5.49%等时，在合金元素后相应写成 2、3、4、5 等。

第三部分：钢材冶金质量，即高级优质钢、特级优质钢分别以 A、E 表示，优质钢不用字母表示。

第四部分(必要时)：产品用途、特性或工艺方法后缀表示符号，如 18MnMoNbER 中"R"表示该钢为锅炉和压力容器用钢。

GB/T 3077—1999《合金结构钢》中共有 42CrMo、35CrMnSiA、25Cr2Ni4WA 等 77 个牌号。

1) 低合金高强度结构钢

低合金高强度结构钢的编号方法与普通碳素结构钢基本相同，根据需要，低合金结构钢牌号也可采用两位阿拉伯数字(表示平均含碳量，以万分之几计)加元素符号，以及必要时加代表产品用途和工艺方法的表示符号，按顺序表示。

(1) 用途。

该类钢有高的屈服强度、良好的塑性、焊接性能及较好的耐腐蚀性，主要用于制造建筑结构、桥梁、船舶、车辆、锅炉、高压容器、输油输气管道等。用它来代替普通碳素结构钢，可大大减轻结构质量，节省钢材，保证使用可靠、耐久。

(2) 性能特点。

一般低合金高强度结构钢的屈服强度在 300 MPa 以上，具有较高的韧性，伸长率为 15%～20%，室温冲击韧度为 600～800 kJ/m^2，具有良好的抗大气、海水或土壤腐蚀的能力，低的冷脆转变温度，以及很好的冷成型性能和焊接性能。

(3) 成分特点。

低合金高强度钢的碳质量分数一般不超过 0.20%，基本不用贵重的镍、铬等元素，而以资源丰富的锰为主要合金元素。锰除了产生较强的固溶强化效果外，它还大大降低了奥氏体分解温度，细化了铁素体晶粒，并使珠光体片变细，消除了晶界上粗大的片状碳化物，提高了钢的强度和韧性。锰可以使共析点的碳质量分数降低，从而与相同碳质量分数的碳钢相比，增加了珠光体的含量，提高了钢的强度。

在钢中加入少量的铌、钛或钒，形成细碳化物或碳氮化物，阻碍钢热轧时奥氏体晶粒的长大，有利于获得细小的铁素体晶粒；另外，热轧时部分固溶在奥氏体内，而冷却时弥散析出，可起到一定的强化作用，从而提高钢的强度和韧性。

此外，加入少量铜和磷，可提高抗腐蚀性能。加入少量稀土元素，可以脱硫、去气，使钢材净化，改善韧性和工艺性能。

(4) 常用钢种。

常用低合金高强度结构钢的牌号、化学成分、性能及用途见附录三中表 1。

较低强度级别的钢中，以 Q345(16Mn)最具代表性。该钢使用状态的组织为细晶粒的铁素体+珠光体，强度比普通碳素结构钢 Q235 高 20%～30%，耐大气腐蚀性能高 20%～38%。用它制造工程结构，重量可减轻 20%～30%。

Q420(15MnVN)是中等级别强度钢中使用最多的钢种。钢中加入钒、氮后，生成钒的氮化物，可细化晶粒，又有析出强化的作用，强度有较大提高，而且韧性、焊接性及低温韧性也较好，广泛用于制造桥梁、锅炉、船舶等大型结构。

(5) 热处理特点。

这类钢多在热轧、正火状态下使用，组织为铁素体+珠光体；也可在淬火成低碳马氏体或热轧空冷后获得贝氏体组织状态下使用。

2) 合金渗碳钢

(1) 用途。

合金渗碳钢主要用于制造汽车、拖拉机中的变速齿轮，内燃机上的凸轮轴、活塞销等机器零件。这类零件在工作中遭受强烈的摩擦磨损，同时又承受较大的交变载荷，特别是冲击载荷。

(2) 性能特点。

表面渗碳层硬度高，以保证优异的耐磨性和接触疲劳抗力，同时具有适当的塑性和韧性；心部具有高的韧性和足够高的强度；有良好的热处理工艺性能，在较高的渗碳温度(900～950 ℃)下，奥氏体晶粒不易长大，并有良好的淬透性。

(3) 成分特点。

① 低碳。碳质量分数一般在0.10%～0.25%之间，以保证零件心部有足够的塑性和韧性。

② 加入提高淬透性的合金元素。常加入铬、镍、锰等，以提高经热处理后心部的强度和韧性。铬还能细化碳化物、提高渗碳层的耐磨性，镍则对渗碳层和心部的韧性非常有利。另外，微量硼也能显著提高淬透性。

③ 加入阻碍奥氏体晶粒长大的元素。主要加入少量强碳化物形成元素钛、钒、钨、钼等，形成稳定的合金碳化物，除了能阻止渗碳时奥氏体晶粒长大外，还能增加渗碳层硬度，提高耐磨性。

(4) 常用钢种。

合金渗碳钢按其淬透性高低分为三类。常用渗碳钢的钢号、热处理工艺规范及力学性能见附录三中表3。

① 低淬透性合金渗碳钢。典型钢种有15Cr、20Cr等。这类钢的淬透性低，淬火与低温回火后的心部强度较低，强度与韧性配合较差，适用于制造受冲击载荷较小的耐磨件，如柴油机的凸轮轴、活塞销、小齿轮等。例如，20Cr钢制造活塞销，机加工后930 ℃渗碳，预冷至880 ℃油淬火，200 ℃低温回火，屈服强度大于540 MPa，表面硬度达60 HRC。

② 中淬透性合金渗碳钢。典型钢种有20CrMnTi、20MnVB等。这类钢含合金元素总量较高，不超过≤4%，有良好的机械性能和工艺性能，淬透性较高，过热敏感性较小，渗碳预冷后可直接淬火，热处理变形较小，经低温回火后具有较好的力学性能，因此大量用于制造承受高速中载、要求抗冲击和耐磨损的零件，特别是汽车、拖拉机上的重要零件，如变速齿轮、齿轮轴、花键轴套、气门座、凸轮盘等。

③ 高淬透性合金渗碳钢。典型钢种为18Cr2Ni4WA和20Cr2Ni4。这类钢含有较多的Cr、Ni等元素，合金元素总量不超过7.5%，淬透性很高，在空气中冷却也能淬得马氏体组织，经渗碳淬火和低温回火后心部温度很高，强度与韧性配合很好，主要用于受重载和强烈磨损的重要大型零件，如内燃机车的主动牵引齿轮、柴油机曲轴、连杆及缸头精密螺栓等。

(5) 热处理和组织性能。

合金渗碳钢的热处理工艺一般都是渗碳后直接淬火，再低温回火。对渗碳时容易过热的钢种如 20Cr、20Mn2 等，渗碳之后需先正火，以消除过热组织，然后再进行淬火、低温回火。

热处理后，表面渗碳层的组织由合金渗碳体与回火马氏体及少量残余奥氏体组成，硬度为 60～62 HRC。心部组织与钢的淬透性及零件截面尺寸有关，完全淬透时为低碳回火马氏体，硬度为 40～48 HRC；多数情况下是屈氏体、回火马氏体和少量铁素体，硬度为 25～40 HRC。心部韧性一般都高于 700 kJ/m^2。

3) 合金调质钢

(1) 用途。

合金调质钢广泛用于制造汽车、拖拉机、机床和其他机器上的各种重要零件，如齿轮、轴类件、连杆、螺栓等。

(2) 性能特点。

调质件大多承受多种工作载荷，受力情况比较复杂，应具有高的综合机械性能，即具有高的强度和良好的塑性、韧性。为了保证零件整个截面机械性能的均匀性和高的强韧性，合金调质钢具有很好的淬透性。

(3) 成分特点。

① 中碳。含碳一般在 0.25%～0.50%之间，以 0.4%居多。碳量过低，不易淬硬，回火后强度不够；碳量过高则韧性不够。

② 加入提高淬透性的元素，如铬、锰、镍、硅、硼等。调质件的性能与钢的淬透性密切相关。尺寸较小时，碳素调质钢与合金调质钢的性能相差不多，但当零件截面尺寸较大而不能淬透时，其性能与合金钢相比差别就比较大。表 4-5 中给出了 45 钢与 40Cr 钢调质处理后的性能对比，可见 40Cr 钢的性能比 45 钢有明显提高。另外，合金元素除了提高淬透性外，还能形成合金铁素体，提高钢的强度。

表 4-5　45 钢与 40Cr 钢调质后性能的对比

钢号及热处理状态	截面尺寸 Φ/mm	σ_b/MPa	σ_s/MPa	δ_5/%	ψ/%	a_K/(kJ/m^2)
45 钢(850 ℃水淬，550 ℃回火)	50	700	500	15	45	700
40Cr 钢(850 ℃油淬，570 ℃回火)	50(心部)	850	670	16	58	1000

③ 加入防止第二类回火脆性的元素。含镍、铬、锰的合金调质钢，高温回火慢冷时易产生第二类回火脆性。合金调质钢一般用于制造大截面零件，用快冷来抑制这类回火脆性往往有困难。在钢中加入钼(ω_{Mo}=0.15%～0.30%)、钨(ω_W=0.8%～1.2%)可以防止第二类回火脆性。

(4) 钢种及牌号。

合金调质钢的种类很多，常用调制钢的牌号见附录三中的表 2。按淬透性高低，大致可分为三类：

① 低淬透性合金调质钢。这类钢的油淬临界直径最大为 30～40 mm，最典型的钢种是 40Cr，广泛用于制造一般尺寸的重要零件。40MnB、40MnVB 钢是为了节省铬而发展的代用钢，其淬透性不太稳定，切削加工性能也差一些。

② 中淬透性调质钢。这类钢的油淬临界直径最大为40～60 mm，含有较多的合金元素，典型钢种有35CrMo等，用于制造截面较大的零件，例如曲轴、连杆等。加入钼不仅可提高淬透性，而且可防止第二类回火脆性。

③ 高淬透性调质钢。这类钢的油淬临界直径为60～100 mm，主要是铬镍钢。铬、镍的适当配合，可大大提高淬透性，并获得优良的机械性能，例如37CrNi3，但对回火脆性十分敏感，因此不宜于制作大截面零件。铬镍钢中加入适当的钼，例如40CrNiMo钢，不但具有好的淬透性和冲击韧性，还可消除回火脆性，主要用于制造大截面、重载荷的重要零件，如汽轮机主轴、叶轮、航空发动机轴等。

(5) 热处理和组织性能。

合金调质钢需经淬火加高温回火热处理。合金调质钢淬透性较高，一般都用油淬，合金元素含量较高，淬透性特别大时甚至可以空冷淬得马氏体组织，以减少热处理缺陷。

合金调质钢的最终性能取决于回火温度，一般采用500～650 ℃高温回火。为防止回火脆性，需回火后快冷。

合金调质钢常规热处理后的组织是回火索氏体。某些调质钢零件，除了要求有良好的综合机械性能外，还要求工件表面有较好的耐磨性，可在调质后进行感应加热表面淬火或进行专门的化学热处理，如选用38CrMoAl钢进行氮化处理。还有一些合金调质钢做的零件，根据性能要求，淬火后也可采用中温或低温回火，获得回火屈氏体(如模锻锤锤杆、套轴等)或回火马氏体组织(如凿岩机活塞、球头等)。

4) 非调质机械结构钢

非调质机械结构钢是通过微合金化、控制轧制(锻制)和控制冷却等强韧化方法，取消了调质热处理，达到或接近调质钢力学性能的一类优质或特殊质量结构钢。非调质机械结构钢牌号由以下四部分组成：

第一部分：非调质机械结构钢表示符号“F”。

第二部分：以两位阿拉伯数字表示平均碳含量(以万分之几计)。

第三部分：合金元素含量，以化学元素符号及阿拉伯数字表示，表示方法同合金结构钢第二部分。

第四部分(必要时)：改善切削性能的非调质机械结构钢加硫元素符号S。

GB/T 15712—2008《非调质机械结构钢》中共有F35VS、F40VS、F45VS、F30MnVS、F35MnVS、F38MnVS、F40MnVS、F45MnVS、F49MnVS、F12Mn2VBS十个牌号。

(1) 用途。

非调质机械结构钢可代替调质钢，用于制造齿轮、轴、连杆、螺栓等零件。

(2) 性能要求。

非调质机械结构钢具有高的强度和良好的塑性、韧性。

(3) 成分特点。

① 碳的质量分数一般为0.32%～0.52%。热压加工用非调质机械结构钢最低碳的质量分数为0.09%～0.16%。

② 加入钒可细化晶粒，冷却时析出碳氮化合物以提高强度和硬度。加入锰可细化珠光体，并使珠光体的含量增加，提高钢的强度。加入硼可获得低碳粒状贝氏体。

(4) 热处理和组织。

非调质机械结构钢分为直接切削加工用钢材和热压力加工用钢材两种类型，均不需要进行调质处理。热压力加工用非调质机械结构钢经过热锻、热轧、控制冷却速度后，性能可达相应力学性能指标。非调质机械结构钢使用状态的组织一般为索氏体＋铁素体。F12Mn2VBS 热锻、空冷后得到低碳粒状贝氏体。非调质机械结构钢制造的轴、齿轮也可进行表面淬火加低温回火处理。

5）合金弹簧钢

弹簧钢有优质碳素弹簧钢和合金弹簧钢两种。优质碳素弹簧钢牌号的表示方法与优质碳素结构钢相同；合金弹簧钢牌号的表示方法与合金结构钢相同。GB/T 1222—2007《弹簧钢》中有 65Mn、60Si2MnA 等 15 个牌号，见附录三中表 5。

（1）用途。

弹簧钢是一种专用结构钢，主要用于制造各种弹簧和弹性元件。

（2）性能要求。

弹簧是利用弹性变形吸收能量以缓和震动和冲击，或依靠弹性储能来起驱动作用。据此，弹簧应有以下性能：

① 高的弹性极限 σ_e，以保证弹簧有足够高的弹性变形能力和较大的承载能力，为此应具有高的屈服强度 σ_s 或屈强比 σ_s/σ_b。

② 高的疲劳强度 σ_r，以防止在震动和交变应力作用下产生疲劳断裂。另外，零件的表面质量对 σ_r 影响很大，合金弹簧钢表面不应有脱碳、裂纹、折叠、斑疤和夹杂等缺陷。

③ 足够的塑性和韧性，以免受冲击时脆断。

此外，合金弹簧钢还要求有较好的淬透性、不易脱碳和过热、容易绕卷成型等。

（3）成分特点。

① 中、高碳。为了保证高的弹性极限和疲劳强度，合金弹簧钢的碳质量分数比合金调质钢高，一般为 0.45％～0.70％。碳质量分数过高时，塑性、韧性降低，疲劳强度也下降。

② 加入以硅、锰为主的提高淬透性的元素。硅和锰的作用主要是提高淬透性，同时也提高屈强比。硅在热处理时促进表面脱碳，锰则使钢易于过热。因此，重要用途的合金弹簧钢必须加入铬、钒、钨等元素。例如，Si－Cr 弹簧钢表面不易脱碳；Cr－V 弹簧钢晶粒细小不易过热，耐冲击性能好，高温强度也较高。

（4）钢种和牌号。

合金弹簧钢大致分为以下两类：

① 以硅、锰为主要合金元素的合金弹簧钢。代表性钢种有 65Mn 和 60Si2Mn 等。这类钢的价格便宜，淬透性明显优于碳素弹簧钢，硅、锰的复合合金化，性能比只用锰好得多。这类钢主要用于汽车、拖拉机上的板簧和螺旋弹簧。

② 含铬、钒、钨等元素的合金弹簧钢。典型钢种为 50CrVA。铬、钒不仅大大提高了钢的淬透性，而且还提高了钢的高温强度、韧性和热处理工艺性能。这类钢可制作在 350～400 ℃温度下承受重载的较大弹簧，如阀门弹簧、高速柴油机的气门弹簧等。

（5）加工、热处理与性能。

按弹簧的加工工艺不同，可分为热成型弹簧和冷成型弹簧两种。

① 热成型弹簧。用热轧钢丝或钢板制成，然后淬火和中温(450～550 ℃)回火，获得回

火屈氏体组织，因而具有很高的屈服强度和弹性极限，并有一定的塑性和韧性，一般用来制造较大型的弹簧。这类弹簧也可采用等温淬火获得下贝氏体，提高韧性和多冲强度。如果等温淬火后在该温度下再回火，则能进一步提高钢的弹性极限。

② 冷成型弹簧。小尺寸弹簧一般用冷拔弹簧钢丝(片)卷成，有三种制造方法。

· 铅淬冷拔钢丝。冷拔前进行“淬铅”处理，即加热到 A_{c3} 以上，然后在 450～550 ℃的熔铅中等温淬火，获得适于冷拔的索氏体组织。此时钢丝具有较高的强度和塑性，然后经多次冷拔至所需直径，其屈服强度可达 1600 MPa 以上。弹簧卷成后不再淬火，只进行消除应力的低温(200～300 ℃)退火，使弹簧定型。

· 淬火回火钢丝。冷拔至要求尺寸后，利用淬火(油冷)、回火来进行强化，再冷绕成弹簧，并进行去应力回火，之后不再热处理。

· 退火钢丝。冷拔钢丝退火后，冷卷成型，然后和热成型弹簧一样，进行淬火和中温回火。

为了提高弹簧的疲劳寿命，目前还广泛采用喷丸(shot peening)强化处理。喷丸是一种金属工件的冷加工工艺，由一束丸球以很高的速度在特定的条件下冲击工件表面。喷丸所用的丸球由铁、钢或玻璃制得。汽车板簧喷丸处理后，使用寿命可提高几倍，这是因为喷丸处理消除了钢丝表面的缺陷并造成表面压应力的结果。

图 4-6 为 65Mn 冷拔钢丝绕制成型弹簧疲劳断裂图。调压弹簧断裂的外形如图 4-6(a)所示，断口附近有块状夹杂物和沿夹杂物延伸的裂纹(见图 4-6(b))，弹簧的基体组织为细珠光体及少量铁素体，沿加工方向变形呈纤维状(见图 4-6(c))。断口处有明显的大块氧化物夹杂存在，致使调压弹簧在伸长和压缩的过程中，沿着夹杂物应力趋于高度的集中，促使弹簧产生早期疲劳断裂。从断口上可观察到逐渐破坏区与瞬时破坏区，裂源是从弹簧内侧夹杂物处开始的。

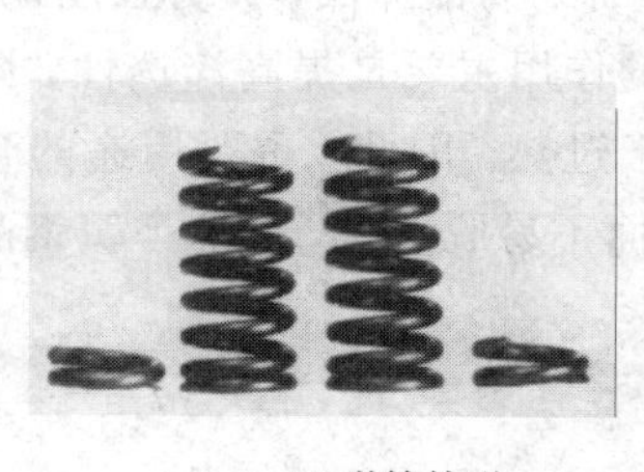

(a) 弹簧外形

(b) 夹杂物及裂纹

(c) 基体组织

图 4-6　65Mn 冷拔钢丝绕制成型弹簧疲劳断裂图

6) 滚动轴承钢

滚动轴承钢分为高碳铬轴承钢、渗碳轴承钢、高碳铬不锈轴承钢和高温轴承钢等四大类。

· 高碳铬轴承钢牌号通常由以下两部分组成：

第一部分：(滚珠)轴承钢表示符号“G”，但不标明碳含量。

第二部分：合金元素“Cr”符号及其含量(以千分之几计)。其他合金元素及含量，以化学元素符号及阿拉伯数字表示，表示方法同合金结构钢第二部分。

GB/T 18254—2002《高碳铬轴承钢》中有 GCr15SiMn 等 5 个牌号。

· 渗碳轴承钢，在牌号头部加符号“G”，并采用合金结构钢的牌号表示方法。高级优质渗碳轴承钢，在牌号尾部加“A”。

GB/T 3203—1982《渗碳轴承钢》标准中有 G20CrNi2Mo 等 6 个牌号。

· 高碳铬不锈轴承钢和高温轴承钢，在牌号头部加符号“G”，并采用不锈钢和耐热钢牌号的表示方法。

GB/T 3086—2008《高碳铬不锈轴承钢》标准中有 G95Cr18、G102Cr18Mo、G65Cr14Mo 等 3 个牌号。

(1) 用途。

滚动轴承钢主要用来制造滚动轴承的滚动体(滚珠、滚柱、滚针)、内外套圈等，属专用结构钢。从化学成分上看它属于工具钢，所以也用于制造精密量具、冷冲模、机床丝杠等耐磨件。

(2) 性能要求。

在高速转动的机械中，滚动轴承是一种不可缺少的重要零件。滚动轴承在运转时，不仅有滚动摩擦，还有滑动摩擦，并且承受着极大的交变载荷和接触应力。根据上述工作条件，滚动轴承钢必须具有以下特性：

① 高的接触疲劳强度。轴承元件如滚珠与套圈，运动时为点或线接触，接触处的压应力高达 1500～5000 MPa；应力交变次数每分钟达几万次甚至更多，往往造成接触疲劳破坏，产生麻点或剥落，所以滚动轴承钢应具有高的接触疲劳强度。

② 高的硬度和耐磨性。滚动体和套圈之间不但有滚动摩擦，而且有滑动摩擦，轴承也常因过度磨损而失效，因此必须具有高而均匀的硬度，硬度一般为 62～64 HRC。

③ 足够的韧性和淬透性。

④ 在大气和润滑介质中有一定的耐蚀能力和良好的尺寸稳定性。

(3) 成分特点。

① 高碳。为了保证滚动轴承钢的高硬度、高耐磨性和高强度，碳含量比较高，一般为 0.95%～1.10%。

② 铬为基本合金元素。铬可以提高淬透性，形成合金渗碳体$(Fe, Cr)_3C$呈细密、均匀分布，能阻碍奥氏体晶粒长大，使钢淬火后能获得细针状马氏体组织，增加钢的韧性，提高回火稳定性，提高钢的耐磨性，特别是疲劳强度。但铬质量分数过高会增大残余奥氏体量和碳化物分布的不均匀性，使钢的硬度和疲劳强度降低。适宜的质量分数为 0.40%～1.65%。

③ 加入硅、锰、钒等。硅、锰进一步提高淬透性，便于制造大型轴承。钒部分溶于奥氏体中，部分形成碳化物 VC，提高钢的耐磨性并防止过热。

④ 严格控制夹杂物含量。轴承钢中非金属夹杂和碳化物的不均匀性对钢的性能，尤其是接触疲劳强度影响很大。因为夹杂物往往是接触疲劳破坏的发源点，其危害程度与夹杂物的类型、数量、大小、形状和分布有关。在热处理过程中，则应充分保证碳化物弥散分布在基体上。

(4) 钢种和牌号。

常用滚动轴承钢的牌号见附录三中的表 12。

(5) 热处理及组织性能。

轴承钢的热处理主要为球化退火、淬火和低温回火。

① 球化退火。轴承钢的预先热处理是球化退火。其目的不仅是降低钢的硬度，以利于切削加工，更重要的是获得细的球状球光体和均匀分布的细粒状碳化物，为零件的最终热处理作组织准备。

② 淬火和低温回火。淬火温度要求十分严格，在 $A_{c1} \sim A_{ccm}$之间，温度过高会过热，晶粒长大，使韧性和疲劳强度下降，且易淬裂和变形；温度过低，则奥氏体中溶解的铬和碳含量不够，钢淬火后硬度不足。

淬火后应立即回火，以消除内应力，提高韧性，稳定组织及尺寸。轴承钢淬火、回火后的组织为极细的回火马氏体、均匀分布的粒状碳化物以及少量残余奥氏体。

精密轴承必须保证在长期存放和使用中不变形。引起变形和尺寸变化的原因主要是存在有内应力和残余奥氏体发生转变。为了稳定尺寸，淬火后可立即进行冷处理(－60～－80℃)，并在回火和磨削加工后，进行低温时效处理(120～130℃，保温 5～10 h)。

3. 合金工具钢

合金工具钢按用途分为刃具钢、模具钢和量具钢，但实际应用界限并非绝对，例如某些低合金刃具钢也可制作冷模具或量具。

合金工具钢牌号通常由以下两部分组成：

第一部分：平均碳的质量分数小于 1.00％时，采用一位数字表示碳含量(以千分之几计)；平均碳的质量分数不小于 1.00％时，不标明碳含量数字。

第二部分：合金元素及含量，以化学元素符号及阿拉伯数字表，表示方法同合金结构钢第二部分。低铬(平均铬的质量分数小于 1％)合金工具钢，在铬含量(以千分之几计)前加数字“0”。

GB/T 1299—2000《合金工具钢》中有 9SiCr、4CrW2Si、Cr12MoV、5CrNiMo 等 37 个牌号。

1) 合金刃具钢

(1) 用途。

合金刃具钢主要用于制造各种金属切削刃具，如车刀、铣刀、钻头、丝锥、板牙等。

(2) 性能要求。

在切削过程中，刃具切削时受工件的压力，刃部与切屑之间产生强烈的摩擦；由于切削发热，刃部温度可达 500～600 ℃；此外，刃具还承受一定的冲击和震动。因此合金刃具钢应具备高硬度(60 HRC 以上)、高耐磨性、高热硬性以及一定的强度和韧性。

(3) 成分特点。

合金刃具钢分为两类：一类主要用于低速切削，为低合金刃具钢；另一类用于高速切削，为高合金刃具钢(简称高速钢)。

① 低合金刃具钢。这类钢的最高工作温度不超过 300 ℃，其成分的主要特点是：

· 高碳。其碳质量分数为 0.85％～1.5％，以保证高硬度和高耐磨性。从含碳量上看，低合金刃具钢均为过共析钢，所以都需要在加工前进行球化退火。为了获得高硬度和高耐磨性，最终热处理采用淬火及低温回火。由于低合金刃具钢淬透性较好，可采用缓和的冷却介质。通过选用分级淬火或等温淬火，可减少淬火变形。

· 加入 Cr、Mn、Si、W、V 等合金元素。Cr、Mn、Si 主要是提高钢的淬透性，Si 还能提高钢的回火稳定性；W、V 能提高硬度和耐磨性，并防止加热时过热，保持细小的晶粒。

② 高速钢。高速钢具有很高的热硬性，高速切削中刃部温度达600 ℃时，其硬度无明显下降。高速钢牌号表示方法与合金结构钢相同，但在牌号头部一般不标明表示碳含量的阿拉伯数字。为了区别牌号，在牌号头部可以加“C”表示高碳高速工具钢。其成分特点包括：

· 高碳。其碳质量分数为0.70%～1.65%，它一方面要保证能与W、Cr、V等形成足够数量的碳化物；另一方面还要有一定数量的碳溶于奥氏体中，以保证马氏体的高硬度。

· 加入Cr、W、Mo、V等合金元素。

Cr主要是提高淬透性，几乎所有高速钢的铬质量分数均为4%，其碳化物$Cr_{23}C_6$在淬火加热时几乎全部溶于奥氏体中，增加了过冷奥氏体的稳定性，大大提高了钢的淬透性。铬还能提高钢的抗氧化、脱碳的能力。

W、Mo可保证钢高的热硬性，在退火状态下，W、Mo以M_6C型碳化物的形式存在。这类碳化物在淬火加热时较难溶解。加热时，一部分$(Fe,W)_6C$等碳化物溶于奥氏体中，淬火后合金元素W或Mo存在于马氏体中，在随后的560℃回火时，形成W_2C或Mo_2C弥散分布，造成二次硬化，这种碳化物在500～600℃温度范围内非常稳定，不易聚集长大，从而使钢具有良好的热硬性；一部分未溶的碳化物能起阻止奥氏体晶粒长大及提高耐磨性的作用。

V以VC(或V_4C_3)的形式存在，非常稳定，极难熔解，硬度极高且颗粒能大大提高钢的硬度和耐磨性，同时能阻止奥氏体晶粒长大，细化晶粒。

(4) 钢种及牌号。

① 低合金刃具钢。我国常用低合金刃具钢见附录三中的表8。典型钢种9SiCr，含有提高回火稳定性的硅，经230～250℃回火后，硬度不低于60 HRC，使用温度可达250～300℃，广泛用于制造各种低速切削的刃具，如板牙、丝锥等，也常用作冷冲模。

冷作模具钢9Mn2V、CrWMn也可制造刃具，如丝锥、板牙、拉刀、铰刀等。

② 高速钢。在我国常用的高速钢牌号中，最重要的有两种：一种是钨系W18Cr4V钢，另一种是钨-钼系W6Mo5Cr4V2钢。这两种钢的组织性能相似，但W6Mo5Cr4V2钢的耐磨性、高温塑性和韧性较好，而W18Cr4V钢的热硬性较好，热处理时的脱碳和过热倾向性较小。

(5) 加工及热处理特点。

低合金刃具钢的加工过程一般为：球化退火→机加工→淬火→低温回火。淬火温度应根据工件形状、尺寸及性能要求严格控制，一般都要预热；回火温度为160～200℃。热处理后的组织为回火马氏体+碳化物+少量残余奥氏体。

高速钢的加工、热处理要点如下：

① 锻造。高速钢属莱氏体钢，铸态组织中含有大量呈鱼骨骼状分布的粗大共晶碳化物M_6C，大大降低钢的机械性能，特别是韧性。这些碳化物不能用热处理来消除，只能依靠锻打来击碎，并使其均匀分布。因此高速钢的锻造具有成型和改善碳化物的双重作用，是非常重要的加工工序。为了得到小块均匀的碳化物，需要多次墩拔。高速钢的塑性、导热性较差，锻后必须缓冷，以免开裂。

② 热处理。高速钢锻后需进行球化退火，以便于机加工，并为淬火作好组织准备。球化退火温度为A_{c1}+30～50 ℃(870～880 ℃)。球化退火后的组织为索氏体基体和均匀分布

的细小粒状碳化物。

高速钢的导热性很差，淬火温度又高，所以淬火加热时，必须进行二次预热(500～600 ℃、800～850 ℃)。高速钢中含有大量 W、Mo、Cr、V 的难熔碳化物，它们只有在1200 ℃以上才能大量地溶于奥氏体中，以保证钢淬火、回火后获得很高的热硬性，因此其淬火加热温度非常高，一般为 1220～1280 ℃。淬火后的组织为淬火马氏体+碳化物+大量残余奥氏体。

高速钢通常在二次硬化峰值温度或稍高一些的温度(550～570 ℃)回火三次。在此温度范围内回火时，W、Mo 及 V 的碳化物从马氏体及残余奥氏体中析出，弥散分布，使钢的硬度明显上升；同时残余奥氏体转变为马氏体，也使硬度提高，由此造成二次硬化现象，保证了钢的硬度和热硬性。进行多次回火，是为了逐步减少残余奥氏体量。W18Cr4V 钢在淬火后残余奥氏体的相对体积分数约有 30%，经一次回火后约剩 15%～18%，二次回火后降到 3%～5%，第三次回火后仅剩 1%～2%。

高速钢经淬火、回火后的组织为回火马氏体+碳化物+少量残余奥氏体，其中碳化物由两部分组成：一部分为未溶碳化物，一部分为回火时析出的碳化物。

近年来，高速钢的等温淬火获得了广泛的应用。等温淬火后的组织为下贝氏体+残余奥氏体+碳化物。等温淬火可减少变形和提高韧性，适用于形状复杂的大型刃具和冲击韧度要求高的刃具。

图 4-7 为 W18Cr4V 钢所制刀具开裂组织分析图。刀具在正常使用时刃口崩裂(见图 4-7(a))，箭头所指处即为崩裂的断口。经金相分析，图 4-7(b)所示的基体组织为回火马氏体(黑色)和碳化物。碳化物分布不良，呈半网状和堆集带状偏析分布。在高放大倍数显微镜下观察，如图 4-7(c)所示，碳化物基体处有回火不足的现象(即马氏体颜色较浅，不呈黑色)。图 4-7(d)为崩裂刃口边缘处的组织，碳化物呈明显的聚集带状偏析分布，该处并有回火不足现象。钢材中碳化物偏析比较严重，回火时，在碳化物聚集的基体处容易产生回火不足，这些情况都是导致刀具刃口崩裂的重要原因。

(A) 刀具刃口崩裂图

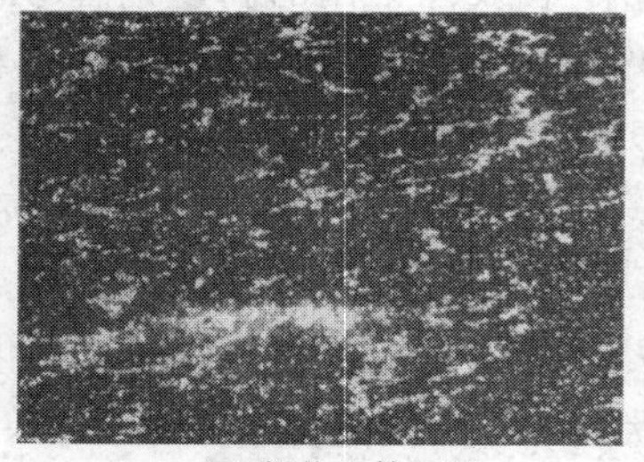

(B) 低倍基体组织

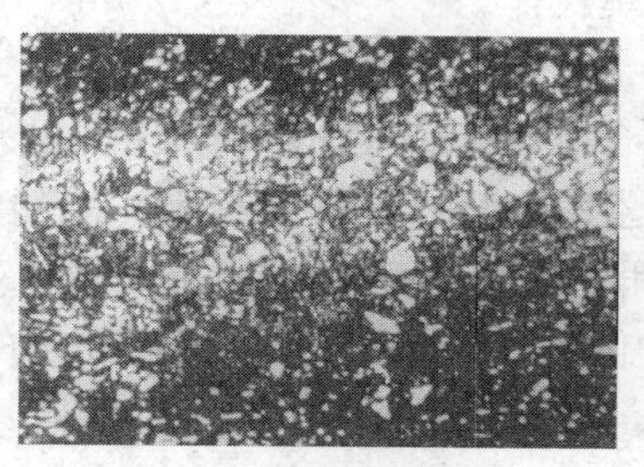

(c) 高倍基体组织

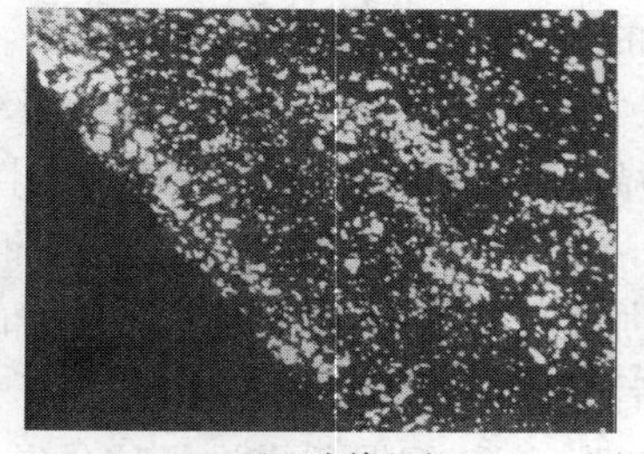

(d) 刃口边缘组织

图 4-7 刀具(W18Cr4V)碳化物偏析及回火不足引起的开裂

2）合金模具钢

合金模具钢按工作条件分为冷作模具钢和热作模具钢两大类。

(1) 冷作模具钢。

① 用途。冷作模具钢用于制造各种冷冲模、冷镦模、冷挤压模和拉丝模等，工作温度不超过 200～300 ℃。

② 性能要求。冷作模具工作时承受很大的压力、弯曲力、冲击载荷和摩擦，主要失效形式是磨损，也常出现崩刃、断裂和变形等失效现象。因此，冷作模具钢应具有以下性能特点：

· 高硬度，一般为 58～62 HRC。

· 高耐磨性。

· 足够的韧性和疲劳抗力。

· 热处理变形小。

③ 成分特点。

· 高的碳含量。在冲击条件下工作的高强韧性模具钢要求碳含量为 0.5%～0.7%，而要求高硬度、高耐磨性的冷作模具钢的碳含量为 1.2%～2.3%。

· 加入 Cr、Mo、W、V 等合金元素，形成难熔碳化物，提高耐磨性，尤其是 Cr。典型钢种是 Cr12 型钢，铬的质量分数高达 12%。铬与碳形成 M_7C_3 型碳化物，能极大提高钢的耐磨性，铬还显著提高钢的淬透性。

④ 钢种和牌号。大部分要求不高的冷模具可用低合金刃具钢制造，如 9Mn2V、9SiCr、CrWMn 等。大型冷作模具用 Cr12 型钢。这种钢热处理变形很小，适合于制造重载和形状复杂的模具。冷挤压模工作时受力很大，条件苛刻，可选用基体钢或马氏体时效钢制造。基体钢与高速钢经正常淬火后的基体大致相同，如 6Cr4Mo3Ni2WV、7Cr4W3Mo2VNb 等。马氏体时效钢为超低碳(ω_C<0.03%)超高强度钢，靠高 Ni 形成低碳马氏体，并经时效析出金属间化合物使强度显著提高，如 Ni18Co9Mo5TiAl。

⑤ 热处理特点。冷作模具钢的热处理与低合金刃具钢类似，根据其化学成分、使用条件和承载的能力，热处理方案有两种。

· 一次硬化法。在 950～1000 ℃下淬火，然后在 150～180 ℃回火，硬度可达 61～64 HRC，使钢具有较好的耐磨性和韧性，适用于重载模具。

· 二次硬化法。在 1100～1150 ℃下淬火，然后于 510～520 ℃三次回火，产生二次硬化，使硬度达 60～62 HRC，热硬性和耐磨性都较高，但韧性较差，适用于在 400～450℃温度下工作的模具。Cr12 型钢经热处理后的组织为回火马氏体＋碳化物十残余奥氏体。

图 4－8 为 Cr12 型钢热处理方法不当引起开裂的组织分析。图 4－8(a)为 Cr12 钢制冷挤压冲头，在冷挤压 Q235 钢零件时，仅挤压几十件就发生开裂，裂纹自冲头端面齿根处产生，向心部扩展。于齿端面裂纹处取样做金相检验，碳化物偏析不严重(见图 4－8(b))，奥氏体晶粒极明显，从显示的晶粒大小说明组织属细晶(见图 4－8(c))。该模具淬火温度不高，回火是在开口罐的 120 ℃水中煮沸 1 h，实际回火温度不会超过 100 ℃。从显微组织观察，模具根本没有受到回火处理，基体仍为淬火马氏体组织，因而模具仍处于高硬度和高应力状态。在冷挤压时，模具由于受外力的作用，即在应力容易集中的齿根部产生裂纹，随着冷挤压的继续进行，裂纹逐渐向中心发展，从而导致模具早期失效，此乃回火不足造

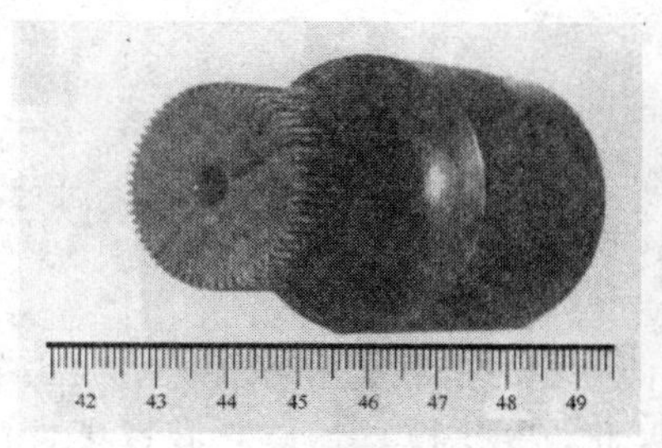
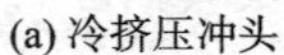

(a) 冷挤压冲头

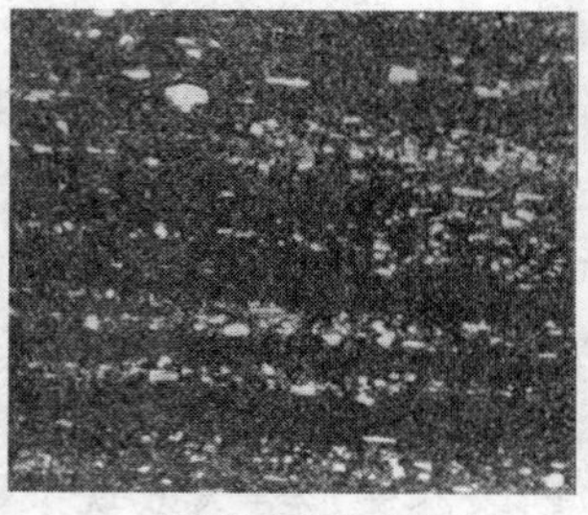
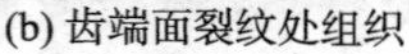

(b) 齿端面裂纹处组织

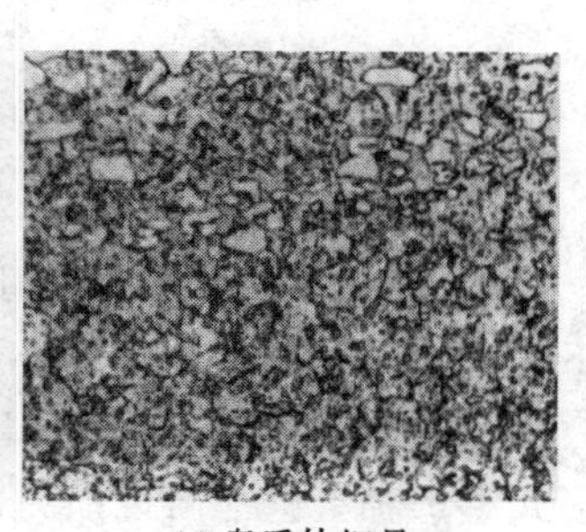

(c) 奥氏体细晶

图 4-8 Cr12 型钢热处理方法不当引起的开裂

成的开裂缺陷。(2) 热作模具钢。

① 用途。热作模具钢用于制造各种热锻模、热压模、热挤压模和压铸模等，工作时型腔表面温度可达 600 ℃以上。

② 性能要求。热作模具工作时承受很大的冲击载荷、强烈的塑性摩擦、剧烈的冷热循环所引起的不均匀热应变和热压力，以及高温氧化、崩裂、塌陷、磨损、龟裂等失效形式。因此热作模具钢的主要性能要求如下：

· 高的热硬性和高温耐磨性。

· 高的抗氧化性能。

· 高的热强性和足够的韧性，尤其是受冲击较大的热锻模钢。

· 高的热疲劳抗力，以防止龟裂破坏。

· 由于热模具一般较大，所以还要求热作模具钢有高的淬透性和导热性。

③ 成分特点。

· 中碳。含碳量一般为 0.3%～0.6%，以保证高强度、高韧性、较高的硬度(35～52 HRC)和较高的热疲劳抗力。

· 加入 Cr、Ni、Mn、Si 等可提高淬透性的元素。Cr 是提高淬透性的主要元素，同时 Ni 可提高钢的回火稳定性。Ni 在强化铁素体的同时还增加钢的韧性，并与 Cr、Mo 一起提高钢的淬透性和耐热疲劳性能。

· 加入产生二次硬化的 Mo、W、V 等元素。Mo 还能防止第二类回火脆性，提高高温强度和回火稳定性。

④ 钢种和牌号。热锻模钢对韧性要求高而对热硬性要求不太高，典型钢种有 5CrMnMo、5CrNiMo 及 5Cr4W5Mo2V 等。大型锻压模或压铸模采用碳质量分数较低、合金元素更多而热强性更好的模具钢，如 3Cr2W8V、4Cr5MoSiV1 等钢种。

⑤ 热处理。对于热作模具钢要反复锻造，目的是使碳化物分布均匀。锻造后要退火，目的是消除锻造应力，降低硬度，以便于切削加工。最后通过调质处理，得到回火索氏体，以获得良好的综合力学性能来满足使用要求。

3) 量具用钢

(1) 用途。

量具用钢用于制造各种度量工具，如卡尺、千分尺、螺旋测微仪、块规、塞规等。

(2) 性能要求。

量具在使用过程中要求测量精度高，不能因磨损或尺寸不稳定而影响测量精度，对其性能的主要要求是：高的硬度和耐磨性，高的尺寸稳定性，热处理变形要小，在存放和使用过程中尺寸不发生变化。

(3) 成分特点。

量具用钢的成分与低合金刃具钢的相同，即为高碳，碳含量一般在 0.9%～1.5%，并加入提高淬透性的元素 Cr、W、Mn 等。

(4) 钢种及牌号。

尺寸小、形状简单、精度较低的量具，选用高碳钢制造；复杂的精密量具一般选用低合金刃具钢；精度要求高的量具选用 CrMn、CrWMn、GCr15 等制造。

(5) 热处理特点。

为保证量具的高硬度和高耐磨性，应选择的热处理工艺为淬火和低温回火。同时，为保证量具的尺寸稳定、减少时效效应，通常还需要有三个附加的热处理工艺，即淬火之前的调质处理，淬火之后的冷处理，淬火和低温回火之后的时效处理。

调质处理的目的是：获得回火索氏体组织，因为回火索氏体组织与马氏体的体积差别较小，能使淬火应力和变形减小，从而有利于降低量具的时效效应。

冷处理的目的是：使残余奥氏体转变为马氏体，减少残余奥氏体量，从而增加量具的尺寸稳定性。冷处理应在淬火后立即进行。

时效处理通常是在磨削后进行的。量具磨削后在表层有很薄的二次淬火层，为使这部分组织稳定，需在 100～150 ℃经过 6～36 h 的人工时效处理，以使组织稳定。

4. 特殊性能钢

具有特殊物理、化学性能的钢及合金的种类很多。本节仅介绍几种常用的不锈钢、耐热钢及耐磨钢。

不锈钢和耐热钢的牌号采用化学元素符号和代表各元素含量的阿拉伯数字表示。各元素含量的阿拉伯数字表示应符合以下规定：

(1) 碳含量：用两位或三位阿拉伯数字表示碳含量最佳控制值(以万分之几或十万分之几计)。

只规定碳含量上限者，当碳的质量分数上限不大于 0.10%时，以其上限的 3/4 表示碳含量；当碳的质量分数上限大于 0.10%时，以其上限的 4/5 表示碳含量。例如：碳的质量分数上限为 0.08%时，碳含量以 06 表示；碳的质量分数上限为 0.20%，碳含量以 16 表示；碳的质量分数上限为 0.15%，碳含量以 12 表示。对超低碳不锈钢(即碳的质量分数不大于 0.030%)，用三位阿拉伯数字表示碳含量最佳控制值(以十万分之几计)。例如：碳的质量分数上限为 0.030%时，其牌号中的碳含量以 022 表示；碳的质量分数上限为 0.020%时，其牌号中的碳含量以 015 表示。

规定上、下限者，以平均碳的质量分数×100 表示。例如：碳的质量分数为 0.16%～0.25%时，其牌号中碳含量以 20 表示。

(2) 合金元素及含量：合金元素及含量以化学元素符号及阿拉伯数字表示，表示方法同合金结构钢第二部分。钢中有意加入的铌、钛、锆、氮等合金元素，虽然含量很低，也应在牌号中标出。例如：碳的质量分数不大于 0.08%，铬的质量分数为 18%～20%，镍的质量分数为 8.00%～11.00%的不锈钢，牌号为 06Cr19Ni10；碳的质量分数不大于 0.030%，铬的质量分数为 16%～19%，钛的质量分数为 0.10%～1.00%的不锈钢，牌号为 022Cr18Ti；碳的质量分数为 0.15%～0.25%，铬的质量分数为 14.00%～16.00%，锰的质量分数为 14.00%～16.00%，镍的质量分数为 1.50%～3.00%，氮的质量分数为0.15%～0.30%的不锈钢，牌号为 20Cr15Mn15Ni2N；碳的质量分数为不大于 0.25%，铬的质量分数为 24.00%～26.00%，镍的质量分数为 19%～22%的耐热钢，牌号为 20Cr25Ni20。

GB/T 20878—2007《不锈钢和耐热钢 牌号及化学成分》中有 12Cr17Ni7、022Cr17Ni7N、07Cr19Ni10 等 143 个牌号。

1）不锈钢

不锈钢(stainless steel)是具有抵抗大气、酸、碱、盐等腐蚀介质作用的铁铬合金的总称。含义可归为三种：① 狭义型，仅指在无污染大气中不生锈的钢；②习惯型，指狭义型含义的不锈钢和耐酸钢；③ 广义型，指狭义型含义的不锈钢和不锈耐热钢。

（1）金属材料的腐蚀。

腐蚀(corrosion)是由于材料与它所处环境介质之间发生作用而引起材料变质、破坏和性能恶化的现象。通常分两大类：一类是化学腐蚀，是金属材料同介质发生化学反应而破坏的过程，腐蚀过程中不产生电流，最典型的例子是钢的高温氧化、脱碳，在石油、燃气中的腐蚀等；另一类是电化学腐蚀，是金属材料在电解质溶液中发生原电池作用而破坏的过程，腐蚀过程中有电流产生，如金属材料在大气条件下的锈蚀，以及在各种电解液中的腐蚀等。

金属材料腐蚀大多数是电化学腐蚀，按照原电池过程的基本原理，为了提高金属材料的耐蚀能力，可以采用以下三种方法：

① 减少原电池形成的可能性，使金属材料具有均匀的单相组织，并尽可能提高金属材料的电极电位。

② 尽可能减小两极之间的电极电位差，并提高阳极的电极电位。

③ 使金属“钝化”，即在表面形成致密的、稳定的保护膜，将介质与金属材料隔离。

（2）用途及性能要求。

不锈钢在石油、化工、原子能、宇航、海洋开发、国防工业和一些尖端科学技术及日常生活中都得到广泛应用，主要用来制造在各种腐蚀介质中工作并具有较高腐蚀抗力的零件或结构。例如化工装置中的各种管道、阀门和泵，热裂解设备零件，医疗手术器械，防锈刃具和量具。

对不锈钢的性能要求最主要的是耐蚀性。此外，制作工具的不锈钢还要求高硬度、高耐磨性；制作重要结构零件时，要求高强度；某些不锈钢则要求有较好的加工性能等。

（3）成分特点。

① 碳质量分数。耐蚀性要求愈高，碳质量分数应愈低。因为碳形成阴极相(碳化物)，特别是它与铬能形成碳化物$(Cr, Fe)_{23}C_6$在晶界析出，使晶界周围严重贫铬。当铬贫化到质量分数在 12%以下时，晶界区域电极电位急剧下降，耐蚀性能大大降低，造成沿晶界发展的晶间腐蚀，使金属产生沿晶脆断的危险。大多数不锈钢的碳质量分数为 0.1%～0.2%，用于制造刀具和滚动轴承等的不锈钢，碳质量分数应较高(可达 0.85%～0.95%)，

但必须相应地提高铬质量分数。

② 加入最主要的合金元素铬。铬能提高钢基体的电极电位。随铬质量分数的增加，钢的电极电位有突变式的提高，即当铬质量分数超过 12%时，电极电位急剧升高。铬是铁素体形成元素，质量分数超过 12.7%时，可使钢形成单一的铁素体组织。铬在氧化性介质（如水蒸气、大气、海水、氧化性酸等）中极易钝化，生成致密的氧化膜，使钢的耐蚀性大大提高。

③ 加入镍。可获得单相奥氏体组织，显著提高耐蚀性；或获得奥氏体-铁素体双相不锈钢，强度、韧性较高。

④ 加入钼、铜等。Cr 在非氧化性酸（如盐酸、稀硫酸和碱溶液等）中的钝化能力差，加入 Mo、Cu 等元素，可提高钢在非氧化性酸中的耐蚀能力。

⑤ 加入钛、铌等。Ti、Nb 能优先同碳形成稳定碳化物，使 Cr 保留在基体中，避免晶界贫铬，从而减轻钢的晶界腐蚀倾向。

⑥ 加入锰、氮等。部分代镍以获得奥氏体组织，并能提高铬不锈钢在有机酸中的耐蚀性。

(4) 常用不锈钢。

不锈钢按正火状态的组织可分为马氏体不锈钢、铁素体不锈钢、奥氏体不锈钢和奥氏体-铁素体双相不锈钢。

① 马氏体不锈钢。典型钢号有 12Cr13(1Cr13)、20Cr13(2Cr13)、30Cr13(3Cr13)、40Cr13(4Cr13)等，因铬质量分数大于等于 12%，它们都有足够的耐蚀性，但因只用铬进行合金化，它们只在氧化性介质中耐蚀，在非氧化性介质中不能达到良好的钝化，故耐蚀性较低。

碳质量分数低的 12Cr13、20Cr13 钢耐蚀性较好，且有较好的机械性能，主要用作耐蚀结构零件，如汽轮机叶片、热裂设备配件等。30Cr13、40Cr13 钢因碳含量增加，强度和耐磨性提高，但耐蚀性降低，主要用作防锈的手术器械及刃具。

马氏体不锈钢的热处理和结构钢相同，用作结构零件时进行调质处理，例如 12Cr13、20Cr13；用作弹簧元件时进行淬火和中温回火处理；用作医疗器械、量具时进行淬火和低温回火处理，例如 30Cr13、40Cr13。

② 铁素体型不锈钢。典型钢号是 10Cr17(1Cr17)、10Cr17Mo(1Cr17Mo)等，这类钢的铬质量分数为 17%～30%，碳质量分数低于 0.15%。有时还加入其他元素，如 Ti、Nb 等强碳化物形成元素。由于铬质量分数高，钢为单相铁素体组织，耐蚀性比 Cr13 型钢更好。这类钢在退火或正火状态下使用，不能利用马氏体相变来强化，强度较低，塑性很好。

铁素体型不锈钢主要用作耐蚀性要求很高而强度要求不高的构件，例如化工设备、容器和管道、食品工厂设备等。

③ 奥氏体型不锈钢。典型钢号是 12Cr18Ni9(1Cr18Ni9)、06Cr18Ni11Ti(0Cr18Ni10Ti)。这类不锈钢碳质量分数很低，约在 0.1%左右。碳质量分数愈低，耐蚀性愈好（但熔炼更困难，价格也更贵）。钢中常加入 Ti 或 Nb，以防止晶间腐蚀。这类钢强度、硬度很低，无磁性，塑性、韧性和耐蚀性均较 Cr13 型不锈钢更好；一般利用冷塑性变形进行强化，其形变强化能力比铁素体型不锈钢要强，但它们的切削加工性较差。

④ 奥氏体-铁素体双相不锈钢。典型钢号有 12Cr21Ni5Ti(1Cr21Ni5Ti)、

14Cr18Ni11Si4AlTi(1Cr18Ni11Si4AlTi)等。这类钢是在 18－8 型钢的基础上，提高铬质量分数或加入其他铁素体形成元素，其晶间腐蚀和应力腐蚀破坏倾向较小，强度、韧性和焊接性能较好，而且节约 Ni，因此得到了广泛的应用。可用于制造化工、化肥设备及管道，海水冷却的热交换设备等。

⑤ 沉淀硬化型不锈钢。典型钢号为 07Cr17Ni7A1(0Cr17Ni7Al)。该钢经 1000～1100 ℃水冷(固溶处理)和 510 ℃时效处理后的组织为奥氏体＋马氏体＋弥散金属间化合物，屈服强度为 960 MPa，抗拉强度为 1140 MPa，硬度大于 360 HBW，可用于制造高强度、耐蚀化工机械、容器、管道等。

2) 耐热钢

耐热钢(heat resistant steel)是指在高温下具有较高的强度和化学稳定性的合金钢。

(1) 用途及性能要求。

在加热炉、锅炉、燃气轮机等高温装置中，许多零件要求在高温下具有良好的抗蠕变和抗断裂的能力、良好的抗氧化能力、必要的韧性、优良的加工性能，以及较好的抗高温氧化性能和高温强度。

① 抗氧化性。抗氧化性是指金属在高温下的抗氧化能力，是零件在高温下持久工作的基础。金属的氧化取决于金属与氧的化学反应能力；而氧化速度或抗氧化能力在很大程度上取决于金属氧化膜的结构和性能，即氧化膜的化学稳定性、结构的致密性和完整性、与基体的结合能力，以及本身的强度等。

铁与氧生成一系列氧化物。在 560 ℃以下生成 Fe_2O_3 和 Fe_3O_4。它们结构致密，性能良好，对钢有很好的保护作用。在 560 ℃以上形成的氧化物主要是 FeO。由于 FeO 的结构疏松，晶体空位较多，原子扩散容易，钢基体得不到保护，因此氧化很快。所以，提高钢的抗氧化性，主要途径是改善氧化膜的结构，增加致密度，抑制金属的继续氧化。

② 热强性。热强性(high-temperature strength)是指钢在高温条件下具有高的强度而不致大量变形或破断的特性。在高温下钢的强度较低，在高温下长期工作的零件应该具有高的蠕变强度或持久强度。金属热强性降低，主要是扩散加快和晶界强度下降的结果，所以提高热强性应从这两方面着手，最重要的办法是合金化。

(2) 成分特点。

耐热钢中不可缺少的合金元素是 Cr、Si、Al，特别是 Cr。它们的加入，提高了钢的抗氧化性。Cr 还有利于提高热强性。Mo、W、V、Ti 等元素加入钢中，能形成细小弥散的碳化物，起弥散强化的作用，提高室温和高温强度。碳是扩大 γ 相区的元素，对钢有强化作用。但碳质量分数较高时，由于碳化物在高温下易聚集，使热强性显著下降；同时，碳也使钢的塑性、抗氧化性、焊接性能降低，所以耐热钢的碳质量分数一般都不高。

(3) 钢种及加工、热处理特点。

根据热处理特点和组织的不同，耐热钢分为奥氏体型、铁素体型、沉淀硬化型和马氏体型耐热钢。常用耐热钢的牌号、化学成分、热处理、性能及用途见附录三中的表 13。

① 奥氏体型耐热钢。常用钢种有 06Cr18Ni11Ti(0Cr18Ni10Ti)、20Cr25Ni20(2Cr25Ni20)、16Cr23Ni13(2Cr23Ni13)等。钢中含有较多的奥氏体稳定化元素 Ni，经固溶处理后组织为奥氏体。其热化学稳定性和热强性都比铁素体型和马氏体型耐热钢高，工作温度可达 750～820 ℃。常用于制造一些比较重要的零件，如燃气轮机轮盘和叶片、排气

阀、炉用零件等。这类钢一般进行固溶处理，也可通过固溶处理加时效来提高其强度。

② 铁素体型耐热钢。常用钢种有 06Cr13Al(0Cr13Al)、10Cr17(1Cr17)、16Cr25N(2Cr25N)等。这类钢的主要合金元素是 Cr，Cr 扩大铁素体区，通过退火可得到铁素体组织，强度不高，但耐高温氧化，用于油喷嘴、炉用部件、燃烧室等。

③ 沉淀硬化型耐热钢。常用钢种有 07Cr17Ni7Al(0Cr17Ni7Al)、05Cr17Ni4Cu4Nb(0Cr17Ni4Cu4Nb)，经固溶处理加时效后抗拉强度可超过 1000 MPa，是耐热钢中强度最高的一类钢，用于高温弹簧、膜片、波纹管、燃气透平发动机部件等。

④ 马氏体型耐热钢。常用钢种为 12Cr13(1Cr13)、20Cr13(2Cr13)、42Cr9Si2(4Cr9Si2)、14Cr11MoV(1Cr11MoV)等。这类钢含有大量的 Cr，抗氧化性及热强性均高，淬透性也很好，经调质处理后组织为回火索氏体，可用于制造 600 ℃以下受力较大的零件，如汽轮机叶片、内燃机进气阀、转子、轮盘及紧固件等。

3) 耐磨钢

(1) 用途及性能要求。

耐磨钢(wear-resistant steel)用于承受严重磨损和强烈冲击的零件，如车辆履带、挖掘机铲斗、破碎机腭板和铁轨分道叉等。耐磨钢要求有很高的耐磨性和韧性。高锰钢是目前最主要的耐磨钢。

(2) 成分特点。

① 高碳。含碳量高可保证钢的耐磨性和强度，但碳质量分数过高时，淬火后韧性下降，且易在高温时析出碳化物。因此，其碳质量分数不能超过 1.4%。

② 高锰。锰是扩大 γ 相区的元素，它和碳配合，保证完全获得奥氏体组织，提高钢的加工硬化效果及韧性。锰和碳的质量分数比值约为 10～12(锰的质量分数为 11%～14%)。

③ 一定量的硅。硅可改善钢水的流动性，并起固溶强化的作用，但其质量分数太高时，容易导致晶界出现碳化物，引起开裂，故其质量分数为 0.3%～0.8%。

(3) 典型钢种。

高锰钢由于机械加工困难，采用铸造成型。其牌号为 ZGMn13-1、ZGMn13-2 等。

(4) 热处理特点。

高锰钢铸造成型、加工后进行水韧处理。即将钢加热到 1000～1100 ℃保温，使碳化物全部熔解，然后在水中快冷，在室温获得均匀单一的奥氏体组织。此时钢的硬度很低(约为 210 HB)，而韧性很高。当工件在工作中受到强烈冲击或强大压力而变形时，表面层产生强烈的加工硬化，并且还发生马氏体转变，使硬度显著提高，心部则仍保持原来的高韧性状态。

应当指出，工件在工作中受力不大时，高锰钢的耐磨性发挥不出来。

除高锰钢外，Mn-B 系空冷贝氏体钢是一种很有发展前途的耐磨钢。它通过热加工后空冷得到贝氏体或贝氏体＋马氏体复相组织、硬度可达 50HRC。由于免除了传统的淬火或淬火回火工序，从而大大降低了成本，节约了能源，减少了环境污染，免除了淬火过程中产生的变形、开裂、氧化和脱碳等缺陷，而且产品能够整体硬化，强韧性好，综合力学性能优良。该钢种广泛应用于贝氏体耐磨钢球、工程锻造用耐磨件、耐磨传输管材以及高强结构件等。

4.1.3　铸钢与铸铁

1. 铸钢

钢具有良好的强韧性和可靠性。将钢铸造成型，既能保持钢的各种优异性能，又能直接制造成最终形状的零件。铸钢(cast steel)主要用于制造形状复杂，需要一定强度、塑性和韧性的零件，例如制造机车车辆、船舶、重型机械的齿轮、轴、机座、缸体、外壳、阀体及轧辊等。

GB/T 5613—1995《铸钢牌号表示方法》中对铸钢牌号规定了两种表示方法：

第一种是以屈服强度和抗拉强度力学性能为主的牌号表示方法，如 ZG200 - 400 等。ZG 是铸钢的代表符号，200 和 400 分别是屈服强度和抗拉强度的最低值(MPa)。

第二种是以化学成分为主的牌号表示方法，如 ZG20Cr13 等。Cr 为铬元素符号，20 为平均碳质量分数值(以万分之几计)，13 为铬平均质量分数值(%)。

另外还有一些字符分别表示不同的含义，如：ZGD345 - 570 表示一般工程与结构用低合金铸钢，ZG200 - 400H 表示焊接结构用碳素铸钢。

1) 碳素铸钢

碳质量分数是影响铸钢件性能的主要元素，随着碳质量分数的增加，屈服强度和抗拉强度均也增加，但抗拉强度比屈服强度增加得更快，超过 0.45%时，屈服强度增加很少，而塑性、韧性却显著下降。从铸造性能来看，适当提高碳含量，可降低钢液的熔化温度，增加钢水的流动性，钢中的气体和夹杂也能减少。

在铸钢硫会提高钢的热裂倾向，而磷则使钢的脆性增加。

碳素铸钢与铸铁相比，强度、塑性、韧性较高，但流动性差，收缩率较大。为了改善流动性，铸钢在浇注时应采取较高的浇注温度，并采用大的冒口以补偿收缩。

2) 合金铸钢

为了满足零部件对强度、耐磨、耐热、耐腐蚀等性能的要求，可添加合金元素来提高铸钢的性能，从而开发出了各类合金铸钢。

(1) 低合金铸钢。

低合金铸钢中的合金元素质量分数总量小于 5%，主要加入元素有硅、锰、铬。硅在钢中不形成碳化物，只形成固溶体，能在铁素体中起固溶强化作用。锰元素在钢中能固溶于铁素体、奥氏体中，并形成合金渗碳体$(Fe, Mn)_3C$，因此，锰对钢有较大的强化作用。铬可提高金属的淬透性和耐磨性。

(2) 高合金铸钢。

不锈钢 1Cr13、2Cr13、1Cr18Ni9、高速钢 W18Cr4V、模具钢 5CrMnMo、5CrNiMo 等均可铸造成型使用，则在钢号前加“ZG”2 个字母，如 ZG1Cr13。这类铸钢中的合金元素质量分数总量在 10%以上，称为高合金铸钢。高合金铸钢具有特殊的使用性能，如耐磨、耐热、耐腐蚀等。

3) 铸钢的热处理

铸钢件的化学成分和组织往往不均匀，通常采用扩散退火来消除，扩散退火后再进行正火以细化晶粒。

图4-9 魏氏组织

由于铸钢的浇注温度很高，而且冷却较慢，所以容易得到粗大的奥氏体晶粒。在冷却过程中，铁素体首先沿着奥氏体晶界呈网状析出，然后沿一定方向以片状生长，形成“魏氏组织”(Widmannstatten structure)，如图4-9所示，铁素体沿晶界分布并呈针状插入珠光体内，使钢的塑性和韧性下降，因此不能直接使用。

铸钢可采用完全退火或正火处理，消除魏氏组织和铸造应力，以细化晶粒，改善机械性能。经过完全退火或正火后的组织为晶粒比较细小的珠光体和铁素体。

为发挥合金铸钢中合金元素的作用，进一步改善铸件的组织和性能，低合金铸钢件在粗加工后，要进行淬火加回火处理。铸件在淬火过程中易发生变形和开裂，因此，对一些小型铸件可采用油淬，对大型铸件则采用正火加回火处理。根据零件的性能要求，正火后的冷却方式可采用空冷、风冷或喷水雾冷却。

2. 铸铁

铸铁(cast iron)是碳质量分数大于2.11%的铁碳合金，含有较多的硅、锰、硫、磷等元素。由于铸铁价格便宜，具有许多优良的使用性能和工艺性能，并且生产设备和工艺简单，所以应用非常广泛，可以用来制造各种机器零件，如机床的床身、床头箱、发动机的汽缸体、缸套、活塞环、曲轴、凸轮轴、轧机的轧辊及机器的底座等。

1) 铸铁的石墨化

(1) 铁碳合金复线相图。

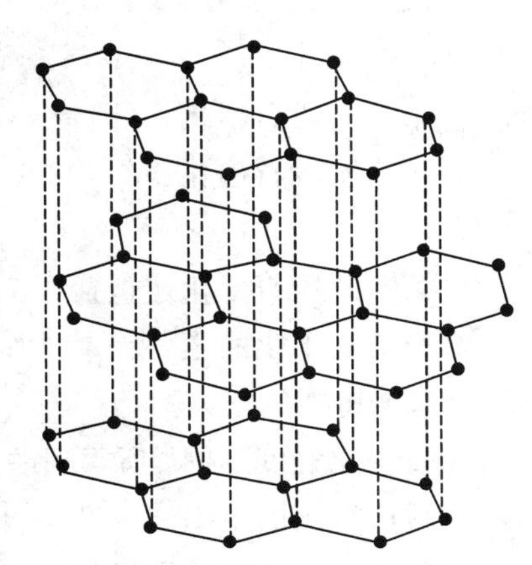
图4-10 石墨的晶体结构

在铁碳合金中，碳可以三种形式存在：一是溶于α-Fe或γ-Fe中形成间隙固溶体F或A；二是形成化合物态的渗碳体(Fe_3C)；三是游离态石墨(G)。渗碳体具有复杂的斜方结构。石墨具有特殊的简单六方晶格(见图4-10)。其底面原子呈六方网格排列，原子之间为共价键结合，间距小，结合力很强；底面层之间为分子键结合，面间距较大，结合力较弱，所以石墨强度、硬度和塑性都很差。

渗碳体为亚稳相，在一定条件下能分解为铁和石墨($Fe_3C \rightarrow 3Fe+G$)；石墨为稳定相。所以在不同情况下，铁碳合金可以有亚稳定平衡的Fe-Fe_3C相图和稳定平衡的Fe-G相图，即铁碳合金相图是复线相图(见图4-11)。图中，实线表示Fe-Fe_3C相图；虚线表示Fe-G相图。铁碳合金按哪种相图结晶，取决于其成分、加热及冷却条件。Fe-G相图的分析方法与Fe-Fe_3C相图的分析方法类似。

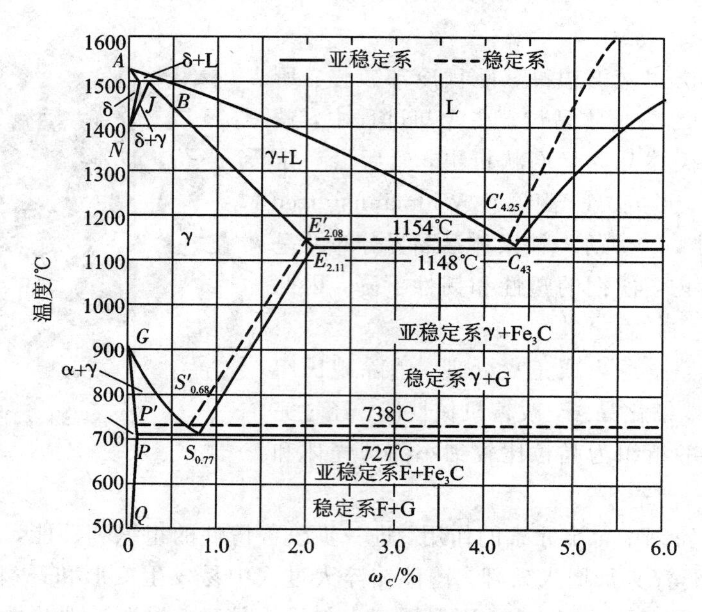

图 4-11　铁碳合金复线相图

(2) 铸铁的石墨化过程。

铸铁中碳原子析出并形成石墨的过程称为石墨化(graphitization)。石墨既可以从液体、奥氏体、铁素体中析出，也可以通过渗碳体分解来获得。灰铸铁(gray iron)和球墨铸铁(nodular/ductile iron)中的石墨主要是从液体中析出；可锻铸铁(malleable iron)中的石墨则完全由白口铸铁经长时间退火，由渗碳体分解而得到。

按照 Fe-G 相图，可将铸铁的石墨化过程分为三个阶段。

第一阶段石墨化：铸铁液体结晶出一次石墨(过共晶铸铁)和在1154℃($E'C'F'$线)通过共晶反应形成共晶石墨，其反应式为

$$L_{C'} \rightarrow A_{E'} + G_{(共晶)}$$

第二阶段石墨化：在 738～1154 ℃温度范围内奥氏体沿 $E'S'$线析出二次石墨。

第三阶段石墨化：在 738 ℃($P'S'K'$线)通过共析反应析出共析石墨，其反应式为

$$A_{E'} \rightarrow F_{P'} + G_{(共析)}$$

第三阶段石墨化还包括在738℃以下从铁素体中析出三次石墨的过程。

影响石墨化的主要因素是加热温度、冷却速度及合金元素。

(3) 铸铁的分类。

石墨化程度不同，所得到的铸铁类型和组织也不同，表 4-6 列出了铸铁经不同程度石墨化后所得到的组织和类型。

常用各类铸铁的组织是由两部分组成的，一部分是石墨，另一部分是基体。基体可以是铁素体、珠光体或铁素体加珠光体，相当于纯铁或钢的组织。所以，铸铁的组织可以看成是纯铁或钢的基体上分布着石墨夹杂。不同类型铸铁组织中的石墨形态是不同的：普通灰铸铁和变质铸铁中的石墨呈片状，可锻铸铁中的石墨呈团絮状，球墨铸铁中的石墨呈球状，蠕墨铸铁中的石墨呈蠕虫状。

表4-6 铸铁经不同程度石墨化后所得到的组织

名 称	石墨化程度			显微组织
	第一阶段	第二阶段	第三阶段	
灰铸铁	充分进行	充分进行	充分进行	F+G
	充分进行	充分进行	部分进行	F+P+G
	充分进行	充分进行	不进行	P+G
麻口铸铁	部分进行	部分进行	不进行	Le'+P+G
白口铸铁	不进行	不进行	不进行	$Le'+P+Fe_3C$

(4) 铸铁的性能特点。

灰铸铁的抗拉强度和塑性都很低，这是石墨对基体的严重割裂所造成的。石墨强度、韧性极低，相当于纯铁或钢基体上的裂纹或空洞，它减小基体的有效截面，并引起应力集中。石墨越多、越大，对基体的割裂作用越严重，其抗拉强度越低。石墨形态对应力集中十分敏感，片状石墨引起的应力集中较严重，团絮状和球状石墨引起的应力集中较轻些。因此灰铸铁的抗拉强度最低，可锻铸铁的抗拉强度较高，球墨铸铁的抗拉强度最高。受压应力时，因石墨片不引起大的局部压应力，故铸铁的压缩强度不受影响。

由于石墨的存在，使铸铁具备某些特殊性能，主要如下：

① 造成脆性切削，铸铁的切削加工性能优异。

② 铸铁的铸造性能良好，铸件凝固时形成石墨产生的膨胀，减少了铸件体积的收缩，降低了铸件中的内应力。

③ 石墨有良好的润滑作用，并能储存润滑油，使铸件有很好的耐磨性能。

④ 石墨对震动的传递起削弱作用，使铸铁有很好的抗震性能。

⑤ 大量石墨的割裂作用，使铸铁对缺口不敏感。

2) 常用铸铁

(1) 灰铸铁。

灰铸铁是应用最广泛的铸铁材料，其价格便宜，在各类铸铁的总产量中占80%以上。

① 铸铁的牌号。我国灰铸铁的牌号见附录三中表15。“HT”表示“灰铁”，后面的数字表示最低抗拉强度。例如，“HT200”表示最低抗拉强度为200 MPa的灰铸铁。灰铸铁有铁素体、珠光体和铁素体加珠光体三种基体，其组织见图4-12。

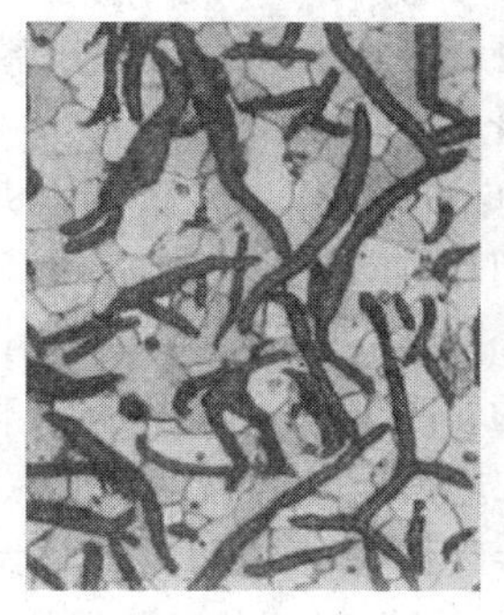

(a) 铁素体基体灰铸铁

(b) 珠光体基体灰铸铁

(c) 铁素体+珠光体基体灰铸铁

图4-12 灰铸铁的显微组织

② 影响灰铸铁组织和性能的因素。影响因素主要是化学成分和冷却速度。

· 化学成分的影响。控制化学成分是控制铸铁组织和性能的基本方法。生产中主要是控制碳和硅的含量。

碳、硅强烈促进石墨化，灰铸铁中的碳、硅质量分数一般控制在以下范围：ω_C＝2.5%～4.0%；ω_{Si}＝1.0%～2.0%。

磷也是促进石墨化的元素，要求铸铁有较高强度时，磷的质量分数应被限制在0.12%以下，而耐磨铸铁则要求有一定的磷质量分数，可达0.3%以上。

锰是阻碍石墨化的元素，能溶于铁素体和渗碳体中，增强铁、碳原子间的结合力，扩大奥氏体区，阻止共析转变时的石墨化，促进珠光体基体的形成。锰还能与硫生成MnS，减少硫的有害作用。ω_{Mn}一般为0.5%～1.4%。

硫是有害元素，它强烈促进白口化，并使铸铁的铸造性能和机械性能恶化。因此限定ω_S在0.15%以下。

· 冷却速度的影响。在一定的铸造工艺（如浇注温度、铸型温度、造型材料种类等）条件下，铸件的冷却对石墨化程度影响很大。图4－13表示不同C＋Si含量、不同壁厚（冷却速度）铸件的组织。随着壁厚增加，冷却速度减慢，依次出现珠光体基体、珠光体加铁素体基体和铁素体基体灰铸铁组织。

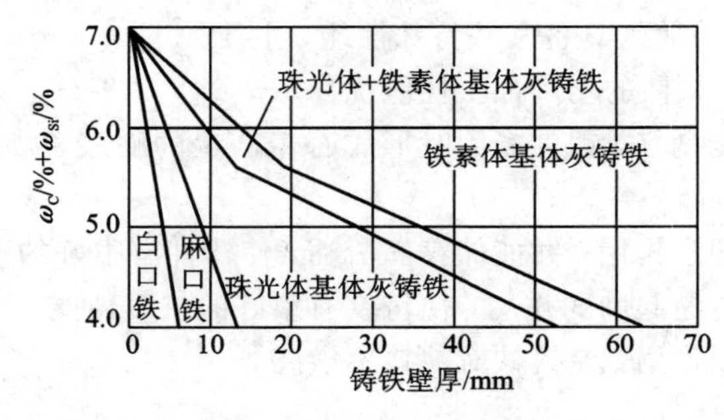

图4－13　铸铁壁厚与碳、硅含量对铸铁组织的影响

③ 孕育铸铁。经过孕育处理（亦称变质处理）后的灰铸铁叫做孕育铸铁（inoculated cast iron）。常用的孕育剂有两种：一种为硅类合金，最常用的是硅质量分数为75%的硅铁合金、含ω_{Si}＝60%～65%和ω_{Ca}＝25%～35%的硅钙合金等；另一种是碳类，例如石墨粉、电极粒等。孕育的目的是使铁水内同时生成大量均匀分布的非自发核心，以获得细小均匀的石墨片，并细化基体组织，提高铸铁强度；避免铸件边缘及薄断面处出现白口组织，提高断面组织的均匀性。孕育铸铁具有较高的强度和硬度，可用来制造机械性能要求较高的铸件，如汽缸、曲轴、凸轮、机床床身等，尤其是截面尺寸变化较大的铸件。

④ 灰铸铁的热处理。热处理不能改变石墨的形态和分布，对提高灰铸铁整体机械性能作用不大，因此生产中主要用来消除铸件内应力、改善切削加工性能和提高表面耐磨性等。

· 去应力退火。一些形状复杂和尺寸稳定性要求较高的重要铸件，如机床床身、柴油机汽缸等，为了防止变形和开裂，须进行去应力退火。其工艺是：加热温度500～550 ℃，加热速度为60～120 ℃/h。温度不宜过高，以免发生共析渗碳体的球化和石墨化。保温时间则取决于加热温度和铸件壁厚，一般是：壁厚≤20 mm时，保温时间为2 h，壁厚每增加25 mm，保温时间增加1 h。冷却速度为20～50 ℃/h，到150～220 ℃后出炉空冷。

· 消除铸件白口、降低硬度的退火。灰铸铁件表层和薄壁处产生白口组织难以切削加工，需要退火降低硬度。退火在共析温度以上进行，使渗碳体分解成石墨，所以又称高温退火。其工艺是：加热到 850～900 ℃，保温 2～5 h，然后随炉冷却，至 250～400 ℃后出炉空冷。退火铸铁的硬度可下降 20～40 HB。

· 表面淬火。有些铸件如机床导轨、缸体内壁等，因需要提高硬度和耐磨性，可进行表面淬火处理，如高频表面淬火、火焰表面淬火和激光加热表面淬火等。淬火后表面硬度可达 50～55 HRC。

图 4 - 14 为灰铸铁制作的内燃机排气管的金相组织。图中黑色弯曲条片为石墨，其余为珠光体基体，其中多个区域珠光体中渗碳体呈颗粒状，部分呈短条状，少数区域珠光体仍维持层片状的特征。高负荷内燃机排气管的工作温度可达到 650～700 ℃，长时间运行的排气管相当于经历了球化退火过程，这种退火作用的积累导致渗碳体的球粒化。珠光体发生球粒化转变将明显降低材料的硬度，但对排气管而言，由于对强度要求不高，故不会对使用造成大的影响。

图 4 - 15 为灰铸铁制作的气门座的金相组织。图中黑色条状为石墨，黑色块状为屈氏体，黑灰色块为珠光体，灰色针状为贝氏体，白色块状为碳化物，灰白色枝晶间为淬火马氏体及残留奥氏体。内燃机气门座工况恶劣，在高温下需承受高频的冲击载荷作用，因此材料需有较高的强度、硬度和较好的组织稳定性。较少量的碳化物对耐磨性不利，大量的贝氏体组织不利于机械加工，合金中较多的残留奥氏体将影响零件的尺寸稳定性，易引起变形，因此上述组织在气门座上是不希望出现的。

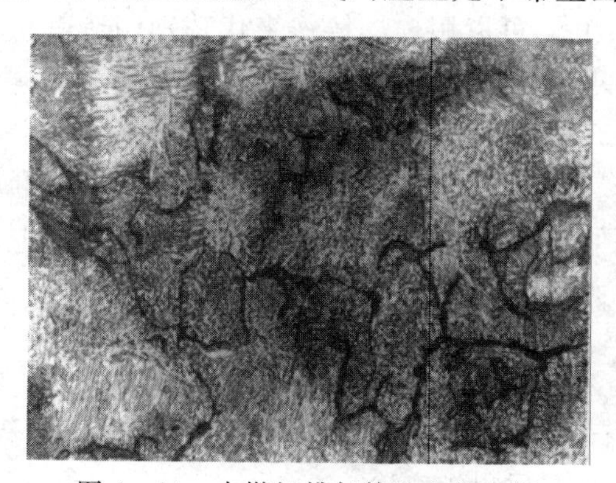

图 4 - 14　内燃机排气管的金相组织

图 4 - 15　气门座的金相组织

(2) 球墨铸铁。

球墨铸铁的石墨呈球状，具有很高的强度，又有良好的塑性和韧性。其综合机械性能接近于钢，因其铸造性能好，成本低廉，生产方便，在工业中得到了广泛的应用。

① 球墨铸铁的成分和球化处理。球墨铸铁的成分要求比较严格，一般范围是：ω_C＝3.6％～3.9％，ω_{Si}＝2.2％～2.8％，ω_{Mn}＝0.6％～0.8％，ω_S＜0.07％，ω_P＜0.1％。生产球墨铸铁时需要进行球化处理，即向铁水中加入一定量的球化剂和孕育剂，以获得细小均匀分布的球状石墨。

国外使用的球化剂主要是金属镁，铁水中 ω_{Mg}＝0.04％～0.08％时，石墨就能完全球化。我国普遍使用稀土镁球化剂。镁是强烈阻碍石墨化的元素，为了避免白口，并使石墨球细小、均匀分布，一定要加入孕育剂。常用的孕育剂为硅铁和硅钙合金等。

② 墨铸铁的牌号、组织和性能。我国球墨铸铁牌号用"QT"标明，其后两组数值表示最低抗拉强度极限和伸长率。例如，QT400－18 表示抗拉强度值不小于 400 MPa、断后伸长率不小于 18%的球墨铸铁。

球墨铸铁的抗拉强度远远超过灰铸铁，与钢相当。其突出特点是屈强比($\sigma_{0.2}/\sigma_b$)高，约为 0.7～0.8，而钢一般只有 0.3～0.5。通常在机械设计中，材料的许用应力根据 $\sigma_{0.2}$ 来确定，因此对于承受静载的零件，使用球墨铸铁比铸钢还节省材料，重量更轻。

球墨铸铁的金相组织和拉伸断口如图 4－16 所示。不同基体的球墨铸铁性能差别很大。珠光体球墨铸铁的抗拉强度比铁素体球墨铸铁的抗拉强度高 50%以上，而铁素体球墨铸铁的伸长率是珠光体球墨铸铁的 3～5 倍。

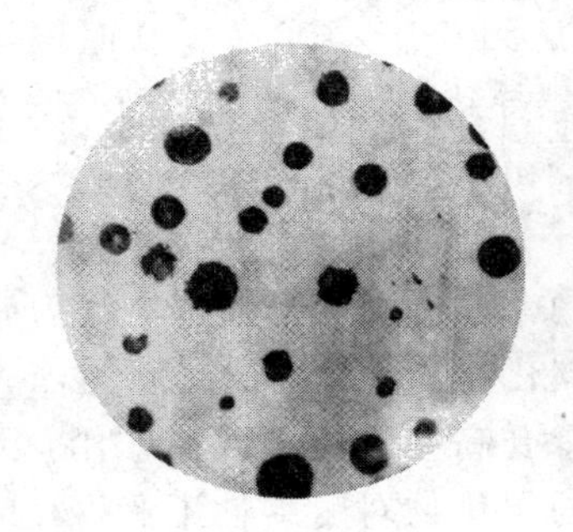

(a) 金相组织

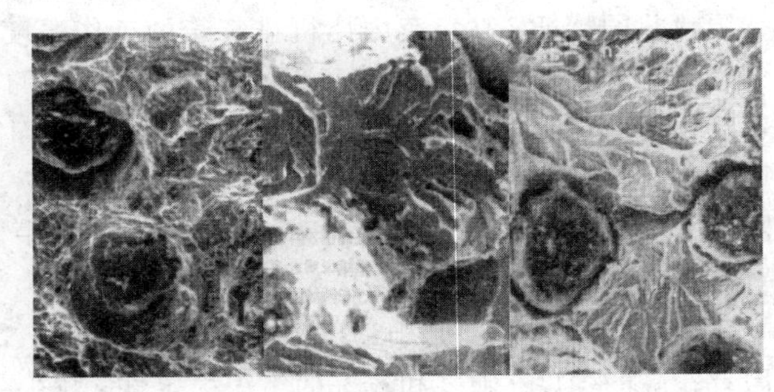

(b) 拉伸断口

图 4－16　球墨铸铁的金相组织和拉伸断口

球墨铸铁具有较好的疲劳强度，在实际应用中，可以用球墨铸铁来代替钢制造带孔和台肩的承受动载的零件，如曲轴、连杆、凸轮轴等。

③ 球墨铸铁的热处理。球墨铸铁的热处理主要有退火、正火、调质、等温淬火等。

· 退火。退火的目的在于获得铁素体基体。球化剂增大铸件的白口化倾向，当铸件薄壁处出现自由渗碳体和珠光体时，为了获得塑性好的铁素体基体，并改善切削性能，消除铸造应力，根据铸铁铸造组织不同，可采用以下两种退火工艺：

高温退火：存在自由渗碳体时，进行高温退火，即加热 900～950 ℃，保温 2～5 h，随炉冷却至 600 ℃左右出炉空冷。

低温退火：铸态组织为铁素体加珠光体加石墨而没有自由渗碳体时，采用低温退火，即加热 720～760 ℃，保温 3～6 h，随炉冷至 600 ℃后出炉空冷。

· 正火。正火的目的在于得到珠光体基体(占基体 75%以上)，并细化组织，提高强度和耐磨性。根据加热温度不同，分高温正火(完全奥氏体化正火)和低温正火(不完全奥氏体化正火)两种。

高温正火：加热到 880～920 ℃，保温 3 h，然后空冷。为了提高基体中珠光体的含量，还常采用风冷、喷雾冷等加快冷却速度的方法，保证铸铁的强度。

低温正火：加热到 840～860 ℃，保温一定时间，使基体部分转变为奥氏体，部分保留为铁素体，空冷后得到珠光体和少量破碎铁素体的基体，提高铸铁的强度，保证其较好的塑性。

· 调质。要求综合机械性能较高的球墨铸铁零件，如连杆、曲轴等，可采用调质处理。其工艺为：加热到 850～900 ℃，使基体转变为奥氏体，在油中淬火得到马氏体，然后经

550～600 ℃回火及空冷，获得回火索氏体基体组织。调质处理一般只适用于小尺寸的铸件，尺寸过大时，内部淬不透，不能保证性能需求。

· 等温淬火。球墨铸铁经等温淬火后可获得高的强度，同时具有良好的塑性和韧性。等温淬火工艺为：加热到奥氏体区(840～900 ℃)，保温后在 300 ℃左右的等温盐浴中冷却并保温，使基体在此温度下转变为下贝氏体。

等温处理后，球墨铸铁的强度可达 1200～1450 MPa，冲击韧度为 300～360 kJ/m^2，硬度为 38～51 HRC。等温盐浴的冷却能力有限，一般只能用于截面不大的零件，例如受力复杂的齿轮、曲轴、凸轮轴等。

图 4-17 为铜锑珠光体球墨铸铁制作的 S195 曲轴的金相组织。基体组织为弥散度很高的珠光体和铁素体。放大至高倍，可看到珠光体的层片状和粒状结构。片状珠光体具有较高的强度，粒状珠光体具有较高的塑韧性，两者混合分布，便使材料具有较好的强韧性。S195 柴油机曲轴的化学成分为：$\omega_{Cu}=0.4\%$，$\omega_{Sb}=0.015\%$。铜在共晶相变时有中等的石墨化作用，在共析相变时能细化和促进珠光体的形成，作用是锰的 10 倍。由于铜使过冷奥氏体转变为珠光体的曲线右移，故对截面较大的铸件，也可获得珠光体组织。在铸态珠光体铸铁中，铜的加入量为 $\omega_{Cu}=0.3\%\sim1.0\%$。锑是强烈促进珠光体形成的元素，作用是铜的 100 倍。当锑的加入量为 $\omega_{Sb}=0.02\%\sim0.10\%$时，能细化石墨，提高球墨的圆整度，减少大断面球铁中的碎块状石墨。采用纯镁作为球化剂时，锑的加入量可为 $\omega_{Sb}=150\times10^{-6}$。铈能中和锑的有害作用，故采用稀土镁球化剂时，锑的加入量可比纯镁球化剂时多一些。锑的加入量还与加入方式有关。锑与孕育剂复合加入时，加入量可比锑与炉料混合加入时多一些。

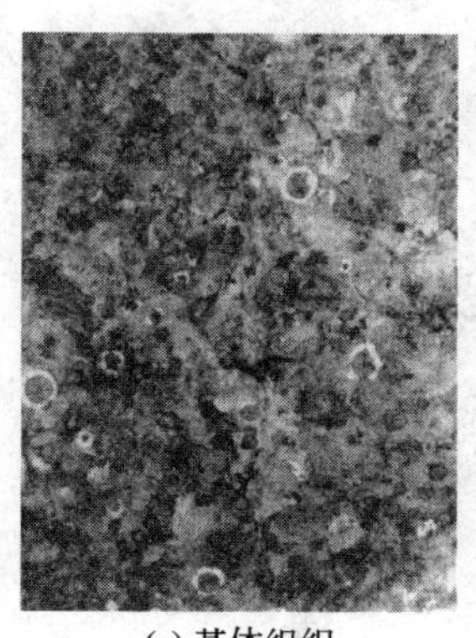
(a) 基体组织

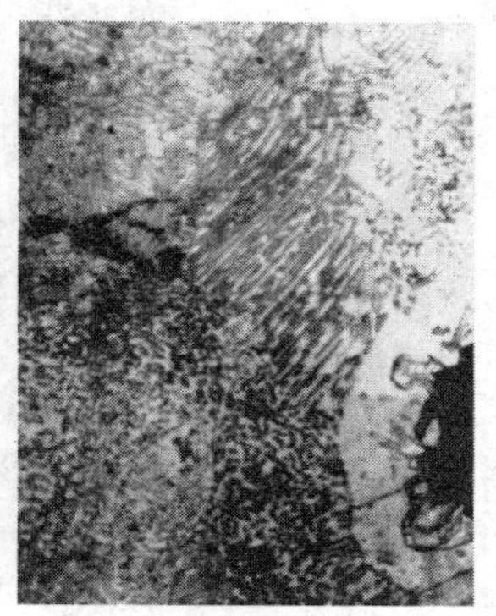
(b) 珠光体结构

图 4-17　S195 曲轴的金相组织

(3) 蠕墨铸铁。

蠕墨铸铁是一种新型高强铸铁材料。它的强度接近于球墨铸铁，并且有一定的韧性、较高的耐磨性，以及和灰铸铁一样良好的铸造性能和导热性。

蠕墨铸铁的石墨具有介于片状和球状之间的中间形态(见图 4-18)，在光学显微镜下为互不相连的短片，与灰铸铁的片状石墨类似。所不同的是，其石墨片的长厚比较小，端部较钝。

蠕墨铸铁是在一定成分的铁水中加入适量的蠕化剂炼制而成的，其方法与球墨铸铁基本相同。蠕化剂目前主要采用镁钛合金、稀土镁钛合金或稀土镁钙合金等。

蠕墨铸铁以“RuT”表示，其后的数字表示最低抗拉强度，其牌号、性能等如附录三中的表 18。它已成功地用于高层建筑中高压热交换器、内燃机、汽缸、缸盖、汽缸套、钢锭模、液压阀等铸件。

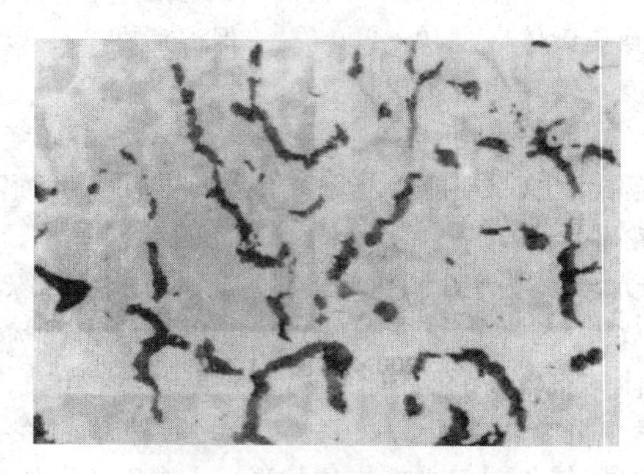

图 4-18　蠕墨铸铁显微组织

(4) 可锻铸铁。

可锻铸铁是由白口铸铁通过退火处理得到的一种高强铸铁。它有较高的强度、塑性和冲击韧度，可以部分代替碳钢。

① 可锻铸铁的牌号和用途。可锻铸铁有铁素体和珠光体两种基体，见图 4-19。黑心可锻铸铁以“KTH”表示，珠光体可锻铸铁以“KTZ”表示，白心可锻铸铁以“KTB”表示。其后的两组数字表示最低抗拉强度和伸长率。

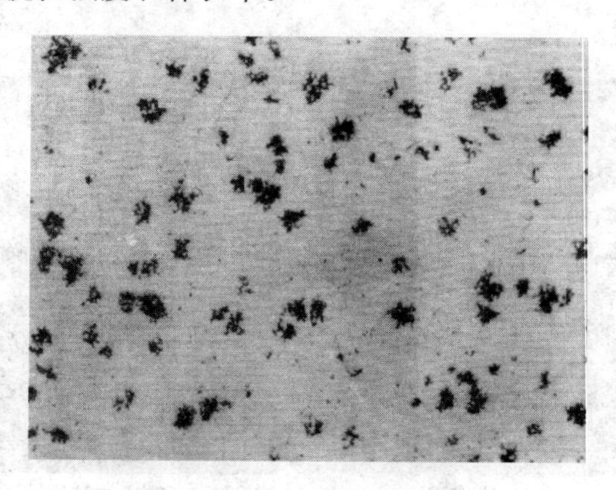

图 4-19　可锻铸铁显微组织

可锻铸铁常用来制造形状复杂、承受冲击和振动载荷的零件，如汽车拖拉机的后桥外壳、管接头、低压阀门等。这些零件用铸钢生产时，因铸造性不好，工艺上困难较大；而用灰铸铁时，又存在性能不能满足要求的问题。与球墨铸铁相比，可锻铸铁具有成本低、质量稳定、铁水处理简单等优点。尤其对于薄壁件，若采用球墨铸铁则易生成白口，需要进行高温退火，采用可锻铸铁更为适宜。

② 可锻铸铁的生产和热处理。图 4-20 为武安出土的战国时代铁锹的显微组织，铸造后退火处理，石墨呈团絮状，基体组织为铁素体和片状珠光体。这说明我们的祖先在战国时代就能生产可锻铸铁了。

图 4－20　战国时代可锻铸铁铁锹的显微组织

可锻铸铁生产分两个步骤。第一步，先铸造纯白口铸铁，不允许有石墨出现，否则在随后的退火中，碳在已有的石墨上沉淀，得不到团絮状石墨；第二步，进行长时间的石墨化退火处理。

化学成分是决定白口化、退火周期、铸造性能和机械性能的根本因素。为了保证白口化和机械性能，碳含量应较低；为了缩短退火周期，锰含量不宜过高。特别要严格控制严重阻碍渗碳体分解的强碳化物形成元素，如铬等。

由于铸件表层脱碳而使心部的石墨多于表层，铸件断口心部呈灰黑色，表层呈灰白色，故称为黑心可锻铸铁。白心可锻铸铁利用氧化脱碳退火获得。铸件断口心部呈白亮色，很少应用。

可锻化退火时间常常要几十小时，为了缩短时间，并细化组织，提高机械性能，可在铸造时采取孕育处理。常用的孕育剂为铝、铝铋、硼铋和硅铋等。

(5) 特殊性能铸铁。

工业上，除了一般机械性能外，常常还要求铸铁具有良好的耐磨性、耐蚀性或耐热性等特殊性能。为此，在铸铁中加入某些合金元素，得到一些具有各种特殊性能的合金铸铁。

① 耐磨铸铁。在磨粒磨损条件下工作的铸铁应具有高而均匀的硬度。白口铸铁就属于这类耐磨铸铁，但其脆性较大，不能承受冲击载荷，因此在生产中常采用激冷的办法来获得冷硬铸铁，即用金属型铸造铸件的耐磨表面，其他部位采用砂型，同时调整铁水的化学成分，利用高碳低硅，保证白口层的深度，而心部为灰铸铁组织，有一定的强度。用激冷方法制造的耐磨铸铁，已广泛应用于轧辊和车轮等的铸造生产。

在润滑条件下受粘着磨损的铸件，要求在软的基体上牢固地嵌有硬的组织组成物。软基体磨损后形成沟槽，可保证油膜。珠光体组织满足这种要求，铁素体为软基体，渗碳体为硬组织组成物，同时石墨片起储油和润滑作用。为了进一步改善珠光体灰铸铁的耐磨性，常将铸铁的磷质量分数提高到 0.4%～0.6%，生成磷共晶，呈断续网状的形态分布在珠光体基体上，磷共晶硬度高，使其更加耐磨。在此基础上，还可加入 Cr、Mo、W、Cu 等合金元素，改善组织，提高基体强度和韧性，从而使铸铁的耐磨性能等得到更大的提高。例如高铬耐磨铸铁、奥-贝球墨铸铁等都是近十年来发展起来的新型合金铸铁。

② 耐热铸铁。在高温下工作的铸铁，如炉底板、换热器、坩埚、热处理炉内的运输链条等，必须使用耐热铸铁。在高温下灰铸铁表面要氧化和烧损，同时氧化气体沿石墨片边界和裂纹内渗，造成内部氧化，以及渗碳体会高温分解成石墨等，都导致热稳定性下降。

加入 Al、Si、Cr 等元素，一方面可在铸件表面形成致密的氧化膜，阻碍继续氧化；另一方面可提高铸铁的临界温度，使基体变为单相铁素体，不发生石墨化过程，从而改善铸铁的耐热性。球墨铸铁中，石墨为孤立分布，互不相连，不形成气体渗入通道，故其耐热性更好。

③ 耐蚀铸铁。耐蚀铸铁主要用于化工部件，如阀门、管道、泵、容器等。普通铸铁的耐蚀性差，因为组织中的石墨和渗碳体促进铁素体腐蚀。加入 Si、Cr、Al、Mo、Cu、Ni 等合金元素形成保护膜，或使基体电极电位升高，可以提高铸铁的耐蚀性能。常用耐蚀铸铁有高硅、高硅钼、高铝、高铬等耐蚀铸铁。

4.2　有色金属及新型金属材料

通常把钢和铸铁称为黑色金属，黑色金属以外的所有金属称为有色金属。与黑色金属相比，有色金属具有许多优良的特性，例如铝、镁、钛等金属及其合金具有密度小、比强度高的特点，在航空航天、汽车、船舶和军事领域中应用十分广泛；银、铜、金(包括铝)等金属及其合金具有优良的导电性和导热性，是电器仪表和通信领域不可缺少的材料；钨、钼、钽、铌等金属及其合金熔点高，是制造耐高温零件及电真空元件的理想材料；钛及其合金是理想的耐蚀材料等。本节主要介绍目前工程中广泛应用的铝、铜、钛、镁及其合金以及轴承合金。

4.2.1　铝及铝合金

铝(aluminum)及铝合金(aluminium alloy)是应用最广泛的一种有色金属，在工业上，其地位是仅次于钢的一种重要金属。

1. 纯铝

纯铝为面心立方晶格，无同素异构转变，呈银白色，塑性约为 80%，强度为 80～100 MPa，一般不作为结构材料使用，可通过冷塑性变形强化。铝的密度约为 2.7×10^3 kg/m^3，仅为铜的三分之一；熔点为 660 ℃，磁化率低，接近非磁材料；导电导热性好，仅次于银、铜、金而居第 4 位。铝在大气中其表面易生成一层致密的 Al_2O_3 薄膜而阻止进一步的氧化，故抗大气腐蚀能力较强。

根据铝的纯度，纯铝可分为一般工业纯铝(Al 的纯度为 98%～99.7%)、工业用高纯铝(Al 的纯度可达 99.9%)和高纯铝(Al 的纯度可达 99.999%)。

工业纯铝有铝锭(冶炼产品)和铝材(压力加工产品)两种产品。铝锭分为特一级、特二级、一级、二级及三级 5 个级别。其牌号用铝的元素符号加该级别的铝含量表示，如特一级铝的牌号“Al99.7”，表示铝含量不小于 99.7%；一级铝的牌号为“Al99.5”，表示铝含量不小于 99.5%，等等。铝材的牌号用汉语拼音字母“L”加上顺序号表示，顺序号越大含杂质越多，其纯度越低。如“L1”表示含铝 99.7%的铝材，L2、L3 分别表示含铝 99.6%和含铝 99.5%的铝材。

工业纯铝(L1～L7)用于铝合金、电线、电缆和日用器皿生产方面，工业高纯铝(L0、L00)主要用于高纯铝合金的生产制造，高纯铝(L05～L01)主要用于科学研究、化学工业及其他特殊用途。

2. 铝合金

向铝中加入适量的 Si、Cu、Mg、Mn 等合金元素，进行固溶强化和第二相强化而得到铝合金，其强度比纯铝高几倍，并保持纯铝的特性。

1）铝合金的热处理及强化方式

根据铝合金的成分及工艺特点，可分为形变铝合金(wrought aluminium alloy)和铸造铝合金(cast aluminium alloy)两类。二元铝合金相图如图 4-21 所示，凡位于 D 点左边的合金，在加热时能形成单相固溶体组织，这类合金塑性较高，适于压力加工，故称为变形铝合金。合金成分位于 D 点以右的合金都具有低熔点共晶组织，流动性好，塑性低，适于铸造而不适于压力加工，故称为铸造铝合金。对于形变铝合金来说，位于 F 点左边的合金，其固溶体的成分不随温度的变化而变化，故不能用热处理强化，称为不能热处理强化的铝合金。成分在 F 与 D 点之间的合金，其固溶体成分随温度的变化而改变，可用热处理来强化，故称为能热处理强化的铝合金。

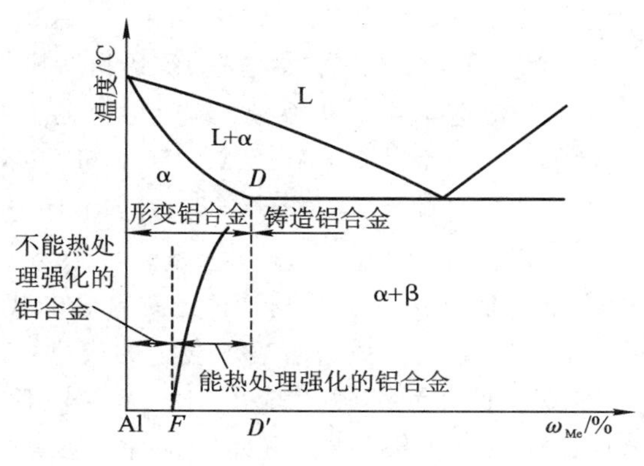

图 4-21　二元铝合金相图

当铝合金加热到 α 相区时，保温后在水中快速冷却，其强度和硬度并没有明显升高，而塑性却得到改善，这种热处理称为固溶热处理。由于固溶热处理后获得的过饱和固溶体是不稳定的，有分解出强化相过渡到稳定状态的倾向。如在室温放置相当长的时间，强度和硬度会明显升高，而塑性明显下降。

铝合金之所以产生时效强化，是由于铝合金在淬火时抑制了过饱和固溶体的分解过程。这种过饱和固溶体极不稳定，必然要分解，在室温与加热条件下都可以分解，只是加热条件下的分解进行得更快而已。在不同温度下进行人工时效时，其效果也不同，时效温度愈高，时效速度愈快，但其强化效果愈低。

2）铝合金编号方法

形变铝合金编号可采用 4 位字符命名，型号用 2×××～8×××系列表示。型号第一位数字是根据主要合金元素 Cu、Mn、Si、Mg、Mg+Si、Zn、其他元素的顺序来表示形变铝合金的组别。型号第二位字母表示原始纯铝的改型情况，如果字母为 A，则表示原始纯铝，若为其他字母，则表示为原始纯铝的改型。型号最后两位数字用以区分同一组中不同的铝合金。如 2A11 表示以铜为主要合金元素的形变铝合金。

形变铝合金按性能及用途，分为防锈铝合金、硬铝合金、超硬铝合金和锻铝合金。

(1) 防锈铝合金的编号。这类铝合金主要指 Al-Mn、Al-Mg 系合金，具有很好的抗腐蚀性能。其原代号用“铝”及“防”两字汉语拼音字母“LF”，另加上顺序号表示。常用的型号有 3A21、5A02、5A03、5A05、5A12 等，原用代号相应为 LF21、LF2、LF3、LF5、LF12 等。

(2) 硬铝合金的编号。这类铝合金主要指 Al-Cu-Mg 系合金，加入合金元素 Cu、Mg

形成强化相，经固溶和时效处理能获得相当高的强度。其原代号用“铝”及“硬”两字汉语拼音字母“LY”，另加上顺序号表示。常用型号有2A01、2A02、2A06、2A10、2A11、2A12等，原用代号相应为LY1、LY2、LY6、LY10、LY11、LY12等。

(3) 超硬铝合金的编号。在硬铝合金的基础上加入合金元素Zn，使合金强度提高，称为超硬铝。常用型号有7A03、7A04、7A09、7A10等，原用代号相应为LC3、LC4、LC9、LC10等，其中“LC”是“铝超”的汉语拼音字母，后面加数字表示顺序号。

(4) 锻造铝合金的编号。这类铝合金主要指Al-Cu-Mg-Si系合金，具有良好的锻造性能。常用型号有6A02、2A05、2A10等，原用代号相应为LD2、LD5、LD10等，其中“LD”是“铝锻”的汉语拼音字母，另加顺序号表示。

铸造铝合金可分为Al-Si系、Al-Cu系、Al-Mg系、Al-Zn系四大类，其中应用最为广泛的是Al-Si系合金。铸造铝合金的代号用“铸铝”两字的汉语拼音字首“ZL”加上三位数字表示。第一位数字表示合金的类别，其中“1”表示Al-Si系，“2”表示Al-Cu系，“3”表示Al-Mg系，“4”表示Al-Zn系；第二、三位数字表示合金的顺序号。铸造铝合金的型号由“Z”和基本金属元素铝的化学元素符号、主要合金化学元素符号，以及表明合金化学元素名义质量分数的数字组成，型号后面加“A”表示优质。例如ZAlSi12表示ω_{Si}为12%的铸造铝硅合金。

3) 形变铝合金

(1) 防锈铝合金的性能及应用。

防锈铝合金属于Al-Mn、Al-Mg系合金，所含金属元素Mn、Mg主要作用是产生固溶强化和提高耐蚀性，其强度比纯铝高，塑性和焊接性良好，但不能进行时效强化处理，只能通过压力加工采用形变强化方法提高其强度，常用的代号有LF5、LF21等，主要用于蒙皮、容器等抗腐蚀构件。

(2) 硬铝的性能及应用。

硬铝合金主要有Al-Cu-Mg系和Al-Cu-Mn系合金，其中Al-Cu-Mg系合金应用最广。其强度和硬度较高，比强度与高强度钢相近，退火及淬火状态塑性好，焊接性良好，可在冷态下形变加工。

硬铝合金可通过固溶处理再进行时效强化处理，但固溶处理的加热温度范围很窄。硬铝合金的耐蚀性较差、在海水中尤为突出，通常需采用外包铝层来提高其抗蚀性。常用代号有LY1(铆钉硬铝)，LY11(标准硬铝)及LY12(高强度硬铝)等，主要用于发动机叶片、滑轮等有一定强度要求的构件。

(3) 超硬铝的性能及应用。

超硬铝是在硬铝基础上加入Zn元素，经固溶和人工时效处理，强度和比强度均比硬铝高，切削性良好；耐热、耐腐蚀性较差，焊后力学性能很差，一般需包覆纯铝；常用代号有LC4、LC6等。

(4) 锻铝的性能及应用。

锻铝合金主要含有Mg、Si、Cu等元素，属于铝镁硅系合金，可分为Al-Cu-Mg-Si系和Al-Cu-Mg-Fe-Ni系两类，除强度与硬铝相当外，还具有良好的热塑性，其中Al-Cu-Mg-Fe-Ni系合金还具有较高的热强性。锻铝常采用固溶处理和人工时效工艺强化，可锻造复杂的大型锻件，并有较高的力学性能。常用的代号有LD5、LD7、LD10等。

4）铸造铝合金

铸造铝合金中有一定数量的共晶组织，故具有良好的铸造性能，但塑性差，常采用变质处理和热处理的办法提高其机械性能。

（1）Al－Si 系合金。

Al－Si 系铸造铝合金又称硅铝明，是铸造铝合金中应用最广泛的一类。这种合金流动性好，熔点低，热裂倾向小，耐蚀性和耐热性好，易气焊。但粗大的硅晶体严重降低合金的机械性能，因此生产中常采用变质处理提高合金的机械性能，即在浇注前往合金溶液中加入 2/3NaF＋1/3NaCl 混合物的变质剂(加入量为合金重量的 2%～3%)，变质剂中的钠能促进硅形核，并阻碍其晶体长大，因此合金的性能显著提高。ZL102 经变质处理，其抗拉强度由 140 MPa 提高到 180 MPa，伸长率由 3%提高到 8%。

为提高硅铝明的强度，常加入能产生时效强化的 Cu、Mg、Mn 等合金元素制成特殊硅铝明，这类合金除变质处理外，还可固溶时效处理，进一步强化合金。

（2）其他铸造铝合金。

Al－Cu 铸造铝合金耐热性好，但由于其铸造性能不好，有热裂和疏松倾向，耐蚀性差，比强度低于一般优质硅铝明，故有被其他铸造铝合金取代的趋势。常用牌号有 ZL201、ZL202 等。

Al－Mg 铸造铝合金耐蚀性好，强度高，密度小，但其铸造性能差，耐热性低，熔铸工艺复杂，时效强化效果小，常用牌号有 ZL301、ZL302 等。

Al－Zn 铸造铝合金铸造性能好，铸态下可自然时效，是一种铸态下高强度合金，价格是铝合金中最便宜的，但耐蚀性差，热裂倾向大，有应力腐蚀断裂倾向，密度大。常用牌号有 ZL401、ZL402 等。

常用铸造铝合金的牌号、化学成分、力学性能及用途见附录三中的表 19。

4.2.2　铜及铜合金

1. 纯铜

铜(copper)是贵重有色金属，是人类应用最早和最广的一种有色金属，其全世界产量仅次于钢和铝。工业纯铜又称紫铜，密度为 8.96×10^3 kg/m^3，熔点为 1083 ℃。纯铜具有良好的导电、导热性，其晶体结构为面心立方晶格，因而塑性好，容易进行冷热加工。同时纯铜有较高的耐蚀性，在大气、海水中及不少酸类中皆能耐蚀。纯铜的强度低，经冷变形后可以提高，但塑性显著下降。

纯铜代号用汉语拼音字母“T”加顺序号来表示，共有 T1、T2、T3 三种代号。无氧铜用两个汉语拼音字母“TU”加顺序号来表示代号，共有 TU0、TU1、TU2 三个代号。另外，磷脱氧铜用两个汉语拼音字母“TP”加顺序号来表示代号，有 TP1 和 TP2 两个代号。银铜代号用汉语拼音字母“T”加银的化学元素符号及平均百分含量值组成，代号为 TAg0.1，Cu 的质量分数不小于 99.5%，Ag 的质量分数为 0.06%～0.12%。

2. 铜合金

1) 黄铜

黄铜(brass)是以锌为主要合金元素的铜锌合金，按化学成分分为普通黄铜和特殊黄铜两类。普通黄铜是由铜与锌组成的二元合金。它的色泽美观，对海水和大气具有很好的抗腐蚀能力。当 $\omega_{Cu}<32\%$时为单相黄铜，单相黄铜塑性好，适宜于冷热压力加工；当 $\omega_{Cu}\geqslant32\%$后，组成双相黄铜，适于热压力加工。

黄铜的代号用“H(黄)＋数字”表示，数字表示铜的平均质量分数。

H80 色泽好，可以用来制造装饰品，故有“金色黄铜”之称。H70 强度高、塑性好，可用深冲压的方法制造弹壳、散热器、垫片等零件，故有“弹壳黄铜”之称。H62、H59 具有较高的强度与耐蚀性，且价格便宜，主要用于热压、热轧零件。

为改善黄铜的某些性能，常加入少量 Al、Mn、Sn、Si、Pb、Ni 等合金元素，形成特殊黄铜。

特殊黄铜的代号是在“H”之后标以主加元素的化学符号，并在其后标以铜及合金元素的质量分数。例 HPb59－1 表示 $\omega_{Cu}=59\%$、$\omega_{Pb}=1\%$，余量为 ω_{Zn}的铅黄铜。

2) 青铜

青铜(bronze)是指除以 Zn、Ni 为主要合金元素以外的铜合金，包含有锡青铜、铝青铜、铍青铜等。

青铜的代号为“Q(青)＋主加元素符号及其质量分数＋其他元素符号及质量分数”。铸造青铜则在代号(牌号)前加“ZCu”。

(1) 锡青铜。

以 Sn 为主加元素的铜合金，我国古代遗留下来的钟、鼎、镜、剑等就是用这种合金制成的，至今已有几千年的历史，仍完好无损。

锡青铜铸造时，流动性差，易产生分散缩孔及铸件致密性不高等缺陷，但它在凝固时体积收缩小，不会形成集中缩孔，故适用于铸造对外形尺寸要求较严格的零件。

锡青铜的耐腐蚀性比纯铜和黄铜都高，特别是在大气、海水等环境中，其抗磨性能也高，多用于制造轴瓦、轴套等耐磨零件。

常用锡青铜牌号有 QSn4－3、QSn6.5-0.1、ZCuSn10P1 等。

(2) 铝青铜。

铝青铜是以铝为主加元素的铜合金，它不仅价格低廉，且强度、耐磨性、耐蚀性及耐热性比黄铜和锡青铜都高，还可进行热处理(淬火、回火)强化。当含 Al 量小于 5%时，强度很低，塑性高；当含 Al 量达到 12%时，塑性已很差，加工困难。故实际应用的铝青铜的 ω_{Al}一般在 5%～10%之间。当 ω_{Al} 为 5%～7%时，塑性最好，适于冷变形加工；当 ω_{Al} 为 10%左右时，常用于铸造。

常用铝青铜牌号为 QAl7。

铝青铜在大气、海水、碳酸及大多数有机酸中具有比黄铜和锡青铜更高的抗蚀性。因此铝青铜是无锡青铜中应用最广的一种，也是锡青铜的重要代用品，缺点是其焊接性能较差。铸造铝青铜常用来制造强度及耐磨性要求较高的摩擦零件，如齿轮、轴套、蜗轮等。

(3) 铍青铜。

铍青铜的含Be量约1.7%～2.5%，Be在Cu中的溶解度随温度而变化，故它是唯一可以固溶时效强化的铜合金，经固溶处理及人工时效后，其抗拉强度可达1200 MPa，伸长率为2%～4%，布氏硬度为300～400 HBS。

铍青铜有较高的耐蚀性和导电、导热特性，无磁性。此外，它具有良好的工艺性，可进行冷热加工及铸造成型，通常用来制作弹性元件及钟表、仪表、罗盘仪器小的零件，电焊机电极等。

3) 白铜

以镍为主要合金元素的铜合金称为白铜(cupronickel)，可分为普通白铜和特殊白铜两类。普通白铜型号为"B＋镍的平均含量"，例如，B19表示Ni含量约为19%的普通白铜。

特殊白铜是在普通白铜基础上加入Zn、Al、Fe、Mn等合金元素，由三元以上合金形成的特殊合金，如锌白铜、铝白铜、铁白铜、锰白铜等。其型号为：B＋除镍外主加元素符号＋镍的平均含量＋主加元素平均含量。例如，BMn3-12是含3%Ni及12%Mn的锰白铜。

普通白铜只含有Cu和Ni，具有较好的强度和优良的塑性，能进行冷、热加工，抗蚀性很好，电阻率较高且电阻温度系数很小，主要用于制造船舶仪器零件、化工机械零件及医疗器械等。特殊白铜中添加的元素不同，其性能和用途也不同。例如，锰白铜常用型号为BMn3-12(锰铜)、BMn40-1.5(康铜)、BMn43-0.5(考铜)，其中锰含量高的康铜和考铜具有极高的电阻和较小的电阻温度系数，可制作热电偶丝、测量仪器等。

4.2.3　钛及钛合金

1. 纯钛

纯钛(titanium，Ti)是银白色金属，熔点为1680 ℃，密度为4.5 g/cm^3，具有塑性和低温韧性好、比强度高、耐腐蚀、耐高温等优点。纯钛在高温下具有极高的化学活泼性，易与O、N、H等元素形成稳定性很高且致密的化合物保护膜，使其在大气、海水以及许多酸、碱等介质中，具有良好的耐蚀性，在550 ℃以下的抗氧化能力，优于大多数奥氏体不锈钢。纯钛在常温下具有较低的电极电位和较强的钝化能力，极易形成与基体结合牢固、致密氧化物和氮化物钝化膜，保护纯钛不被大气等介质腐蚀，尤其在室温下不同浓度的硝酸、铬酸、大多数有机酸及碱溶液中也具有极高的稳定性和抗腐蚀性。

工业纯钛在常温下的屈服强度与抗拉强度接近，屈强比较大，弹性模量低；但随温度升高塑性上升，而抗拉强度和屈服强度急剧降低，弹性模量更低。经低温退火处理或形变加工后的纯钛，可获得多面体的α晶体组织，其抗拉强度为264～617 MPa、疲劳强度为抗拉强度的50%～65%，一般可制作工作温度低于350 ℃、强度要求不高的各种零件。

纯钛根据其杂质含量不同可分为化学纯钛(碘法钛)和工业纯钛两大类。化学纯钛是高纯钛，用TAD表示，其纯度最高可达99.95%，杂质含量较少；而工业纯钛是普通纯度钛，其杂质含量比高纯钛稍高。根据工业纯钛杂质含量不同，可分为三个等级，并将其型号以"TA＋数字"表示，分别为TA1、TA2、TA3，数字越大其杂质含量越多，强度越高，而塑性越低。

2. 钛合金

钛合金是利用向纯钛中加入Al、Sn、V、Cr、Mo、Fe、Si等合金元素，而获得α相区或β相区的稳定组织并强化所形成的合金，从而在一定程度上提高合金的强度、耐热性和耐蚀性。

1）钛合金的分类及型号

按钛合金获得的组织类型可分为α型钛合金、β型钛合金、α+β型钛合金三大类，并分别用TA、TB、TC进行编号。按钛合金成材方式又可分为形变加工钛合金和铸造钛合金。

生产中按使用性能特点还可分为结构钛合金、热强钛合金和耐腐蚀钛合金。按其合金含量又可分为钛铝合金、钛钼合金和钛钼镍合金等。

α型钛合金型号用"TA+数字"表示，有TA1、TA2、TA3、…、TA8共八种牌号，其中TA1、TA2和TA3为工业纯钛。β型钛合金用"TB+数字"表示，有TB1、TB2两种牌号。α+β型钛合金的型号用"TC+数字"表示，有TC1、TC2、…、TC10共10种牌号。

2）钛合金的性能及应用

α类钛合金退火状态的组织为α固溶体或α固溶体加微量金属间化合物。其室温强度低于其他类型钛合金，但在500～600 ℃下的强度和蠕变强度却居于钛合金之首。该类钛合金属于耐热型钛合金，一般用于500 ℃以下。这类钛合金耐蚀性好，易于焊接，在超低温下仍具有很好的塑性及韧性。常用的为Ti-5Al-2.5Sn合金(TA7)，在退火状态下，其常温抗拉强度约为850 MPa，500℃时的抗拉强度约为400 MPa。

β类钛合金热处理强化效果显著，淬火状态组织为β固溶体，是合金元素含量比较大的钛合金。它的特点是在淬火状态下具有很好的塑性，可以冷成型。淬火时效后可获得高强度，如Ti-3Al-8Mo-11Cr合金(TB1)，经淬火时效后其抗拉强度约为1300 MPa，伸长率约5%。这类钛合金耐热性较差，一般在350℃以下使用，由于熔炼工艺复杂等原因，目前应用还不够广泛。

α+β类钛合金退火状态的组织为α+β，兼有α及β类的特点。这类铁合金有强度高、塑性好的优良综合力学性能，应用最广泛。有代表性的钛合金为Ti-6Al-4V合金(TC4)，经热处理后具有良好的综合力学性能，强度较高、塑性良好。退火状态下抗拉强度约为950 MPa，伸长率约为10%，断面收缩率约为30%。对要求较高强度的零件可进行淬火加时效处理，处理后抗拉强度可达1166 MPa，伸长率可达13%。该合金在400 ℃时具有稳定的组织和较高的蠕变抗力，又有很好的抗海水和抗热盐应力腐蚀的能力，故广泛用来制作在400 ℃下长期工作的零件，如飞机压气机盘、航空发动机叶片、火箭发动机外壳及其他结构锻件和紧固件。

4.2.4　镁及镁合金

1. 纯镁

纯镁(magnesium)是一种银白色的金属，密度为1.74 g/cm³，是轻金属之一；熔点为649 ℃，沸点为1090 ℃，没有同素异构转变；具有一定的延展性，无磁性，有良好的热消散性；塑性低，最大伸长率约为10%，故冷变形能力较差，当温度升高至150～250 ℃时，滑移系增加，其塑性明显增加，因而镁适合热变形。纯镁多晶体的强度和硬度很低，其力学性能见表4-7。

表 4－7　纯镁的力学性能

加工状态	抗拉强度 σ_b/MPa	屈服强度 σ_s/MPa	伸长率 δ/%	断面收缩率 ψ/%	硬度 HBS
铸态	115	25	8	9	30
变形状态	200	90	11.5	12.5	36

镁在金属中是电化学顺序最后的一个，具有很高的化学活泼性，在潮湿大气、海水、无机酸及其盐类、有机酸等介质中容易腐蚀，但在干燥的大气、碳酸盐、铬酸盐、氢氧化钠溶液、苯、汽油及不含水和酸的润滑油中很稳定。在室温下，镁的表面可与空气中的氧反应生成不致密、不具保护性的氧化镁薄膜。

原生镁锭牌号表示方法是用化学元素符号 Mg 加四位阿拉伯数字来表示的。如 Mg9998 表示镁的质量分数不小于 99.98%的原生镁锭。变形纯镁的牌号以 Mg 加数字的形式表示，Mg 后的数字表示 Mg 的含量。如 Mg99.50 表示镁的质量分数不小于 99.50%的纯镁。

2. 镁合金

以镁为基加入其他元素组成的合金称为镁合金，也称为超轻质合金。镁合金中常加入的合金元素有 Al、Zn、Mn、Zr 及稀土元素等。镁合金可分为变形镁合金和铸造镁合金两大类，其牌号用“MB”或“ZM”＋序列号表示，如“MB1”表示 1 号变形镁合金，“ZM1”表示 1 号铸造镁合金。

1）变形镁合金

变形镁合金指可用挤压、轧制、锻造和冲压等塑性成型方法加工的镁合金。与铸造镁合金相比，变形镁合金具有更高的强度、更好的塑性和更多的规格。

(1) Mg-Mn 系合金。该合金的主要牌号有 MB1 和 MB8，具有较高的耐腐蚀性能，无应力腐蚀倾向，焊接性能良好，可以加工成各种不同规格的管、棒、型材和锻件，且一般在退火状态下使用，其板件可用于飞机蒙皮、壁板及内部构件，模锻件可制作外形复杂的构件，管材多用于输送汽油、润滑油等要求抗腐蚀性的管路系统。

(2) Mg-Al-Zn 系合金。该合金的主要牌号有 MB2、MB3、MB5、MB6、MB7 等，具有较好的室温力学性能，能够进行热处理强化，并具有良好的锻造性能和焊接性能，能够制成复杂形状的锻件和模锻件，但屈服强度和耐热性不高。Al 是该合金系中的主要元素，用于提高合金室温强度和赋予热处理强化效果。Zn 也能提高合金强度和热处理强化效果，在 Zn 含量适当的情况下，能改善合金的塑性，对耐蚀性也有一定程度的提高。该合金可用于制造飞机内部构件、舱门、壁板及导弹蒙皮等。

(3) Mg-Zn-Zr 系合金。该合金仅有 MB15 一个牌号。合金的塑性中等，有较好的室温拉伸屈服强度和压缩屈服强度以及高温瞬时强度，具有良好的塑性成型和焊接性能，无应力腐蚀倾向，通常经热挤压等变形后直接进行人工时效强化。该合金主要用于制造飞机长桁、操作系统的摇臂、支座等受力件。

(4) Mg-Li 系合金。该合金是近年来国内外开发的较新的变形镁合金，是镁合金中目前最轻的合金，其二元合金的密度为 1.3～1.5 g/cm^3，其比强度比铝合金高得多；有良好的工艺性能，可进行冷加工及焊接，多元合金可热处理强化。Mg-Li 合金在航空航天领域展示出良好的应用前景；在轻兵器、坦克、装甲车的轻量化制造中，潜力巨大；在医疗方面，已试制成功了 Mg-Li 合金心血管植入件；在汽车工业中，Mg-Li 合金板材将是车门、后行李厢、座位框架、车窗框架、底盘等车体零件的首选材料之一。

2）铸造镁合金

铸造镁合金多用压铸工艺生产，具有生产效率高、精度高、构件表面质量好、铸态组织优良、可生产薄壁及复杂形状的构件等特点。

铸造镁合金按其成分及性能可分为高强铸造镁合金及耐热铸造镁合金两大类。其中高强铸造镁合金有 Mg-Al-Zn 系（ZM5）和 Mg-Zn-Zr 系（ZM1、ZM2、ZM7、ZM8），该类合金具有高的室温强度，塑性好且工艺性能优异，但耐热性差，使用温度不能超过 150 ℃，可用于制造飞机、发动机和卫星中承受较高载荷的铸造构件或壳体。耐热铸造镁合金是 Mg-RE-Zr 系（ZM3、ZM4、ZM6），该类合金工艺性能好，铸件致密性高，可在 200～300℃温度下长期使用，但其常温强度和塑性较低。

4.2.5　滑动轴承合金

滑动轴承是汽车、拖拉机、机床及其他机器中的重要部件。轴承合金（bearingalloy）是用于制造滑动轴承中的轴瓦及内衬的材料，又称轴瓦合金。

轴承合金应具有足够的强度和硬度，以承受轴颈较大的压力；具有足够的塑性和韧性，高的疲劳强度，以承受轴颈的周期性载荷，并抵抗冲击和震动；具有良好的磨合能力，使其与轴能较快地紧密配合；具有较高的耐磨性，与轴的摩擦因数小，并能保留润滑油，减轻磨损；具有良好的耐蚀性、导热性、较小的膨胀系数，防止摩擦升温而发生咬合。

轴承合金的组织是在软相基体上均匀分布着硬相质点，或硬相基体上均匀分布着软相质点。若轴承合金的组织是软相基体上分布的硬相质点，则运转时软基体受磨损而凹陷，硬相质点将凸出于基体上，使轴和轴瓦的接触面积减小，而凹坑能储存润滑油，降低轴和轴瓦之间的摩擦系数，减小轴和轴承的磨损。另外，软相基体能承受冲击和震动，使轴和轴瓦能很好地结合，并能起嵌藏外来小硬物的作用，保证轴颈不被擦伤。轴承合金的组织是硬相基体上分布的软相质点时，也可达到上述同样目的。

常用的轴承合金按主要成分可分为锡基、铅基、铝基、铜基等数种，前两种称为巴氏合金（Babbitt metal）。其编号法为“Z＋基本元素符号＋合金化元素符号＋合金元素含量”，其中“Z”表示“铸造”。当合金元素种类为两种及两种以上时，按其含量从高到低顺序排列。例如，ZSnSb11Cu6 表示含 11％Sb 和 6％Cu 的锡基铸造轴承合金。

（1）锡基轴承合金。锡基轴承合金是以锡为基础，加入锑、铜等元素组成的合金。常用牌号为 ZSnSb11Cu6。该合金具有良好的塑性、导热性和耐蚀性，而且摩擦系数和膨胀系数小，适合于制作重要轴承，如汽轮机、发动机和压气机等大型机器的高速轴瓦；缺点是疲劳强度低，工作温度较低（不高于 150 ℃），价格较贵。

（2）铅基轴承合金。铅基轴承合金是以铅为基体，加入锑、锡、铜等合金元素组成的合金，典型牌号为 ZPbSb16Sn16Cu2。铅基轴承合金的强度、硬度、导热性和耐蚀性均比锡基轴承合金低，而且摩擦系数较大，但价格便宜，适合于制造中、低载荷的轴瓦，如汽车、拖拉机曲轴轴承、铁路车辆轴承等。

(3) 铜基轴承合金。铜基轴承合金通常有锡青铜与铅青铜，常用牌号是 ZCuSn10P1、ZCuPb30。铜基轴承合金的疲劳强度和承载能力较高，耐磨性优良，导热性良好，摩擦系数低，能在 250 ℃以下正常工作，适合于制造高速、重载下工作的轴承，如高速柴油机、航空发动机轴承等。

(4) 铝基轴承合金。铝基轴承合金是以铝为基础，加入锡等元素组成的合金，常用牌号为 ZAlSn6Cu1Ni1。这种合金的优点是导热性、耐蚀性、疲劳强度和高温强度均高，而且价格便宜；缺点是膨胀系数较大，抗咬合性差。目前以高锡铝基轴承合金应用最广泛，适合于制造高速重载的发动机轴承。

4.2.6 新型金属材料简介

1. 形状记忆合金

形状记忆合金(shape memory alloy)是具有形状记忆效应的合金。与普通金属、合金不同，记忆合金在应变诱发马氏体相变临界温度 M_d 以下变形且显著超过屈服点之后，将其加热到马氏体逆相变终结温度 A_f 以上，可以自发地恢复其母相状态时的形状。产生这一现象的物理本质，主要是由于热弹性马氏体相变时相界/畴界的运动提供了可逆变形。记忆合金使用温度受相变点限制，除高温记忆合金外，一般为－150～＋100 ℃。

至今为止，已有十几种记忆合金体系。已应用的形状记忆合金有 Ti-Ni、Cu-Zn-Al 及铁基合金。形状记忆合金的单程记忆主要应用于管接件及紧固件等经精加工的管接头。应用形状记忆合金双程记忆的产品为电连接器和热致动器。如微处理机接口的连接是属于电连接器，限流器是属于热致动器，大部分的应用属于热致动器，如温控开关、疏水阀、火灾报警器、温度调节器等。利用形状记忆合金的超弹性可以进行牙齿矫正、制眼镜架等。

2. 储氢合金

储氢合金(hydrogen storage alloy)是指金属氢化物储氢材料。在一定的温度和压力条件下，这些金属能够大量“吸收”氢气，反应生成金属氢化物，同时放出热量，其后将这些金属氢化物加热，它们又会分解，将储存在其中的氢释放出来。储氢合金的储氢能力很强，单位体积储氢的密度，是相同温度、压力条件下气态氢的 1000 倍，也即相当于储存了 1000 个大气压的高压氢气。

目前研究发展中的储氢合金，主要有钛系储氢合金、锆系储氢合金、铁系储氢合金及稀土系储氢合金。

(1) 在电池上的应用。20 世纪 70 年代，研究人员发现 Ti-Ni 及 $LaNi_5$ 等合金不仅具有阴极储氢能力，对氢的阳极氧化也有良好的电催化活性，于是发展了用储氢合金取代镉做负极材料的 Ni-MH 电池。这种电池具有能量密度大、不污染环境、充放电速度快、记忆效应少等优点。Ni-MH 电池以储氢合金 M 为负极，以 $Ni(OH)_2$ 为正极，以氢氧化钾水溶液为电解液。充电时由于水的电化学反应生成的氢原子扩散进入合金中，形成氢化物，实现负极储氢，而放电时氢化物分解出的氢原子又在合金表面氧化为水，不存在气体状的氢分子。电池反应的最大特点是不存在传统 Ni-Cd 和 Pb-酸电池所共有的溶解、析出反应的问题。

(2) 氢分离、回收与净化。化工厂排出的一些废气中含有较高比例的氢气，同时化工和半导体工业又需要大量的高纯氢，利用储氢材料选择性吸氢的特性，不但可以回收废气中的氢，还可以使氢纯度达 99.9999%以上，价格便宜且安全，具有十分重要的社会效应和经济意义。

(3) 金属氢化物作催化剂。金属间化合物如 $LaNi_5$、Mg_2Ni、Zr_2Ni 等能迅速吸收大量的氢，而且反应是可逆的。反应时由于氢是分解后被吸收的，故氢在短时间内以单原子形式存在于表面，使金属间化合物的表面具有相当大的活性。有氢参与的反应，可产生高的活性和特殊性。

3. 非晶合金

非晶合金(amorphous alloy)是一种在三维空间原子不具有周期性和平移对称性规则排列的固态材料，原子结构是典型的玻璃态，故又称为金属玻璃。非晶态金属及合金在力学、电学、磁学及化学性能等方面均有独特之处；非晶态的结构特征可决定其强度、韧性、铁磁性及耐腐蚀性等性能。

非晶态金属及合金的重要特性是具有高的强度和硬度。一些非晶合金的抗拉强度可达 3000 MPa 以上，而晶态的超高强度钢的抗拉强度为 1800～2000 MPa。非晶态合金虽然伸长率较低，但具有很高的韧性，许多淬火态的金属玻璃薄带可以反复变曲，即使弯曲 180°也不会断裂。非晶态合金磁性材料具有高导磁率、高磁感、低铁损耗和低矫顽力等特性，并且无磁性各向异性。由于非晶态合金在使用过程中能迅速形成致密、均匀、稳定的高纯度钝化膜，所以这种材料具有很强的抗腐蚀性能。此外，非晶态金属和合金还具有超导性、低居里温度等许多优良的特性，它作为一种新型金属材料具有广阔的应用前景，是当代材料科学瞩目的新领域。

思考题

1. 指出下列牌号各代表何种材料，说明其中的数字及符号的含义，并列举一用途。
Q235A　45　T8　20CrMnTi　65Mn　GCr15　9SiCr　W18Cr4V　9Mn2V　12Cr13(1Cr13)　12Cr18Ni9(1Cr18Ni9)　ZGMn13-1　ZG200-400　HT200　QT400-18

2. 同样形状和大小的四块铁碳合金，分别是 20 钢、45 钢、T12 钢、白口铸铁。据所学知识，有哪些方法能把它们区分开来？

3. 试述石墨形态对铸铁性能的影响。

4. 铝合金可通过哪些途径达到强化目的？

5. 铜合金分哪几类？铜合金的强化方法与特点是什么？

6. 简述轴承合金应具备的主要性能及组织形式。

第5章 高分子材料

5.1 概 述

5.1.1 基本概念

高分子材料(macromolecular material)是以高分子化合物为主要组分的材料。高分子化合物常简称为高分子，是由成百上千个原子组成的大分子构成的。大分子是由一种或多种小分子通过主价键一个接一个地连接而成的链状或网状分子。相对分子量大于10000者常称为高分子化合物。

一个大分子往往由许多相同的简单结构单元通过共价键重复连接而成。例如，聚氯乙烯大分子是由氯乙烯结构单元重复连接而成的：

$$\cdots\!-\!CH_2\!-\!\underset{\displaystyle Cl}{\underset{|}{CH}}\!-\!CH_2\!-\!\underset{\displaystyle Cl}{\underset{|}{CH}}\!-\!CH_2\!-\!\underset{\displaystyle Cl}{\underset{|}{CH}}\!-\!\cdots$$

为方便起见，可缩写成

$$\left[\!-\!CH_2\!-\!\underset{\displaystyle Cl}{\underset{|}{CH}}\!-\!\right]_n$$

上式是聚氯乙烯分子结构表示式。端基只占大分子的很小部分，故略去不计。其中：

$$-CH_2\!-\!\underset{\displaystyle Cl}{\underset{|}{CH}}\!-$$

是结构单元，也是重复结构单元(简称重复单元)，亦称链节。形成结构单元的分子称为单体(monomer)。结构式中的 n 代表重复单元数，又称聚合度，它是衡量分子量大小的一个指标。

高分子化合物的分子量是链节的分子量与聚合度的乘积。所谓聚合物(polymer)，是由单体经聚合反应并由许多重复单元的共价键相连接而形成的具有较大相对分子质量的化合物，聚合物属于高分子中的一类，在不很严格的时候，也将聚合物和高分子化合物两个词等同起来。

高分子材料由大量的大分子链聚集而成，每个大分子键的长短并不一样，其数值呈统计规律分布。所以，高分子材料的分子量是大量大分子链分子量的平均值。

5.1.2 命名和分类

目前高分子化合物尚未有统一的命名法，大致以所用单体及高分子的结构来命名，还有商品名和俗名。

(1) 根据单体的名称来命名。

以单体或假想单体为基础，前面冠以“聚”字，就成为聚合物名称。例如，用乙烯得到的聚合物就称“聚乙烯”。

(2) 根据特征官能团来命名。

这种命名方法以主链中所有品种共有的特征化学单元为基础，如把含酰胺官能团的一类聚合物统称为“聚酰胺”(尼龙)，而分子中含有酯基的一类聚合物统称为“聚酯”。至于具体品种有更详细的名称，如己二酸和己二胺的反应产物称为“聚己二酸己二胺”等。

(3) 根据聚合物的组成来命名。

这种命名法在热固性树脂和橡胶类聚合物中常用，取单体名或简称，后缀为“树脂”二字或“橡胶”二字。例如，酚醛树脂是由苯酚和甲醛聚合而成的，环氧树脂是由环氧化合物为原料聚合而成的，丁苯橡胶是由丁二烯和苯乙烯共聚而成的。

(4) 根据商品名或俗称来命名。

商品名称或专利商标名称是由材料制造商命名的，突出所指的是商品或品种，如聚酰胺类的商品名的译名为“尼龙”，其他商品名还有特氟隆(聚四氟乙烯)、赛璐珞(硝酸纤维素)等。聚对苯二甲酸乙二醇酯的习惯名称为“涤纶”，聚丙烯腈为“腈纶”，而俗名“有机玻璃”(聚甲基丙烯酸甲酯)、“电木”(酚醛树脂)、“电玉”(脲醛塑料)等也已被广泛采用。

(5) 根据化学名称的标准缩写来命名。

许多聚合物的化学名称的标准缩写因其简便而被日益广泛地采用。缩写应采用印刷体大写字母，不加标点。例如，ABS树脂是由丙烯腈、丁二烯和苯乙烯三种单体共聚而成的，用它们英文名称的第一个大写字母就构成了这一树脂的名称。表5-1列举了常见聚合物的缩写。

表5-1　常见聚合物的缩写举例

聚合物	缩写	聚合物	缩写
丙烯腈-丁二烯-苯乙烯共聚物	ABS	聚氨酯	PU
醋酸纤维素	CA	环氧树脂	EP
聚甲基丙烯酸甲酯	PMMA	聚酰胺	PA
聚对苯二甲酸乙二醇酯	PET	聚丙烯腈	PAN
聚碳酸酯	PC	聚丙烯	PP
聚甲醛	POM	聚乙烯	PE
天然橡胶	NR	聚氯乙烯	PVC
氯丁橡胶	CR	聚苯乙烯	PS

高分子化合物的分类方法见表5-2。

表5-2　高分子化合物的分类方法

分类方法	类别	特点	举例	备注
按性能及用途分	塑料	室温下呈玻璃态，有一定形状，强度较高，受力后能产生一定形变的聚合物	聚酰胺、聚甲醛、聚砜、有机玻璃、ABS、聚四氟乙烯、聚碳酸酯、环氧、酚醛塑料	其中塑料、橡胶、纤维称为三大合成材料
	橡胶	室温下呈高弹态，受到很小力时就会产生很大形变，外力去除后又恢复原状的聚合物	通用合成橡胶(丁苯、顺丁、氯丁、乙丙橡胶)、特种橡胶(丁腈、硅、氟橡胶)	
	纤维	由聚合物抽丝而成，轴向强度高、受力变形小，在一定温度范围内力学性能变化不大的聚合物	涤纶(的确良)、锦纶(尼龙)、腈纶(奥伦)、维纶、丙纶、氯纶(增强纤维用芳纶、聚烯烃)	
	胶黏剂	由一种或几种聚合物作基料加入各种添加剂构成的、能够产生粘合力的物质	热固性胶黏剂：环氧树脂类、聚氨酯类、有机硅类、聚酰亚胺类等； 热塑性胶黏剂：聚丙烯酸酯类、聚甲基丙烯酸酯类、甲醇类等； 改性的多组分胶黏剂：酚醛-环氧型等	
	涂料	是一种涂在物体表面上能干结成膜的有机高分子胶体的混合溶液，对物体有保护、装饰(或特殊作用：绝缘、耐热、示温等)作用	酚醛、氨基、醇酸、环氧、聚氨酯树脂及有机硅涂料	
按聚合物反应类型分	加聚物	经加聚反应后生成的聚合物，链节的化学式与单体的分子式相同	聚乙烯、聚氯乙烯等	80%聚合物可经加聚反应生成
	缩聚物	经缩聚反应后生成的聚合物，链节的化学结构与单体的化学结构不完全相同，反应后有小分子物析出	酚醛树脂(由苯酚和甲醛缩合、缩水去水分子后形成的)等	
按聚合物的热行为分	热塑性塑料	加热软化或熔融而冷却固化的过程可反复进行的高聚物，它们是线型高聚物	聚氯乙烯等烯类聚合物	
	热固性塑料	加热成型后，不再熔融或改变形状的高聚物，它们是网状(体型)高聚物	酚醛树脂、环氧树脂	
按主链上的化学组成分	碳链聚合物	主链由碳原子一种元素组成的聚合物	—C—C—C—C— 如聚乙烯、聚丙烯、聚四氟乙烯等	
	杂链聚合物	主链除碳外，还有其他元素原子组成的聚合物	—C—C—O—C— —C—C—N— —C—C—S—	
	元素有机聚合物	主链由氧和其他元素原子组成的聚合物	—O—Si—O—Si—O— 如硅酸胶等	

5.1.3 高分子的合成反应

高分子材料主要是通过可反应的小分子(单体)聚合获得的。根据单体与其生成的聚合物在分子组成与结构上的不同，一般可分为加聚反应和缩聚反应。

1. 加聚反应

由一种或多种单体相互加成，或由环状化合物开环相互结合成聚合物的反应称为加聚反应(addition polymerization)。在此类反应的过程中没有产生其他副产物，生成的聚合物的化学组成与单体的基本相同。其中由一种单体经过加聚反应生成的高分子化合物称为均聚物(homopolymer)，而由两种或两种以上单体经过加聚反应生成的高分子化合物称为共聚物(copolymer)。

2. 缩聚反应

由一种或多种单体互相缩合生成聚合物，同时析出其他低分子化合物(如水、氨、醇、卤化氢等)的反应称为缩聚反应(condensation polymerization)。与加聚反应类似，由一种单体进行的缩聚反应称为均缩聚反应，由两种或两种以上的单体进行的缩聚反应称为共缩聚反应。

5.1.4 高分子材料的结构与性能

1. 高分子材料的结构

高分子结构是由大量一种或几种较简单结构单元组成的大型分子，其中每一结构单元都包含几个连接在一起的原子，整个高分子所含原子数目一般在几万以上，而且这些原子是通过共价键连接起来的。高分子结构可以分为分子内结构(链结构)和分子间结构(凝聚态结构)两部分。链结构包括一级和二级结构，凝聚态结构包括三级及三级以上的结构。

(1) 一级结构。一级结构是高分子链本身的结构，包括高分子结构单元的化学组成、键接方式、空间构型、支化与交联等。其化学链一般由碳原子组成，也可包括氧、氮、硫、硅、磷等原子。

(2) 二级结构。二级结构又称远程结构，是指孤立的高分子链，即稀溶液中高分子的形态，如无规线团、螺旋、双螺旋、刚性棒或椭球等。相对分子质量达数十万到数百万，可用化学法、热力学法、光学法、动力学法等测量。

(3) 三级结构。三级结构是指内部的大分子与大分子之间几何排列形成的材料结构，又称凝聚态结构，包括晶态、非晶态、液晶态、取向态结构。高分子凝聚态结构是在加工过程中形成的，是由微观结构向宏观结构过渡的状态，聚集态结构是决定聚合物使用性能的主要因素。

(4) 三级以上结构。三级以上结构包括织态结构和高分子在生物体中的结构。

2. 高分子材料的性能

1) 高分子化合物的力学状态

(1) 线型非晶态高分子化合物的力学状态

① 玻璃态。$T_x < T < T_g$(T_x 为脆化温度，T_g 为玻璃化温度)时，由于温度低，分子热运动能力很弱，高聚物中的整个分子链和链段都不能运动，只有键长和键角可作微小变化。高聚物的力学性能与低分子固体相似，在外力作用下只能发生少量的弹性变形，而且

应力和应变符合虎克定律。处于玻璃态的高聚物具有较好的力学性能。在这种状态下使用的材料是塑料和纤维。

当 $T<T_x$ 时，由于温度太低，分子的热振动也被“冻结”，键长和键角都不能发生变化。此时施加外力时会导致大分子链断裂，高聚物呈脆性，失去使用价值。

② 高弹态。$T_g<T<T_f$（T_f 为黏流温度）时，由于温度较高，分子活动能力较大，高聚物可以通过单键的内旋转而使链段不断运动，但尚不能使整个分子链运动，此时分子链呈卷曲状态，称高弹态。处于高弹态的高聚物受力时可产生很大的弹性变形（100%～1000%），外力去除后分子链又逐渐回缩到原来的卷曲状态，弹性变形随时间变化而逐渐消失。在这种状态下使用的高聚物是橡胶。

③ 黏流态。$T_f<T<T_d$（T_d 为化学分解温度），由于温度高，分子活动能力大，不但链段可以不断运动，而且在外力作用下大分子链间也可产生相对滑动。从而使高聚物成为流动的黏液，这种状态称为黏流态。产生黏流态的最低温度称为黏流温度。

黏流态是高聚物成型加工的状态，将高聚物原料加热至黏流态后，可通过喷丝、吹塑、注塑、挤压、模铸等方法加工成各种形状的零件、型材、纤维和薄膜等。

（2）其他类型高聚物的力学状态。

线型结构高聚物按结晶度可分为完全晶态和部分晶态两类。对于一般分子量的完全晶态线型高聚物来说，因有固定的熔点 T_m，而没有高弹态。对于部分晶态线型高聚物，因为高聚物内部既存在着晶态区又存在着非晶态区，非晶态区处于高弹态，具有柔韧性，晶态区具有较高的强度和硬度，所以在 $T_g\sim T_m$ 之间出现一种既韧又硬的皮革态。

对于体型非晶态高聚物，因具有网状分子，所以交联点的密度对高聚物的力学状态有重要影响。若交联点密度小，链段仍可以运动，此高聚物具有高弹态，弹性较好，如轻度硫化的橡胶。若交联点密度很大，则链段不能运动，此时材料的高弹态消失，高聚物就与低分子非晶态固体一样，其性能硬而脆，如酚醛塑料。

2）高分子材料的老化及改性

高分子材料在长期储存和使用过程中，由于受氧、光、热、机械力、水蒸气及微生物等外因的作用，使性能逐渐退化，直至丧失使用价值的现象称为老化。老化的根本原因是在外部因素的作用下，高聚物分子链产生了交联与裂解。所谓交联反应，是指高聚物在外部因素作用下，高分子从线型结构转变为体型结构，从而引起硬度、脆性增加，化学稳定性提高的过程。所谓裂解反应，是指大分子链在各种外界因素作用下，发生链的断裂，从而使分子量下降变软、变黏的过程。由于交联反应使高分子材料变硬、变脆及开裂，由于裂解反应使高分子材料变软、变黏的现象即老化现象。

老化是影响高分子材料制品使用寿命的关键问题，可通过以下方法加以防止：

（1）改变高聚物的结构。例如将聚氯乙烯氯化，可以改变其热稳定性。

（2）添加防老剂。高聚物中加入水杨酸脂、二甲苯酮类有机物和炭黑可防止光氧化。

（3）表面处理。在高分子材料表面镀金属（如银、铜、镍）和喷涂耐老化涂料（如漆、石蜡）作为防护层，使材料与空气、光、水分及其他引起老化的介质隔绝，以防止老化。

为了改善高聚物的性能，需要对其进行改性，即利用物理或化学的方法来改进现有高聚物性能。其方法主要有两类：一类是物理改性，是利用填料来改变高聚物的物理、力学性能；另一类是化学改性，通过共聚、嵌段、接枝、共混、复合等化学方法使高聚物获得新的性能。

5.2　通用高分子材料

5.2.1　塑料

塑料(plastic)是一种以有机合成树脂为主要组成，以增塑剂、填充剂、润滑剂、着色剂等添加剂为次要组成的高分子材料，通常可在加热、加压条件下成型。

1. 塑料的组成

1) 合成树脂

合成树脂是指由低分子化合物通过加聚或缩聚反应而成的高分子化合物，如酚醛树脂、聚乙烯、聚四氟乙烯等。合成树脂占塑料相对分子质量的40%～100%，决定塑料的主要性能。

2) 添加剂

为了改善塑料的性能，如力学、物理、光学、化学、耐老化性、耐热耐寒性等，可加入一定量的添加剂。常用的添加剂主要有以下几类：

(1) 稳定剂：与金属不同，塑料在长时间光照、受热等条件下会出现老化现象。为了延长制品的使用寿命，需加入少量稳定剂，如抗氧剂、热稳定剂、紫外线吸收剂、光屏蔽剂等。抗氧剂包括取代酚类、芳胺类、亚磷酸类、含硫酯类。热稳定剂主要用于聚氯乙烯及其共聚物，如金属盐类、有机锡类等。紫外线吸收剂有多羟基苯酮类、水杨酸苯酯类、磷酰胺类等。光屏蔽剂主要有炭黑、氧化锌、钛白粉等黑色或白色的能吸收或反射光波的物质。

(2) 增塑剂：提高树脂的可塑性和柔性，主要用于聚氯乙烯。增塑剂一般为沸点较高、不易挥发、与聚合物能很好混溶的低分子油状物。常用增塑剂有邻苯二甲酸二辛酯(DOP)、邻苯二甲酸二丁酯(DBP)、环氧类、磷酸酯类、樟脑等。

(3) 填充剂和增强剂：提高塑料制品的强度和刚性，可加入纤维状材料为增强剂，如玻璃纤维、石棉纤维、石墨纤维、碳纤维、硼纤维及钢纤维等。填充剂又称填料，起增强作用或改善塑料的某些特定性能，如加入石墨、硅石、硅酸盐、碳酸钙。增强剂和填料的用量一般为20%～50%。

(4) 固化剂：也称交联剂。在热固性塑料成型时，线性的聚合物转变为体形交联结构的过程为固化。在固化过程中加入的对交联起催化作用或本身参加交联反应的物质称为固化剂，例如在酚醛树脂中加入的六亚基四胺和在不饱和聚酯树脂中加入的过氧化二苯甲酰等。

塑料中还有其他一些添加剂，如润滑剂、着色剂、阻燃剂、发泡剂及抗静电剂等，需要根据不同用途进行添加。

2. 塑料的分类

按照塑料受热后形态性能表现的不同，可分为热塑性塑料(thermoplastic plastics)和热固性塑料(thermosetting plastics)两大类。

(1) 热塑性塑料。热塑性塑料(thermosetting plastics)受热后软化，冷却后又变硬，这种软化和变硬可重复、循环，因此可以反复成型，这对塑料制品的再生很有意义。热塑性塑料占塑料总产量的70%以上，主要品种有聚氯乙烯、聚乙烯、聚丙烯等。

(2) 热固性塑料。热固性塑料由单体直接形成网状聚合物或通过交联线型预聚体而形成，一旦形成交联聚合物，受热后不能再回复到可塑状态。因此，对热固性塑料而言，聚合过程(最后的固化阶段)和成型过程是同时进行的，所得制品是不溶(熔)的。热固性塑料的主要品种有酚醛树脂、氨基树脂、不饱和聚酯、环氧树脂等。

按照塑料的使用范围，可分为通用塑料和工程塑料两大类。通用塑料是指产量大、价格较低、力学性能一般、主要作非结构材料使用的塑料，如聚氯乙烯、聚丙烯、聚苯乙烯等。工程塑料一般可作为结构材料使用，能经受较宽的温度变化范围和较苛刻的环境条件，具有优异的力学性能、耐热、耐磨性能和良好的尺寸稳定性。工程塑料的主要品种有聚酰胺、聚碳酸酯、聚甲醛等。

3. 常用的工程塑料

1) 热塑性塑料

(1) 聚乙烯。

聚乙烯(Polyethylene，PE)是由乙烯单体通过加成聚合得到的，其分子结构式为

$$\left[—CH_2—CH_2— \right]_n$$

聚乙烯是应用最广泛的高分子材料，主要分为高密度、中密度、低密度三大类。高密度聚乙烯具有良好的防水蒸气性和较高的绝缘介电强度，可用于包装、电线电缆；低密度聚乙烯具有良好的延伸性、电绝缘性、化学稳定性、加工性能和耐低温性，适于制造薄膜、重包装膜、电缆绝缘层材料、吹注塑及发泡制品。

(2) 聚丙烯。

聚丙烯(Polypropylene，PP)是由丙烯单体聚合而成的，其分子结构式为

$$\left[—CH_2—\underset{\displaystyle CH_3}{\underset{|}{CH}}— \right]_n$$

聚丙烯的结构和聚乙烯的接近，因此很多性能也和聚乙烯类似。但是由于其存在一个由甲基构成的侧枝，柔性降低，因此具有较高的耐冲击性，较强的机械性质，抗多种有机溶剂和酸碱腐蚀，并具有良好的电绝缘性和耐腐蚀性能。但聚丙烯易在紫外光和热能作用下氧化降解，抗老化性及冲击韧性差。聚丙烯可用于法兰、齿轮、风扇叶轮、接头、壳体及化工管道等。

(3) 聚氯乙烯。

聚氯乙烯(Polyvinyl Chloride，PVC)是使用一个氯原子取代聚乙烯中一个氢原子的高分子材料。由氯乙烯在引发剂作用下聚合而成的热塑性树脂，是氯乙烯的均聚物，其分子结构式为

$$\left[—CH_2—\underset{\displaystyle Cl}{\underset{|}{CH}}— \right]_n$$

PVC为无定形结构，支化度较小。工业生产的PVC分子量一般在5万～12万范围内，具有较大的多分散性，分子量随聚合温度的降低而增加；有较好的机械性能，抗拉强度为60 MPa左右，冲击强度为5～10 kJ/m^2；有优异的介电性能。但PVC对光和热的稳定性差，在100 ℃以上或经长时间阳光曝晒，就会分解而产生氯化氢，并进一步自动催化分解，引起变色，物理机械性能也迅速下降，所以在实际应用中必须加入稳定剂以提高对热和光的稳定性。PVC很坚硬，溶解性也很差，只能溶于环己酮、二氯乙烷和四氢呋喃等少数溶剂中，对有机和无机酸、碱、盐均稳定，化学稳定性随使用温度的升高而降低。按照PVC产品的主要性状可分为硬制品和软制品，其中硬制品主要应用在管材、型材等建筑材料方

面，而软制品主要应用在薄膜、电缆、人造革等方面。

(4) 聚苯乙烯。

聚苯乙烯(Polystyrene，PS)是由苯乙烯单体聚合而成的，其分子结构式为

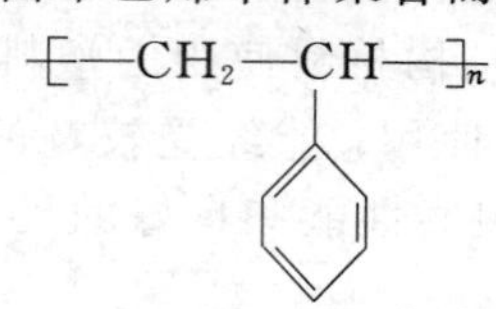

由于侧基上有苯环，分子间的阻力大，因而具有较大的刚度。聚苯乙烯质地硬而脆，无色透明，可以和多种染料混合产生不同的颜色。发泡聚苯乙烯(俗称保丽龙)也被用于建筑材料，具有吸音、隔音、隔热等效果，近年来被大举使用于中空楼板。耐冲击性聚苯乙烯(HIPS)是通过在聚苯乙烯中添加聚丁基橡胶颗粒的办法生产的一种抗冲击的聚苯乙烯产品，抗冲击性较一般聚苯乙烯得到了提高。

(5) ABS 树脂。

ABS 树脂(Acrylonitrile Butadiene Styrene plastic)是丙烯腈(PAN)、丁二烯(PB)、苯乙烯(PS)的三元共聚物。ABS 树脂是目前产量最大、应用最广泛的聚合物，它将 PB、PAN、PS 的各种性能有机地统一起来，兼具韧、硬、刚相均衡的优良力学性能。ABS 树脂是五大合成树脂之一，其抗冲击性、耐热性、耐低温性、耐化学药品性及电气性能优良，还具有易加工、制品尺寸稳定、表面光泽性好等特点，容易涂装、着色，还可以进行表面喷镀金属、电镀、焊接、热压和粘接等二次加工，广泛应用于机械、汽车、电子电器、仪器仪表、纺织和建筑等工业领域，是一种用途极广的热塑性工程塑料。

(6) 聚酰胺。

聚酰胺(polyamide，PA)，俗称尼龙(nylon)。尼龙为韧性角状半透明或乳白色结晶性树脂，作为工程塑料的尼龙分子量一般为 1.5～3 万；具有良好的综合性能，包括力学性能、耐热性、耐磨损性、耐化学药品性和自润滑性；有一定的阻燃性，易于加工，适用于玻璃纤维和其他填料填充增强改性，提高性能和扩大应用范围，如增强尼龙、单体浇铸尼龙(MC 尼龙)、反应注射成型(RIM)尼龙、芳香族尼龙、透明尼龙、高抗冲尼龙、电镀尼龙等，广泛用作金属、木材等传统材料的代用品，作为各种结构材料。尼龙的缺点是吸水性大，影响尺寸稳定性和电性能。增强尼龙的纤维可降低树脂吸水率，使其能在高温、高湿下工作。

(7) 聚甲醛。

聚甲醛(polyformaldehyde，POM)是以线型结晶高聚物聚甲醛树脂为基的塑料，是一种没有侧链、高密度、高结晶性的线性聚合物。聚甲醛的结晶度可达 75%，有明显的熔点和高强度、高弹性模量等优良的综合力学性能；其强度与金属相近，摩擦系数小并有自润滑性，因而耐磨性好；同时它还具有耐水、耐油、耐化学腐蚀、绝缘性好等优点。其缺点是热稳定性差，易燃，长期在大气中曝晒会老化。

聚甲醛塑料价格低廉，且性能优于尼龙，故可代替有色金属和合金并逐步取代尼龙制作轴承、衬套、齿轮等。

(8) 聚碳酸酯。

聚碳酸酯(polycarbonate，PC)是分子链中含有碳酸酯基的高分子聚合物，其分子结构式为

$$\left[O-C_6H_4-\underset{CH_2}{\overset{CH_2}{C}}-C_6H_4-O-\underset{O}{\overset{}{C}} \right]_n$$

聚碳酸酯的透明度为 85%～92%，被誉为“透明金属”。它具有优异的冲击韧性和尺寸稳定性，有较高的耐热性和耐寒性，使用温度范围为－100～＋130 ℃，有良好的绝缘性和加工成型性；缺点是化学稳定性差，易受碱、胺、酮、酯、芳香烃的侵蚀，在四氯化碳中会发生“应力开裂”现象。聚碳酸酯主要用于制造高精度的结构零件，如齿轮、蜗轮、蜗杆、防弹玻璃、飞机挡风罩、座舱盖和其他高级绝缘材料。

(9) 聚四氟乙烯。

聚四氟乙烯(polytetrafluoroethylene，PTFE)俗称“塑料王”，是由四氟乙烯经聚合而成的高分子化合物，具有优良的化学稳定性、耐腐蚀性、密封性、高润滑不粘性、电绝缘性和良好的抗老化耐力，在－195～＋250 ℃范围内长期使用，其力学性能几乎不发生变化。聚四氟乙烯主要用于制作减摩密封件，化工机械中的耐腐蚀零件及在高频或潮湿条件下的绝缘材料，如化工管道、电气设备、腐蚀介质过滤器等。

(10) 聚砜。

聚砜(polysulfone，PSF)是以透明微黄色的线型非晶态高聚物聚砜树脂为基的塑料。其优点是强度高，弹性模量大，耐热性好，最高使温度可达 150～165℃，蠕变抗力高，尺寸稳定性好；缺点是耐溶剂性差。聚砜主要用于制作要求高强度、耐热、抗蠕变的结构件、仪表零件和电气绝缘零件，如精密齿轮、凸轮、真空泵叶片、仪器仪表壳体、仪表盘、电子计算机的积分电路板等。此外，聚砜具有良好的可电镀性，可通过电镀金属制成印刷电路板和印刷线路薄膜。

(11) 聚甲基丙烯酸甲酯。

聚甲基丙烯酸甲酯(polymethyl methacrylate，PMMA)俗称有机玻璃，是无色透明材料，折射率约为 1.49，透光率达 92%以上，是优质有机透明材料。它具有较高的强度和韧性，不易破碎，耐紫外线和防大气老化，易于加工成型。但其硬度不如玻璃高，耐磨性差，易溶于有机溶剂，使用温度不能超过 180 ℃，导热性差，膨胀系数大。聚甲基丙烯酸甲酯主要用于制作飞机座舱盖、炮塔观察孔盖、仪表灯罩及光学镜片，亦可作防弹玻璃、电视和雷达标图的屏幕、汽车风挡、仪器设备的防护罩等。

2) 热固性塑料

(1) 酚醛塑料。

酚醛塑料(phenolic plastics，PF)俗称电木粉，是以酚醛树脂为基材的塑料的总称。酚醛树脂通常由酚类化合物和醛类化合物缩聚而成。酚醛塑料具有较高的强度和硬度，较好的耐热性、耐磨性、耐腐蚀性及良好的绝缘性，广泛用于机械、电器、电子、航空、船舶、仪表等工业中，例如齿轮、耐酸泵、雷达罩、仪表外壳等。其缺点是质地较脆，耐光性差，色彩单调，只有棕色和黑色。

(2) 环氧塑料。

环氧塑料(epoxy plastics，EP)是以环氧树脂为基材的塑料。环氧树脂是泛指分子中含有两个或两个以上环氧基团的有机高分子化合物，除个别外，它们的相对分子质量都不高。环氧树脂的分子结构以分子链中含有活泼的环氧基团为其特征，环氧基团可以位于分子链的末端、中间或成环状结构。由于分子结构中含有活泼的环氧基团，使它们可与多种类型的固化剂发生交联反应而形成不溶(熔)、具有三向网状结构的高聚物，具有比强度高，耐热性、耐腐蚀性、绝缘性及加工成型性好的特点；缺点是价格昂贵。环氧塑料主要用于制作模具、精密量具、电气及电子元件等重要零件。

5.2.2　橡胶

橡胶(rubber)是以高分子化合物为基础的具有显著高弹性的材料，它是以生胶为原料加入适量的配合剂而形成的高分子弹性体。橡胶最显著的性能特点是具有高弹性，在较小的外力作用下就能产生很大的变形，且当外力去除后又能很快恢复到近似原来的状态。其宏观弹性变形量可高达100%～1000%，同时橡胶具有优良的伸缩性和积储能量的能力，有良好的耐磨性、绝缘性、隔音性和阻尼性，以及一定的强度和硬度。橡胶常作为弹性材料、密封材料、减震防震材料、传动材料、绝缘材料。

1. 橡胶的分类

橡胶按其来源，可分为天然橡胶和合成橡胶两大类。天然橡胶是橡树上流出的乳胶经加工而制成的；合成橡胶是通过工人合成制得的，具有与天然橡胶相近性能的一类高分子材料。合成橡胶品种很多，按其性能和用途可分为通用合成橡胶和特种合成橡胶。凡性能与天然橡胶相同或相近、广泛用于制造轮胎及其他大品种橡胶制品的(如运输带、胶管、垫片、密封圈、电线电缆等)，称为通用合成橡胶，如丁苯橡胶、顺丁橡胶等。凡具有耐寒、耐热、耐油、耐腐蚀、耐辐射、耐臭氧等特殊性能，用于制造特定条件下使用的制品的，称为特种合成橡胶，如丁腈橡胶、硅橡胶等。随着特种橡胶综合性能的改善，制造成本的降低以及应用范围的扩大，有些特种橡胶品种也开始作为通用橡胶使用，如氯丁橡胶、乙丙橡胶等。

2. 橡胶的组成

天然橡胶主要由92%～95%的橡胶烃和5%～8%的非橡胶烃组成。合成橡胶是由低分子量的单体聚合成高分子聚合物的生胶后，先进行塑炼，再加入各种添加剂，经过混炼成型、硫化处理后获得。常用的添加剂包括：

(1) 硫化剂：使橡胶分子链起交联反应，使线型分子形成立体网状结构。目前使用的硫化剂有硫磺、硒、碲、含硫化合物、过氧化物、醌类化合物、胺类化合物、树脂和金属化合物等，而硫磺由于资源丰富、价廉易得、硫化橡胶性能优异，仍是最佳的硫化剂。

(2) 硫化促进剂：能促进硫化作用的物质。硫化促进剂可缩短硫化时间，降低硫化温度，减少硫化剂用量和提高橡胶的物理机械性能等。它可分为无机促进剂与有机促进剂两大类。无机促进剂有氧化镁、氧化铅等，其促进效果小，硫化橡胶性能差，多数场合已被有机促进剂所取代。

此外，橡胶中还要加入防老剂、软化剂、填充剂、发泡剂及着色剂等。

3. 常用的合成橡胶

1) 通用橡胶

(1) 丁苯橡胶。

丁苯橡胶(Styrene Butadiene Rubber，SBR)是以丁二烯和苯乙烯为单体共聚而成的，加工性能及制品的使用性能接近于天然橡胶，有些性能如耐磨、耐热、耐第化及硫化速度较天然橡胶更为优良，可与天然橡胶及多种合成橡胶并用，广泛用于轮胎、胶带、胶管、电线电缆、医疗器具及各种橡胶制品的生产等领域，是最大的通用合成橡胶品种，也是最早实现工业化生产的橡胶品种之一。

(2) 顺丁橡胶。

顺丁橡胶(Butadiene Rubber，BR)由丁二烯聚合而成，其弹性、耐磨性、耐热性、耐寒性均优于天然橡胶，是制造轮胎的优良材料；缺点是强度较低，加工性能差、抗撕性差。顺丁橡胶主要用于制造轮胎、胶带、弹簧、减震器、电绝缘制品等。

(3) 氯丁橡胶。

氯丁橡胶(Chloroprene Rubber，CR)由氯丁二烯聚合而成，机械性能与天然橡胶相似，但耐油性、耐磨性、耐热性、耐老化性均优于天然橡胶，有“万能橡胶”之称；缺点是耐寒性较差，相对密度大，成本较高。氯丁橡胶主要用于制造运动带、胶管、印刷胶辊、电缆等橡胶制品、胶黏剂、防腐漆等。

(4) 乙丙橡胶。

乙丙橡胶(Ethylene Propylene Rubber，EPR)由乙烯和丙烯共聚而成，具有结构稳定、抗老化能力强，绝缘性、耐热性、耐寒性好，在酸、碱中抗蚀性好等优点；缺点是耐油性差、粘着性差、硫化速度慢。乙丙橡胶主要用于制作轮胎、蒸汽胶管、耐热输送带、高压电线管套等。

2) 特种橡胶

(1) 丁腈橡胶。

丁腈橡胶(Nitrile Butadiene Rubber，NBR)是由丁二烯和丙烯腈聚合而成的。丁腈橡胶具有优异的耐油性、较好的耐老化性能。丙烯腈含量越多，耐油性越好，丙烯腈的含量以15%～50%为宜，此时既耐油又有弹性；缺点是耐低温性差，脆化温度为－10～20 ℃，耐酸性和绝缘性差。丁腈橡胶主要用于制作耐油制品，如油箱、贮油槽、输油管等。

(2) 硅橡胶。

硅橡胶(silicone rubber)由二甲基硅氧烷与其他有机硅单体共聚而成。其突出的性能是使用温度宽广，能在－100～350 ℃下长期使用，是目前使用温度范围最宽的一种橡胶。硅橡胶具有优异的耐热性、耐寒性、介电性、耐臭氧和耐大气老化等性能；缺点是抗张强度和抗撕裂强度等机械性能较差，在常温下其物理机械性能不及大多数合成橡胶。故硅橡胶不宜用于普通条件的场合，但非常适用于许多特定的场合，如飞机和宇航中的密封件、薄膜、胶管和耐高温的电线、电缆等。

(3) 氟橡胶。

氟橡胶(fluoro rubber)是一种主链或侧链的碳原子上含有氟原子的合成高分子弹性体。氟橡胶具有耐高温、耐油及耐多种化学药品侵蚀的特性，最高使用温度是300℃；缺点是价格昂贵，耐寒性差，加工性能不好。氟橡胶是现代航空、导弹、火箭、宇宙航行等尖端科学技术不可缺少的材料。近年来，随着汽车工业对可靠性、安全性等要求的不断提升，氟橡胶在汽车上的用量也迅速增长，主要是做油封和O形圈。

5.2.3 纤维

凡能保持长度比本身直径大100倍的均匀条状或丝状的高分子材料均称纤维，它可分为天然纤维和化学纤维。化学纤维又可分为人造纤维和合成纤维。人造纤维用自然界的纤维加工制成，如叫“人造丝”、“人造棉”的粘胶纤维和硝化纤维、醋酸纤维等。合成纤维是以石油、天然气、煤和石灰石等为原料，经过提炼和化学反应合成高分子化合物，再将其熔融或溶解后纺丝制得的纤维。合成纤维具有比天然纤维和人造纤维更优越的性能，如强度高、密度小、弹性好、耐磨、耐酸碱性好、不霉烂、不怕虫蛀等，除广泛用作衣料等生活用品外，在工农业生产、国防等部门也有许多重要的用途，是一种发展迅速的工程材料。

常见的合成纤维有涤纶、锦纶、腈纶、维纶、丙纶和氯纶，通称为六大纶，其中前三者的产品占合成纤维总产量的90%以上。

1. 聚酯纤维/涤纶

聚酯纤维(polyester fiber)的商品名称也叫的确良，由对苯二甲酸乙二酯抽丝制成。纤维结晶度高，弹性好，弹性模量大，不易变形，故由涤纶纤维织成的纺织品抗皱性和保形性特别好。涤纶强度高，抗冲击性能比锦纶高4倍，耐磨性仅次于锦纶，耐光性、化学稳定性和电绝缘性也较好，不发霉，不虫蛀。涤纶现在除大量用作纺织品材料外，工业上广泛用于运输带、传动带、帆布、渔网、绳索、轮胎帘子线及电器绝缘材料等。涤纶的缺点是吸水性差，染色性差，不透气，穿着感到不舒服，摩擦易起静电，容易吸附脏物，耐紫外线能力差，不宜暴晒。

2. 聚酰胺纤维/锦纶

聚酰胺纤维(polyamide fiber)的商品名称也叫尼龙，由聚酰胺树脂抽丝制成，质轻、强度高，锦纶绳的抗拉强度较同样粗的钢丝绳还大；弹性和耐磨性好，耐磨性约是棉花的10倍、羊毛的20倍；具有良好的耐碱性和电绝缘性，不怕虫蛀。其缺点是耐酸、耐热、耐光性能较差，弹性模量低，容易变形，缺乏刚性。锦纶多用于轮胎帘子线、降落伞、宇航飞行服、渔网、针织内衣、尼龙袜、手套等工农业及日常生活用品。

3. 聚丙烯腈纤维/腈纶

聚丙烯腈纤维(polyacrylonitrile fiber)的商品名称也叫奥纶、开司米纶，质轻、柔软、保暖性好，犹如羊毛，故俗称人造羊毛。腈纶毛线的强度较纯羊毛毛线大2倍以上，穿着时有温暖的感觉，而且即使在阴雨天气也不会像羊毛有冰凉的感觉。腈纶不发霉，不虫蛀，弹性好，吸湿小，耐光性能好，超过涤纶，对日光的抵抗能力较羊毛大1倍，较棉花大10倍，故又称“晴纶”。腈纶主要用来制造毛线和膨体纱及室外用的帐篷、幕布、船帆等织物，还可与羊毛混纺，织成各种衣料。腈纶的缺点是耐磨性差，摩擦后容易在表面产生许多小球，不易脱落，且因摩擦、静电积聚，小球容易吸收尘土，弄脏织物。腈纶毛线拆下后，在常温下不易恢复平直，只有在90 ℃的热水中才能恢复平直和松软，且必须待热水冷却至50 ℃以下取出方可保持。

4. 聚乙烯醇纤维/维纶

聚乙烯醇纤维(polyvinyl alcohol fiber)的最大特点是吸湿性好，和棉花接近，性能很像棉花，故又称合成棉花。维纶的强度约为棉花的2倍，耐磨性、耐酸碱腐蚀性均较好，耐日晒，不发霉，不虫蛀，其纺织品柔软保暖，结实耐磨，穿着时没有闷气感觉，是一种很好的衣着原料；缺点是弹性和抗皱性差。维纶主要用作帆布、包装材料、输送带、背包、床单和窗帘等。

5. 聚丙烯纤维/丙纶

聚丙烯纤维(polypropylene fiber)的特点是质轻、强度大，相对密度只有0.91，比腈纶还轻，能浮在水面上，是渔网的理想材料，也可用于军用蚊帐，适合行军的需要。丙纶耐磨性优良，吸湿性很小，还能耐酸碱腐蚀。用丙纶制成的织物，易洗快干，经久耐用。除用于衣料、毛毯、地毯、工作服外，丙纶还用作包装薄膜、降落伞、医用纱布和手术衣等。

6. 聚氯乙烯纤维/氯纶

聚氯乙烯纤维(polyvinyl chloride fiber)保暖性好，遇火不易燃烧，化学稳定性好，能耐强酸和强碱，弹性、耐磨性、耐水性和电绝缘性均很好，并能耐日光照射，不霉烂，不虫蛀，因而常用作化工防腐和防火衣着的用品，以及绝缘布、窗帘、地毯、渔网、绳索等；保暖性好，静电作用强，可做成贴身内衣，对风湿性关节炎有一定疗效。其缺点是耐热性差，当温度达65～70 ℃时，纤维即开始收缩，在沸水中收缩率大，故其织物不能用沸水洗涤，也不能接近高温热源。

5.2.4 涂料和黏合剂

1. 涂料

涂料(coatings)是指涂布于物体表面在一定的条件下能形成薄膜而起保护、装饰或其他特殊功能(绝缘、防锈、防霉、耐热等)的一类液体或固体材料。涂料属于有机化工高分子材料，所形成的涂膜属于高分子化合物类型。按照现代通行的化工产品的分类，涂料属于精细化工产品。

1）涂料的组成

(1) 成膜物质。成膜物质是涂膜的主要成分，包括油脂、油脂加工产品、纤维素衍生物、天然树脂和合成树脂。成膜物质还包括部分不挥发的活性稀释剂，它是使涂料牢固附着于被涂物面上形成连续薄膜的主要物质，是构成涂料的基础，决定着涂料的基本特性。

(2) 颜料。颜料一般分两种，一种为着色颜料，常见的钛白粉、铬黄等，还有种为体质颜料，也就是常说的填料，如碳酸钙、滑石粉。

(3) 溶剂。溶剂包括烃类溶剂(矿物油精、煤油、汽油、苯、甲苯、二甲苯等)、醇类、醚类、酮类和酯类物质。溶剂和水的主要作用于使成膜基料分散而形成黏稠液体，它有助于施工和改善涂膜的某些性能。

(4) 其他辅助材料。其他辅助材料包括催干剂、增塑剂、固化剂、稳定剂等。

2）涂料的分类

根据涂料中使用的主要成膜物质可将涂料分为油性涂料、纤维涂料、合成涂料和无机涂料等；按涂料或漆膜性状可分为溶液、乳胶、溶胶、粉末、有光、消光和多彩美术涂料等；按施工工序可分为底漆、中涂漆(二道底漆)、面漆、罩光漆等；按功能可分为不粘涂料、铁氟龙涂料、装饰涂料、防腐涂料、导电涂料、防锈涂料、耐高温涂料、示温涂料、隔热涂料、防火涂料、防水涂料等；按用途可分为建筑涂料、罐头涂料、汽车涂料、飞机涂料、家电涂料、木器涂料、桥梁涂料、塑料涂料、纸张涂料、船舶涂料、风力发电涂料、核电涂料等；按漆膜性能可分为防腐漆、绝缘漆、导电漆、耐热漆等。

3）常用涂料

酚醛树脂(phenolic resin)涂料应用最早，有清漆、绝缘漆、耐酸漆、地板漆等。

氨基树脂(amino resin)涂料的涂膜光亮、坚硬，广泛用于电风扇、缝纫机、化工仪表、医疗器械、玩具等各种金属制品。

醇酸树脂(alkyd resin)涂料涂膜光亮、保光性强、耐久性好，适用于作金属底漆，也是良好的绝缘涂料。

聚氨酯(polyurethane)涂料的综合性能好，特别是耐磨性和耐蚀性好，适用于列车、地板、舰船甲板、纺织用的纱管以及飞机外壳等。

有机硅(organosilicone)涂料耐高温性能好，也耐大气腐蚀、耐老化，适于高温环境下使用。

2. 黏合剂

黏合剂(adhesive)又称“胶黏剂”，俗称“胶”，是具有良好粘合能力的物质。黏合剂是一类重要的高分子材料，人类在很久以前就开始使用淀粉、树胶等天然高分子材料做黏合剂。黏合剂有天然黏合剂和合成黏合剂之分，也可分为有机黏合剂和无机黏合剂。其主要组成除基料(一种或几种高聚物)外，还有固化剂、填料、增塑剂、增韧剂、稀释剂、促进剂及着色剂。

胶黏剂的选用通常应综合考虑胶黏剂的性能、胶接对象、使用条件、固化工艺和经济成本等各方面的因素，合理地选用。对各种胶黏剂的选用可参考表 5-3。

表 5-3　胶黏剂选择

材料＼材料代号	皮革、织物、软质材料	竹木	热固性塑料	热塑性塑料	橡胶制品	玻璃、陶瓷	金属
金属	2，4，3，8	1，4，2，6	1，4，3，7	1，5，4，9	4，8	1，2，3，4，5，7，10	1，2，3，4，5，7，10
玻璃、陶瓷	2，4，3，8	1，3，4	1，2，3，7	1，2，4，5	4，8	1，2，3，4，5，7，10	
橡胶制品	4，8	1，2，4，8	2，3，4，8	1，4，8	4，8		
热塑性塑料	4，9	1，4，9	1，4，5	1，4，5，9			
热固性塑料	2，3，4，9	1，2，4，9	1，4，7，9				
竹木	1，2，4	4，6，7					
皮革、织物、软质材料	4，8	1—环氧树脂胶；2—酚醛-缩醛胶；3—酚醛-丁腈胶；4—聚氨酯胶；5—聚丙烯酸酯胶；6—脲醛树脂胶；7—不饱和聚酯树脂胶；8—橡胶胶黏剂；9—塑料胶黏剂；10—无机胶黏剂					

(1) 环氧树脂胶黏剂。基料主要使用环氧树脂，应用最广的是双酚 A 型。它的性能较全面，应用广，俗称“万能胶”。

(2) 酚醛-缩醛胶黏剂。这类胶黏剂分子中有大量极性基团存在的，对金属和非金属都有很好的粘附性。加之胶层固化后呈网状结构，其胶接强度高，抗冲击和耐疲劳性能良好。此外，它还具有良好的耐大气老化和耐水性，是一种应用广泛的结构型胶黏剂。它是目前最通用的飞机结构胶之一，可用于胶接金属结构和蜂窝结构；此外，还可用于汽车刹车片、轴瓦、印刷线路板等的胶接。

(3) 酚醛-丁腈胶黏剂。酚醛-丁腈胶黏剂胶接强度高、耐震动、抗冲击韧性好，其剪切强度随温度变化不大，可以在 −55～180 ℃下长时间使用，其耐水、耐油、耐化学介质以及耐大气老化性能都较好。但是，这种胶黏剂固化条件严格，必须加压、加油才能固化。酚醛-丁腈胶黏剂可用于金属和大部分非金属材料的胶接，如汽车刹车片的粘合、飞机结构中轻金属的粘合，印刷线路板中锡箔与层压板的粘合以及各种机械设备的修复等。

(4) 聚氨酯胶黏剂。聚氨酯胶黏剂的柔韧性好，可低温使用，但不耐热、强度低，通常做非结构胶使用。

(5) 橡胶胶黏剂。橡胶胶黏剂是以氯丁、丁腈、丁苯、丁基等合成橡胶或天然橡胶为基料配制成的一类胶黏剂，具有较高的剥离强度和优良的弹性，但其拉伸强度和剪切强度较低，主要适用于柔软的或膨胀系数相差很大的材料的胶接。主要品种有氯丁橡胶胶黏剂和丁腈橡胶胶黏剂。氯丁橡胶胶黏剂具有较高的内聚强度和良好的粘附性能，耐燃性、耐气候性、耐油性和耐化学试剂性能等均较好，缺点是稳定性和耐低温性能较差，可用于极性或非极性橡胶的胶接，非金属、金属材料的胶接，在汽车、飞机、船舶制造和建筑等方面，均得到广泛应用。丁腈橡胶胶黏剂耐油性好，并有良好的耐化学介质性和耐热性能，对极性材料有很强的粘附性，但对非极性材料的胶接稍差，适用于金属、塑料、橡胶、木材、织物以及皮革等多种材料的胶接，尤其在各种耐油产品中得到了广泛应用。

(6) 无机胶黏剂。高温环境要用无机胶黏剂，有的可在 1300℃下使用，胶接强度高，但脆性大。无机胶黏剂的种类很多，机械工程中多用磷酸-氧化铜无机胶黏剂。

5.3　功能高分子材料

功能高分子是指具有某些特定功能的高分子材料。它们之所以具有特定的功能，是由于在其大分子链中结合了特定的功能基团，或大分子与具有特定功能的其他材料进行了复合，也可以二者兼而有之。例如，吸水树脂是由水溶性高分子通过适度交联而制得的，遇水时将水封闭在高分子的网络内，吸水后呈透明凝胶，因而产生吸水和保水的功能。

按照使用功能的不同，功能高分子可分为光功能高分子、电功能高分子、生物医用高分子、催化功能高分子、选择分离功能高分子等。

1. 光功能高分子材料

光功能高分子材料又称为光敏高分子、感光树脂，是指分子中的官能团能吸收光能，并在光的作用下发生某些化学(如光交联、光分解)或物理(光导电、光致变色)变化，从而导致材料的物性变化的高分子材料。

常见的光功能高分子材料主要有光导电高分子材料、光致变色高分子材料、高分子光致刻蚀剂、高分子荧光和磷光材料、高分子光稳定剂、高分子光能转化材料和高分子非线性光学材料等。光功能高分子材料在电子工业和太阳能利用等方面具有广泛的应用前景。

作为新型光加工材料，光功能高分子材料在印刷制版、电子工业和金属材料的精密加工等领域得到了广泛应用。

2. 电功能高分子材料

电功能高分子材料在特定条件下可表现出各种电学性质，如热电、压电、铁电、光电、介电和导电等。根据其功能划分，主要包括导电高分子材料、电绝缘性高分子材料、高分子介电材料、高分子驻极体、高分子光导材料、高分子电活性材料等；同时根据其组成情况可以分为结构型电功能材料和复合电功能材料两类。电功能高分子材料在电子器件、敏感器件、静电复印和特殊用途电池生产方面应用广泛。

3. 生物医用高分子材料

生物医用高分子材料是用以制造人体内脏、体外器官、药物剂型及医疗器械的聚合物材料。用于这方面的高分子材料有聚氯乙烯、天然橡胶、聚乙烯、聚酰胺、聚丙烯、聚苯乙烯、硅橡胶、聚酯、聚四氟乙烯、聚甲基丙烯酸甲酯和聚氨酯等。

生物医用高分子材料多用于人体，直接关系到人的生命和健康，一般对其性能的要求是：

(1) 安全性：必须无毒或副作用极少。

(2) 物理、化学和机械性能：需满足医用所需设计和功能的要求；要求便于灭菌消毒，能耐受湿热消毒(120～140 ℃)、干热消毒(160～190 ℃)、辐射消毒或化学处理消毒，而不降低材料的性能；要求加工性能好，可加工成所需的各种形状，而不损伤其固有性能。

(3) 适应性：材料植入人体后，要求长时期对体液无影响；与血液相容性好，对血液成分无损害，不凝血，不溶血，不形成血栓；无异物反应，在人体内不损伤组织，不致癌致畸，不会导致炎症坏死、组织增生等。

生物医用高分子材料主要有人造脏器、医疗器械和药物剂型三种类型。

思 考 题

1. 简述高分子材料的结构及力学性能、物理性能和化学性能的特点。

2. 与金属材料相比，工程塑料的主要性能特点是什么？试述常用工程塑料的种类、性能及应用。

3. 简述常用橡胶的种类、性能特点及应用。

第6章 陶瓷材料

陶瓷(ceramics)材料作为材料业的三大支柱之一，在日常生活及工业生产中起着举足轻重的作用。陶瓷材料是人类应用最早的材料之一，它是一种天然或人工合成的粉状化合物，经过成型和高温烧结，由金属元素和非金属的无机化合物构成的多相固体材料。陶瓷材料具有耐高温、耐腐蚀、耐磨损、原料丰富、成本低廉等诸多优点而被一直关注。现在陶瓷材料、金属材料、高分子材料被称为三大主要固体材料。

陶瓷材料按照原料来源不同可分为普通陶瓷(传统陶瓷)和特种陶瓷(近代陶瓷)。普通陶瓷是以天然的硅酸盐矿物为原料(黏土、长石、石英)，经过原料加工、成型、烧结而成，因此这种陶瓷又叫硅酸盐陶瓷。普通陶瓷主要包括日用陶瓷、建筑陶瓷、绝缘陶瓷、化工陶瓷、多孔陶瓷(过滤陶瓷)等。特种陶瓷是采用纯度较高的人工合成化合物(如 Al_2O_3、ZrO_2、SiC、Si_3N_4、BN)经配料、成型、烧结而制得。特种陶瓷按性能分为高强度陶瓷、高温陶瓷、耐磨陶瓷、耐酸陶瓷、压电陶瓷、电介质陶瓷、光学陶瓷、半导体陶瓷、磁性陶瓷、生物陶瓷等；按化学组分分为氧化物陶瓷、氮化物陶瓷、碳化物陶瓷、复合瓷、金属陶瓷等。

6.1 陶瓷材料的组织结构

陶瓷的显微组织主要由晶相、玻璃相、气相三部分组成。

1. 晶相

晶相是陶瓷材料的主要组成相，最常见的结构有氧化物结构和硅酸盐化合物结构。

1) 氧化物结构

陶瓷中常见的各种氧化物结构主要有 AX、AX_2、A_2X_3、ABX_3、AB_2X_4 等类型。这类物质的结构键以离子键为主。尺寸较大的负离子(O^{2-})占据结点位置组成密排晶格，尺寸较小的金属正离子(Al^{3+}、Mg^{2+})处于晶格间隙之中。如果氧离子占据面心立方晶格结点位置，而金属离子占据全部八面体，则氧离子数与金属离子数之比为1∶1，构成AX型结构，如面心立方的碱金属卤化物NaCl，碱土金属氧化物MgO、BaO、CaO等；如果金属离子占据全部四面体间隙，则氧离子数与金属离子数之比为1∶2，即构成 AX_2 型结构，如面心立方的 CaF_2(萤石)、ThO_2，简单四方的 TiO_2(金红石)、SiO_2(石英)等；如果氧离子构成密排六方晶格，金属离子占据八面体间隙的2/3，则氧离子数与金属离子数之比为3∶2，形成 A_2X_3 型化合物，如菱形晶系的 Al_2O_3(刚玉)。

2) 硅酸盐结构

硅酸盐是构成地壳的主要矿物，也是水泥、陶瓷、玻璃、耐火材料等硅酸盐的主要原料。在硅酸盐化合物中，最基本的结构单元是硅氧四面体，它由位于中心的一个硅原子与围绕它的四个氧原子所构成，四面体之间以共有顶点的氧离子相互连接起来。根据四面体的四个顶端氧离子与其他硅氧四面体的连接方式不同，可形成岛状、层状、架状等不同的硅酸盐结构。

陶瓷材料的晶相有时不止一个，此时可将其分为主晶相、次晶相、第三晶相等。陶瓷材料的力学性能、物理、化学性能主要取决于主晶相。

2. 玻璃相

玻璃相是在陶瓷烧结时各组成物和杂质产生一系列物理化学变化后形成的一种非晶态物质，其结构是由离子多面体构成的无规则排列的空间网格。玻璃相是陶瓷材料中不可缺少的组成相，其作用是粘结分散晶相，降低烧结温度，抑制晶相的晶粒长大和填充气孔。玻璃相熔点低、热稳定性差，在较低温度下即开始软化，导致陶瓷在高温下产生蠕变、强度低于晶相。因此，工业陶瓷必须控制玻璃相的含量，一般为20%～40%，特殊情况下可达60%。

3. 气相

气相是指陶瓷孔隙中的气体，即气孔。它是在陶瓷生产过程中形成并被保留下来的，对陶瓷性能有显著的影响。有利的一面是气孔使陶瓷密度减小并能吸收震动，不利的一面是它同时使陶瓷强度降低、介电耗损增大、电击穿强度下降、绝缘性降低。因此应控制工业陶瓷中气孔的数量、形状、大小和分布。通常气孔率为5%～10%(体积比)，但保温陶瓷和过滤多孔陶瓷等需增加气孔率，可高达60%。

6.2 陶瓷材料的性能

陶瓷材料的化学键大部分为离子键和共价键，键合连接牢固并有明显的方向性，同一般的金属相比，其晶体结构复杂而表面能较小。因此，它的强度、硬度、弹性模量、耐磨性、耐蚀性及耐热性优越，但塑性、韧性、可加工性、抗热震性及使用可靠性却不如金属。

6.2.1 陶瓷的力学性能

1. 弹性模量

陶瓷的弹性模量一般都比金属高。当温度升高时，它的弹性模量降低，特别是加热到1/2的熔点以上温度后，由于晶界产生滑移，弹性模量会急剧下降。如热压 Si_3N_4 从室温升到1400 ℃时，其弹性模量从314 GPa下降到255 GPa。陶瓷材料的致密度对弹性模量影响很大，随着气孔率的增加，陶瓷的弹性模量急剧的下降。

2. 塑性变形及蠕变

陶瓷材料的滑移系较少，在室温下几乎没有塑性，完全是脆性断裂，这是陶瓷作为工程材料应用的致命弱点。此外，陶瓷材料的气孔率对其塑性变形能力影响很大。气孔率越高，陶瓷塑性变形能力越差，越容易发生脆断。

3. 硬度

大多数陶瓷的硬度比金属高得多，莫氏硬度均在7以上，故其耐磨性好，常用作耐磨零件，如轴承、刀具等。

4. 强度

陶瓷材料在界面上大都存在着气孔，气孔明显降低了载荷作用横截面积，同时气孔也是引起应力集中的地方。多孔陶瓷的强度随着气孔率的增加按照指数规律下降。在压缩时，由于在压应力作用下气孔不会使裂纹扩展，所以其抗压强度(σ_{bc})远高于抗拉强度(σ_b)，铸铁σ_b/σ_{bc}为1/3，而陶瓷σ_b/σ_{bc}为1/10。室温断裂强度随着晶粒尺寸的减小而增高，形成的相界够致密，能够阻碍裂纹在相界扩展并松弛裂纹尖端应力，从而对强度的提高有利。加入第二相颗粒进行弥散强化、纤维强化、晶须强化等，可提高强度。

6.2.2 陶瓷的热性能

陶瓷的热性能主要是指它的熔点、比热容、热导率、热膨胀、抗热震动性等。这些性能对陶瓷的生产和使用都有着非常重要的作用。

1. 熔点

陶瓷材料的熔点一般都很高(>2000 ℃)。陶瓷材料的熔点、硬度和化学稳定性均较高，这是它被广泛作为高温材料应用的原因。

2. 比热容

对于陶瓷材料，大多数氧化物和氮化物的比热容从低温时的低值随着温度上升而增加，在1000 ℃附近达到一个基本值。温度的进一步增加，不会明显影响该数值，而且该数值与晶体的结构类型关系不大，但是比热容与材料中气孔的多少有关，气孔率高的多孔陶瓷因为其质量轻，所以它的比热容小。

3. 热导率

陶瓷材料的热传导与金属材料不同，由于陶瓷的电子数量极少，所以全部要靠晶体的晶格振动来完成导热过程。一般陶瓷材料的导热能力较差，热导率较小；陶瓷材料的晶相，大部分对辐射热具有透过性。一般情况下，原子量越小，晶体密度越小，弹性模量越大的陶瓷，其热导率越大；晶体结构越复杂的陶瓷，热导率越小。

4. 热膨胀

陶瓷材料的热膨胀系数一般都比较小，为$10^{-5}\sim10^{-6}$/K。热膨胀系数小，说明晶体质点间的结合力大，温度升高时质点振幅增加较小。因而陶瓷材料的器件在高温时的尺寸变化较小。

5. 抗热震动性

抗热震动性是指材料在温度急剧变化时所具有的抵抗破坏的能力。陶瓷材料在经受快速温度变化(即热震)时，会形成巨大的应力。此热应力效应不仅取决于应力的大小、应力的分布以及应力作用时间的长短，而且还取决于材料的延展性、气孔率、存在的裂纹等特性。陶瓷材料抗热震动性的能力较差，当它受到热冲击时极易被破坏。

6.2.3 陶瓷的其他性质

1. 陶瓷的电性质

绝大多数陶瓷是良好的电绝缘材料，因为陶瓷的离子晶体中不存在像金属那样可以自由运动的电子，几乎所有的电子都受到各个离子强烈的约束作用。只有当温度升到熔点附近时，电子的运动才比较自由，会具有一定的导电能。

陶瓷大量用于制作隔电的瓷质绝缘器件，从低压瓷(1 kV 以下)到超高压瓷(110 kV 以上)均可被制作。

陶瓷的介电性能好，介电损耗很小，可用于制作高频、高温下工作的器件。

2. 陶瓷的耐腐蚀性能

陶瓷材料具有优良的抗化学腐蚀和抗电化学腐蚀的能力，能够在酸、碱、盐和各种氧化剂条件下经久耐用，这是该材料的又一大优点。

3. 陶瓷的光学性能

许多新型功能陶瓷具有特异的光学性能。如透明陶瓷具有极好的透光效应，它可以用作高压钠灯管、各种高级窗口材料(如飞机座舱的挡风玻璃、高级轿车透明防弹玻璃窗等)，是光学材料的重大突破。陶瓷材料在光导纤维材料、激光波导材料、光存储材料中都占有极重要的地位。

6.3 陶瓷材料的工艺制备过程

陶瓷材料制备工艺区别于其他材料(金属及有机材料)制备工艺的最大特殊性在于陶瓷材料制备是采用粉末冶金工艺，即由其粉末原料经加压成型后直接在团相或大部分团相状态下烧结而成；另一个重要特点是材料的制备与制品的制造工艺一体化，即材料制备和零件制备在同一空间和时间内完成。因此，粉料的制备工艺、粉料的性质(粒度大小、形态、尺寸分布、相结构)和成型工艺对烧结时微观结构的形成和发展有着巨大的影响。同时，由于陶瓷的材料零件制造工艺一体化的特点，显微结构直接影响着制品的性能，而这种影响并非像金属材料那样可通过后续的热处理工艺加以改善。因此，掌握陶瓷材料的制备工艺更显得十分重要。

工程陶瓷的生产是一个很复杂的过程，其基本工艺过程包括坯料制备、成型与烧结三个阶段。

6.3.1 坯料制备

当采用天然的岩石、矿物、黏土等物质作原料时，一般要经过原料粉碎→精选→磨细→配料→脱水→炼坯、陈腐等过程。

当采用高纯度可控的人工合成的粉状化合物作原料时，如何获得成分、纯度、粒度均达到要求的粉状化合物是坯料制备的关键。制取微粉的方法有机械粉碎法、溶液沉淀法、气相沉积法等。

原料经过坯料制备后，依成型工艺的要求，可以是粉料、浆料或可塑泥团。

6.3.2 成型

坯料的成型是将制备好的坯料加工成一定形状和尺寸，并具有必要的机械强度和一定的致密度的半成品。根据坯料的类型不同，有下列三种相应的成型方法：

(1) 可塑法。对于在坯料中加水或塑化剂而形成的塑性泥料，可用手工或机加工方法成型，称为可塑成型，如传统陶瓷的生产。

(2) 注浆法。对于浆料型的坯料可采用浇注到一定模中的注浆成型法，如形状复杂、精度要求高的普通陶瓷制品的生产。

(3) 压制法。对于特种陶瓷和金属陶瓷，一般是将粉状坯料加少量水或塑化剂，然后在金属模中加以较高压力而成型，称为压制成型。

坯料成型后，为达到一定的强度而便于运输和后续加工，一般要进行人工或自然干燥。

6.3.3 烧成与烧结

将干燥后的坯料加热到高温，使其进行一系列的物理、化学变化而成瓷的过程，通常称为瓷化。坯件瓷化后，开口气孔率较高，致密度较低时，称之为烧成，如传统陶瓷中的日用陶瓷等都是烧成，其温度通常为1250～1450 ℃；烧结则是指瓷化后的制品开口气孔率极低、而致密度很高的瓷化过程，如特种陶瓷都是烧结而成的。常见的烧结方法有热压或热等静压法、液相烧结法、反应烧结法。

陶瓷的质量取决于原料成分和具体的生产工艺，具体衡量指标有原料的纯度和细度、坯料混合均匀性、成型密度及均匀性、烧成或烧结温度、炉内气氛、升降温速度等。我国自古以来在日用陶瓷等的生产方面有丰富的经验，如江西景德镇、山东淄博、河北唐山都生产世界闻名的高质量的瓷器。

6.4 常用陶瓷材料

1. 普通陶瓷

普通陶瓷是指黏土类陶瓷，由黏土、长石、石英配比烧制而成，其性能取决于三种原料的纯度、粒度与比例。一般质地坚硬、耐腐蚀、不氧化、不导电，能耐一定的高温且加工成型性好。

工业上普通陶瓷主要用于绝缘用的电瓷，对耐酸碱要求较高的化学瓷，承载要求较低的结构零件用瓷等，如绝缘子、耐蚀容器、管道及日常生活中的装饰瓷、餐具等。

2. 氧化铝陶瓷

氧化铝陶瓷是以 Al_2O_3 为主要成分的陶瓷($\omega_{Al_2O_3}>45\%$)。根据瓷坯中主晶相的不同，可分为刚玉瓷、刚玉-莫来石瓷和莫来石瓷等，也可按 Al_2O_3 的含量分成75瓷、95瓷和99瓷等。

氧化铝陶瓷熔点高、硬度高、强度高，并具有良好的抗化学腐蚀能力和介电性能，但脆性大，抗冲击性能和抗热震性差，不能承受环境温度的剧烈变化。氧化铝陶瓷可用于制造高温炉的炉管、炉衬、坩埚、内燃机的火花塞等，还可制造高硬度的切削刀具，也是制造热电偶绝缘套管的良好材料。

3. 氮化硅陶瓷

氮化硅陶瓷具有自润滑性好、摩擦系数小、耐磨性好、化学性能稳定、热膨胀系数小、抗高温蠕变性能高等优点，即使在1200 ℃高温下工作时，其高温强度仍不会降低。

氮化硅陶瓷的抗震性是氧化铝陶瓷和任何其他陶瓷材料所不能比拟的，可用于制造耐磨损、耐腐蚀的泵和阀、高温轴承、燃气轮机的转子叶片及金属切削工具等，也是测量铝液的热电偶套管的理想材料。

4. 碳化硅陶瓷

碳化硅陶瓷的最大特点是高温强度大，具有很高的热传导能力，耐磨、耐蚀、抗蠕变性能高，常被用作航空科技领域中的高温烧结材料，如火箭尾喷管的喷嘴、金属浇包喉嘴、热电偶套管及炉管等高温零件。

由于热传导能力高，碳化硅陶瓷还可用于制造汽轮机的叶片、轴承等高温高强度零件，以及用作高温热交换器的材料、核燃料的包封材料等。

5. 氮化硼陶瓷

氮化硼陶瓷有六方氮化硼和立方氮化硼两种。六万氮化硼具有良好的耐热性，导热系数与不锈钢相当，热稳定性好，在 2000 ℃时仍然是绝缘体；同时，它还具有硬度低、自润滑性好等特点，可用作热电偶套管、半导体散热绝缘零件、高温轴承、玻璃制品成型模具等材料。立方氮化硼的硬度与金刚石相近，是优良的耐磨材料，可用于制作磨料和金属切削刀具。

脆性大、韧性低、难以加工成型是制约结构陶瓷发展及应用的主要原因。近年来，国内外都在陶瓷的成分设计、改变组织结构、创建新的工艺等方面加强了研究，以期达到增韧及扩大品种的目的。

在结构陶瓷发展的同时，种类繁多、性能各异的功能陶瓷也不断涌现。导电陶瓷、压电陶瓷、快离子导体陶瓷、磁性陶瓷、光学陶瓷、敏感陶瓷、超导陶瓷、陶瓷集成等陶瓷材料在各个领域中正发挥着巨大的作用。

思 考 题

1. 什么是陶瓷？陶瓷的组织是由哪些相组成的？
2. 简述陶瓷材料的力学性能、物理性能及化学性能。
3. 常用工程陶瓷有哪几种？有何应用？

第7章 复合材料

7.1 概 述

现代科学的发展和技术的进步，对于材料性能的要求日益提高，希望材料既具有某些特殊性能又具有良好的综合能力。在许多方面，传统的单一材料尽管有其突出的优点，但在一定程度上也存在一些明显的缺陷，很难满足人类对各种综合指标的要求。因此，采用人工设计和合成的当代新型工程材料应运而生。

复合材料(composite)是指由两种或两种以上不同性质的材料，通过不同的工艺方法人工合成的，各组分间有明显界面且性能优于各组成材料的多相材料。各组成材料在性能上互相取长补短，产生协同效应，使复合材料的综合性能优于原组成材料而满足各种不同的要求。在复合材料中，通常连续相为基体(matrix)，另一种分散相为增强体(reinforced phase)。分散相是以独立的形态分布在整个连续相中，两相之间存在着相界面。分散相可以是增强纤维，也可以是颗粒状或弥散的填料。

7.1.1 命名和分类

复合材料根据增强材料与基体材料的名称来命名。

(1) 强调基体时，以基体材料的名称为主，如金属基复合材料、陶瓷基复合材料、水泥基复合材料。

(2) 强调增强体时，以增强体的名称为主，如碳纤维增强复合材料、陶瓷颗粒增强复合材料、氧化铝纤维增强复合材料。

(3) 基体材料名称和增强体名称并列，这种命名方法一般把增强体名称放前面，基体材料的名称放后面，再加上“复合材料”，如玻璃纤维增强环氧树脂复合材料。

(4) 商业名称命名，如“玻璃钢”即为玻璃纤维增强树脂基复合材料。

复合材料种类繁多，分类方法也不尽统一，常见的分类方法见图7-1。

7.1.2 增强机制

1. 纤维增强复合材料的增强机制

纤维增强复合材料是由高强度、高弹性模量的连续(长)纤维或不连续(短)纤维与基体(树脂或金属、陶瓷等)复合而成的。复合材料受力时，高强度、高模量的增强纤维承受大部分载荷，而基体主要作为媒介，传递和分散载荷。为达到强化目的，必须满足下列条件：

(1) 增强纤维的强度、弹性模量应远远高于基体，以保证复合材料受力时主要由纤维承受外加载荷。

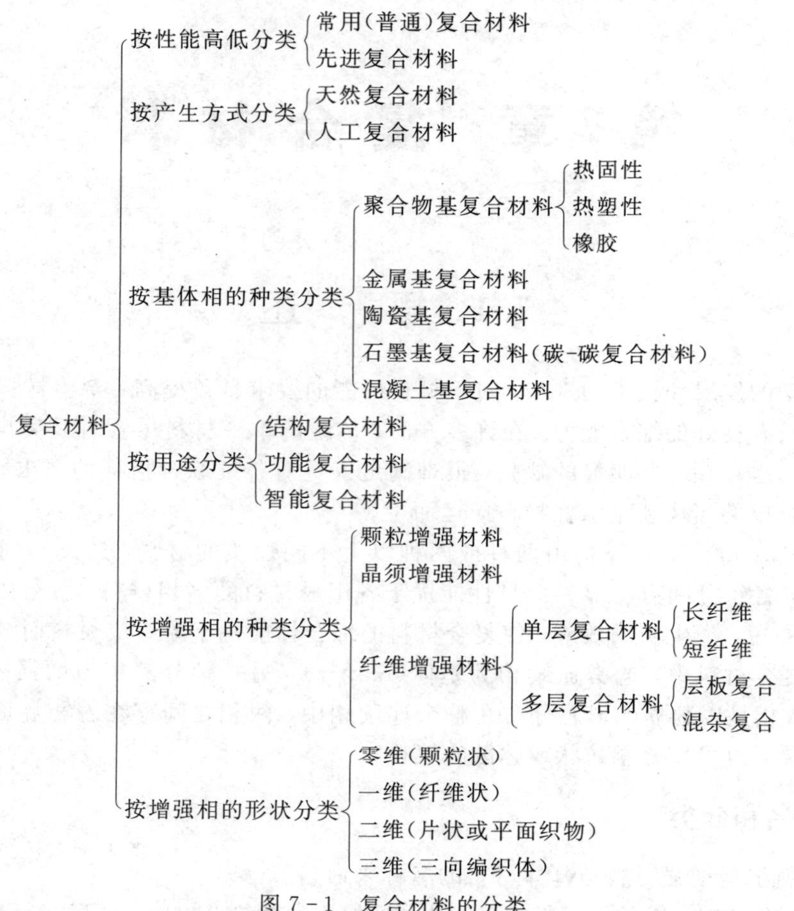

图 7-1　复合材料的分类

(2) 纤维和基体之间应有一定结合强度，这样才能保证基体所承受的载荷能通过界面传递给纤维，并防止脆性断裂。

(3) 纤维的排列方向要和构件的受力方向一致，才能发挥增强作用。

(4) 纤维和基体之间不能发生使结合强度降低的化学反应。

(5) 纤维和基体的热膨胀系数应匹配，不能相差过大，否则在热胀冷缩过程中会引起纤维和基体结合强度降低。

(6) 纤维所占的体积分数、纤维长度 L 和直径 d 及长径比 L/d 等必须满足一定要求，一般是纤维所占的体积分数愈高，纤维愈长、愈细，增强效果愈好。

2. 粒子增强型复合材料的增强机制

粒子增强型复合材料按照颗粒尺寸大小和数量多少可分为弥散强化的复合材料和颗粒增强的复合材料，前者粒子直径 d 一般为 0.01～0.1 μm，粒子体积百分数为 1%～15%；后者粒子直径 d 一般为 1～50 μm，粒子体积百分数大于 20%。

(1) 弥散强化的复合材料的增强机制。在外力的作用下，复合材料的基体将主要承受载荷，而弥散均匀分布的增强粒子将阻碍导致基体塑性变形的位错运动或分子链运动。特别是增强粒子大都是氧化物等化合物，其熔点、硬度较高，化学稳定性好，所以粒子加入后，不但使常温下材料的强度、硬度有较大提高，而且使高温下材料的强度下降幅度减小，即弥散强化复合材料的高温强度高于单一材料。强化效果与粒子直径及体积百分数有关，质点尺寸越小，体积百分数越高，强化效果越好。

(2) 颗粒增强复合材料的增强机制。颗粒增强复合材料是用金属或高分子聚合物为黏合剂，把具有耐热性好，硬度高但不耐冲击的金属氧化物、碳化物、氮化物粘合在一起而形成的材料。这类材料的性能既具有陶瓷的高硬度及耐热的优点，又具有脆性小、耐冲击等方面的优点，显示了突出的复合效果；由于强化相的颗粒较大，对位错的滑移和分子链运动已没有多大的阻碍作用，因此强化效果并不显著。颗粒增强复合材料主要不是为了提高强度，而是为了改善耐磨性或者综合的力学性能。

7.1.3　性能特点

复合材料不仅保留了单一组成材料的优点，同时具有许多优越的特性，这是复合材料的应用越来越广泛的主要原因。

(1) 比强度和比模量高。复合材料的比强度和比模量均较大，如碳纤维-环氧树脂复合材料的比强度比钢高 7 倍，比模量比钢大 3 倍。纤维增强复合材料的这些特性，为某些要求自重轻和刚度好的零件提供了理想的材料。

(2) 良好的抗疲劳性能。由于纤维增强复合材料特别是纤维-树脂复合材料对缺口应力集中敏感性小，而且纤维和基体界面能够阻止疲劳裂纹扩展和改变裂纹扩展方向，因此复合材料有较高的疲劳极限。碳纤维增强复合材料的疲劳极限可达抗拉强度的 70%～80%，而金属材料的只有其抗拉强度的 40%～50%。

(3) 破断安全性好。纤维增强复合材料的基体中有大量的细小纤维存在，在较大载荷下部分纤维断裂时，载荷由韧性好的基体重新分配到其他未断裂的纤维上，使构件不至于在瞬间失去承载能力而断裂。

(4) 优良的高温性能。通常，聚合物基复合材料的使用温度在 100～350 ℃；金属基复合材料按不同基体，使用温度为 350～1100 ℃；SiC 纤维、Al_2O_3 纤维与陶瓷的复合材料可在 1200～1400 ℃范围内保持很高的强度；碳纤维复合材料在非氧化气氛下可在 2400～2800 ℃长期使用。

(5) 减摩、耐磨、减振。碳纤维增强高分子材料的摩擦系数比高分子材料本身低得多，在热塑性塑料中加少量短切纤维，大大提高其耐磨性。由于复合材料的比弹性模量高，其自振频率也高，因而构件在一般工作状态下不易发生共振；同时，由于纤维与基体界面有吸收振动能量的作用，即使在产生振动时也会很快衰减下来。

(6) 其他特殊性能。金属基复合材料具有高韧性和抗热冲击性能，是因为这种材料能通过塑性变形吸收能量。

玻璃纤维增强塑料具有优良的电绝缘性能，可制造各种绝缘零件；同时，这种材料不受电磁作用，不反射无线电波，微波透过性好，所以可制造飞机、导弹、地面雷达等。

另外，复合材料还具有耐辐射性、蠕变性能高以及特殊的光、电、磁等性能。

7.2　聚合物基复合材料

聚合物基复合材料是结构复合材料中发展最早、应用最广的一类。以玻璃纤维增强工程塑料的复合材料(玻璃钢)于第二次世界大战期间出现，使得机器零件不用金属材料成为了现实。接着又相继出现了玻璃纤维增强尼龙和其他的玻璃钢品种，但由于玻璃纤维模量低的缺点，其大范围的应用受到限制。20 世纪 60 年代又先后出现了硼纤维和碳纤维增强塑料，复合材料开始大量应用于航空航天等领域；70 年代初期，聚芳酰胺纤维增强聚合物基复合材料问世；80 年代初期，在传统的热固性树脂复合材料基础上，产生了先进的热塑性复合材料。从此，聚合物基复合材料的工艺及理论不断完善，各种材料在航空航天、汽车、建筑等各领域得到全面应用。

1. 玻璃钢

1) 热固性玻璃钢

热固性玻璃钢是以热固性树脂为胶黏剂的玻璃纤维增强材料。常用的热固性树脂有酚醛树脂、环氧树脂、聚酯树脂和有机硅树脂等。热固性玻璃钢是应用较早和较普遍的一种复合材料，其主要优点是成型工艺简单、质量轻、比强度高、耐蚀性能好；其主要缺点是弹性模量低，约是结构钢的 1/10～1/5，耐热温度低于 250 ℃，易老化等。

热固性玻璃钢的用途很广泛，可用来制造机器护罩、车身、绝缘抗磁仪表，耐蚀、耐压容器和管道，以及各种形状复杂的机器构件和车辆配件，不仅节约大量金属，而且大幅提高性能。

2) 热塑性玻璃钢

热塑性玻璃钢是以热塑性树脂为胶黏剂的玻璃纤维增强材料。尼龙、ABS、聚苯乙烯等都可用玻璃纤维强化，可提高强度和疲劳强度 2～3 倍、冲击韧性 2～4 倍、蠕变抗力 2～5 倍，达到或超过某些金属的强度。一般来说，热塑性玻璃钢的强度不如热固性玻璃钢，但由于其成型性更好、生产率更高，而且比强度并不低，所以其应用非常广泛。

2. 碳纤维树脂复合材料

碳纤维比玻璃纤维有更高的强度，其弹性模量比玻璃纤维高几倍以上，高温低温性能好，在 2000 ℃以上的高温下，其强度和弹性模量基本不变，－180 ℃以下时脆性也不增高，碳纤维还具有很高的化学稳定性、导电性和低的摩擦系数。但是，碳纤维脆性大，与树脂的结合力比不上玻璃纤维。

碳纤维环氧树脂、酚醛树脂和聚四氟乙烯是常见的碳纤维树脂复合材料。这些材料的性能普遍优于树脂玻璃钢，并在各个领域、特别是航空航天工业中得到广泛应用，如宇宙飞船和航天器的外层材料，人造卫星和火箭的机架、壳体，各精密机器的齿轮、轴承以及活塞、密封圈，化工容器和零件等。这类材料的缺点是价格高、碳纤维与树脂的结合力不够强等。

3. 硼纤维树脂复合材料

硼纤维的比强度与玻璃纤维相近，但比弹性模量却比玻璃纤维高 5 倍，而且耐热性更高，无氧化条件下可达 1000 ℃。20 世纪 60 年代中期发展起来了硼纤维环氧树脂、聚酰亚胺树脂等复合材料。这类材料的抗压强度和剪切强度都很高，优于铝合金、铁合金，并且蠕变小，硬度和弹性模量高，尤其是其疲劳强度很高，可达 340～390 MPa，目前多用于航空航天器、宇航器的翼面、仪表盘、转子、压气机叶片、螺旋桨叶的传动轴等。由于该类材料制备工艺复杂、成本高，所以在民用工业方面的应用不及玻璃钢和碳纤维树脂复合材料广泛。

7.3 金属基复合材料

1. 金属陶瓷

金属陶瓷是金属和陶瓷组成的颗粒增强型的复合材料，是发展最早的一类金属基复合材料。在实际生产中，金属和陶瓷可按不同配比组成工具材料、高温结构材料和特殊性能材料。以金属为主时一般作结构材料，以陶瓷为主时多为工具材料。金属陶瓷中的金属通常为钛、镍、钴、铬等及其合金，陶瓷相通常为氧化物（Al_2O_3、ZrO_2、BeO、MgO 等）、碳化物（TiC、WC、SiC 等）、硼化物（TiB、ZrB_2、CrB_2 等）和氮化物（TiN、Si_3N_4、BN 等），其中以氧化物和碳化物应用最为成熟。氧化物金属陶瓷多以铬为粘接金属。这类材料一般热稳定性和抗氧化能力较好、韧性高，特别适合于作高速切削工具材料，有的还可作高温下工作的耐磨件，如喷嘴、热拉丝模以及耐蚀环规、机械密封环等。

碳化物金属陶瓷是应用最广泛的金属陶瓷。通常以 Co 或 Ni 作金属黏合剂。根据金属含量不同可作耐热结构材料或工具材料。碳化物金属陶瓷作工具材料时，通常称为硬质合金。碳化物金属陶瓷作高温耐热结构材料时常以 Ni、Co 两者混合物作黏合剂，有时还加入少量的难熔金属如 Cr、Mo、W 等。耐热金属陶瓷常用来作涡轮喷气发动机燃烧室、叶片、涡轮盘及航空航天装置的一些其他耐热件。

2. 纤维增强金属基复合材料

自 20 世纪 60 年代中期硼纤维增强铝基复合材料问世以来，人们又先后开发了碳化硅纤维、氧化铝纤维以及高强度金属丝等增强纤维，基体材料也由铝及铝合金扩展到了镁合金、钛合金和镍合金等。除了金属丝增强外，硼纤维、陶瓷纤维、碳纤维等增强相都是无机非金属材料，一般它们的密度低，强度和模量高，并且耐高温性能好，所以，这类复合材料有比强度高、比模量高和耐高温等优点，特别适合于作航天飞机主舱骨架支柱、发动机叶片、尾翼、空间站结构材料，另外，在汽车构件、保险杠、活塞连杆及自行车车架、体育运动器械上也得到了应用。

3. 细粒和晶须增强金属基复合材料

细粒和晶须增强金属基复合材料是目前应用最广泛的一类金属复合材料。这类材料多以铝、镁和钛合金为基体，以碳化硅、碳化硼、氧化铝细粒或晶须为增强相，最典型的代表是 SiC 增强铝合金。这类材料具有极高的比强度和比模量，主要在军工行业应用广泛，如制造轻质装甲、导弹飞翼、飞机部件，另外，在汽车工业如发动机活塞、制动件、喷油嘴件等也有使用。

7.4 碳基复合材料

碳基复合材料主要是指碳纤维及其制品增强的复合材料，其组成元素为单一的碳，因而这种复合材料具有许多碳和石墨的特点，如密度小、导热性高、膨胀系数低以及对热冲击不敏感。同时，该类复合材料还具有优越的机械性能，强度和冲击韧性比石墨高 5～10 倍，并且比强度非常高；随温度升高，这种复合材料的强度也升高；断裂韧性高、蠕变低；化学稳定性高，耐磨性极好。该种材料是最好的高温复合材料，耐温最高可达 2800 ℃。

碳-碳复合材料的性能主要取决于碳纤维的类型、含量和取向等。碳-碳复合材料的高强度、高模量主要来自碳纤维，碳纤维在材料中的取向直接影响其性能，一般是单向增强复合材料沿纤维方向强度最高，但横向性能较差，正交增强可以减少纵、横两向的强度差异。

目前，碳-碳复合材料主要应用于航空航天、军事和生物医学等领域，如导弹弹头、固体火箭发动机喷管、飞机刹车盘、赛车和摩托车刹车系统，航空发动机燃烧室、导向器、密封片及挡声板等，人体骨骼替代材料，以及代替不锈钢或钛合金作人工关节。随着这种材料成本的不断降低，其应用领域也逐渐向民用工业领域转变。

7.5 陶瓷基复合材料

由于陶瓷材料具备优良的耐磨性，并且硬度高、耐蚀性好，所以得到了广泛应用。但是，陶瓷的最大缺点是脆性大，对裂纹、气孔等很敏感。20 世纪 80 年代以来，通过在陶瓷材料中加入颗粒、晶须及纤维等得到的陶瓷基复合材料，使得陶瓷的韧性大大提高。

陶瓷基复合材料具有高强度、高模量、低密度、耐高温、耐磨耐蚀和良好的韧性，目前已用于高速切削工具和内燃机部件上。但这类材料发展较晚，其潜能尚待进一步发挥。目前的研究重点是将其应用于高温材料和耐磨、耐蚀材料，如大功率内燃机的增强涡轮、航空航天器的热部件以及代替金属制造车辆发动机、石油化工容器、废物垃圾焚烧处理设备等。

思 考 题

1. 什么是复合材料？它有哪些种类？其性能各有什么特点？
2. 比较高分子材料、陶瓷材料、复合材料的性能特点及应用。

第 8 章　机械零件的失效分析与选材

在机械零件设计与制造过程中，工程技术人员会遇到选择材料的问题。若材料的选择和加工工艺路线不当，则会造成机械零件在使用过程中发生早期失效，给生产带来重大损失。因此，只有了解零件的工作条件及其失效形式，才能较准确地提出对零件材料的主要性能要求，从而选择出合适的材料并制定出合理的冷热加工工艺路线。

8.1　机械零件的失效分析

所谓失效(failure)，是主要指零件由于某种原因，导致其尺寸、形状或材料的组织与性能的变化而丧失其规定功能的现象。机械零件的失效，一般包括以下几种情况：

(1) 零件完全破坏，不能继续工作。

(2) 零件虽然仍能安全工作，但不能很好地起到预期的作用。

(3) 零件严重损伤，继续工作不安全。

失效分析是指分析引起机械零件的失效原因，提出对策，研究补救措施的技术和管理活动。本节将讨论机械零件常见的失效形式及零件失效的产生原因。

8.1.1　零件的失效形式

根据零件损坏的特点，可将失效形式分为三种基本类型：变形失效、断裂失效和表面损伤。

1. 变形失效

变形失效有两种情况：弹性变形失效与塑性变形失效。

(1) 弹性变形失效。弹性变形失效是指由于发生过大的弹性变形而造成零件的失效。例如，电动机转子轴的刚度不足，发生过大的弹性变形，导致转子与定子相撞，主轴撞弯甚至折断。弹性变形的大小取决于零件的几何尺寸及材料的弹性模量。金刚石与陶瓷的弹性模量最高，其次是难熔金属、钢铁，有色金属则较低，有机高分子材料的弹性模量最低。因此，作为结构件，从刚度及经济角度来看，一般选择钢铁材料。

(2) 塑性变形失效。塑性变形失效是指零件由于发生过量塑性变形而失效，它是零件中的工作应力超过材料屈服强度的结果。一般陶瓷材料的屈服强度很高，但脆性非常大，进行拉伸试验时，在远未达到屈服应力时就发生脆断，强度高的特点发挥不出来。因此，陶瓷材料不能用来制造高强度结构件。有机高分子材料的强度很低。因此，目前用作高强度结构的主要材料还是钢铁。

2. 断裂失效

断裂失效是机械零件的主要失效形式。根据断裂的性质和断裂的原因，可分为以下四种：

（1）塑性断裂。塑性断裂是指零件在受到外载荷作用时，某一截面上的应力超过了材料的屈服强度，产生了很大的塑性变形后发生的断裂。如低碳钢光滑试样拉伸试验时，由于断裂前已经发生了大量的塑性变形而进入了失效状态，使零件不能正常工作，但不会造成较大的危险。

（2）脆性断裂。脆性断裂发生时，事先不产生明显的塑性变形，承受的工作应力通常远低于材料的屈服强度，又称为低应力脆断。这种断裂经常发生在有尖锐缺口或裂纹的零件中。另外，零件结构中的棱角、台阶、沟槽及拐角等结构突变处也易发生此类失效，特别是在低温或冲击载荷作用的情况下，更易发生脆性断裂。

（3）疲劳断裂。常在齿轮、弹簧、轴、模具、叶片等零件中发生。疲劳断裂是一种危害极大且常见的失效形式。据统计，承受交变应力的零件，80％～90％以上的损坏是由于疲劳引起的。采用各种强化方法提高材料的强度，尤其是表面强度，在表面形成残余压应力，可使疲劳强度显著提高。此外，减少零件上各种能引起应力集中的缺陷、刀痕、尖角、截面突变等，均可提高零件的抗疲劳能力。

（4）蠕变断裂。金属材料一般在高温下才产生明显的蠕变，当蠕变变形量超过一定范围时，零件内部就会产生裂纹而很快断裂。

3. 表面损伤

零件在工作过程中，由于机械和化学的作用，使工件表面及表面附近的材料受到严重损伤而导致失效，称为表面损伤失效。表面损伤失效大体上分为三类：磨损失效、表面疲劳失效和腐蚀失效。

（1）磨损失效。在机械力的作用下，产生相对运动（滑动、滚动等）而使接触表面的材料以磨屑的形式逐渐磨耗，从而使零件的形状、尺寸发生变化而失效，称为磨损失效。零件磨损后，会使其精度下降或丧失，甚至无法正常运转。

磨损主要有磨粒磨损和粘着磨损两种类型。

磨粒磨损是在零件表面遭受摩擦时，有硬质颗粒嵌入材料表面，形成许多切屑沟槽而造成的磨损。这种磨损常发生在农业机械、矿山机械以及车辆、机床等机械运行时嵌入硬屑而磨损等情况中。

粘着磨损又称胶合磨损，是相对运动的摩擦表面之间在摩擦过程中发生局部焊合或粘着，在分离时粘着处将小块材料撕裂，形成磨屑而造成的磨损。这种磨损在所有的摩擦副中均会产生，例如蜗轮与蜗杆、内燃机的活塞环和缸套、轴瓦与轴颈等。

为了减少粘着磨损，所选材料应当与所配合的摩擦副为不同性质的材料，而且摩擦系数应尽可能得小，最好具有自润滑能力或有利于保存润滑剂。

（2）表面疲劳失效。相互接触的两个运动表面（特别是滚动接触）在工作过程中承受交变接触应力的作用，使表层材料发生疲劳破坏而脱落，造成零件失效，称为表面疲劳失效。为了提高材料的表面疲劳抗力，材料应具有足够高的硬度，同时具有一定的塑性和韧性；材料应尽量少含夹杂物，材料要进行表面强化处理，强化层的深度要足够大，以免在强化层的基体内形成小裂纹，使强化层大块剥落。

（3）腐蚀失效。由于化学和电化学腐蚀的作用使表面损伤而造成的零件失效称为腐蚀失效。腐蚀失效除与材料的成分、组织有关外，还与周围介质有很大关系，应根据介质的成分性质选材。

8.1.2　零件的失效原因

（1）零件设计不合理。零件的结构、形状、尺寸设计不合理最容易引起失效。如键槽、孔或截面变化较剧烈的尖角处或尖锐缺口处容易产生应力集中，出现裂纹。其次是对零件在工作中的受力情况判断有误。设计时，安全系数过小或对环境的变化情况估计不足而造成零件实际承载能力降低等，均属设计不合理。

（2）选材不合理。选用的材料性能不能满足工作条件的要求，或者所选材料的性能指标不能反映材料对实际失效形式的抗力。所用材料的化学成分与组织不合理、质量差也会造成零件的失效。因此，原材料进行严格检验是避免零件失效的重要步骤。

（3）加工工艺不合理。零件在加工和成型过程中，采用的工艺方法、工艺参数不合理以及操作不正确等会造成失效。例如，热成型过程中温度过高所产生的过热、过烧、氧化、脱碳；热处理过程中工艺参数不合理造成的变形和裂纹、组织缺陷及由于淬火应力不均匀导致零件的棱角、台阶等处产生拉应力。

（4）安装及使用不正确。机器在安装过程中，配合过紧、过松、对中不良、固定不牢或重心不稳、密封性差以及装配拧紧时用力过大或过小等，均易导致零件过早失效。在超速、过载、润滑条件不良的情况下，工作环境中有腐蚀性物质及维修、保养不及时或不善等也均会造成零件过早失效。

8.1.3　失效分析的步骤、方法

对失效零件进行失效分析的基本步骤和方法如下：

（1）现场勘察。零件失效的部位、形式，弄清零件的工作条件、操作情况和失效过程；收集并保护好失效零件，必要时对现场进行拍照。

（2）了解零件背景资料。了解零件设计、加工制造、装配及使用、维护等一系列历史资料，并收集与该零件失效相类似的相关资料。

（3）根据需要选择进行测试分析。主要包括断口宏观分析、金相组织分析、电镜分析、成分分析、表面及内部质量分析、应力分析、力学分析及力学性能测试等。

（4）综合分析。对以上调查材料、测试结果进行综合分析，判明失效原因，提出改进措施并在实践中检验效果。

8.2　选材的一般原则

如何合理地选择和使用材料是一项十分重要的工作，不仅要保证零件在工作时具有良好的功能，使零件经久耐用，而且要求材料有较好的工艺性和经济性，以便提高生产率，

降低成本。本节简要介绍机械零件选材的一般原则。

1. 选材的使用性能原则

在选择材料时，必须根据零件在整机中的作用及零件的尺寸、形状和受力情况，提出零件材料应具备的主要力学性能指标。

1）零件使用条件与失效形式分析

（1）零件使用条件。零件使用条件应根据产品的功能和零件在产品中的作用进行分析。选材时一定要将受力状况、环境状况及特殊要求等考虑周全，并且找出材料所需要的主要使用性能。

（2）零件失效形式。机械零件在使用过程中会因某种性能不足而出现相应形式的失效，因此可根据零件的失效形式，分析得出起主导作用的使用性能，并以此作为选材的主要依据。例如，长期以来，人们认为发动机曲轴的主要使用性能是高的冲击抗力和耐磨性，但失效分析结果证明，曲轴破坏主要是疲劳失效，所以，以疲劳强度为主要设计依据，其质量和寿命将有很大提高。

2）确定使用性能指标和数值

通过分析零件工作条件和失效形式，确定零件对使用性能的要求后，须进一步转化为实验室性能指标和数值。

3）根据力学性能选材时应注意的问题

零件所要求的力学性能指标和数值确定下来之后便可进行选材。由于适当的强化方法可充分发挥材料的性能潜力，所以选材时应把材料与强化手段紧密结合起来综合考虑，同时注意以下问题：

（1）学会正确使用手册和有关资料。

（2）正确使用硬度指标。

（3）强度与韧性应合理配合。

（4）根据断裂韧性数值的大小对材料的韧性做出可靠的评价。

2. 选材的工艺性能原则

零件都是由不同的工程材料经过一定的加工制造而成的。因此，材料的工艺性能，也是选材必须考虑的主要问题。选材中，同使用性能相比较，工艺性能处于次要地位，但在某些情况下，如大量生产，工艺性能就可能成为选材考虑的主要依据。

从工艺出发，如果设计的零件是铸件，最好选用共晶成分及其附近的合金；若设计的是锻件、冲压件，最好选择固溶体的合金；如果设计的是焊接结构，则不应选用铸铁，最适宜的材料是低碳钢、低合金钢。

在机械制造生产中，绝大部分的零件都要经过切削加工。因此，材料的切削加工性的好坏，对提高产品质量和生产率、降低成本都具有重要意义。

一般说来，碳钢的锻造、切削加工等工艺性能较好，其力学性能可以满足一般零件工作条件的要求，因此碳钢的用途较广，但它的强度还不够高，淬透性差。所以，制造大截面、形状复杂和高强度的淬火零件，常选用合金钢。因为合金钢的淬透性好，强度高。但合金钢的锻造、切削加工等工艺性能较差。

3. 选材的经济性原则

在机械设计和生产过程中，除了满足使用性能和工艺性能的要求外，经济性也是选材必须考虑的主要因素。选材时应注意以下几点：

(1) 尽量降低材料及其加工成本。在满足零件对使用性能和工艺性能要求的前提下，能用铸铁就不用钢，能用非合金钢就不用合金钢，能用硅锰钢就不用铬镍钢，能用型材就不用锻件、加工件，且尽量用加工性能好的材料，能正火使用的零件就不必调质处理。此外，材料来源要广，尽量采用符合我国资源情况的材料。

(2) 用非金属材料代替金属材料。非金属材料的资源丰富，性能也在不断提高，应用范围不断扩大，尤其是发展较快的聚合物具有很多优异的性能，在某些场合可代替金属材料，既改善了使用性能，又降低了制造成本和使用维护费用。

(3) 考虑零件的总成本。零件的总成本包括原材料价格、零件的加工制造费用、管理费用、试验研究费和维修费等。选材时不能一味追求原材料低价而忽视总成本的其他各项。

8.3 齿轮类零件的选材与工艺

8.3.1 齿轮的性能要求

齿轮在机器中主要担负传递功率与调节速度的任务，有时也起改变运动方向的作用。在工作时它通过齿面的接触传递动力，周期地受弯曲应力和接触应力的作用，在啮合的齿面上，相互运动和滑动造成强烈的摩擦，有些齿轮在换挡、启动或啮合不均匀时还承受冲击力等。其失效形式主要有齿轮疲劳冲击断裂、过载断裂、齿面接触疲劳与磨损。因此，要求材料具有高的疲劳强度和接触疲劳强度，齿面具有高的硬度和耐磨性，齿轮心部具有足够的强度与韧性。对于不同机器中的齿轮，因载荷大小、速度高低、精度要求、冲击强弱等工作条件的差异，对其性能的要求也有所不同，应选用不同的材料及相应的强化方法。

8.3.2 齿轮的用材特点

机械齿轮通常采用锻造钢件制造，一般先锻成齿轮毛坯，以获得致密组织和合理的流线分布。

(1) 调质钢齿轮。调质钢主要用于制造两种齿轮。一种是对耐磨性要求较高，而冲击韧度要求一般的硬齿面(HB＞350)齿轮，如车床、钻床、铣床等机床的变速箱齿轮，通常采用45钢、40Cr、40MnB、45Mn2等，经调质后表面淬火。对于高精度、高速运转的齿轮，可采用38CrMoAlA氮化钢，进行调质后再氮化处理。另一种是对齿面硬度要求不高的软齿面(HB≤350)齿轮，如车床溜板上的齿轮、车床挂轮架齿轮、汽车曲轴齿轮等，通常采用45钢、40Cr、35SiMn等钢，经调质或正火处理。

(2) 渗碳钢齿轮。渗碳钢主要用于制造速度高、载荷重、冲击较大的硬齿面齿轮，如汽车、拖拉机的变速箱、驱动桥齿轮等，通常采用20CrMnTi、20MnVB、20CrMnMo等钢，经渗碳淬火、低温回火处理，表面硬度高且耐磨，心部强韧耐冲击。为增加齿面残余压应力，进一步提高齿轮的疲劳强度，还可随后进行喷丸处理。

(3) 铸钢、铸铁齿轮。铸钢常用于制造力学性能要求较高且形状复杂的大型齿轮，如起重机齿轮可采用铸钢ZG340-640制造；对耐磨性、疲劳强度要求较高但冲击载荷较小的齿轮，如机油泵齿轮，可采用球墨铸铁QT500-7制造；而对受冲击很小的低精度、低速齿轮，如汽车发动机凸轮轴齿轮，可采用灰铸铁HT200、HT300制造。

(4) 塑料齿轮。塑料齿轮具有摩擦系数小、减振性好、噪声低、质量轻、耐腐蚀等优点，但其强度、硬度、弹性模量低，使用温度不高，尺寸稳定性差，故主要用于制造轻载、低速、耐蚀、无润滑或少润滑条件下工作的齿轮，如仪表齿轮、无声齿轮等。

8.3.3 典型齿轮选材具体实例

某机床变速箱齿轮，厚度为15 mm，工作时转速较高。性能要求如下：齿表面硬度为50～56 HRC，齿心部硬度为22～25 HRC，整体强度σ_b=760～800 MPa，整体韧性a_K=40～60 J/cm^2。请从材料：35、45、T12、20CrMnTi、38CrMoAl、0Cr18Ni9Ti、W18Cr4V中进行合理选用，并制定其工艺流程。

1. 分析

普通车床中的变速箱齿轮是主传动系统中传递动力的齿轮。因此，要求有一定的强度和齿轮的心部硬度及韧性。这种齿轮在工作中转速较高，齿表面要求有较高的硬度以保证耐磨性。但同汽车、拖拉机变速箱齿轮相比，一般机床齿轮工作时相对比较平稳，承受冲击载荷很小，传递的动力也不很大。所以，上述力学性能要求都不是太高，例如齿轮表面硬度只要求50～56 HRC，显然不需要采用渗碳等化学热处理，整体的强度、韧性经调质就可以达到。因此，选用淬透性适当的调质钢经调质处理后，再经高频表面淬火和低温回火即可达到要求。这种齿轮的尺寸不大，尤其是厚度甚小，为15 mm，可选用优质碳素结构钢，通过水淬即可使截面大部分淬透，再经回火后基本上能满足性能要求。因此，从所给钢种中选择45钢较为合适。

2. 解答

选用45钢制造，其加工工艺路线为：下料→锻造→正火(840～860 ℃空冷)→机加工→调质处理(840～860 ℃水淬，500～550 ℃回火)→精加工→高频表面淬火(880～900 ℃水冷)→低温回火(200 ℃回火)→精磨。

3. 常见错误剖析

选用20CrMnTi或38CrMoAl钢制造。错在选材不符合经济性原则，即大材小用。

4. 联想与归纳

要做到正确、合理地选材，必须遵循选材的三项基本原则，即首先应考虑满足材料的力学性能原则，在此前提下充分兼顾材料的工艺性能原则，还要同时考虑材料的经济性原则。

8.4 轴类零件的选材与工艺

机床主轴、丝杠、内燃机曲轴、汽车车轴等都属于轴类零件，它们是机器上的重要零件，一旦破坏，就会造成严重的事故。

8.4.1 轴类零件的性能要求

轴类零件主要起支承转动零件、承受载荷和传递动力的作用，一般在较大的静动载荷下工作，除了受交变的弯曲应力与扭转应力外，有时还要承受一定的冲击与过载。为此，所选材料应具有良好的综合力学性能和高的疲劳强度，以防折断、扭断或疲劳断裂。对于轴颈等受摩擦部位，则要求高硬度与高耐磨性。

8.4.2 轴类零件的用材特点

大多数轴类零件采用锻钢制造，对阶梯直径相差较大的阶梯轴或对力学性能要求较高的重要轴、大型轴，应采用锻造毛坯；而对力学性能要求不高的光轴、小轴，则可采用轧制圆钢直接加工。

（1）对承受交变拉应力的轴类零件，其截面受均匀分布的拉应力作用，应选用淬透性好的调质钢，如 40Cr、42Mn2V、40MnVB 等，以保证调质后零件整个截面的性能一致。

（2）主要承受弯曲和扭转应力的轴类零件，如发动机曲轴、汽轮机主轴、机床主轴等，一般采用调质钢制造。因其最大应力在轴的表层，故一般不需要选用淬透性很高的钢。其中，对磨损较轻、冲击不大的轴，如普通齿轮减速器传动轴、普通车床主轴等，可选用 45 钢经调质或正火处理，然后对要求耐磨的轴颈及配件经常装拆的部位进行表面淬火、低温回火。对磨损较重且受一定冲击的轴，可选用合金调质钢，经调质处理后，再在需要高硬度部位进行表面淬火。

（3）对磨损严重且受较大冲击的轴，如载荷较重的组合机床主轴、齿轮铣床主轴、汽车和拖拉机变速轴等，可选用 20CrMnTi 渗碳钢，经渗碳、淬火、低温回火处理。

（4）对高精度、高速转动的轴类零件，可采用氮化钢、高碳钢或高合金钢，如高精度磨床主轴或精密键床锁杆可采用 38CrMoAlA 钢，经调质、氮化处理；精密淬硬丝杠采用 9Mn2V 或 CrWMn 钢，经淬火、低温回火处理。

（5）除锻钢曲轴类零件外，对中低速内燃机曲轴以及连杆、凸轮轴，可采用 QT600－3 等球墨铸铁来制造，经正火、局部表面淬火或软氮化处理，不仅力学性能满足要求，而且制造工艺简单，成本较低。

8.4.3 典型轴类零件的具体实例

欲制造机床主轴，心部要求有良好的综合力学性能，轴颈要求硬而耐磨（54～58 HRC）。试问：选用何种材料比较合适？应选择何种预先热处理及最终热处理？说明各种热处理的目的和热处理后的组织。

1. 思路

机床主轴是机床的重要部件，而且心部要求有良好的综合力学性能，因此应选用淬透性较好的中碳合金钢。中碳钢要具备良好的综合力学性能，应具有回火索氏体组织，所以最终需进行调质处理。轴颈处要求硬而耐磨，可在轴颈处进行表面淬火。中碳合金钢经表面淬火后，硬度可以达到要求。

预先热处理的选用从两个方面考虑：一是消除前一道工序锻造的组织缺陷，二是为后续的切削加工做准备。

2. 解答

选用调质钢 40Cr。预先热处理选用退火，退火不仅可以消除锻造的组织缺陷，而且可以降低硬度，改善切削加工性能。退火后的组织为铁素体＋珠光体。

整体采用调质处理后，轴颈处再进行表面淬火、低温回火。调质处理是为了使心部得到回火索氏体，具有良好的综合力学性能；表面淬火是为了使轴颈表面获得马氏体，达到硬而耐磨的性能要求；低温回火是为了获得马氏体，在保证高硬度的前提下，减少应力。最终热处理后的组织：整体为回火索氏体，轴颈表面为回火马氏体。

3. 常见错误

常见错误一：选用 45 碳钢。机床主轴要求心部具有良好的综合力学性能，这就要求所选钢种具有足够的淬透性。碳钢的淬透性差，对于尺寸较大的机床主轴难以满足要求，因此不选用碳钢而用合金钢。

错误二：预先热处理选用正火。40Cr 合金钢正火后硬度偏高，不利于切削加工。退火可以降低硬度，改善切削加工性能，因此选择退火比较合适。

错误三：最终热处理后的组织只写回火索氏体或者只写回火马氏体。只写表面组织或者只写心部组织都是不完整的。只要是表面热处理，表面组织和心部组织不一样，都应该写出来。

*8.5 火电厂锅炉主要设备用钢及事故分析

通常，我们把制造锅炉本体用的钢材称为锅炉用钢，它主要包括锅炉钢架、汽包、联箱、水冷壁、省煤器、过热器、再热器、空气预热器、主蒸汽管道、再热蒸汽管道、炉外联络管及阀门等部件用钢。锅炉用钢用量大、规格复杂、要求高。

水冷壁、省煤器、过热器、再热器为火力发电厂锅炉受热面主要部件，称为“锅炉四管”。主蒸汽管道、再热蒸汽管道、炉外联络管称为“锅炉蒸汽管道”。

8.5.1 受热面管、蒸汽管道

1. 钢管的工作条件及要求

1）过热器和再热器

（1）过热器和再热器用钢管的工作条件。

过热器的作用是将锅炉饱和蒸汽温度加热到额定过热汽温。过热器用钢管一般布置在烟气温度较高的区域（1200 ℃左右），是在高温压力长期作用下，即在产生蠕变的条件下工作的。

再热器的作用是将汽轮机高压缸排出的蒸汽重新加热到较高的温度，然后再送到汽轮机压缸中做功；一般在超高压以上的锅炉中才有再热器装置。再热器管承受的工作压力较低，约为过热蒸汽压力的 20%，它也是布置在烟气温度较高的区域。再热蒸汽的温度与过热蒸汽的温度相近或相同，也是在高温压力长期作用下，即在产生蠕变的条件下工作的。

运行中，过热器管和再热器管的管壁温度高于管内介质温度约 20～90 ℃。此外，由于过热器管和再热器管布置在炉内，还要承受高温烟气的腐蚀和烟气的磨损作用。

(2) 过热器和再热器用钢管的要求。

过热器和再热器用钢管应具有足够高的蠕变极限、持久强度和持久塑性，并在高温下运行过程中具有相对稳定的组织；具有高的抗氧化性能；具有良好的冷热加工工艺性能和焊接性能。

2) 水冷壁和省煤器用钢管的工作条件及要求

(1) 水冷壁和省煤器用钢管的工作条件。

水冷壁用钢管的工作条件：水冷壁管用于吸收炉膛中高温火焰和烟气的辐射热量，使管内工质受热蒸发，完成加热和汽化过程，形成汽水混合物，并起保护炉墙的作用。在运行中，由于管内工质的冷却作用，管子本身的工作温度并不高。但当锅炉给水水质不好时，管子内壁容易产生垢下腐蚀；当燃料中含硫量高时，管子外壁还会出现硫腐蚀，这些腐蚀都能影响锅炉的安全运行。

省煤器的作用是利用锅炉排烟加热锅炉给水，以降低排烟温度，节约燃料。省煤器布置在锅炉烟气温度较低的区域，管内工质为温度不高的水，因此，其工作温度不高，但是温度波动较大，省煤器出口部分蛇形管容易产生疲劳损伤。此外，管子外壁在运行时还要受到烟气中飞灰颗粒的磨损作用。

(2) 水冷壁和省煤器用钢管的要求。

应具有一定的室温和高温强度，以使得管壁厚度不至于过厚，从而有利于加工并获得良好的传热效果；具有良好的抗热疲劳性能和传热性能，以防止因热疲劳或脉动疲劳损伤而导致过早的损坏；具有良好的抗高温烟气腐蚀性能，并要求耐磨损性能、工艺性能、焊接性能良好。

3) 蒸汽管道

(1) 蒸汽管道的工作条件。

蒸汽管道包括主蒸汽管道、导汽管和再热蒸汽管道，其作用是输送高温、高压过热蒸汽。在运行中，蒸汽管道主要承受管内过热蒸汽的温度和压力作用，以及钢管重量、工质重量、保温材料重量、支撑和悬吊等引起的附加载荷的作用。管壁温度与过热蒸汽温度相近，即蒸汽管道是在产生蠕变的条件下工作的。此外，在锅炉启停和变负荷工况下，蒸汽管道还要承受周期性变化的载荷和热应力的作用，即还要承受低循环疲劳载荷的作用。

(2) 蒸汽管道用钢的要求。

应具有足够高的蠕变强度、持久强度和持久塑性。材料的热强性高，可提高蒸汽管道运行的安全性，还可以减少因管壁过厚给加工工艺带来的困难；在高温下长期运行过程中应具有相对稳定的组织。蒸汽管道的热加工和焊接的工作量很大，钢材应有良好的工艺性能，特别是焊接性能要好。

2. 选材原则

选材原则主要取决于工作温度。工作温度越高，所用钢的合金元素含量越高，钢材价格亦高，焊接性能亦随之变差，此时应优先考虑钢材的热强性和组织稳定性。焊接性能变差可用改善工艺措施来补救。此外，由于蒸汽管道布置在炉外，且采用大口径钢管翻造，一旦破裂，后果严重，故对同一钢号，用于蒸汽管道时所允许的最高使用温度应比用于过热器管的耐热温度低 30～50 ℃。

3. 常用钢种

锅炉受热面管、蒸汽管道常用钢种的特性及其主要应用范围和类似钢号见附录三中的表 24。联箱常用钢种可参照蒸汽管道钢材的选用。

4. 锅炉受热面管常见失效分析及防止措施

在正常情况下，对流式自然循环锅炉受热面管壁的温度比管内介质的温度高 50℃，辐射受热面比管内介质高 70 ℃。

受热面管承受内压时，其环向应力为纵向应力的两倍，所以当管子承受内压发生爆管时，其破口总是纵向破口。只有当管子承受了较大的外载时，才有可能发生横向破口。

火力发电厂中锅炉受热面管子常见的失效主要有以下几种类型：① 长时过热爆管；② 短时过热爆管；③ 材质不良爆管；④ 腐蚀性热疲劳裂纹损坏；⑤ 腐蚀破坏。

金属材料都有相应的使用温度范围。在这一温度范围内，这些钢材可以按其设计使用寿命安全运行。通常并不把各钢材的最高使用温度作为额定温度，而是把管子的设计运行温度或火力发电厂规定的额定运行温度作为管子的额定温度。

金属材料超过其额定温度(或设计温度)下使用，称为超温。过热与超温的含义相同，区别在于：超温是指运行而言，而过热则是指爆管而言。过热是超温的结果，超温是过热的原因。

1) 过热爆管

(1) 长时过热爆管。

锅炉受热面管在运行中由于某些原因，使管壁温度长期超温(超过额定温度，但不超过材料的临界点 A_{c1})而发生蠕变破裂的现象，称为长时过热爆管。

在这种高温长时间作用下，钢的老化过程加快，热强性降低，同时钢的蠕变破坏过程加快，使得管子失效。长时过热爆管的过程可以短至数十小时，也可以长达数千小时，甚至数万小时，这主要取决于管壁超温幅度及所承受的应力大小。

锅炉钢在高温下长期使用中发生的组织变化，主要有珠光体的球化和碳化物的聚集、时效和新相的形成、热脆性、合金元素在固溶体和碳化物相之间重新分配，以及不含铬的珠光体耐热钢的石墨化。

在正常情况下，组织变化过程是较慢的，在设计寿命之内，钢的组织和性能可以满足要求，设备可以安全运行。如果发生超温，组织变化过程会大大加快，从而使得钢的常温及高温性能明显下降，持久强度不能满足要求。

① 宏观特征：爆破口不太大，破口呈脆性断口特征，断裂面粗糙、不平整；爆破管径胀粗不明显，爆破口边缘减薄不多，为钝边，不锋利；爆破口附近有众多平行于破口的管子轴向裂纹；通常在爆破口内外表面上出现较厚的氧化皮，有时在裂纹内部也有较厚的氧化层出现，如图 8 - 1 和图 8 - 2 所示。

图 8-1　高温过热器长时过热爆管(一)

图 8-2　高温过热器长时过热爆管(二)

受热面管在高温下运行时所受的应力主要是由过热蒸汽(或饱和蒸汽)内压力所造成的对管子的切向应力。当受热面管由于超温而长期过热时，由于实际运行温度提高，即使管子所受应力不变，管子也会以比正常高很多的蠕变速度发生管径胀粗。随着超温运行时间的增加，管径越胀越大，慢慢地在各处产生晶间裂纹。晶间裂纹继续积聚并扩大，就成为轴向裂纹，最后以比正常温度、正常压力下少得多的运行时间开裂爆管。当发生典型的长期过热爆管时，爆破口附近常常有为数众多的轴向裂纹，破口也是裂纹之一。

② 管径胀粗情况：在受热面管因长期过热爆破之前，管径由于蠕变变形而逐渐胀粗，爆破也正是管径胀粗超过了极限的结果。

由于锅炉受热面管有向火面与背火面之分，向火面管壁温度比背火面管壁温度高，因而向火面管壁蠕变速度较大，金属强度也因温度高而较低，从而造成了向火面胀粗较大，管壁的减薄程度严重，使管子变成不规则的圆形；同时，应力分布也发生了变化，最终常常在管壁向火面处发生爆破。管径的胀粗情况随钢种不同而异。受热面管的钢种不同，管子长期过热爆破之前的管径胀粗程度也会有所不同，如低碳钢的塑性比合金钢高，珠光体类钢塑性比马氏体类钢高，因而爆破前管径胀粗相对较大。

③ 微观特征：由于材料是在长期超过了设计使用温度下运行的，因此珠光体类钢的组织有明显的碳化物球化和聚集长大的现象，非珠光体类钢的组织有老化现象；破口附近有大量的蠕变裂纹和蠕变空洞，裂纹的形态为沿晶裂纹，方向大多是沿着管子的轴向，如图 8-3 所示。

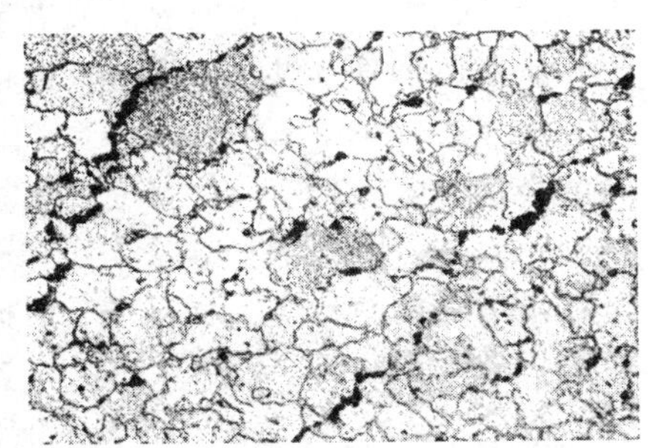

图 8-3　长时过热爆管蠕变孔洞和裂纹

在正常情况下，过热器高温段向火面和背火面间的温度差可达 20～30 ℃，因此，向火面的珠光体球化(或老化)程度比背火面严重。

造成受热面管超温的原因包括：① 设计不当，介质流量偏低或流量不均匀，炉膛偏烧，造成局部部件长期过热；② 运行操作不当，过负荷、燃烧中心偏差导致部分过热器管壁热负荷过高；③ 内部严重结垢或异物堵塞管子，导致汽水循环不良，影响传热，造成长期过热；④ 炉膛结焦，燃烧器调节不当。

发生长时过热爆管的主要原因是运行中发生超温。所以，要在运行中采取预防措施，如严格控制运行操作，加强运行调整，稳定运行工况，监控受热面部件的温度。在检修时，对重点部件进行管径胀粗测量；对设计不当造成超温的，应进行改造；对长期服役的部件进行寿命评估。此外，在安装和检修中，加强管理，防止异物进入，防止错用材料。

(2) 短时过热爆管。

锅炉受热面管子在运行中，由于冷却条件的恶化，管子金属在短期内温度升高，其超温温度水平较高，通常是超过钢的 A_{c1} 临界点。此时，由于高温下钢的抗拉强度急剧下降，管子在内部介质压力的作用下，在温度最高的一侧产生塑性变形，造成管径胀粗，管壁减薄，最终发生剪切断裂而爆破，称为短时过热爆管。

① 宏观特征：爆破口具有完全塑性断裂的特征，破口一般开口很大，呈喇叭状或核桃状；破口边缘比较锋利，减薄较多，管子的胀粗也比较明显；爆破口附近氧化皮的有无、多少与管子平时的运行状态有关，管子内壁由于爆管时气水混合物的高速冲刷而十分光洁，多数情况下没有与主裂纹平行的微小裂纹，如图 8-4 和图 8-5 所示。

图 8-4　高温过热器短时过热爆管

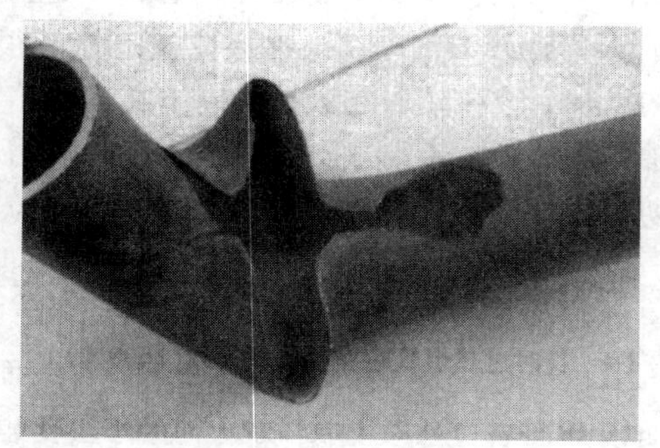

图 8-5　低温过热器短时过热爆管

短时过热爆管破口处的宏观特征说明：管子在短时超温时发生了较大的塑性变形和完全塑性断裂。短时过热爆管多发生在锅炉的水冷壁管子上。

② 微观特征：短时过热爆管破口处的显微组织发生了变化，其特征与管壁过热温度范围和冷却速度有关。管壁超温温度未超过钢的 A_{c1} 点，但在接近 A_{c1} 点时，珠光体类钢组织仍为铁素体加珠光体，未形成奥氏体。因而在爆管时，由于较快速的变形而使铁素体沿变形方向伸长，并在爆管后，由于管内汽水混合物的冷却来不及发生再结晶过程，而将爆管时的变形组织保留下来。管壁超温达到或超过钢的上临界点 A_{c3} 时，管子向火侧炽热的管壁被管内高速喷出的约 300 ℃的水或汽水混合物迅速冷却，相当于进行一次完全淬火，破口处钢的显微组织中出现马氏体、贝氏体、屈氏体之类的淬硬组织。管壁超温的温度在钢的 A_{c1}～A_{c3} 之间时，相当于将破口处的钢材进行了一次不完全淬火。因此，在破口处钢的显微组织中，除观察到一些淬硬组织外，还有部分块状的自由铁素体。

通常，短时过热爆管破口对面的组织仍为钢的原始组织。如果管子曾经在超温状况下运行过一段时间，然后再发生短时超温爆管，则爆口的背面组织也会出现碳化物球化或组织老化现象。短时过热爆管的组织发生变化时，它的机械性能也相应改变。当爆管时的管壁温度高于上临界点 A_{c3} 时，破口刃部产生淬硬组织，硬度明显地提高。

造成短时过热爆管的主要原因有：① 锅炉的结构布置不合理，使得水循环不正常；② 锅炉水冷壁管或联箱被异物堵塞；③ 运行中未维持良好的汽水循环；④ 燃烧室工况不稳定，火焰中心偏移；⑤ 汽包缺水。

在运行中，应控制运行操作，加强运行调整，稳定运行工况，保证良好的汽水循环，防止汽包缺水。在安装和检修中，加强管理，防止异物进入。

2）材质不良爆管

（1）错用钢材爆管。

受热面管子错用了牌号不符合设计要求的钢管，导致使用温度超过该钢材的允许工作温度，管子蠕变速度过快，发生爆管。

对于被错用的使用温度较低的钢管，实际上它是处于超温运行，最后发生长时过热爆管。这种爆管的特征完全与长时过热爆管相同。

（2）使用有缺陷的管子引起爆管。

使用了有裂纹、折叠、严重夹杂物、严重脱碳等缺陷的管子，在高温、高压条件下，经较短时间，这些缺陷处就会产生裂纹，最后导致爆管。

有缺陷的管子爆管时，破口大多是沿缺陷方向裂开，破口很整齐平直。断口由两部分组成，缺陷部分及靠近缺陷的部位为脆性断口，其他部分为韧性断裂；破口处壁厚减薄不多。

进行金相试验分析时，在破口处或破口延伸方向可发现缺陷，如果为夹杂物，通常为连续的或密集的夹杂物。破口处组织是否球化则取决于是否超温及运行时间。

3）热疲劳损坏

锅炉受热面管子的某些部位，在经过多次反复循环加热和冷却而产生交变热应力，在热应力作用下产生低周疲劳，形成热疲劳裂纹，最后导致管子的破裂，称为热疲劳损坏。

形成这种裂纹的应力循环次数一般比较少，约在 1000 次以下。

（1）宏观特征。

热疲劳引起的断裂是脆性断裂，在断裂部位附近只有少量的或不明显的塑性变形，在开裂处并不发生管子胀粗和没有明显的管壁减薄现象，一般都产生不太大的裂纹。管子的内外壁通常有较厚的氧化层。

发生了泄漏的管子，在破口处呈缝隙状，很少有张开口的破口。

在发生热疲劳损坏的零件表面有大量的裂纹，一种是密集的相互平行的直线型丛状裂纹，如图 8-6 所示。裂纹一般是平行地呈丛状并沿管子的周向分布，也有的为环形横向裂纹，原因是由于管子的轴向刚性较低。这种热疲劳的交变热应力是单向应力。这种类型的热疲劳常常发生在锅炉各种受热面管子和减温器中。

另一种热疲劳裂纹是网状裂纹，如图 8-7 所示。裂纹是由两个方向的热应力或约束造成的，常在管子内壁出现这种龟裂。

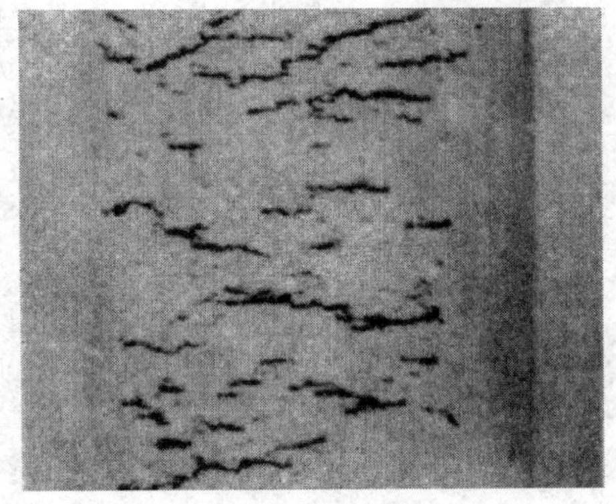

图 8-6　热疲劳丛状裂纹

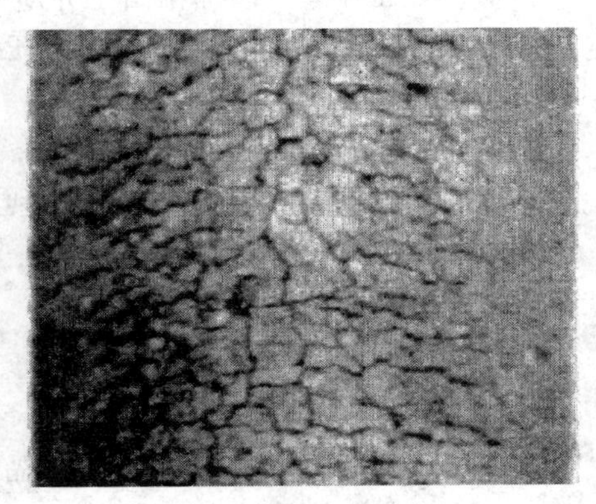

图 8-7　热疲劳网状裂纹

有时出现上述两种类型的混合型，即在横向分布为主的较大的直线型裂纹中混有网状的细裂纹。接管或圆孔处的热疲劳裂纹呈辐射状。

(2) 微观特征。

锅炉受热面管子同时在腐蚀介质(汽水混合物)的长期作用下，其热疲劳裂纹的发生、扩展都发生明显的腐蚀，热疲劳裂纹内部往往充满灰色腐蚀产物，称为腐蚀性热疲劳损坏。

热疲劳裂纹有穿晶型的，也有沿晶型的；裂纹尾部多为圆钝状，也有的稍尖。当交变热应力较小、裂纹扩展较慢或腐蚀作用占优势时，裂纹端部多呈圆钝状，如图 8-8 和图 8-9 所示；当交变热应力较大时，裂纹端部就略尖。

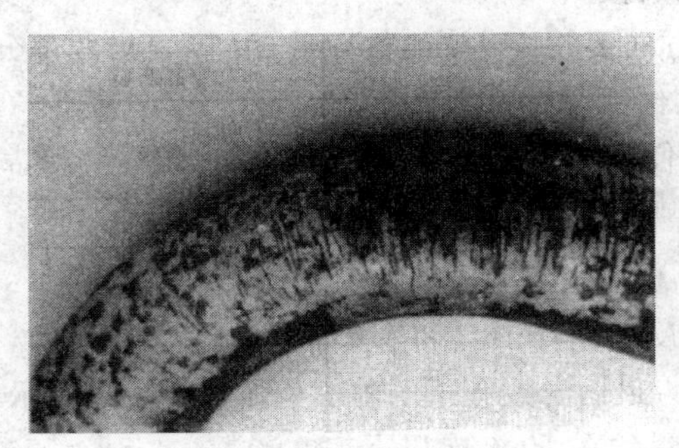

图 8-8　腐蚀性热疲劳裂纹(一)

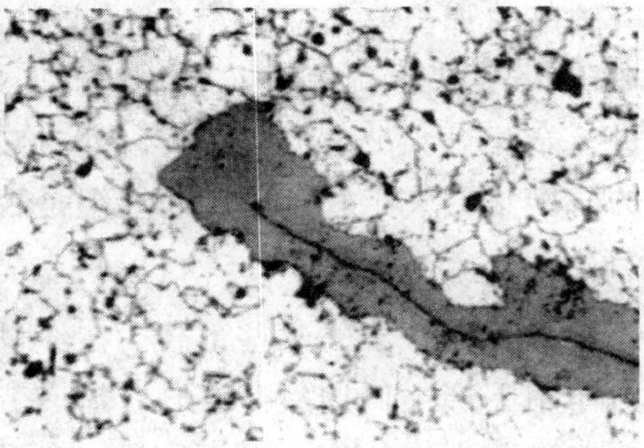

图 8-9　腐蚀性热疲劳裂纹(二)

锅炉受热面管子发生汽水分层、汽塞，过热器管带水，减温器等由于温度的波动而产生热应力循环，很容易发生腐蚀性热疲劳损坏。

4) 腐蚀引起的管子损坏

(1) 应力腐蚀破裂。

金属部件在拉应力和特定的腐蚀环境的共同作用下发生的脆性断裂称为应力腐蚀破裂。

应力腐蚀裂纹起源于与腐蚀介质相接触的表面，通常起源于零件表面保护膜的局部破口，如产生点蚀的部位。

宏观的应力腐蚀裂纹基本上垂直于拉应力，裂纹形态呈树枝形，有晶间型、穿晶型和混合型三种断裂方式。在一组特定的体系中，通常只出现一种特定的裂缝形态。

在锅炉设备中，一些部位出于介质的不断浓缩，产生高浓度的碱溶液，在钢材处于一定的应力条件下发生的一种应力腐蚀开裂称为碱脆，又称苛性脆化。

应力腐蚀断口的宏观特征如下：

① 脆性断口没有明显的塑性变形，断口与拉应力方向垂直。

② 断口表面无金属光泽，为褐色或暗色，发生腐蚀或氧化。

③ 氧化物或腐蚀产物分布不均匀，在裂纹源处最多，往往在裂源处形成腐蚀坑。

应力腐蚀断口的微观特征如下：

① 沿晶断裂：裂纹沿着大致垂直于所施应力的晶界延伸，沿晶型应力腐蚀断口为沿晶断口，如图 8-10 所示。

② 穿晶断裂：裂纹按着一定的结晶学平面扩展。

③ 混合断裂：沿晶和穿晶混合型断裂如图 8-11 所示。

④ 应力腐蚀的微观断口还具有腐蚀坑及二次裂纹等形貌特征，有时在微观上可以观察到塑性变形的特征。

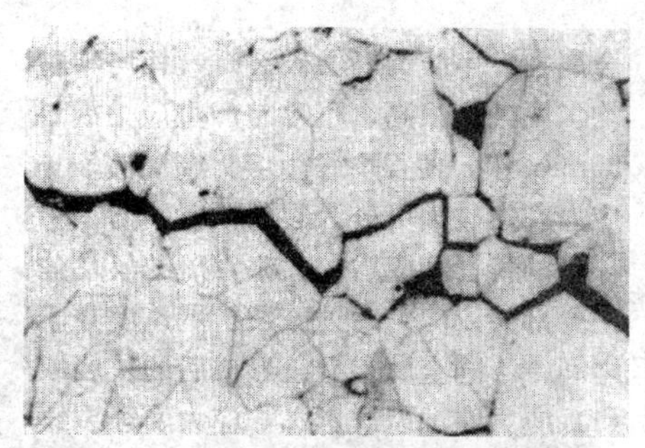

图 8-10　沿晶型应力腐蚀裂纹微观特征

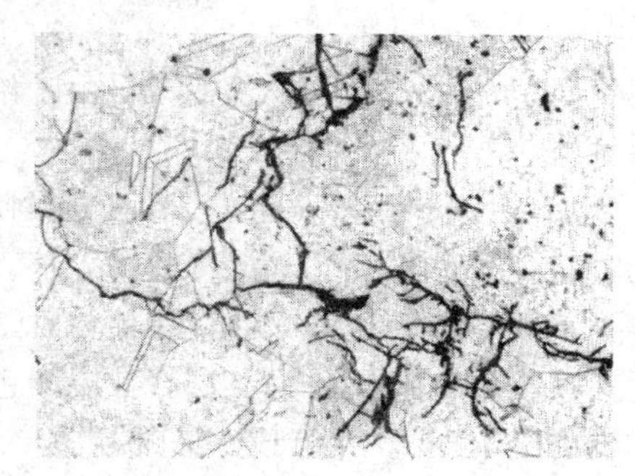

图 8-11　混晶型应力腐蚀裂纹

(2) 氢腐蚀损伤。

氢腐蚀是氢在高温高压条件下，与钢中的碳及 Fe_3C 发生化学反应，生成 CH_4，导致钢中生成裂纹和鼓泡，使钢的性能下降，从而导致破坏。氢腐蚀主要发生在高温(一般高于 220 ℃)下，故也称高温氢腐蚀。

当氢进入钢中时，在高温下引起钢的组织和成分发生变化，致使钢内部脱碳并产生裂纹。这种性能的变化不能用脱碳的方法来恢复。

钢在氢环境工作条件下(如合成氨、化工生产中的加氢等)会产生氢腐蚀；在高温(高于 350 ℃)蒸汽管道中，蒸汽与钢中铁元素接触，当管壁温度过高、管内产生汽水分层或蒸汽停滞时，反应产生的氢原子如不能很快被汽水混合物带走，也会造成氢腐蚀。

氢腐蚀爆管的宏观特征：具有脆性断裂的特征，破口处碎块打出，呈不规则窗口状，破口处边缘粗钝，管壁减薄很少，管子无明显胀粗，破口处有一些裂纹由破口往外延伸，如图 8-12 所示。

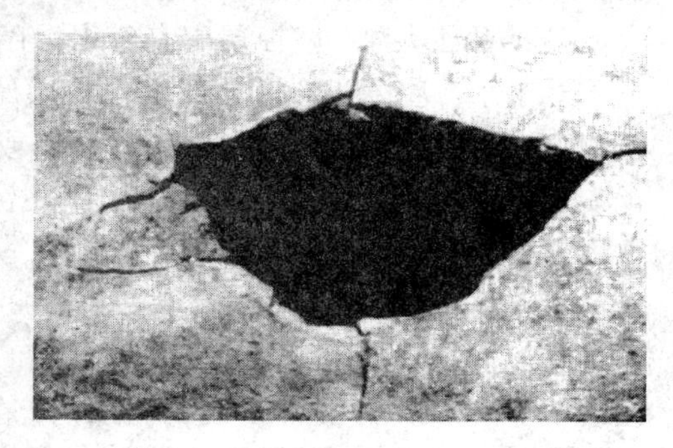

图 8-12　氢腐蚀爆管形貌

氢腐蚀爆管的微观特征：破口处及其附近的组织类型没有改变，管子内壁附近发生明显的脱碳，珠光体减少甚至消失，内壁附近有大量的黑色条状显微裂纹，裂纹沿晶界分布或者存在于珠光体与铁素体交界部位，内部没有腐蚀产物。

(3) 垢下腐蚀。

当锅炉受热面管子的内表面附有水垢时，在其下面会发生严重的腐蚀，称为垢下腐蚀或沉积物下腐蚀。这是目前高压锅炉常见的一种局部腐蚀现象。

① 酸性腐蚀：垢下酸性腐蚀一般发生在致密的水垢下面，管子的局部发生脱碳现象，沿渗碳体边界及晶界生成微裂纹，金属变脆，严重时管壁未减薄就发生爆管。

② 碱性腐蚀：炉水中的碱性物质在水垢下会因炉水浓缩而形成很高的浓度，发生碱性腐蚀。碱性腐蚀一般发生在多孔沉积物下面，特征是凹凸不平的腐蚀坑，坑上覆盖有腐蚀产物。当腐蚀坑达到一定的深度后，管壁变薄，会发生鼓包或爆管。

③ 铜-钢腐蚀电池腐蚀：水垢中含有金属铜或为铜垢时，会发生以铜为阴极、受热面

的钢管内壁为阳极的电化学腐蚀。这种垢下腐蚀一般发生在向火侧的管壁上，破坏的部位表面呈贝壳状。

(4) 氧腐蚀损坏。

锅炉的给水管及省煤器管等，由于给水中带入的溶解氧的腐蚀而引起的管子损坏，称氧腐蚀损坏。

氧腐蚀发生在管子的内表面、腐蚀部位的表面为许多腐蚀物的鼓包，把腐蚀物除掉，在管壁上由腐蚀产生的坑，具有“溃疡”特征，如图 8－13 所示。氧腐蚀鼓包大致分为三层，各层颜色不同，由不同的铁的化合物所组成。最外层是三价铁的水合氧化物 $Fe_2O_3 \cdot nH_2O$，颜色为砖红色(磁性的 $\alpha-Fe_2O_3$)或棕色(无磁性的 $\gamma-Fe_2O_3$)；最内层为二价铁的水合氧化物 $FeO \cdot nH_2O$，呈黑色；中间层为黑褐色的 $Fe_3O_4 \cdot nH_2O$。

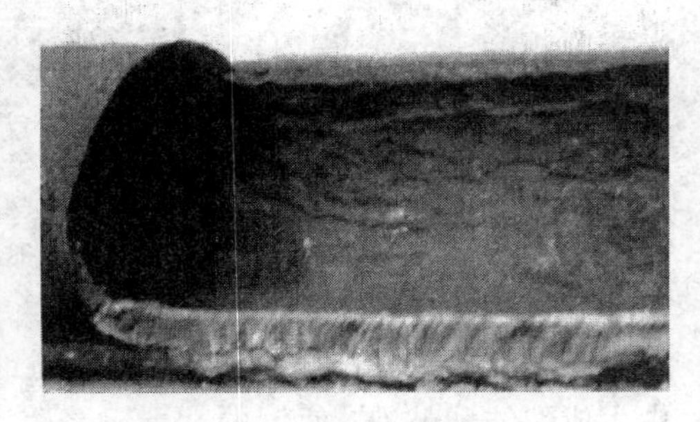

图 8－13　氧腐蚀损坏形貌

(5) 高温腐蚀。

高温腐蚀是在高温和硫的共同作用下，沿着受热面管的向火面局部浸入，呈坑穴状、严重的腐蚀现象。这是由于燃煤或燃油含有较高的硫、钠、钒等化合物，金属管壁温度高而引起的。

对于过热器管和再热器管，腐蚀区的沉积层较厚，呈黄褐色到暗褐色，比较疏松和粗糙；其他区域为浅灰褐色沉积物，比较坚实。腐蚀处金属组织没有明显的变化，可能发生表面晶界腐蚀现象。腐蚀层中有硫化物存在。

对于水冷壁管，管子外部出现一层厚厚的沉积物，沉积物下面的管壁表面呈黑色或孔雀蓝色，管子明显减薄，如图 8－14 所示。在沉积物中可发现较高的含硫量。

防止措施：控制金属壁温不超过 600～620 ℃；使烟气流合理，尽量减少烟气的冲刷和热偏差；在煤中加入 $CaSO_4$ 和 $MgSO_4$ 等附加剂，在油中加入 Mg、Ca、Al、Si 等盐类附加剂；采用表面防护层。

图 8－14　水冷壁高温腐蚀损坏

5. 蒸汽管道的失效分析及防止措施

1) 蠕变断裂

蠕变断裂主要发生于弯头的外弯面、三通的内壁肩部和外壁腹部、阀壳的变截面处等应力集中区。

蠕变裂纹走向为管系的轴向，表面层有许多小裂纹，只有少数几条大裂纹向内扩展。蠕变断裂是火力发电厂蒸汽管道中最常见的一种破坏类型，通常为泄漏型损坏。

当部件在中等蠕变温度和较大应力水平的条件下，一种情况是整个基体发生形变，形成缩颈，呈穿晶型断裂，断口的微观特征是韧窝，这种蠕变断裂为基体形变型蠕变断裂，又称 M 型蠕变断裂，它对缺口应力集中不敏感。另一种情况是晶界产生滑动，在三晶粒的交界处产生应力集中，若在三晶粒中的形变不能使应力集中得到松弛，且应力集中达到晶界开裂的程度，则在三晶粒的交界处产生楔形裂纹；晶界上杂质偏析、弱化晶界的第二相沉淀和多晶粒材料的晶粒过分粗大，都容易产生楔形裂纹；这种蠕变断裂为楔形裂纹型蠕变断裂，又称 W 型蠕变断裂。

当部件在较高蠕变温度和较低应力水平的条件下长期运行时，晶界弯曲和硬质点阻碍晶界滑动、滑移带和滑动晶界的交割作用、空位由压应力向拉应力区扩散和沉淀、晶界上的夹杂物或第二相质点与母体分离，使得首先在晶界上形成孔洞，然后孔洞在应力作用下继续增多、长大、聚合、连接成微裂纹，微裂纹连通形成宏观裂纹，直至断裂，这种蠕变断裂为孔洞型蠕变断裂，又称 R 型蠕变断裂。蠕变裂纹与表面连通后，氧化形成的楔形氧化物，将促进裂纹的扩展。孔洞型蠕变断裂属于沿晶脆断，断口处无明显塑性变形。

防止措施：防止超高温运行；调整支吊架，改进管件结构，降低管道的局部应力；正确选用钢材，提高管件的制造质量，保证管件的质量性能。

2）疲劳损坏

疲劳损坏裂纹主要产生于管孔处、管件的应力集中区、管道内外壁受水浸入的区域，前两者属于低周疲劳，后者为热疲劳。低周疲劳裂纹的走向一般垂直于气流方向，热疲劳裂纹往往呈龟裂纹。

断口具有一般疲劳断口的特征，断口存在两个区域，即疲劳裂纹产生及扩展区和最后断裂区，断裂的路径为穿晶型，裂纹缝隙中充满氧化物腐蚀产物。

防止措施：调整支吊架，尽量降低管件的局部应力；稳定运行工况，防止热冲击；防止从排气管中返回凝结水，防止雨水穿透保温层。

3）焊接裂纹

焊接裂纹是在焊接应力及其他致脆因素共同作用下形成的裂纹。主要发生在大小管之间的角焊缝、不同管径之间的对接焊缝、管段与铸锻件之间的焊缝、异种钢之间的焊缝。

腐蚀对焊接裂纹扩展起促进作用。焊缝的蠕变损伤起源于外表面。异种钢焊接接头，高温下碳向高合金处扩散，低合金则发生脱碳而开裂。

焊接裂纹的类型：① 应力松弛裂纹，因残余应力松弛而产生的裂纹，在焊接热影响区的粗晶贝氏体区出现，呈环向断裂；② 焊缝横向裂纹，走向沿管道轴向裂纹数量较多，与焊缝的成分偏析、热处理不当及韧性有关；③ R 型裂纹，主要发生在热影响区的低温相变区，蠕变孔洞型断裂，由系统应力造成。

防止措施：采用合适的焊接材料和焊接工艺，提高焊接质量，消除表面缺陷和裂纹，避免异种钢之间的增、脱碳现象；改善焊接接头的结构，降低应力集中；加强焊后的无损探伤，不合格的焊缝应重焊。

4）点蚀

零件表面钝化膜缺口露出新的金属表面，其电位较钝化膜低而成为阳极，在电解液里发生阳极被溶解的电化学腐蚀，形成凹坑，称为点蚀。

点蚀易在水平段直管和弯头处产生蚀坑。零件表面的夹杂物、位错在表面露头等，均可以成为点蚀的源点。由于氧的去极化作用发生的电化学腐蚀呈点状或坑状，腐蚀区基本上没有结垢覆盖。蚀坑的进一步发展可诱导出热疲劳裂纹或应力腐蚀裂纹。

防止措施：加强停炉的保护，内壁应形成一层均匀的保护膜；运行中保持水质的纯净，严格控制 pH 值和含氧量。

5）石墨化

石墨化是在高温高压下长期运行，钢中的渗碳体分解为铁和石墨的现象。钢中的铝、硅促进石墨化。

碳钢在 450 ℃以上，钼钢在 480 ℃以上长期运行，会发生石墨化。石墨化和珠光体的球化同时进行。石墨化核心优先在三晶界处形成，长大的石墨呈团絮状。焊接热影响区的不完全重结晶区，石墨化最严重。粗精钢比细晶钢石墨化倾向小。

防止措施：在钼钢中加入铬，炼钢时不用铝和硅脱氧；防止超温运行，定期进行石墨化检查，更换石墨化超标的管子。

8.5.2　汽包

汽包是锅炉中最大、关键的受压元件，其作用是实行汽水分离，保证正常的水循环；除去盐分，获得良好的蒸汽品质；负荷变化时可用来蓄热和蓄水。

1. 汽包工作条件

汽包是在一定的温度和压力下进行工作的，由于锅炉的设计参数不同，汽包的工作压力、温度也不同，随着锅炉蒸汽出口压力和温度的提高，汽包的工作压力、温度不断提高。

汽包可承受水和蒸汽的腐蚀作用。

汽包在锅炉启动和停炉时，由于水位的波动，在汽包汽水交界处存在温度的交变，产生较大的热应力，可能引起疲劳裂纹的产生。同时，在启停时，汽包存在温度的变化，在管孔周围，由于这种温度的变化而产生热应力，再加上低周疲劳以及应力集中的作用，也可能引起裂纹的产生。

2. 汽包的安全性

由于选材、结构设计的不合理，冶金和制造质量欠佳，以及运行不当等原因，使得汽包某一局部区域的强度和塑性、韧性等力学性能降低而产生破裂；这时，汽包内部高压工质与大气相通，引起内部工质剧烈地沸腾，压力骤然上升产生“爆炸”。从热力学的角度来看，汽包爆炸是个绝热过程，同外界没有能量交换，这样的爆炸事故撕裂了汽包，摧毁其邻近设备和建筑物，造成人身伤亡，其破坏性极大。

3. 汽包用钢的要求

(1) 采用合适的冶炼方法，保证冶金质量。

(2) 应具有较高的室温和中温强度。

(3) 应具有良好的塑性储备和小的缺口敏感性。

(4) 应具有良好的可焊性。

(5) 应具有较小的时效敏感性。

4. 汽包用钢及其应用范围

汽包用钢可分为优质碳素钢和普通低合金钢两大类。碳素钢主要以低碳钢为主，其次是中碳钢；普通低合金钢主要以 C－Mn 钢为主，其次是在此基础上，单独或复合加入一种或几种合金元素，如 Cr、Ni、Mo、V 及 Nb 等，便形成 C－Mn－Mo、C－Mn－Ni－Mo、

C－Mn－Mo－V、C－Mn－Mo－Nb、C－Mn－Mo－Cr－Ni－V 等各种系列的钢种。

国内汽包常用钢种、强度级别及建议应用范围见表 8－1。

表 8－1　国内常用汽包用钢及应用范围

钢种及技术条件	特　性	强度级别 Rel/MPa	应用锅炉类型	应用使用范围
A3	钢的塑性、韧性及焊接性能均较好，强度不高。该钢板以热轧状态交货，必要时进行 890～920 ℃正火处理	215	低压小型锅炉	≤450
20g		245	低、中压锅炉	≤450
22g GB 713—1997		265	中压锅炉	≤450
12Mng GB 713—1997	各种性能均较好。以热轧状态交货，必要时进行 900～920 ℃正火处理	295	≤5.9 MPa 低、中压锅炉	≤400
16Mng GB 713—1997	具有良好的综合机械性能、工艺性能和焊接性能，缺口敏感性比碳钢大，疲劳强度较低。一般情况下，钢板以热轧状态交货，必要时进行 900～920℃正火处理，可显著提高韧性，并降低脆性转变温度	345	≤5.9 MPa 低、中压锅炉	≤400
15MnVg GB 713—1997	具有良好的综合机械性能和焊接性能，缺口敏感性和时效敏感性较大。与 16Mng 钢相比，冷脆倾向稍大，为改善钢的韧性，降低脆性转变温度，应进行 940～980℃正火，600～650℃消除应力退火	390	中、高压锅炉	≤400
14MnMoVg GB 713—1997	具有良好的综合机械性能，但对热处理工艺较为敏感，尤其对冲击韧性和延伸率影响较大，特别适合生产厚度在 60 mm 以上的厚钢板，一般经 960～980℃正火，630～650℃回火后使用。生产中应防止白点和夹层缺陷的产生	490	高压、超高压锅炉	≤500
18MnMoNbg GB 713—1997	热强性较好，屈服比较高，焊接性能好，但正火加回火状态下的机械性能不够稳定，与 14MnMoVg 钢相比，常出现强度、塑性、韧性不能同时满足技术条件要求的情况。大锻件及特厚板有白点倾向，焊前须经 200～250℃预热，焊后应采取后热去氢措施	490	高压、超高压锅炉	≤500
13MnNiMoNb	是在调整 BHW35 钢种镍铌含量的基础上研究成功的国产钢种，其各项性能指标均已达到 BHW35 钢水平	390	高压、超高压、亚临界锅炉	≤500

5. 汽包失效分析和防止措施

1）苛性脆化

苛性脆化主要发生在中、低压锅炉汽包的铆钉和管子胀口处、铆钉孔和胀口的汽包钢板上；具有缝隙腐蚀的特征，为阳极溶解型的应力腐蚀；初始裂纹从缝隙处产生，具有沿晶和分叉的特点，裂纹的缝隙处没有坚固的腐蚀产物，从外面不易观察；苛性脆化的断口具有冰糖状花样；呈脆性断裂；金属组织未发生变化。

防止措施：改进汽包结构，把铆接和胀管改为焊接结构，消除缝隙；改善锅炉启停和运行工况，减少热应力；提高汽水品质。

2）脆性破坏

脆性破坏的主要原因是部件存在缺陷，并引起应力集中；材料韧性差，特别是低温韧性差。

脆性破坏主要发生在中、低压锅炉汽包运行、水压试验时，汽包往往破碎成多块；断裂源为老裂纹、如焊接裂纹、应力腐蚀裂纹、疲劳裂纹；断裂速度极快，宏观断口具有放射纹和人字形纹路特征，断口的宏观变形小，无明显的塑性变形；断口的微观形貌为河流花样。

防止措施：防止在运行、焊接中裂纹的产生，加强汽包的无损探伤，及时发现裂纹并处理；提高汽包材料的质量，降低脆性转变温度；改善汽包结构，防止严重的应力集中。

3）低周疲劳

启停频繁和工况经常变动的锅炉，在给水管孔、下降管孔、纵环焊缝、水汽交界面及人孔焊缝处容易产生低周疲劳；断口宏观形貌具有一般疲劳断口的特征。腐蚀对裂纹的产生和扩展起促进作用。

防止措施：保持锅炉运行平稳，减少启停次数，避免温度和压力的大幅度地波动；改进汽包结构，降低应力集中；采用抗低周疲劳的材料和提高焊接质量。

4）应力氧化腐蚀裂纹

应力氧化腐蚀裂纹通常发生在汽包水汽波动区的应力集中部位。

断口不具有疲劳特征，裂纹发源于焊接缺陷和腐蚀坑处，裂纹尖端和周围有沿晶的氧化裂纹，裂纹缝隙处充满坚硬的氧化物，楔形的氧化物附加应力对裂纹扩展起促进作用，在裂纹边缘有脱碳、晶粒细化、晶界孔洞等特征。

防止措施：提高焊接质量，保证焊缝表面的平滑，降低焊接残余应力；控制汽包中的汽水品质。

5）内壁腐蚀

内壁腐蚀主要发生在汽包下部内表面与水接触的部位、焊缝和下降管的内壁。

产生内壁腐蚀的原因是由于氧的去极化作用，发生电化学腐蚀。汽包内壁腐蚀呈点状或坑状，腐蚀区基本上没有结垢覆盖。

防止措施：加强停炉的保护，去除铁锈和脏物，汽包内壁应形成一层均匀的保护膜；运行中，保持水质的纯净，严格控制 pH 值和含氧量。

8.5.3 其他锅炉部件

1. 阀门用钢

锅炉阀门按用途分类，可分为截断阀、调节阀、止回阀、分流阀及安全阀等。阀门是由许多零件所构成的，本书主要介绍阀体、阀杆、阀瓣和阀门弹簧等零件用钢。

1）阀体用钢的工作条件及要求

阀体是阀门的主要受压零件，承受介质的温度、腐蚀、管道和阀体的附加作用力的影响。因此，阀体材料应具有足够的强度和韧性，良好的工艺性及耐介质腐蚀的性能。

电站锅炉阀门阀体用钢主要是铸钢，常用的铸钢见表 8－2。

表 8－2　电站锅炉阀门阀体常用铸钢

钢号	特　性	主要应用范围
ZG25	冶炼、铸造性能较好，焊接性能较好，一般焊前不预热	高、中压参数机组
ZG20CrMo	冶炼、铸造性能较好，焊接性能较好	最高使用温度为 500～520 ℃
ZG20CrMoV	可焊性较差	最高使用温度为 540 ℃
ZG15Cr1Mo1V	综合性能较好的低合金热强铸钢	最高使用温度为 570 ℃

2）阀杆和阀瓣用钢的工作条件及要求

阀门中的阀杆和阀瓣在运行时，要承受一定的压力和温度的蒸汽介质的作用、润滑剂和填充材料的腐蚀作用及水汽的冲蚀作用；在阀门开启过程中，还要承受拉、压、扭转及摩擦的作用。

阀杆和阀瓣用钢应有一定的强度和韧性，并要求钢的组织有足够的稳定性；零件表面应抗磨性能好，且有较好的抗摩擦性能；零件表面应能耐润滑剂和填充材料的腐蚀作用、水汽的锈蚀作用及冲蚀作用。

锅炉阀门常用阀杆和阀瓣用钢的选用见表 8－3。

表 8－3　阀杆和阀瓣用钢的选用

钢　种	最高使用温度/℃	用　途	钢　种	最高使用温度/℃	用　途
35(氮化)	≤350	中、低压阀门阀杆	25Cr2MoV	≤510	高压阀门阀杆
40Cr(镀铬)	≤450	高、中压阀门阀杆	25Cr2Mo1V	≤550	
2Cr13			20Cr1Mo1VNbB	≤570	高压、超高压阀门阀杆
3Cr13		高、中压阀门阀瓣	20Cr1Mo1V1A		
38CrMoAlA(氮化)	≤540	高、中压阀门阀杆、阀瓣			

3）阀门弹簧用钢的弹簧工作条件及要求

阀门弹簧主要是螺旋弹簧，弹簧在工作时要承受较高的温度（≤450 ℃）和扭转应力，同时它还要与高温蒸汽和水接触。弹簧应在小于或等于 450 ℃的温度下具有较高的弹性极限和较好的抗松弛性能；具有一定的抗蒸汽和水的腐蚀能力；具有较高的疲劳极限；具有良好的工艺性能。

锅炉阀门常用的弹簧钢主要有 60Si2MnA、50CrVA、30W4Cr2VA，最高工作温度分别为 300℃、400℃、500℃。

2. 锅炉压力容器用钢

锅炉压力容器所用的钢材必须选用正确，这是保证锅炉压力容器长期安全运行的重要条件之一。对于锅炉压力容器，常用金属材料的选用见表 8－4。

表 8-4　板　材

钢的种类	钢　号	标准编号	适用范围	
			工作压力/MPa	壁温/℃
碳素钢	20R1	GB 6654—1996	≤5.9	≤450
	20g、22g	GB 713—1997		
合金钢	12Mng、16Mng	GB 713—1997	≤5.9	≤400
	16MnR	GB 6654—1996		

3. 吊杆用钢

锅炉本体各部件均是通过吊杆悬吊在锅炉顶梁或立柱上的，吊杆本身承受较大的拉应力，不同部位的吊杆其工作温度也不同。所以，吊杆用钢应具有较高的强度；具有较好的焊接性能；具有较好的冷加工工艺性能；具有较低的缺口敏感性；具有一定的耐腐蚀性。

吊杆常用钢种的最高温度及用途见表 8-5。

表 8-5　吊杆常用钢种的最高温度及用途

钢　种	最高使用温度/℃	主要用途	钢　种	最高使用温度/℃	主要用途
20	≤350	汽包、联箱及受热面等吊杆	35CrMo	≤450	顶棚联箱等吊杆
35	≤400	联箱、管道等吊杆	12CrMoV	≤500	顶棚联箱、蒸汽管道等吊杆
SA675、Gr70	≤410	汽包、联箱等吊杆	SA182、F11	≤550	

4. 锅炉受热面固定件和吹灰器用钢

锅炉受热面固定件用金属材料应具有较高的抗氧化性，并具有一定的热强性和较好的耐蚀性、工艺性能；吹灰器用金属材料应具有高的抗氧化性能、良好的抗腐蚀性能和较高的高温强度。

锅炉受热面固定件和吹灰器常用钢钢号、特性及其主要应用范围见附录三中的表 25。

*8.6　火电厂汽轮机主要设备用钢及事故分析

8.6.1　汽轮机叶片

1. 叶片的工作条件

汽轮机叶片分为静叶片和动叶片；动叶片分为汽轮机高压转子前几级与低压转子末几级，两处叶片的运行条件差异很大，末级叶片的工作温度小于 100 ℃。

汽轮机叶片担负着将蒸汽的热能转换为机械能的作用，工作条件极其复杂。

叶片的受力情况：运行中转子高速度旋转时，由叶片的离心力引起拉应力；叶片各个截面的重心不在同一直线上或叶片安装位置偏高，叶轮辐射方向将产生弯曲应力；由蒸汽流动的压力造成叶片的弯曲应力和扭转应力，当传递到叶根的销钉孔或根齿时，还会产生剪切和压缩应力。由于机组的频繁启停、气流的扰动、电网频率的改变等因素的影响，叶片承受交变载荷的作用。

另外，转子平衡不好，隔板结构和安装质量不良，个别喷嘴损坏等，都会引起叶片振动的激振力。处于湿蒸汽区的叶片，特别是末级叶片，还要经受化学腐蚀和水滴的冲蚀作用。

2. 叶片用钢要求

(1) 较高的强度、塑性和热强性。对于工作温度小于或等于 400 ℃的叶片，以室温和高温力学性能为主；而对于高压汽轮机中在 400 ℃以上工作的叶片，因其允许的变形量很小，除室温性能外，还应具有较高的持久强度和蠕变极限，良好的持久塑性和组织稳定性，较低的持久缺口敏感性。

(2) 优良的耐蚀性。高温段叶片容易受到氧腐蚀，处于湿蒸汽区工作的叶片容易发生电化学腐蚀，在停机过程中，叶片也会受到化学腐蚀和电化学腐蚀。为此，处于湿蒸汽区工作的叶片多采用耐蚀性好的不锈钢制造，或采用非不锈钢予以适当的表面保护处理。

(3) 高的振动衰减率。振动衰减率标志着材料消除振动的能力，它影响叶片共振的安全范围。造成汽轮机叶片断裂的原因总是或多或少地与振动相关，因此，选用减振性能好的材料，可使由于振动导致叶片断裂的可能性减少。

(4) 高的断裂吸收功(高的断裂韧性)。当叶片材料具有高的断裂吸收功时，可使叶片的抗断裂能力提高，允许裂纹长度增加，有利于在检修中及时发现，避免在运行中突然断裂。

(5) 良好的耐磨性。特别是后几级叶片，为防止由于水滴的冲刷而磨损，要求材料耐磨性好。

(6) 良好的工艺性能。叶片成型工艺复杂，加工量大，约占主机总加工工时的 1/3。因此，要求加工工艺性能好，有利于叶片大批量生产并降低成本。

3. 叶片常用钢材选用

汽轮机叶片常用钢材的特性及主要应用范围和类似的钢号见附录三中的表 26。

4. 常见汽轮机叶片失效分析和防止措施

根据叶片的断裂机理，可将汽轮机叶片的失效分为长期疲劳损坏、短期疲劳损坏、应力腐蚀、接触微动疲劳损坏和高温疲劳损坏等。

1) 长期疲劳损坏

长期疲劳损坏是指叶片在运行过程中承受低于叶片原始疲劳极限应力，经过较长时间(振动次数远大于 10^7)发生的一种机械疲劳损坏。

产生原因：因叶片或叶片组存在某种高倾振动，而引起共振损坏；叶片表面有缺陷，使叶片局部区域产生应力集中，而提前发生疲劳损坏；由于运行不正常，使某些级的叶片应力升高，导致提前破坏。

宏观特征：断口平整呈细瓷状结构，疲劳贝壳纹清晰，疲劳断裂区面积一般大于静撕裂区面积。当应力水平较高时，疲劳断裂区面积会减小；反之，叶片应力水平较低，破坏时间较长的断口，疲劳断裂区面积就大一些。因此，可从分析断口的疲劳断裂区面积的大小来推断叶片承受载荷应力的大小。

微观特征：穿晶型疲劳断裂。

防止措施：消除共振，提高叶片制造质量和安装质量，改善运行条件。

2）短期疲劳损坏

短期疲劳损坏是指叶片在运行过程中受到外界较大的应力或较大的激振力，导致叶片只经受较少时间（振动次数小于 10^7）就发生断裂的一种机械疲劳损坏。

产生原因：运行不正常，如疏水系统发生故障，汽包水位失去控制，凝汽器发生满水故障，使水进入汽轮机内，叶片遭到水的冲击而承受较大的应力，经过较少的振动次数很快破坏；由于设计不良、安装不好（如转子不平衡）而产生振动；隔板结构不佳或安装不良，存在较大的交变应力；喷嘴损坏，使叶片受力不均等，导致叶片存在较大的低频激振力，若低频激振力与叶片的自振频率相同则引起共振，会很快造成叶片断裂。

宏观特征：断口表面粗糙，疲劳贝壳纹不明显，在断面上疲劳区面积往往小于最后断裂的静撕裂区面积，在断口的四周伴有宏观的塑性变形，经受水击的叶片断口还呈现人字形纹路的特征。

微观特征：裂纹源及扩展区为撕裂台阶、准解理、疲劳纹及韧窝，最终断裂区为韧窝。

防止措施：消除低频共振和防止水击的发生。

3）应力腐蚀

应力腐蚀是叶片在拉伸应力和腐蚀介质的共同作用下所发生的破坏现象。即使在低的应力水平和弱的腐蚀介质中，也有应力腐蚀损坏的现象。

产生原因：① 材质问题，由于在晶界析出了碳化物，造成晶界贫铬，使晶界与晶粒内产生了电位差，在电解质的作用下引起晶界腐蚀；② 存在应力。

宏观特征：断口通常呈颗粒状，又呈结晶状。

微观特征：裂纹是沿晶型的，断面上有滑移台阶，并有细小的腐蚀坑。从我国电厂的生产实践来看，应力腐蚀主要产生在2Cr13马氏体不锈钢制造的末级叶片上，而且均具有沿晶裂纹的特征。用奥氏体不锈钢制造的叶片既有穿晶型的应力腐蚀，也有沿晶型的应力腐蚀。

防止措施：改善叶片材料的质量，消除叶片材质的内应力，改善蒸汽的品质，同时要避免叶片产生共振。

4）接触疲劳损坏

接触微动疲劳损坏是由于存在着振动，使毗邻的叶片之间或者叶片与叶轮之间产生往复的微量位移，相互接触摩擦而产生的一种机械疲劳损坏，多发生于投产运行的初期。

产生原因：由于叶根齿部设计不合理，或安装不良，产生接触应力。

宏观特征：断口具有贝壳状特征，并伴有因摩擦氧化而产生的斑痕，斑痕是叶根存在微动磨损的证据，接触微动疲劳断口往往具有多个裂源。

微观特征：在斑痕边缘产生微动疲劳裂纹，显微裂纹呈簇状，大体上相互平行，并与摩擦应力垂直。

防止措施：提高叶根的安装质量，防止振动传递至叶根；增大叶根的有效接触面，减小接触应力；进行表面处理，提高叶根表面层的残余应力和强度。

5）腐蚀疲劳损坏

叶片在腐蚀介质里受交变应力作用而产生的疲劳损坏，称为腐蚀疲劳损坏。

产生原因：在交变应力作用下，叶片钝化膜破坏后形成腐蚀性空穴，不断地提供疲劳源，导致疲劳破坏。

宏观特征：存在多个疲劳源。

微观特征：条纹和冰糖块状花样，断裂断口往往具有腐蚀破坏的特征，如腐蚀坑、腐蚀产物等。腐蚀疲劳损坏的特征介于机械疲劳和应力腐蚀之间，当交变应力较大，裂纹发展速度快时，以机械疲劳为主，其裂纹为穿晶型，断口的宏观形貌为贝壳纹花样；当交变应力较小，裂纹发展速度较慢时，以应力腐蚀为主，其裂纹主要为沿晶型，断口的宏观特征为颗粒状。

防止措施：改善汽水品质，提高叶片材料抗腐蚀疲劳的能力，尽量减小交变应力的水平。

6）高温疲劳损坏

由于高温蠕变和疲劳的交互作用而造成的损坏，称为高温疲劳损坏。高温氧化是促使疲劳裂纹产生和扩展的重要原因。

高温疲劳损坏的裂源部位，由于较长时间的静应力的作用，蠕变现象明显；在裂纹扩展中，尤其是快速扩展区，疲劳断裂的作用明显。高温下长期运行后发生的高温疲劳，往往伴随有组织的变化。

高温疲劳断裂是穿晶型的，其断口特征与室温下疲劳断裂相似。有时高温疲劳断口受到严重的氧化和腐蚀，断口被一层相当厚的腐蚀产物所覆盖，不能反映出断口的宏观形貌和微观形貌。

8.6.2　汽轮机转子、主轴和叶轮等锻件

1. 汽轮机转子的结构形式和工作条件

常见的汽轮机转子有套装式转子、整锻转子和焊接转子。高压转子与低压转子的工作条件温度差异很大。汽轮机主轴、转子体、轮盘和叶轮均在复杂的应力作用下工作。蒸汽通过叶片、叶轮时，在主轴上产生扭转力矩；转子高速旋转时，要承受由自重产生的交变弯曲应力和大的离心力作用；旋转振动还会造成频率较高的附加交变应力；甩负荷或发电机短路会产生巨大的瞬时扭应力和冲击载荷；高压转子还要承受由温度梯度引起的热应力作用。高压转子在高温蒸汽下运行会引起蠕变损伤，由于机组的启停或变负荷还会产生疲劳损伤。

2. 汽轮机转子用钢要求

(1) 锻件冶金质量好，材料性能均匀，不应有裂纹、白点、缩孔、折叠、过度的偏析以及超过允许的夹杂和疏松。

(2) 转子经最终热处理后，具有较低的残余应力，以免因局部应力增大或产生热变形而引起机组振动。

(3) 锻件材料具有足够的强度、塑性和韧性等综合力学性能。

(4) 高压转子应具有较高的蠕变极限、持久的强度和长期组织稳定性；断裂韧性高，脆性转变温度低。

(5) 高压转子材料具有良好的抗高温氧化和抗高温蒸汽腐蚀的能力。

3. 汽轮机转子常用钢的选用

汽轮机转子、主轴和叶轮常用钢材的特性及主要应用范围和类似钢号见附录三中的表 27。

4. 常见转子失效分析和防止措施

1) 汽轮机主轴(转子)的变形

汽轮机主轴出厂时残余应力较大，运输或安装不当以及运行不良等，均可以引起主轴发生弯曲。

汽轮机主轴的工作条件是较为恶劣的，沿轴向，各部分温度由于蒸汽温度不同而不同，因而轴的各部分沿轴向就有不均匀的膨胀。

汽轮机在停机冷却时，主轴温度上下不均，发生暂时的弹性弯曲变形。当全部冷却到室温时，主轴又由于各部分上下温度一致而伸直。在汽轮机冷却过程中，若进行正确的停机，并进行盘车时，这种暂时的弹性弯曲变形会减至最小，并在再次正确的启动中不会造成主轴的弯曲。

当主轴的暂时弹性弯曲造成汽轮机动静部分摩擦，则就会造成主轴的永久弯曲变形。汽轮机主轴的弯曲是指主轴发生永久的弯曲变形。当汽轮机主轴的弯曲变形严重时，甚至会使轴封互相摩擦发热而烧熔，造成严重事故。

对于原来合格的主轴，在运行中导致主轴发生过量塑性变形的主要原因是：① 在停机过程中，汽轮机进水又未进行盘车，冷却不均匀产生的热应力使主轴弯曲；② 运行超速、偏心质量引起的离心力过大；③ 启动未严格地按操作规程进行；④ 运行中，汽轮机动、静部件发生摩擦，造成局部膨胀。

当主轴(转子)发生弯曲变形时，需要进行校正，通常称为“直轴”。对于小功率汽轮机碳钢转子，可采用局部加热法予以校直；对于大功率汽轮机主轴(转子)，则必须采用松弛法进行校直。松弛法直轴的实质是利用金属在高温下的应力松弛特性，即在一定的应变下，作用于构件的应力随着时间的延长而自行下降；在应力降低的同时，所产生的反向塑性变形用以抵消原始变形度，从而达到校直的目的。

2) 叶轮的变形

由于制造时尺寸误差较大或运行不当，大机组的汽轮机叶轮会发生过量塑性变形。叶轮发生变形即破坏了动平衡，将导致运行中产生较大的振动。

变形的叶轮也可采用松弛法较正。

3) 汽轮机主轴(转子)的损坏事故

(1) 材料内部缺陷引起损坏事故。如果转子内部残留有冶金缺陷，如轴心疏松、非金属夹杂物、白点、严重偏析等，都会使转子产生裂纹并导致断裂。

防止措施：在冶炼和浇注时采用真空除气；对大锻件进行去氢处理；去除铸锭的缩孔；提高转子材料的断裂韧性和均匀性。

(2) 汽轮机运行不当造成事故。汽轮机发生运行不正常就会加大叶片和叶轮的离心力，或引起严重的振动，从而产生严重的事故。运行维护不当引起的调速系统失灵，也将引起严重事故。

防止措施：稳定运行工况，防止主蒸汽和压力大幅度波动；缓慢启停，控制转子的温度变化速度；改进转子的结构，去除深槽，或增大槽底圆角半径。

(3) 轴承产生油膜共振，导致转子飞裂。油膜共振会引起机组的振动增加，甚至使机组产生破坏，造成机毁人亡的严重事故。

(4) 套装件过盈不当产生事故。套装在主轴上的叶轮，由于离心力和温度的影响，会使叶轮内孔增大，以致叶轮与轴之间可能产生间隙，因此，叶轮与主轴配合必须采用过盈配合。

过盈量越大，作用在叶轮内孔表面的径向应力 σ 也就越大，会引起叶轮键槽处开裂。若过盈量过小，在工作转速下，叶轮与轴之间产生松动，会在叶轮与主轴之间发生微量滑动，或使局部部位应力过大而引起事故。此外，推动盘松动会造成在主轴前端的丝牙处疲劳断裂。

(5) 腐蚀疲劳。腐蚀疲劳主要发生于低压转子主轴上截面改变处或套装叶轮紧配合的边缘。金属受到腐蚀介质和交变应力或脉冲应力的联合作用，发生腐蚀疲劳。腐蚀疲劳产生大量腐蚀坑和裂缝，裂纹发源于蚀坑，一般具有多个裂源，走向呈沿晶和穿晶混合型；裂纹尖端较钝往往是沿一侧产生和扩展，直至飞裂，飞裂前伴随着剧烈的振动；宏观断口具有疲劳特征，并有腐蚀现象。

防止措施：增大截面突变处的曲率半径，降低局部区域的应力集中；提高汽水品质；定期检查轴表面蚀坑的发生和发展；及时对部件进行消除应力处理。

(6)高国疲劳。裂纹源主要产生于轴表面的应力集中处，轴与叶轮配合面边缘的微动疲劳也是起裂部位。当受力以交变弯曲应力为主时，裂纹走向垂直于轴向；当受力以交变扭转应力为主时，裂纹走向与轴呈45°交角。断口微观形貌为疲劳条纹，裂纹的扩展路径为穿晶型。

防止措施：提高轴的装置质量，降低附加应力；改进叶轮套装面的形状，减少边缘的接触；消除轴的异常振动。

此外，汽轮发电机组中发电机、励磁机发生断裂或叶轮发生断裂，都会引起汽轮机转子断裂。

4) 叶轮开裂事故

汽轮机叶轮是大型高速转动部件之一，工作时处于复杂的应力状态，在长时运行过程中，轴向键槽处易出现裂纹，当裂纹发展到一定深度时，将会导致整个叶轮的开裂。叶轮的裂纹问题严重地威胁着机组的安全运行。大量叶轮裂纹分析结果表明，叶轮的裂纹易在轴键槽处产生，同时多数情况是在最后四级，特别是末级，其工作温度范围为 40～120 ℃。

叶轮飞裂断口及开裂裂纹方式大多是脆性断裂，断口上有一层黑色层。造成叶轮开裂的原因有以下几方面：

(1) 长期湿蒸汽引起应力腐蚀裂纹。汽轮机叶轮承受较高的离心力，叶轮内孔表面的切向应力较大。应力腐蚀裂纹发源于蚀坑，断口为沿晶脆性断口，具有沿晶和分叉的特征。断口上有黑色腐蚀产物。裂纹端部尖锐，裂缝内壁及金属外表面的腐蚀程度通常很轻微，而裂缝端部的扩展速度很快。裂纹主要沿奥氏体晶界扩展，为树枝形裂纹。叶轮产生裂纹后，如果未及时发现，则会发生严重的叶轮飞裂事故。

防止措施：改进叶轮结构，降低应力集中；改善汽水品质；提高回火温度；降低硫、磷等有害杂质，以提高叶轮材料的抗应力腐蚀的能力。

(2) 在超速试验时或机组超速时发生飞裂。当叶轮材料有缺陷，或键槽附近已产生轴向裂纹(如末级叶轮的应力腐蚀裂纹、中压进口区轮槽里的蠕变裂纹等)时，超速会引起叶轮飞裂。

(3) 制造加工错误引起开裂。由于隔板加工尺寸错误，使隔板体与叶轮轮面之间间隙比设计要求小，运行中，叶轮严重磨损和变形，并引起叶轮轮面产生网状裂纹。

(4) 热疲劳引起裂纹开裂。由于电厂湿蒸汽冲刷，造成在腐蚀介质中的热疲劳引起裂纹。

8.6.3 汽轮发电机转子、无磁性护环和磁性环锻件

1. 汽轮发电机转子用钢

1）汽轮发电机转子的工作条件

汽轮发电机转子承受着极大的复杂应力。汽轮发电机以转速3000 r/min正常运行和以转速3600 r/min超速试验时，转子本体将产生很大的离心力；由于传递扭矩的需要和在突然二相短路时，瞬时扭矩可骤增4～8倍，转子还要承受巨大的扭应力和瞬时冲击载荷；转子自重也会引起较大的交变弯曲应力，配合处还存在过盈装配压应力等。此外，还有在转子中心孔处及线槽区承受几何形状所产生的附加应力。

2）汽轮发电机转子用钢要求

具有较高的强度(特别是屈服强度)、塑性和韧性，良好的疲劳性能和低的脆性转变温度；整个锻件的材料性能均匀，不允许有影响锻件性能的缩孔、疏松、气孔、裂纹和非金属杂质等缺陷存在；转子锻件残余应力要尽量小，且分布均匀，以防止局部应力增大或产生弯曲变形；具有优良的导磁性能。

2. 无磁性护环用钢

1）无磁性护环的工作条件

无磁性护环是一个保护发电机转子端部线圈在旋转负荷下运转的圆圈体钢部件，护环除了承受本身离心力外，还承受了转子绕组端部的离心力，仅护环本身的离心力就能达到护环所受全部作用力的50%。

为了保证护环与转子同心，防止振动，用热套方法将护环一端紧套在转子轴身端部，另一端紧套在中心环上，因此，在配合处存在过盈装配应力。有些护环为了通风冷却，常在其上开一些通风孔，因此造成应力集中。此外，还存在着应力腐蚀危险。

运行中的无磁性护环失效的主要原因有两方面：一是由于局部范围应力高、加工硬化和材料的韧性差，产生应力集中区的脆断；二是氯化物、硝酸盐及潮湿空气或冷却水引起的应力腐蚀开裂。

2）无磁性护环的用钢要求

护环材料应具有较高的强度，特别是较高的屈服强度，具有尽可能高的塑性和韧性，护环的组织应当均匀，尤其是晶粒要细；残余应力小，而且分布均匀，以防止由于变形、应力腐蚀的发展及各种应力叠加，发生破坏事故。因此，要求冶炼、热锻制坯、冷变形等都要有严格的工艺制度，以避免出现内部裂纹或类似裂纹的缺陷。此外，为了减少发电机端部漏磁和涡流损失，要求采用无磁性护环。

3. 汽轮发电机磁性环锻件的工作条件及其用钢要求

除无磁性护环外，汽轮发电机还有一些环锻件，如中心环、风扇环、小护环、水箱压环等锻件，它们也是较为重要的部件，要求质量较高，不允许有白点、裂纹、折叠、重皮及其他严重影响使用性能的缺陷。

锻件用钢应在电炉或平炉中冶炼，也可采用其他冶炼工艺。壁厚在65 mm以上的3级锻件及4～8级锻件所用钢水，在铸锭前或铸锭过程中应进行真空处理，以去除有害气体，特别是氢气。

锻件锻后，应立即进行退火或正火，性能热处理为淬火加回火。1～6级锻件最终回火温度不低于595 ℃，7级和8级锻件最终回火温度不低于560 ℃。

在精加工后，全部表面应进行磁粉探伤。锻件在性能热处理后应进行超声波探伤。

4. 汽轮发电机转子、无磁性护环和磁性环锻件选材

汽轮发电机转子和护环的常用钢号、特性及其主要应用范围见附录三中的表28。

5. 常见发电机护环失效分析和防止措施

护环是一个保护发电机转子端部线圈在旋转负荷下运转的圆圈体钢部件。在正常情况下，护环受到端部绕组和自身重量产生的离心力和热套配合力等作用，这在发电机设计中已予以考虑。然而，在一些非正常情况下，护环将承受相当大的附加应力。

根据部件对护环的要求，且为了防止涡流，需要用锰、铬系列的奥氏体钢材料。对于双水内冷发电机，由于各种原因引起的水冷却系统漏水。密封瓦向机内漏油、漏水，冷却水温过低、空气温度过高使冷却水管结露等，造成护环环境温度过大；加上冷却水的水质不是很纯，会带进机组内许多有害离子，特别是氯离子。湿度过大和应力作用是造成这类机组发电机护环产生应力腐蚀的重要因素。对于氢冷发电机，由于采用氢冷却，氢气渗入机内，会使发电机护环产生氢致裂纹。氢冷发电机护环几乎所有配合面圆角过渡处都可能发生腐蚀坑、点蚀和裂纹；裂纹一般都起源于圆角根部的表面腐蚀坑和腐蚀点；裂纹一般都沿与轴线呈40°角左右的斜横截面向纵深扩展；裂纹的开裂面多呈半圆形。

双水内冷发电机护环裂纹一般比较密集，多为一段段、密密麻麻且相互平行的短小裂纹，每段裂纹均呈中间粗、两头尖的形状。大裂纹多半都是由处于同一轴线上的几条小裂纹段连接贯穿而成的。裂纹源在表面，裂纹沿纵截面扩展，裂纹有沿晶裂纹和穿晶裂纹两种，如图8-15和图8-16所示。

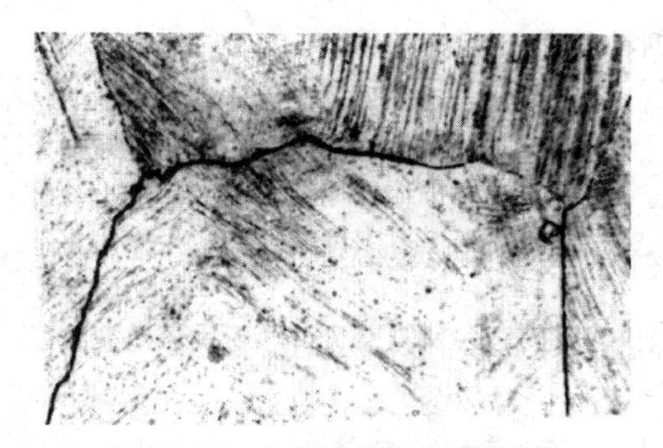

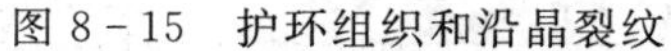

图8-15　护环组织和沿晶裂纹

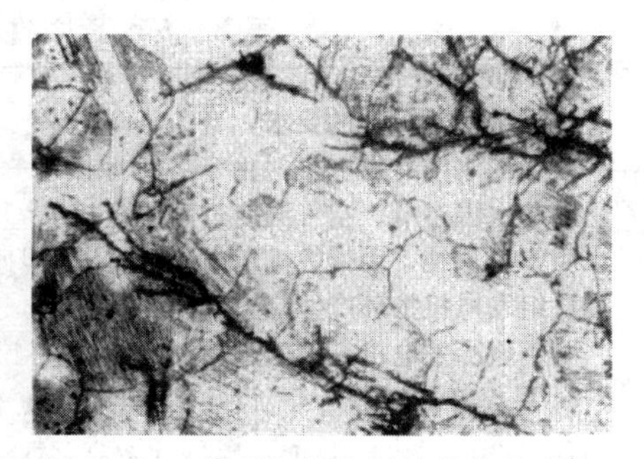

图8-16　护环组织和树枝状穿晶裂纹

可采用的预防措施：① 降低应力集中和残余应力；② 采用18Mn-18Cr钢护环，该钢种具有优良的抗应力腐蚀能力，国内外应用情况良好；③ 对在役的18Mn-5Cr钢护环表面进行防护处理。

8.6.4　高温紧固件

高温紧固件主要是指连接汽轮机和锅炉设备中的汽缸、主汽门、阀门、蒸汽管道等部件的螺栓和螺母，其作用是使上述部件紧密结合，在运行过程中不产生漏汽。

1. 紧固件用钢的工作条件

螺母上紧后，使螺栓受到拉应力，该拉应力使螺栓产生作用于法兰结合面上的压力，使所连接的两密封面紧密结合。这种受力状态，在长期高温应力作用下，螺栓会产生应力松弛现象，从而导致螺栓压紧应力降低，最终会造成法兰结合面出现间隙而发生漏汽。

螺栓在使用中如果发生断裂，会引起严重的人身和设备事故，造成很大的经济损失。因此，为了保证机组安全可靠运行，在选用螺栓和螺母材料时，首先应考虑钢材的松弛稳定性、蠕变脆性，其次是其强度和加工性能。一般认为，当工作温度超过 400 ℃时，就会出现较明显的松弛现象。

目前，我国螺栓设计工作期限为 2×10^4 h，最小密封应力取 1.4 MPa。

2. 紧固件用钢的要求

(1) 抗松弛性高。要求用较小的初紧力也可保证在一个大修期内螺栓的压紧应力不低于要求的最小密封应力。

(2) 强度高。由于螺栓初紧应力不能超过钢材的屈服点，因此，当材料强度高时，可以加大初紧力。

(3) 缺口敏感性小。在螺栓螺纹处，实际上相当于一个缺口，是应力集中处，易发生断裂；如果螺栓材料塑性、韧性高，当螺栓具有较小的缺口敏感性时，螺纹处便不易发生损坏。

(4) 热脆性倾向小。螺栓在运行中应不会因热脆性而发生脆断。

(5) 有良好的抗氧化性。

(6) 要合理匹配螺栓与螺母材料，避免螺栓与螺母的“咬死”现象。一般规定，螺母硬度要比螺栓硬度低 20～40 HB，并且两者不要使用相同的钢种。

3. 紧固件常用钢种

电站常用的紧固件钢种和适用温度范围见表 8－6。

表 8－6　紧固件常用钢种及适用温度范围

<table>
<tr><th>钢　号</th><th>特　　性</th><th>用作螺栓时的最高使用温度/℃</th></tr>
<tr><td>35、40、45</td><td>强度较低，可调质处理，但淬透性低</td><td rowspan="2">400</td></tr>
<tr><td>35SiMn</td><td>较好的淬透性，良好的韧性，较高的强度和疲劳强度，有过热敏感性及回火脆性倾向</td></tr>
<tr><td>35CrMo</td><td>强度较高，韧性好，有较好的淬透性，冷变形中等，切削性一般，具有较高的高温蠕变强度和持久强度</td><td rowspan="2">480</td></tr>
<tr><td>42CrMo</td><td>强度和淬透性较高，具有良好的抗松弛性能和工艺性能</td></tr>
<tr><td>17CrMoV</td><td>有较高的热强性，综合性能较好，工艺性能良好</td><td>520</td></tr>
<tr><td>25Cr2MoVA</td><td>珠光体耐热钢，室温强度高，韧性好，淬透性好，焊接性能差</td><td>510</td></tr>
</table>

续表

钢　号	特　　性	用作螺栓时的最高使用温度/℃
25Cr2Mo1V	中碳耐热钢，具有较高的耐热性和高温强度，较好的抗松弛性能，持久塑性较差，缺口敏感性也较大	550
20CrMo1V1	性能优于 25Cr2Mo1V，在 565～570 ℃下有较高的热强性和抗松弛性	
20Cr1Mo1VNbTiB	低合金高强度钢，具有高的持久强度和塑性，抗松弛性能好，缺口敏感性小	570

4. 螺栓的失效分析

按螺栓失效的机理来分，火力发电厂高温螺栓的失效类型有螺纹咬死，结合面泄露，螺栓材料的热脆、蠕变、疲劳，中心孔热损伤和应力腐蚀。

螺栓断裂的主要原因可归纳为螺栓用钢材质不良、螺栓结构不合理、加工和安装工艺不当、运行条件差等几个方面。

(1) 从材质角度来分析，影响螺栓脆性断裂的主要原因是螺栓材料的持久强度低、缺口敏感性高和组织稳定性差。另外，钢材的冶金质量不好，非金属夹杂物过多，有发纹、疏松等宏观缺陷存在，都会促使螺栓脆断。

(2) 螺栓的结构设计不合理，螺纹加工质量不好，螺纹根部圆角半径太小，会在螺栓局部地区造成严重的应力集中而促使螺栓过早地损坏。

(3) 在安装检修时，紧固螺栓的初紧力过大，热紧时加热方法不当，螺栓偏斜等因素往往也是导致螺栓断裂的原因。

1) 螺纹咬死

螺栓和螺母螺纹之间被卡住，用通常的松紧方法不能转动螺母，如用过大的扭矩硬扳就会造成螺纹拉毛甚至螺栓断裂，称为螺纹咬死。螺纹咬死是高温螺栓失效的最普遍现象。

产生原因：螺栓和螺母在高温下长期运行，挤压螺纹表面，形成坚硬的氧化皮。松螺母时，氧化皮被挤破，造成螺纹拉毛而卡涩；当氧化皮填满螺纹间隙时，就会咬死；螺纹加工质量差、表面粗糙和螺纹间隙过小是螺纹咬死的常见原因；检修工艺不当(螺纹有毛刺、破裂的氧化皮未去除、螺纹处进入硬的杂质或堆积的黑铅粉过多)会引起卡涩。如果强行拧紧螺母，经长期运行后则会发生螺纹咬死；采用加热法紧固时，由于螺纹部分温度过高使螺纹胀住，也会造成螺纹咬死。

常用防止措施：① 紧固螺栓时，使用润滑剂；② 选用抗氧化能力较强的材料，如强化的 12%铬型钢；③ 将螺纹研磨抛光，增大螺纹螺距和增大中径间隙；④ 检修中应对已用过的螺栓和螺母螺纹进行清理或研磨，螺纹处黑铅粉或二硫化钼粉末不宜涂得过厚，用压缩空气吹去多余的粉末；⑤ 采用功率大的加热器，加热限于螺杆处，缩短加热时间。

2) 结合面泄露

运行中或启动时，法兰结合面出现缝隙，高温高压蒸汽逸出，严重时还会伴随振动和螺栓断裂。

产生原因：因预紧力不足或短期松弛严重，检修后重新启动时会发生泄漏；螺栓组中各个螺栓之间紧力严重不均匀，高紧力结合面处的涂料或密封垫片压紧，而低紧力处出现缝隙造成泄漏；由于初紧工艺不当或紧固螺栓的顺序不合理，法兰间隙集中于某处而不能保持气密性；法兰面挠曲不平整，法兰表面存在发射状的沟槽是造成泄漏的重要原因；温度突然变化或大幅度波动，垫片和法兰产生过大的变形；缸体进水造成巨大的温差应力，也可能引起法兰面变形而泄露；材料的抗松弛性能低，不能满足设计运行期限密封要求，或螺栓经长期使用应力松弛进入第三阶段，或弹性极限降至密封应力以下，也是法兰面泄露的重要原因。

常用防止措施：修理法兰面，对结合面进行刷镀处理，或更换法兰；稳定运行工况，暖机启动。

3）热脆性失效

高温螺栓经高温长期运行，材料的常温(200 ℃以下)冲击韧性和塑性下降的现象称为热脆性。热脆性主要发生在低合金 CrMoV 钢。由螺栓热脆性引起的失效在螺栓断裂事故中占的比例最大。

常见原因：① 低合金 CrMoV 螺栓钢热脆性的本质是回火脆性；② 在长期高温运行过程中，铁素体中磷等杂质逐渐向原奥氏体晶界偏聚，同时伴随着富钼的 M_6C 碳化物在原奥氏体晶界形成，这两个过程可能相互起促进作用；③ 低合金 CrMoV 钢热脆性的程度与原始组织类型有关，具有位向排列的回火贝氏体组织，热脆性明显，晶粒越粗和硬度越高，则热脆倾向越明显，珠光体＋铁素体组织基本没有热脆倾向，组织稳定。

常用防止措施：采用较低的奥氏体化温度对降低低合金 CrMoV 钢的热脆敏感性是有效的，用热处理方法恢复易脆化螺栓的韧性也有实际效果。

4）疲劳断裂

当高温螺拴受到交变应力作用时，可能产生疲劳裂纹，造成疲劳断裂。

一般认为，调速汽门螺栓易发生疲劳断裂。调速汽门螺栓的动应力主要来源于阀门的经常开闭和汽流冲击引起的振动。当螺栓组的紧力相差较大时，紧力大的螺栓容易产生疲劳断裂。

常用防止措施：降低紧力偏差和预紧力，采用柔性螺栓，增加螺栓长度及加套筒，采用圆弧螺纹牙底。

5）蠕变损伤失效

所有的高温螺栓在长期运行中，均会发生长度伸长的蠕变现象。

产生蠕变损伤失效的原因是螺栓承受拉应力和在高温下长期运行。蠕变断裂是材料在高温长期载荷下的使用寿命问题。蠕变裂纹均产生于螺母支承面邻近第一圈螺纹根部。由于正常载荷偏心的影响，螺纹根部靠近蒸汽侧对蠕变损伤最敏感。

常用防止措施：为提高螺栓的抗蠕变断裂的寿命，应严格限制第一次紧固时的初应力，第二次紧固时的初应力应小于第一次的，保证螺栓加工的表面粗糙度，适当提高螺栓的持久强度。紧力偏高是螺栓蠕变损伤加快的重要原因。应在保证气密性的条件下，尽量降低预紧力和紧力偏差。

6）中心孔热损伤

装卸螺栓时，用氧乙炔火把加热中心孔，会使局部孔壁材料产生热损伤。由热损伤产生的裂纹在运行中继续发展，直至螺栓断裂或在装卸过程中被拧断。

常用防止措施：禁止使用氧乙炔火把加热螺栓。用电加热器加热螺栓时，应防止电加热器和孔壁短路而烧伤孔壁材料。

7）应力腐蚀

高温螺栓产生应力腐蚀的条件如下：

(1) 在运行状态下，由于熔盐沉积在螺栓表面而引起高温应力腐蚀；高压内缸泄露，汽水在缝隙处凝结，螺栓产生水溶液的应力腐蚀。

(2) 在停机状态时，由于汽水凝聚在螺栓表面而引起常温应力腐蚀。

(3) 应力腐蚀开裂的位置在最大承载螺纹的牙底部。应力腐蚀断裂的特征是沿晶断裂和晶界面上的应力腐蚀特征。

8.6.5　其他汽轮机部件

1. 凝汽器用金属材料

1）凝汽器的工作条件

凝汽器的主要功能是将汽轮机排汽凝结成为锅炉给水用的凝结水。同时，在汽轮机排汽口处建立和维持所要求的背压(真空)状态。

汽轮机排汽由排汽口进入凝汽器，在凝汽器中被冷却介质所冷却。比热容较大的蒸汽将凝结成水，并在汽轮机排汽缸和凝结器蒸汽空间形成真空。按照凝汽方式的不同，凝汽器分为混合式和表面式，目前的超高压大型机组都采用表面式。

2）凝汽器用钢要求

凝汽器外壳和水室材料一般采用碳钢和合金钢钢板。当水质为腐蚀性较强的海水时，应选择耐海水腐蚀钢板或采取防腐蚀措施。

凝汽器管板材料大多采用碳钢板。对于腐蚀性强的海水，可选用 HSn62-1 板或与冷却管材质相同的管板材料。

3）凝汽器常用金属材料

凝汽器常用金属材料见表 8-7，凝汽器常用管材牌号及技术标准、特性和主要应用范围见表 8-8。

表 8-7　凝汽器常用金属材料

名　称	牌号技术条件	用　途	备　注
黄铜管	H68A	热交换管束	用于淡水冷却
锡黄铜管	HSn70-1，HSn70-1A		
铝黄铜管	HAl77-2，Hal77-2A		用于海水冷却
白铜管	B30，BFe30-1-1，BFe10-1-1		用于要求高的耐蚀部分
钛管	TA1 或 TA2		耐蚀性最好，成本高
不锈钢管	TP304，TP321		耐蚀性很好
板材	Q235A	管板、盖板、水室、壳体、侧板等	
	钛板(TA2 或 TA3)	管板	
	不锈钢板(1Cr18Ni9Ti)	防护板等	

表 8-8　凝汽器常用管材牌号、特性和主要应用范围

钢　号	特　性	主要应用范围
H68A	具有很好的塑性和较高的强度，切削加工性能好，易于焊接，较好的耐蚀性	用于制造热交换器铜管，如低压加热器、凝汽器铜管，使用在溶解固形物含量小于 300 mg/L、氯离子含量小于 50 mg/L 的冷却水中
HSn70-1	锡黄铜，具有良好的力学性能，在热态和冷态下加工性能好，切削性能一般，易于焊接和钎焊，在大气和淡水中有较高的耐蚀性，但在管子表面有沉积物或碳膜时易发生点蚀	用于制造凝汽器管，使用在溶解固形物含量小于 1000 mg/L、氯离子含量小于 150 mg/L 的冷却水中
HAl77-2	铝黄铜，具有高的强度、硬度和良好的塑性，可进行压力加工，耐海水和盐水腐蚀	用于制造凝汽器管，使用在溶解固形物含量大于 1500 mg/L 或海水的冷却水中。冷却水中允许的悬浮物和含砂量不超过 50 mg/L
BFe30-1-1	铜镍白铜，具有高的力学性能，耐砂蚀和耐氨蚀性能良好，具有耐热性和耐寒性，压力加工性良好	用于制造凝汽器管，使用在悬浮物和含砂量较高、流速较高且含氧充足的海水冷却水中。冷却水中允许的悬浮物和含砂量可达 500～1000 mg/L，短期可大于 1000 mg/L
TA1，TA2，TA3	工业纯钛，具有较高的力学性能、优良的冲压性能，焊接性好，切削加工性能好	用于制造凝汽器管，可在受污染的海水、悬浮物含量高的水中，以及在较高的流速下使用

2. 加热器常用金属材料

1）加热器的工作条件

给水加热器是利用汽轮机抽汽加热锅炉给水的热交换器设备，是实现回热循环利用，提高电厂热经济性的重要辅机设备。

加热器按传热方式不同可分为混合式和表面式两种，目前大多采用表面式；按给水压力的高低，又分为高压加热器和低压加热器，在给水泵与锅炉之间为高压加热器，在凝结水泵与给水泵之间为低压加热器。

2）加热器用钢要求

由于高压加热器的工作压力很高，所以对所用材料，尤其是水室和水管材料，都有严格要求。

(1) 强度较高，应选择 400～600 MPa 级别的钢种，以减少高压加热器体积，提高热交换效率。

(2) 钢材应有良好的韧性、塑性和较低的缺口敏感性。

(3) 钢材应具有良好的冷、热加工性能和可焊性。

(4) 具有较高的抗腐蚀能力。

低压加热器则常用黄铜管作为热交换管，以提高热交换效率。当耐腐蚀性要求较高

时，需用不锈钢管。

3）加热器常用金属材料

高压加热器常用金属材料见表 8－9，低压加热器常用金属材料见表 8－10。

表 8－9　高压加热器常用金属材料

钢材名称	钢　号	用　途	钢材名称	钢　号	用　途
高压管	20A，SA556C2	热交换水管	厚板	19Mn6	水室封头、盖板
中板	20g，SB42，15MnVg，15MnVR	汽侧壳体与封头	大型锻件	20，15CrMo	汽侧接管
中、厚板	SA516Gr. 70	壳体，封头	大、中型锻件	20MnMo、20MnMoNb	管板、水室接管、密封压
	SA387Gr. 11	汽侧短接管			

表 8－10　低压加热器常用金属材料

名　称	钢　号	用　途	名　称	钢　号	用　途
黄铜管	H68，H68A	热交换束	薄板	1Cr18Ni9Ti	防护板等
不锈钢管	SA688TP304	热交换束	中型锻件	20	水室法兰等
中板	Q235	筒体、水箱体、隔板等	大、中型锻件	20MnMo	管板、水室盖及法兰等
	20g	筒体、封头			
	16Mn，16MnR，16Mng	管板、法兰侧板等			
	19Mn6	管板			

3. 除氧器

除氧器是利用喷淋水与蒸汽直接接触，并将水加热到工作压力下的饱和温度，以除去水中溶解氧和其他气体的设备。除氧器属于低压容器，按照其工作压力的不同，可以分为压力式除氧器和大气式除氧器两类。

除氧器由除氧头、给水箱和与之相连接的管道组成。

除氧器是火力发电厂重要的热力设备，由于其体积大、重量重，一般采用现场组装拼焊。其工作条件如下：

（1）在一定的压力下工作，机组启停和负荷变化时承受压力变化影响。

（2）除氧器工作温度为加热蒸汽温度，即回热抽气温度，通常小于 350 ℃。启停时，容器金属壁温将发生明显变化，产生较大的热应力，致使焊缝等薄弱部位易出现裂纹或应力腐蚀，特别是在水侧或水汽分界面处。

（3）除氧头和给水箱长期在蒸汽、水、氧气等介质条件下工作，腐蚀严重，特别是在除氧头部位，腐蚀速度很快，除氧头附近钢板经常发生腐蚀坑点和穿孔泄漏。

1）除氧器用钢要求

除氧器是在一定的温度和压力下工作的，长期承受水和蒸汽等介质的腐蚀作用，同时还伴有冲击振动、疲劳载荷的作用，工作条件较为苛刻。在制造过程中，钢材要经过各种冷热加工工序，如下料、冷弯、卷板、焊接等，因此，对除氧器用钢提出了较高的要求。

（1）较高的强度。

（2）良好的塑性、韧性和冷弯性能。

（3）对非金属夹杂，如硫、磷的含量要严格控制，气孔、缩孔等缺陷要尽量少，不允许有白点、裂纹等存在。

（4）良好的加工性能和焊接性能。

2）除氧器常用金属材料

壳体材料为A3、16MnR、20R、20g；除氧头材料为不锈钢与碳钢的复合钢板。常用钢管材料为10、20、12CrMo、12Cr1MoV、0Cr18Ni9Ti。

4. 汽轮机与锅炉铸钢件用钢

1）汽轮机与锅炉铸钢件对金属材料的要求

（1）具有良好的浇铸性能，即好的流动性及小的收缩性，为此，铸钢中C、Si、Mn的含量应比锻、轧件高一些。

（2）在高温及高应力下长期工作的铸钢件用钢，应具有较高的持久强度和塑性，并具有良好的组织性能稳定性。

（3）承受疲劳载荷作用的铸钢件（如汽轮机汽缸和蒸汽室）用钢，应具有良好的抗疲劳性能和较高的冲击韧性。

（4）承受高温蒸汽冲蚀与磨损的铸钢件用钢，应具有一定的抗氧化能力和耐磨性能。

（5）需要焊接的铸钢应具有较好的可焊性。

2）铸钢件常用材料牌号、特性及其主要应用范围

铸钢件常用材料有碳素铸钢及铬钼和铬钼钒合金铸钢。碳素铸钢多用于介质温度小于450 ℃、压力为4～32 MPa的部件；合金铸钢多用于介质温度为450～570 ℃的部件。铸件多用于受力较小的部件。由于铸件内部不可避免地存在铸造缺陷，在强度计算时，许用应力的安全系数要适当放大。

汽轮机与锅炉铸钢件常用钢钢号、特性及其主要应用范围见表8-11。

表8-11 汽轮机与锅炉铸钢件常用钢钢号、特性及其主要应用范围

钢号	特 性	主要应用范围
ZG230-450	碳素铸钢，有一定的中温（400～450 ℃）强度和较好的塑性、韧性，且铸造和焊接性能好。焊前不需要预热，若缺陷较大，焊后需进行去应力退火	用于工作温度小于425 ℃的汽缸、阀门和隔板等
ZG20CrMo	合金铸钢，在500 ℃以下具有稳定的热强性，组织稳定且有较好的铸造工艺性。在高于500℃下使用时，热强性会急剧下降。焊接性能尚可。预热温度为200～300℃，焊后缓冷并进行去应力退火	用于工作温度小于510 ℃的汽缸、隔板、蒸汽室等
ZG20CrMoV	合金铸钢，钢的热强性和组织稳定较好，可在540℃以下长期工作，工作温度大于600 ℃时热强性显著下降，在525～600℃长期保温后对20℃的冲击值影响不大。该钢铸造性能差，铸造时容易热裂和产生皮下气孔。对热处理冷却速度比较敏感，容易在铸件内造成力学性能不均匀。焊接性能尚可，需预热到250～350℃及层间保温，焊后缓冷并尽快去应力退火	用于工作温度小于540 ℃的汽缸、蒸汽室及管道附件等

续表

钢号	特　性	主要应用范围
ZG15Cr1Mo	合金铸钢，该钢的热强性稍低于 Cr－Mo－V 铸钢，塑性和韧性良好，铸造裂纹倾向较低。其强度和热强性可以满足在 538℃以下长期工作。焊接性能尚可。根据补焊金属的厚度不同，焊前预热温度为 100～150℃	用于工作温度小于 538 ℃的内外汽缸和阀门等
ZG15Cr1Mo1V	合金铸钢，属综合性能良好的热强铸钢。该钢的铸造工艺性能较 ZG20CrMoV 钢稍差，容易产生裂纹。对热处理冷却速度相当敏感，容易在铸件中造成不均匀的组织和性能。焊接性能尚可，需预热到 300～350℃及层间保温，焊后缓冷并尽快去应力退火。	用于工作温度小于 570 ℃的汽缸机高中压缸、喷嘴室等
ZG15Cr2Mo1	合金铸钢，该钢具有良好的综合性能。铸造性能较 ZG15Cr1Mo1V 钢好，抗腐蚀和抗高温氧化性能优于 ZG15Cr1Mo 钢。焊接性能尚可	用于工作温度小于 566 ℃的汽缸机内缸、阀壳喷嘴室等

思　考　题

1. 试述机械零件的失效形式和产生原因。

2. 简述选材的基本原则、方法。

3. 某型号机床变速箱齿轮(该齿轮尺寸不大，其厚度为 15 mm)工作时转速较高，性能要求如下：齿的表面硬度为 50～56 HRC，齿心部硬度为 22～25 HRC，整体强度 σ_b＝760～800 MPa，整体韧性 a_K＝40～60 J/cm^2。请从材料 35、45、T12、20CrMnTi、38CrMoAl、0Cr18Ni9Ti、W18Cr4V 中进行合理选用，并制定其工艺流程。

4. 某型号车床主轴要求轴颈部位的硬度为 56～58 HRC，其余地方为 20～24 HRC，其加工路线如下：锻造→正火→机加工→轴颈表面淬火→低温回火→磨加工。请说明：

(1) 主轴应采用何种材料。

(2) 正火的目的和大致处理工艺。

(3) 表面淬火的目的和大致处理工艺。

(4) 低温回火的目的和大致处理工艺。

(5) 轴颈表面的组织和其余地方的组织。

5. 对锅炉管子用钢的基本要求有哪些？怎样来满足这些要求？

6. 何谓锅炉受热面管子的长时超温爆管？爆管口宏观上有何特点？爆管前后的显微组织有何差异，为什么？

7. 何谓锅炉受热面管子的短时超温爆管？爆破口宏观上有何特点？爆管后的显微组织有什么变化？

8. 汽轮机叶片事故以何种形式的损坏为主？为什么？怎样才能减少和避免叶片断裂事故？

9. 对转子用钢有何特殊要求？为什么？

附录一　材料科学与工程发展里程碑

2006年9月，美国JOM杂志发起了评选材料科学与工程历史上“最伟大的材料事件”(Greatest Materials Moments)活动。JOM由美国矿物、金属与材料学会(The Minerals, Metals and Materials Society, TMS)主办。TMS是一个涉及材料科学与工程所有领域的专业国际组织，涵盖的学科方向从矿物工艺、基本金属制造到材料的基础研究和深入应用。“最伟大的材料事件”被定义为：一项人类的观测或者介入，导致人类对材料行为的理解产生标志性进展的关键或决定性事件，它开辟了材料利用的新纪元，或者产生了由材料引发的社会经济重大变化。

2007年2月26日至3月1日，TMS在美国佛罗里达州的奥兰多举行了2007年年会，共有来自68个国家的4200多名材料科学和工程专业人员参加了此次会议。会上揭晓了JOM评选的10项“最伟大的事件”(见http//www.materialmoments.org/)，它们分别为(按年代排列)：

(1) 公元前5000年(推测)，在现代土耳其周边，人们发现可以从孔雀石和蓝铜矿中萃取液体铜以及熔融的金属来铸成不同的形状，成为冶金提取术——开发地球矿物宝藏的手段。

(2) 公元前3500年(推测)，埃及人首次熔炼铁(或许是作为铜精炼的一种副产品)，微量的铁主要用于装饰或礼仪，揭开了将成为世界主导冶金材料的第一个制备秘密。

(3) 公元前2200年(推测)伊朗西北部人发明了玻璃，成为第二种伟大的非金属工程材料(继陶瓷之后)。

(4) 公元前300年(推测)，南印度的金属业劳动者发展了坩埚炼钢，生产出几百年后称为著名的“大马士革”剑钢的“伍兹钢”，激励了数代工匠、铁匠和冶金学家。

(5) 1668年(推测)，列文虎克(Anton van Leeuwenhoek)制作出放大倍数超过200倍的光学显微镜，使人类能够研究肉眼无法看到的自然界及其结构。

(6) 1755年，斯密顿(John Smeaton)发明了现代混凝土(水凝水泥)，成为当代的主导建筑材料。

(7) 1856年，贝西默(Henry Bessemer)申请了底吹酸性过程专利，开创了廉价、大吨位炼钢时代，为运输业、建筑物和通用工业带来巨大进步。

(8) 1864年，门捷列夫(Dmitri Mendeleev)设计出元素周期表，成为材料科学家和工程师普遍使用的参考工具。

(9) 1912年，劳厄(Max von Laue)发现晶体的X射线衍射，创建了表征晶体结构的方法，并启发了布拉格父子发展晶体衍射理论，深化了晶体结构与材料性能关系的理解。

(10) 1948年，巴丁(J. Bardeen)、布拉顿(W. H. Brattain)和肖克利(W. Shockley)发明晶体管，成为所有现代电子学的基石和微芯片与计算机技术的基础。

从评选出的“最伟大的材料事件”可以清楚地看出，材料及其相关科学与技术的发展主要来自三个方面的重要进展或突破，即新材料的发现，新工艺的发明和其他相关科学技术的进步。

附录二　金属热处理工艺分类及代号

（GB/T 12603—2005）

表1　热处理工艺分类及代号

工艺总称	代号	工艺类型	代号	工艺名称	代号
热处理	5	整体热处理	1	退火	1
				正火	2
				淬火	3
				淬火和回火	4
				调质	5
				稳定化处理	6
				固溶处理，水韧处理	7
				固溶处理＋时效	8
		表面热处理	2	表面淬火和回火	1
				物理气相沉积	2
				化学气相沉积	3
				等离子体增强化学气相沉积	4
				离子注入	5
		化学热处理	3	渗碳	1
				碳氮共渗	2
				渗氮	3
				氮碳共渗	4
				渗其他非金属	5
				渗金属	6
				多元共渗	7

表2　加热方式及代号

加热方式	可控气氛（气体）	真空	盐浴（液体）	感应	火焰	激光	电子束	等离子体	固体装箱	液态床	电接触
代号	01	02	03	04	05	06	07	08	09	10	11

表3　退火工艺及代号

退火工艺	去应力退火	均匀化退火	再结晶退火	石墨化退火	脱氢处理	球化退火	等温退火	完全退火	不完全退火
代号	St	H	R	G	D	Sp	I	F	P

表4　淬火冷却介质和冷却方法及代号

冷却介质和方法	空气	油	水	盐水	有机聚合物水溶液	热浴	加压淬火	双介质淬火	分级淬火	等温淬火	形变淬火	气冷淬火	冷处理
代号	A	O	W	B	Po	H	Pr	I	M	At	Af	G	C

表 5 常用热处理工艺代号

工艺	代号	工艺	代号	工艺	代号
热处理	500	形变淬火	513 - Af	离子渗碳	531 - 08
整体热处理	510	气冷淬火	513 - G	碳氮共渗	532
可控气氛热处理	510 - 01	淬火及冷处理	513 - C	渗氮	533
真空热处理	510 - 02	可控气氛加热淬火	513 - 01	气体渗氮	533 - 01
盐浴热处理	510 - 03	真空加热淬火	513 - 02	液体渗氮	533 - 03
感应热处理	510 - 04	盐浴加热淬火	513 - 03	离子渗氮	533 - 08
火焰热处理	510 - 05	感应加热淬火	513 - 04	流态床渗氮	533 - 10
激光热处理	510 - 06	流态床加热淬火	513 - 10	氮碳共渗	534
电子束热处理	510 - 07	盐浴加热分级淬火	513 - 10M	渗其他非金属	535
离子轰击热处理	510 - 08	盐浴加热盐浴分级淬火	513 - 10H＋M	渗硼	535(B)
流态床热处理	510 - 10	淬火和回火	514	气体渗硼	535 - 01(B)
退火	511	调质	515	液体渗硼	535 - 03(B)
去应力退火	511 - St	稳定化处理	516	离子渗硼	535 - 08(B)
均匀化退火	511 - H	固溶处理，水韧化处理	517	固体渗硼	535 - 09(B)
再结晶退火	511 - R	固溶处理＋时效	518	渗硅	535(Si)
石墨化退火	511 - G	表面热处理	520	渗硫	535(S)
脱氢处理	511 - D	表面淬火和回火	521	渗金属	536
球化退火	511 - Sp	感应淬火和回火	521 - 04	渗铝	536(Al)
等温退火	511 - I	火焰淬火和回火	521 - 05	渗铬	536(Cr)
完全退火	511 - F	激光淬火和回火	521 - 06	渗锌	536(Zn)
不完全退火	511 - P	电子束淬火和回火	521 - 07	渗钒	536(V)
正火	512	电接触淬火和回火	521 - 11	多元共渗	537
淬火	513	物理气相沉积	522	硫氮共渗	537(S - N)
空冷淬火	513 - A	化学气相沉积	523	氧氮共渗	537(O - N)
油冷淬火	513 - O	等离子体增强化学气相沉积	524	铬硼共渗	537(Cr - B)
水冷淬火	513 - W	离子注入	525	钒硼共渗	537(V - B)
盐水淬火	513 - B	化学热处理	530	铬硅共渗	537(Cr - Si)
有机水溶液淬火	513 - Po	渗碳	531	铬铝共渗	537(Cr - Al)
盐浴淬火	513 - H	可控气氛渗碳	531 - 01	硫氮碳共渗	537(S - N - C)
加压淬火	513 - Pr	真空渗碳	531 - 02	氧氮碳共渗	537(O-N-C)
双介质淬火	513 - I	盐浴渗碳	531 - 03	铬铝硅共渗	537(Cr - Al - Si)
分级淬火	513 - M	固体渗碳	531 - 09		
等温淬火	513 - At	流态床渗碳	531 - 10		

附录三 材 料 牌 号

表 1 常用低合金高强度钢的牌号、化学成分、性能及用途

牌号	化学成分/%				交货状态	使用状态组织	牌号 σ_s/MPa	力学性能[1](不小于)				用途举例
	C	Si	Mn	其他				σ_s/MPa	σ_b/MPa	σ_5/%	180°冷弯	
09MnV	≤0.12	0.20~0.60	0.08~1.20	V0.40~0.12	热轧	热轧后使用(铁素体+少量珠光体)	Q295	300	400	22	$d=2a$[2]	螺旋焊管、冷型钢、建筑结构
09MnNb	≤0.12	0.20~0.60	0.08~1.20	V0.40~0.12	热轧			300	420	23	$d=2a$	机车车辆、桥梁
16Mn	0.12~0.20	0.20~0.60	1.20~1.60	—	热轧		Q345	350	520	21	$d=2a$	桥梁、船舶、车辆、压力容器、建筑结构
16MnCu	0.12~0.20	0.20~0.60	1.25~1.50	Cu0.20~0.12	热轧			350	520	21	$d=2a$	同上，耐蚀性较好
15MnV	0.12~0.18	0.20~0.60	1.20~1.60	V0.40~0.12	热轧	热轧后正火(铁素体+少量珠光体)	Q390	400	540	18	$d=3a$	高中压容器、车辆、船舶、桥梁、起重机
15MnTi	0.12~0.18	0.20~0.60	1.20~1.60	Ti0.12~0.20	正火			400	540	19	$d=3a$	造船钢板、压力容器、电站设备
15MnVN	0.12~0.20	0.20~0.50	1.20~1.60	V0.05~0.12 N0.12~0.02	正火+回火		Q420	450	600	17	$d=2a$	大型焊接结构、大型桥梁、车、船舶、滚氨罐
14MnMoVBNb	0.10~0.16	0.17~0.37	1.10~1.60	V0.04~0.10 Nb0.30~0.60	正火+回火	正火后高温回火(贝氏体)	Q460	500	650	16	$d=2a$	石油装置、电站装置、高压容器

注：① 力学性能是指钢材厚度或直径≤16 mm者(但15MnTi为尺寸≤25 mm，15MnVN为尺寸≤10 mm)。

② d 为弯心直径，a 为试样厚度。

表 2　常用调质钢的牌号、化学成分、热处理、性能与用途

类别	牌号	统一数字代号	化学成分/%					热处理/℃		机械性能(不小于)							应用举例
			C	Mn	Si	Cr	其他	淬火	回火	σ_b/MPa	σ_s/MPa	δ_5/%	ψ/%	A_{KU2}/J	退火硬度 HB	毛坯尺寸/mm	
低淬透性	45	U20452	0.42～0.50	0.50～0.80	0.17～0.37	≤0.25		840	600	600	355	16	40	39	≤197	25	小截面、中载荷的调质件，如主轴、曲轴、齿轮、连杆、链轮等
	40Mn	U21402	0.37～0.44	0.70～1.00	0.17～0.37	≤0.25		840	600	590	355	17	45	47	≤207	25	比 45 钢强韧性要求稍高的调质件
	40Cr	A20402	0.37～0.44	0.50～0.80	0.17～0.37	0.80～1.10		850 油	520	980	785	9	45	47	≤207	25	重要调质件齿轮，如轴类、连杆螺栓、机床、齿轮、蜗杆、销子等
	45Mn2	A00452	0.42～0.49	1.40～1.80	0.17～0.37			840 油	550	885	735	10	45	47	≤217	25	代替 40Cr 作 $\Phi \leqslant 50$ mm 的重要调质件，如机床齿轮、钻床主轴、凸轮、蜗杆等
	45MnB	A71452	0.42～0.49	1.10～1.40	0.17～0.37		B0.005～0.0035	840 油	500	1030	835	9	40	39	≤217	25	
	45MnVB	A73402	0.37～0.44	1.10～1.40	0.17～0.37		V0.05～0.10 B0.005～0.0035	850 油	520	980	785	10	45	47	≤207	25	可代替 40Cr 或 40CrMo 制造汽车、拖拉机和机床的重要调质件，如轴、齿轮等
	35SiMn	A10352	0.32～0.40	1.10～1.40	1.10～1.40			900 水	570	885	735	15	45	47	≤229	25	除低温韧性稍差外，可全面代替 40Cr 和部分替代 40CrNi
中淬透性	40CrNi	A40402	0.37～0.44	0.50～0.80	0.17～0.37	0.45～0.75	Ni1.00～1.40	820 油	500	980	785	10	45	55	≤241	25	作较大截面的重要件，如曲轴、主轴、齿轮、连杆等
	40CrMn	A22402	0.37～0.45	0.90～1.20	0.17～0.37	0.90～1.20		840 油	550	980	835	9	45	47	≤229	25	代 40CrNi 作受冲击载荷不大零件，如齿轮轴、离合器等

续表

类别	牌号	统一数字代号	化学成分/%					热处理/℃				机械性能(不小于)					应用举例
			C	Mn	Si	Cr	其他	淬火	回火	σ_b/MPa	σ_s/MPa	δ_5/%	ψ/%	A_{KU2}/J	退火硬度 HB	毛坯尺寸/mm	
中淬透性	35CrMo	A30352	0.32～0.40	0.40～0.70	0.17～0.37	0.80～1.10	Mo0.15～0.25	850 油	550	980	835	12	45	63	≤229	25	代 40CrNi 作大截面齿轮和高负荷传动轴、发电机转子等
	30CrMnSi	A24302	0.27～0.37	0.80～1.10	0.90～1.20	0.80～1.10		880 油	520	1080	885	10	45	39	≤229	25	用于飞机调质件，如起落架、螺栓、天窗盖、冷气瓶等
	38CrMoAl	A33382	0.35～0.42	0.30～0.60	0.20～0.45	1.35～1.65	Mo0.15～0.25	940 水、油	640	980	835	14	50	71	≤229	30	高级氮化钢，作重要丝杆、镗杆、主轴、高压阀门等
高淬透性	37CrNi3	A42372	0.34～0.41	0.30～0.60	0.17～0.37	1.20～1.60	Ni3.00～3.50	820 油	500	1130	980	10	50	47	≤269	25	高强韧性的大型重要零件，如汽轮机叶轮、转子轴等
	25Cr2Ni4WA	A52253	0.21～0.28	0.30～0.60	0.17～0.37	1.35～1.65	Ni4.00～4.50 W0.80～1.20	850 油	550	1080	930	11	45	71	≤269	25	大截面高负荷的重要调质件，如汽轮机主轴、叶轮等
	40CrNiMnA	A50403	0.37～0.44	0.50～0.80	0.17～0.37	0.60～0.90	Mo0.15～0.25 Ni1.25～1.65	850 油	600	980	835	12	55	78	≤269	25	高强韧性大型重要零件，如飞机起落架、航空发动机轴等
	40CrMnMo	A34402	0.37～0.45	0.90～1.20	0.17～0.37	0.90～1.20	Mo0.20～0.30	850 油	600	980	785	10	45	63	≤217	25	部分代替 40CrNiMoA，如作卡车后桥半轴、齿轮轴等

注：钢中的磷、硫含量均不大于 0.035%。

表3 常用渗碳钢的牌号、化学成分、热处理、性能及用途

类别	牌号	统一数字代号	化学成分/%					热处理/℃			力学性能(不小于)					毛坯尺寸/mm	应用举例
			C	Mn	Si	Cr	其他	第一次淬火	第二次淬火	回火	σ_b/MPa	σ_s/MPa	δ_5/%	ψ/%	A_{KU2}/J		
低淬透性	15	U20152	0.12~0.18	0.35~0.65	0.17~0.37						375	225	27	55		25	小轴、小模数齿轮、活塞销等小型渗碳件
低淬透性	20	U20202	0.17~0.23	0.35~0.65	0.17~0.37						410	245	25	55		25	代替20Cr做小齿轮、小轴、活塞销、十字销头等船舶主机螺钉、齿轮、活塞销、凸轮、滑阀、轴等
低淬透性	20Mn2	A00202	0.17~0.24	1.40~1.80	0.17~0.37			850水、油		200水、空	785	590	10	40	47	15	
低淬透性	15Cr	A20152	0.12~0.18	0.40~0.70	0.17~0.37	0.70~1.00		880水、油	780~820水、油	200水、空	735	490	11	45	55	15	机床变速箱齿轮、齿轮轴、活塞销、凸轮、蜗杆等
低淬透性	20Cr	A20202	0.18~0.24	0.50~0.80	0.17~0.37	0.70~1.00		880水、油	780~820水、油	200水、空	835	540	10	40	47	15	
低淬透性	20MnV	A01202	0.17~0.24	1.30~1.60	0.17~0.37		V0.07~0.12	880水、油		200水、空	785	590	10	40	55	15	同上，也用作锅炉、高压容器、大型高压管道等
中淬透性	20CrMn	A22202	0.17~0.23	0.90~1.20	0.17~0.37	0.90~1.20		850油		200水、空	930	735	10	45	47	15	齿轮、轴、蜗杆、活塞销、摩擦轮
中淬透性	20CrMnTi	A26202	0.17~0.23	0.80~1.10	0.17~0.37	1.00~1.30	Ti0.04~0.10	880油	870油	200水、空	1080	850	10	45	55	15	汽车、拖拉机上的齿轮、齿轮轴、十字销头等
中淬透性	20MnTiB	A74202	0.17~0.24	1.30~1.60	0.17~0.37	0.70~1.00	Ti0.04~0.10 B0.0005~0.0035	860油		200水、空	1130	930	10	45	55	15	代替20CrMnTi制造汽车、拖拉机截面较小、中等负荷的渗碳件

续表

类别	牌号	统一数字代号	化学成分/%					热处理/℃			力学性能(不小于)					毛坯尺寸/mm	应用举例
			C	Mn	Si	Cr	其他	第一次淬火	第二次淬火	回火	σ_b/MPa	σ_s/MPa	δ_5/%	ψ/%	A_{KU2}/J		
中淬透性	20MnVB	A93202	0.17～0.23	1.20～1.60	0.17～0.37	0.80～1.10	B0.0005～0.0035 V0.07～0.12	850油		200水、空	1080	885	10	45	55	15	代替20CrMnTi、20Cr、20CrNi制造重型机床的齿轮和轴、汽车齿轮
	18Cr2Ni4WA	A52183	0.13～0.19	0.30～0.60	0.17～0.37	1.35～1.65	W0.8～1.2 Ni4.0～4.5	950空	850空	200水、空	1180	835	10	45	78	15	大型渗碳齿轮、轴类和飞机发动机齿轮
	20Cr2Ni4	A43202	0.17～0.23	0.30～0.60	0.17～0.37	1.25～1.65	Ni3.25～3.65	880油	780油	200水、空	1180	1080	10	45	63	15	大截面渗碳件，如大型齿轮、轴等
	12Cr2Ni4	A43122	0.10～0.16	0.30～0.60	0.17～0.37	1.25～1.65	Ni3.25～3.65	860油	780油	200水、空	1080	835	10	50	71	15	承受高负荷的齿轮、蜗轮、蜗杆、轴、方向接头叉等

注：(1) 钢中的碳、硫含量均不大于0.035%。

(2) 15、20钢的力学性能为正火状态时的力学性能，15钢的正火温度为920 ℃，20钢的正火温度为910 ℃。

表 4　常用低合金超高强度钢的牌号、化学成分、热处理与性能

牌号	主要化学成分/%							热处理规范	力学性能					
	C	Si	Mn	Mo	V	Cr	其他		σ_b/MPa	$\sigma_{0.2}$/MPa	δ/%	ψ/%	a_K/(J·cm^{-2})	K_{IC}/(MPa·m$^{\frac{1}{2}}$)
30CrMnSiNi2A	0.27～0.34	0.90～1.2	1.0～1.30	—	—	0.90～1.2	1.40～1.80Ni	900 ℃，淬油＋250～300 ℃回火	1600～1800	—	8～9	35～45	40～60	260～274
40CrMnSiMoV	0.37～0.42	1.2～1.6	0.8～1.2	0.45～0.60	0.07～0.12	1.20～1.50	—	900 ℃，淬油＋200 ℃回火	1943	—	13.7	45.4	79	203～230
30Si2Mn2MoWV	0.27～0.31	2.0～2.5	1.5～2.0	0.55～0.75	0.05～0.15	—	0.40～0.60W	950 ℃，淬油＋250 ℃回火	≥1900	≥1500	10～12	≥25	≥50	≥350
32Si2Mn2MoV	0.31～0.36	1.45～1.75	1.6～1.9	0.35～0.45	0.20～0.35	—	—	920 ℃，淬油＋320 ℃回火	1845	1580	12.0	46	58	250～280
35Si2MnMoV	0.32～0.36	1.4～1.7	0.9～1.2	0.5～0.6	0.1～0.2	—	—	930 ℃，淬油＋300 ℃回火	1800～2000	1600～1800	8～10	30～35	50～70	—
40SiMnCrMoVRE	0.38～0.43	1.4～1.7	0.9～1.2	0.35～0.45	0.08～0.18	1.0～1.3	0.15RE	930 ℃，淬油＋280 ℃回火	2050～2150	1750～1850	9～14	40～50	70～90	—
GC-19	0.32～0.37	0.8～1.2	0.8～1.2	2.0～2.5	0.4～0.5	1.3～1.7	—	1020 ℃，淬油＋550 ℃回火两次	1895	—	10.5	46.5	63	—
40CrNiMoA（AISI340）	0.38～0.43	0.20～0.35	0.6～0.8	0.2～0.3	—	0.7～0.9	1.65～2.0Ni	900 ℃，淬油＋230 ℃回火	1820	1560	8	30	55～75	177～232
AMS6434(美制)	0.31～0.38	0.20～0.35	0.6～0.8	0.3～0.4	0.17～0.23	0.65～0.9	1.65～2.0Ni	900 ℃，淬油＋240 ℃回火	1780	1620	12①	33	—	—
300M(美制)	0.41～0.46	1.45～1.80	0.65～0.90	0.3～0.4	≥0.05	0.65～0.95	1.6～2.0Ni	871 ℃，淬油＋315 ℃回火	2020	1720	9.5①	34	—	—
D6AC(美制)	0.42～0.48	0.15～0.30	0.6～0.9	0.9～1.1	0.05～0.1	0.9～1.2	0.4～0.7Ni	880 ℃，淬油＋510 ℃回火	1700～2080	1500～1600	9～11①	40	—	—
эИ643(原苏制)	0.4	0.8	0.7	—	—	1.0	2.8Ni 1.0W	910 ℃，淬油＋250 ℃回火	1600～1900	—	8	35	5	—

注：① 表示用标距为 50.8 mm(2 英寸)的试样测出的断后伸长率。

表5 常用弹簧钢的牌号、化学成分、热处理、性能与用途

牌号	主要化学成分/%						热处理/℃		力学性能					用途
	C	Mn	Si	Cr	V	其他	淬火	回火	σ_b/MPa	$\sigma_{0.2}$/MPa	δ_{10}/%	ψ/%	a_K/(J·cm^{-2})	
65	0.62~0.70	0.50~0.80	0.17~0.37				840油	480	1000	800	9	35		截面<12~15 mm² 的小弹簧
65Mn	0.62~0.65	0.90~1.20	0.17~0.37				830油	480	1000	800	8	30		截面<25 mm² 的各种螺旋弹簧和板弹簧
60Si2Mn	0.57~0.65	0.60~0.90	1.50~2.00				870油或水	460	1300	1200	5	25		同上
70Si3MnA	0.66~0.74	0.60~0.90	2.40~2.80				860油	420	1800	1600	5	20		同上
50CrVA	0.46~0.54	0.50~0.80	0.17~0.37	0.80~1.10	0.10~2.20		850油	520	1300	1100	10	45		制造截面≤30 mm² 重载荷板簧和螺旋弹簧以及工作<400 ℃的各种弹簧
50CrMnA	0.46~0.54	0.80~1.00	0.17~0.37	0.95~1.20			840油	490	1300	1200	6	35		车辆、拖拉机上用的直径≤50 mm² 的圆弹簧和板弹簧
65Si2MnWA	0.61~0.69	0.70~1.00	1.50~2.00			W0.80~1.20	850油	420	1900	1700	5	20		制造高温(≤350 ℃),截面≤50 mm² 强度要求较高的弹簧
60Si2CrVA	0.56~0.64		1.4~1.8	0.4~0.7	0.1~0.2		850油	410	1900	1700	6	20	30	同上
55SiMnMoVNb	0.52~0.60	1.00~1.30	0.40~0.70		0.08~0.15	Mo0.30~0.40	880油	530	≥1400	≥1300	≥7	≥35	≥30	代替50CrVA作大截面的板簧
60Si2MnBRE	0.56~0.64	0.6~0.9	1.6~2.0			B0.001~0.005 RE0.15~0.20	870油	460±25	≥1600	≥1400	≥5	≥20		制造较大截面板簧和螺旋弹簧

表 6　常用轴承钢的牌号、化学成分、热处理与用途

牌号	主要化学成分/%							热处理规范			主要用途
	C	Cr	Si	Mn	V	Me	Re	淬火温度/℃	回火温度/℃	回火/HRC	
GCr6	1.05～1.15	0.40～0.70	1.15～0.35	0.20～0.40				800～820	150～170	62～66	<100 mm 的滚珠、滚柱和滚针
GCr9	1.0～1.10	0.9～1.12	0.15～0.35	0.20～0.40				800～820	150～160	62～66	20 mm 以内的各种滚动轴承
GCr9SiMn	1.0～1.10	0.9～1.2	0.40～0.70	0.90～1.20				810～830	150～200	61～65	壁厚<14 mm，外径<250 mm 的轴承套；25～50 mm 的钢球；直径为 25 mm 左右的滚柱等
GCr15	0.95～1.05	1.30～1.65	0.15～0.35	0.20～0.40				820～840	150～200	62～66	与 GCr9SiMn 同
GCr15SiMn	0.95～1.05	1.30～1.65	0.40～0.65	0.90～1.20				820～840	170～200	>62	壁厚≥14 mm，外径为 250 mm 的套圈；直径为 20～200 mm 的钢球；其他同 GCr15
MnMoVRe	0.95～1.05		0.15～0.40	1.10～1.40	0.15～0.25	0.4～0.6	0.05～0.01	770～810	170±5	≥62	代 GCr15 用于军工和民用方面的轴承
GSiMoMoV	0.95～1.10		0.45～0.65	0.75～1.05	0.2～0.3	0.2～0.4		780～820	175～200	≥62	与 GMnMoVRe 同

表 7 常用碳素工具钢的牌号、化学成分、热处理与用途

牌号	主要化学成分/%					热处理					应用举例
	C	Mn	Si	S	P	淬火			回火		
						温度/℃	冷却介质	硬度/HRC	温度/℃	硬度/HRC（不低于）	
T7	0.65～0.74	0.20～0.40	0.15～0.35	≤0.030	≤0.035	800～820	水	61～63	180～200	60～62	制造承受震动与冲击载荷、要求较高韧性的工具，如凿子、打铁用模、各种锤子、木工工具、石钻(软岩石用)等
T7A	0.65～0.74	0.15～0.30	0.15～0.35	≤0.020	≤0.030	800～820	水	61～63	180～200	60～62	
T8	0.75～0.84	0.20～0.40	0.15～0.35	≤0.030	≤0.035	780～800	水	61～63	180～200	60～62	制造承受震动与冲击载荷、要求足够韧性和较高硬度的各种工具，如简单模子、冲头、剪切金属用剪刀、木工工具、煤矿用凿等
T8A	0.75～0.84	0.15～0.30	0.15～0.30	≤0.020	≤0.030	780～800	水	61～63	180～200	60～62	
T10	0.95～1.04	0.15～0.35	0.15～0.35	≤0.030	≤0.035	770～790	水，油	62～64	180～200	60～62	制造不受突然震动、在刃口上要求有少许韧性的工具，如刨刀、冲模、丝锥、板牙、手锯锯条、卡尺等
T10A	0.95～1.04	0.15～0.30	0.15～0.30	≤0.020	≤0.030	770～790	水，油	62～64	180～220	60～62	
T12	1.15～1.24	0.15～0.35	0.15～0.35	≤0.030	≤0.035	760～780	水，油	62～64	180～220	60～62	制造不受震动、要求较高硬度的工具，如钻头、丝锥、锉刀、刮刀等
T12A	1.15～1.24	0.15～0.30	0.15～0.30	≤0.020	≤0.030	760～780	水，油	62～64	180～220	60～62	

表 8 低合金工具钢的牌号、化学成分、热处理与用途

统一数字代号	牌号	化学成分/%					淬火		交货状态硬度/HB	用途举例
		C	Si	Mn	Cr	其他	温度/℃	硬度/HRC		
T30100	9SiCr	0.85～0.95	1.20～1.60	0.30～0.60	0.95～1.25		820～860 油	≥62	241～197	丝锥、板牙、钻头、铰刀、齿轮铣刀、冷冲模、轧辊
T30000	8MnSi	0.75～0.85	0.30～0.60	0.80～1.10			800～820 油	≥62	≤229	木工凿子、锯条或其他刀具
T30060	Cr06	1.30～1.45	≤0.40	≤0.40	0.50～0.70		780～810 水	≥64	241～187	剃刀、刀片、刮刀、刻刀、外科医疗刀具
T30201	Cr2	0.95～1.10	≤0.40	≤0.40	1.30～1.65		830～860 油	≥62	229～179	低速、材料硬度不高的切削刀具、量规、冷轧辊等
T30200	9Cr2	0.80～0.95	≤0.40	≤0.40	1.30～1.70		820～850 油	≥62	217～179	冷轧辊、冷冲头及冲头、木工工具等
T30001	W	1.05～1.25	≤0.40	≤0.40	0.10～0.30	W0.80～1.20	800～830 水	≥62	229～187	低速切削硬金属的刀具，如麻花钻、车刀等
T20000	9Mn2V	0.85～0.95	≤0.40	1.70～2.00	—	V0.10～0.25	780～810 油	≥62	≤299	丝锥、板牙、铰刀、小冲模、冷压模、料模、剪刀等
T20111	CrWMn	0.90～1.05	≤0.40	0.80～1.10	0.90～1.20	W1.20～1.60	800～830 油	≥62	255～207	拉刀、长丝锥、量规及形状复杂精度高的冲模、丝杠等

注：各钢种 S、P 含量均不大于 0.030%。

表9　常用高速钢的化学成分、热处理、特性与用途

名称	牌号	主要化学成分/%						热处理温度/℃			硬度		热硬性①/HRC	用途举例
		C	W	Mo	Cr	V	其他	退火	淬火	回火	退火后/HBS	回火后/HRC		
钨高速钢	W18Cr4V (18-4-1)	0.70～0.80	17.50～19.00	≤0.30	3.80～4.40	1.00～1.40	—	860～880	1260～1300	550～570	207～255	63～66	61.5～62	制造一般高速切削用车刀、刨刀、钻头、铣刀等
高碳钨高速钢	95W18Cr4V	0.90～1.00	17.50～19.00	≤0.30	3.80～4.40	1.00～1.40	—	860～880	1260～1280	570～580	241～269		64～65	在切削不锈钢及其他硬或韧的材料时，可显著提高刀具寿命与被加工零件的光洁程度
钨钼高速钢	W6Mo5Cr4V2 (6-5-4-2)	0.80～0.90	5.75～6.75	4.75～5.75	3.80～4.40	1.80～2.20	—	840～860	1220～1240	550～570	≤241	63～66	60～61	制造要求耐磨性和韧性很好配合的高速切削刀具、如丝锥、钻头等；并适于采用轧制、扭制热变形加工成型新工艺来制造钻头等刀具
高钒钨铝高速钢	W6Mo5Cr4V3 (6-5-4-3)	1.10～1.25	5.75～6.75	4.75～5.75	3.80～4.40	2.80～3.30	—	840～885	1220～1240	550～570	≤255	>65	64	制造要求耐磨性和热硬性较高、耐磨性和韧性较好配合、形状稍为复杂的刀具，如拉刀、铣刀等

续表

名称		牌号	主要化学成分/%						热处理温度/℃			硬度		热硬性①/HRC	用途举例
			C	W	Mo	Cr	V	其他	退火	淬火	回火	退火后/HBS	回火后/HRC		
超硬高速钢	高碳高钒高速钢	W12Cr4V4Mo	1.25～1.40	11.50～13.00	0.90～1.20	3.80～4.40	3.80～4.40	—	840～860	1240～1270	550～570	≤262	>65	64～64.5	只宜制造形状简单的刀具或仅需要少磨削的刀具。优点：硬度热硬性高，耐磨性优越，切削性能良好，使用寿命长；缺点：韧性有所降低，可磨削性和可锻性均差
	含钴高速钢	W18Cr4VCo10	0.70～0.80	18.00～19.00	—	3.80～4.40	1.00～1.40	Co9.00～10.00	870～900	1270～1320	540～590	≤277	66～68	64	制造形状简单截面较粗的刀具，如直径在 15 mm 以上的钻头、某种车刀；而不适宜于制造形状复杂的薄刃成型刀具或承受单位载荷较高的小截面刀具。用于加工难切削材料，例中高温合金、难熔金属、超高强度钢、钛合金以及奥氏体不锈钢等，也用于切削硬度≤300～350HBS 的合金调质钢
		W6Mo5Cr4V2Co8	0.80～0.90	5.5～6.70	4.8～6.20	3.80～4.40	1.80～2.20	Co7.00～9.00	870～900	1230～1260	540～590	≤269	64～66	64	
	含铝高速钢	W6Mo5Cr4V2Al	1.10～1.20	5.75～6.75	4.75～5.75	3.80～4.40	1.80～2.20	Al1.00～1.30	850～870	1220～1260	550～570	255～267	67～69	65	加工一般材料时刀具使用寿命为 18－4－1 的 2 倍，在切削难加工的超高强度钢和耐热合金钢时，其使用寿命接近钴高速钢
		W10Mo4Cr4V3Al (5F－6)	1.30～1.40	9.00～10.50	3.50～4.50	3.50～4.50	2.70～3.20	Al0.70～1.20	845～855	1250～1260	540～560	≤200	67～69	65.5～67.5	

注：① 将淬火回火后试样在 600 ℃加热 4 次，每次 1 h。

表 10 常用不锈钢的牌号、热处理、力学性能与用途

类别	牌号	热处理规范				力学性能(不小于)						用途举例
		淬火温度/℃	冷却剂	回火温度/℃	冷却剂	σ_b/MPa	σ_s/MPa	δ/%	ψ/%	a_K/(J·cm^{-2})	HRC	
马氏体型	1Cr13	1000～1050	油、水	700～790	油、水、空	600	420	20	60	90		制造抗弱腐蚀性介质、受冲击载荷、要求较高韧性的零件，如汽轮机叶片、水压机阀、结构架、螺栓、螺帽等
	2Cr13	1000～1050	油、水	660～777	油、水、空	660	450	16	55	80		
	3Cr13	1000～1050	油	200～300	—	—	—	—	—	—	48	有较高硬度及耐磨性的热油泵轴、阀片、阀门、弹簧、手术刀片及医疗器械零件
	4Cr13	1050～1100	油	200～300	—	—	—	—	—	—	50	
	1Cr17Ni2	950～1050	油	275～350	空	1100	—	10	—	50	—	要求较高强度的耐酸及某些有机酸腐蚀的零件及设备
	9Cr18	950～1050	油	200～300	油、空	—	—	—	—	—	55	不锈钢切片机械刃具、剪切刃具、手术刀片、高耐磨、耐蚀零件
	9Cr18MoV	1050～1075	油	100～200	空	—	—	—	—	—	55	
铁素体型	0Cr13	1000～1050	油、水	700～790	油、水、空	500	350	24	60	—	—	制抗水蒸气、碳酸氢铵母液、热含硫石油腐蚀的设备
	1Cr17	—	—	700～800	空	450	300	20	—	—	—	硝酸工厂设备如吸收塔、硝酸热交换器、酸槽、输送管道等、食品工厂设备
	1Cr28	—	—	700～800	空	450	300	20	45	—		硝酸浓缩设备用容器、管道及零件、次氯酸钠及磷酸设备
	1Cr27Mo2Ti	—	—	750～800	空	500	300	20	55	—	—	与醋酸接触的设备、化学纤维工业设备
	0Cr13Si4NbRE	～820	空	—	—	—	—	—	—	—	—	浓硝酸生产中用的阀门及泵等设备零件
奥素体型	00Cr19Ni11	1050～1100	水	—	—	490	180	40	60	—	—	具有良好的耐蚀及耐晶间腐蚀性能，为化学工业用的良好耐蚀材料

续表一

类别	牌号	热处理规范				力学性能(不小于)						用途举例
		淬火温度/℃	冷却剂	回火温度/℃	冷却剂	σ_b/MPa	$\sigma_{0.2}$/MPa	δ/%	ψ/%	a_K/(J·cm^{-2})	HRC	
奥氏体型	1Cr18Ni9	1100～1150	水	—	—	550	200	45	50	—	—	制作耐硝酸、冷磷酸、有机酸及盐、碱溶液腐蚀的设备零件
	1Cr18Ni9Ti	1100～1150	水	—	—	650	300	45	60	—	—	
	0Cr19Ni9	950～1050	水	—	—	500	200	40	55	—	—	耐酸容器及设备衬里、输送管道等设备和零件，抗磁仪表，医疗器械，有较好耐晶间腐蚀性
	0Cr17Ni12Mo2	1000～1100	水	—	—	550	220	40	55	—	—	用于制作抗硫酸、磷酸、蚁酸及醋酸等腐蚀性介质的设备，有良好的抗晶间腐蚀性能
	00Cr17Ni14Mo2	1050～1100	水	—	—	490	180	40	60	—	—	用于耐蚀性要求高的焊接构件，尤其是尿素、碳铵维尼龙等生产设备
奥氏体—铁素体型	1Cr21Ni5Ti	950～1100	水、空	—	—	600	350	20	40	—	—	硝酸及硝铵工业设备及管道，尿素液蒸发部分设备及管道
	1Cr18Mn10Ni5Mo3N	1100～1150	水	—	—	700	350	45	65	—	—	尿素及维尼龙生产的设备及零件，其他化工、化肥等部门的设备及零件
	1Cr17Mn9Ni3Mo3Cu2N	1100～1150	水	—	—	780	480	27	41	190	—	与 0Cr18Ni12Mo2Ti 钢同，特别是具有良好的抗硫酸及抗腐蚀性能
	0Cr26Ni17Mo3CuSiN	～1120	水	—	—	760	570	25	44	100	—	在海水中有良好的抗腐蚀及抗应力腐蚀开裂的性能
	1Cr18Ni11Si41Ti	930～1050	水	—	—	730	450	25	40	80	—	抗高温浓硝酸腐蚀的设备及零件

续表二

类别	牌号	热处理规范				力学性能(不小于)						用途举例
		淬火温度/℃	冷却剂	回火温度/℃	冷却剂	σ_b/MPa	$\sigma_{0.2}$/MPa	δ/%	ψ/%	a_K/(J·cm^{-2})	HRC	
沉淀硬化型	0Cr17Ni4Cu4Nb	1040 ℃(水，空)				—	—	—	—	—	≤363HBS	制作高强度、高硬度而又耐腐蚀的化工机械设备及零件，如轴、高速离心机转鼓、弹簧以及航天设备的零件
		1040 ℃(水，空)+480 ℃回火 4 h(空)				1340	1200	10	40	—	40	
		1040 ℃(水，空)+550 ℃回火 4 h(空)				1090	1020	12	45	—	35	
		1040 ℃(水，空)+620 ℃回火 4 h(空)				950	740	16	50	—	28	
	0Cr17Ni7Al	1050 ℃(水，空)				—	—	—	—	—	≤229HBS	
		1050 ℃(水，空)+760 ℃，90 min(空)+560 ℃回火 90 min(空)				1160	980	5	25	—	≥360HBS	
		1050 ℃(水，空)+950 ℃，10 min(空)+−73 ℃冷处理 8 h+510 回火				1250	1050	4	10	—	≥388HBS	
		30～60 min(空)										
	0Cr15Ni7Mo2Al	1050 ℃(水，空)				—	—	—	—	—	≤269HBS	
		1050 ℃(水，空)+760 ℃，90 min(空)+565 ℃回火 90 min(空)				1230	1120	7	25	—	≥375HBS	
		1050 ℃(水，空)+950 ℃，10 min(空)+−73 ℃冷处理 8 h+510 回火				1350	1230	6	20	—	≥338HBS	
		30～60 min(空)										

表 11　常用抗氧化钢的牌号、化学成分、热处理与用途

牌号	化学成分/%						热处理	室温机械性能				用途举例
	C	Si	Mn	Cr	Ni	N		σ_b/MPa	σ_s/MPa	δ/%	ψ/%	
3Cr18Mn12SiN	0.22～0.30	1.40～2.20	10.50～12.50	17.0～19.0	—	0.22～0.30	1110～1150 ℃油、水或空冷(固溶处理)	70	40	35	45	锅炉吊钩，渗碳炉构件，最高使用温度约为 1000 ℃
2Cr20Mn9Ni2Si2N	0.17～0.26	1.80～2.70	8.50～11.0	18.0～21.0	2.0～3.0	0.20～0.30	同上	65	40	35	45	
3Cr18Ni25Si2	0.30～0.40	1.50～2.50	≤1.50	17.0～20.0	23.0～26.0	—	同上	65	35	25	40	各种热处理炉、坩埚炉构件和耐热铸件，可使用到 1000 ℃

表 12 滚动轴承钢的分类、牌号、特点及用途

类别	牌号	主要特点	用途举例
高碳铬轴承钢	GCr6	淬透性差，合金元素少而钢价格低，工艺简单	一般工作条件下的小尺寸(<20 mm)的各类滚动体
	GCr9		
	GCr9SiMn	淬透性有所提高，耐磨性和回火稳定性有所改善	一般工作条件下的中等尺寸的各类滚动体和套圈
	GCr15		
	GCr15SiMn	透性高，耐磨性好，接触疲劳性能优良	一般工作条件下的大型或特大型轴承套圈和滚动体
渗碳轴承钢	20CrNiMoA	钢的纯洁度和组织均匀性高，渗碳后表面硬度为 58～62 HRC，心部硬度为 25～40 HRC，工艺性能好	承受冲击载荷的中小型滚子轴承，如发动机主轴承
	16Cr2Ni4MoA		
	12Cr2Ni3Mo5A		承受高冲击和高温下的轴承，如发动机的高温轴承
	20Cr2Ni4A		承受大冲击的特大型轴承，也用于承受大冲击、安全性高的中小型轴承
	20Cr2Mn2MoA		
	20Cr2Ni3MoA		
不锈钢轴承	9Cr18	高的耐蚀性、硬度、耐磨性、弹性和接触疲劳性能	制造耐水、水蒸气和硝酸腐蚀的轴承及微型轴承
	9Cr18Mo		
	0Cr18Ni9	极优良的耐蚀性、耐低温性，冷塑性、成型性和切削加工性好	车制保持架，高耐蚀性要求的防锈轴承，经渗氮处理后可制作耐高温、高速、高耐蚀、耐磨的低负荷轴承
	1Cr18Ni9Ti		
	0 Cr17Ni7Al		
高温轴承钢	Cr14Mo4V	高温强度、硬度、耐磨性和疲劳性能好，抗氧性较好，但抗冲击性较差	制造耐高温轴承，如发动机主轴轴承，对结构复杂、冲击负荷大的高温轴承，应采用 12Cr2Ni3Mo5 渗碳钢制造
	W18Cr4V		
	W6Mo5Cr4V2		
	GCrSiWV		
其他轴承钢	50CrVA	中碳合金钢具有较好的综合力学性能(强韧性配合)，调质处理后若进行表面强化，则疲劳性能和耐磨性得到改善	用于制造转速不高、较大载荷的特大型轴承(主要是内外套圈)，如掘进机、起重机、大型机床上的轴承
	37CrA		
	5CrMnMo		
	30CrMo		

表 13　常用耐热钢的牌号、化学成分、热处理与用途

类别	牌号	化学成分/%								热处理规范	用途举例
		C	Si	Mn	Cr	Mo	V	S	P		
珠光体钢	16Mo	0.13～0.19	0.17～0.37	0.40～0.70	—	0.40～0.55	—	≤0.04	≤0.04	正火：900～950 ℃空冷 高温回火：630～700 ℃空冷	用于锅炉中壁温＜540 ℃的受热面管子，壁温＜510℃的联箱，蒸汽管道和介质温度＜540 ℃的管路中的大型锻件和高温高压垫圈
	12CrMo	≤0.15	0.17～0.37	0.40～0.70	0.40～0.60	0.40～0.55	—	≤0.04	≤0.04	正火：920～930 ℃空冷 高温回火：720～740 ℃空冷	用于制造蒸汽参数为450℃的汽轮机零件，如隔板，耐热螺栓，法兰盘以及壁温达475℃的各种蛇形管，以及相应的锻件
	15CrMo	0.12～0.18	0.17～0.37	0.40～0.70	0.80～1.10	0.40～0.55	—	≤0.04	≤0.04	正火：910～940 ℃空冷 高温回火：650～720 ℃空冷	用于介质温度＜550 ℃的蒸汽管路、法兰盘等锻件，并用于高压锅炉壁温≤560 ℃的水冷壁管和壁温≤560 ℃的联箱、蒸汽管等
	20CrMo	0.17～0.24	0.17～0.37	0.40～0.70	0.80～1.10	0.15～0.25	—	≤0.04	≤0.04	调质：淬火：860～880 ℃油冷 回火：600 ℃	可在500～520 ℃使用，用作汽轮机隔板、隔板套，并曾作为汽轮机叶片
	12CrMoV	0.08～0.15	0.17～0.37	0.40～0.70	0.40～0.60	0.25～0.35	0.15～0.30	≤0.04	≤0.04	正火：960～980 ℃空冷 高温回火：700～760 ℃	用作蒸汽参数≤540 ℃主汽管、转向导叶片、汽轮机隔板、隔板套以及壁温≤570 ℃的各种过热器管、导管和锻件
	12Cr1MoV	0.08～0.15	0.17～0.37	0.40～0.70	0.90～1.20	0.25～0.35	0.15～0.35	≤0.04	≤0.04	正火：910～960 ℃空冷 淬火：910～960 ℃油冷 回火：700～750 ℃	用于超高压锅炉中工作温度≤570～585 ℃的过热器管和介质温度≤570 ℃的管路附件、法兰、法兰盖等，以及其他用途的锻件，如平孔盖、温度计插座
	10CrMo910（德）	≤0.15	0.15～0.50	0.40～0.60	2.0～2.5	0.90～1.10	—	≤0.04	≤0.04	淬火：900～960 ℃ 回火：680～780 ℃	
	24Cr2MoVA	0.20～0.28	0.17～0.37	0.30～0.60	1.20～1.50	0.50～0.60	0.15～0.25	≤0.04	≤0.04	淬火：880～900 ℃油冷 回火：550～650 ℃回火	用于制造直径＜500 mm、在450～550 ℃下长期工作的汽轮发电机转子、叶轮和轴，在锅炉制造中，用于要求高强度的、工作温度在350～525 ℃范围内的耐热法兰和螺母
	25Cr2MoVA	0.22～0.29	0.17～0.37	0.40～0.70	1.50～1.80	0.25～0.35	0.15～0.30	≤0.035	≤0.035	淬火：930～950 ℃油冷 回火：630～660 ℃回火	用以制造汽轮机套锻转子、套筒和阀等。蒸汽参数可达535℃；受热在550℃以下的螺母，以及其他长期工作在510 ℃以下的连接杆
	35CrMoV	0.30～0.35	0.17～0.37	0.40～0.70	1.00～1.20	0.20～0.30	0.10～0.20	≤0.04	≤0.04	淬火：900～920 ℃油或水冷 回火：600～650 ℃空冷	用于长期在500～520 ℃以下工作的汽轮机叶轮等零件

续表

类别		牌号	化学成分/%						热处理规范	用途举例
			C	Cr	M	Si	Mo	其他		
马氏体钢	高铬钢	1Cr13	≤0.15	12.0～14.0	—	≤0.6	—	—	淬火：950～1050 ℃油冷 回火：700～750 ℃空冷	主要用于汽轮机，作变速轮及其他各级动叶片，并经氧化后制造一些承受摩擦又在腐蚀介质中工作的零件
		2Cr13	0.16～0.24	12.0～14.0	—	≤0.6	—	—	淬火：950～1050 ℃油冷 回火：700～750 ℃空冷	多用于大容量的机组中作末级动叶片，它们的工作温度都低于 450 ℃，并还可作高压汽轮发电机中的阀件螺钉、螺帽等
		1Cr11MoV	0.11～0.18	10.0～11.5	—	≤0.5	0.5～0.7	V0.25～0.40	淬火：1050～1100 ℃油冷 回火：720～740 ℃空冷	工作温度为535～540 ℃的汽轮机静叶片、动叶片及氮化零件
		15Cr12WMoVA	0.12～0.18	11～13	0.4～0.8	≤0.4	0.5～0.7	W0.7～1.1 V0.15～0.30	淬火：1000～1050 ℃油冷 回火：680～700 ℃空冷	550～580 ℃的汽轮机叶片，550～570 ℃的汽轮机隔板，550～560 ℃的紧固件，550～580 ℃的叶轮、转子
	硅铬钢	4Cr9Si2	0.35～0.50	8.0～10.0	—	2.0～3.0	—	—	淬火：950～1050 ℃油冷 回火：700～850 ℃空冷	适用于 700 ℃以下受动载荷的部件，如汽车发动机、柴油机的排气阀，也可用作 900℃以下的加热炉构件，如料盘、炉底板等
		4Cr10Si2Mo	0.35～0.45	9.0～10.5	≤0.5	1.90～2.60	0.70～0.90	—	淬火：1030～1050 ℃油冷 回火：750～800 ℃空冷	用于制造正常载荷及高载荷的汽车发动机和柴油机排气阀，以及中等功率的航空发动机的进气阀和排气阀，亦可做温度不太高的炉子构件
奥氏体钢	18-8 型	1Cr18Ni9Ti	<0.12	16～20	8～11	—	—	Ti0.8	1100～1150 ℃	在锅炉和汽轮机方面，用来制作610 ℃以下长期工作的热气管道以及构件、部件等
		1Cr18Ni9Mo	<0.14	16～20	8～11	—	2.5		1100～1150 ℃水冷	同上
	14-14-2 型	1Cr14Ni14W2MoTi	≤0.15	13～15	13～15	—	0.45～0.60	W2.0～2.75 Ti0.5	1100 ℃空冷 850 ℃时效 10 h	用以制造长期工作温度为 500～600 ℃的超高参数锅炉和汽轮机的主要零件，以及蒸汽过热气管道
		4Cr14Ni14W2Mo	0.4～0.5	13～15	13～15	—	0.25～0.40	W1.75～2.25	1100 ℃空冷 750 ℃时效 5 h	适用于制造航空、船舶、载重汽车的发动机进气、排气阀门，以及蒸汽和气体管道

表 14 常用高温合金的牌号、化学成分、热处理与用途

类别	牌号*	化学成分/%														热处理	力学性能(不小于)				用途举例
		C	Si	Mn	Cr	Ni	W	Mo	V	Ti	Nb	Al	Co	Fe	其他		σ_b /MPa	$\sigma_{0.2}$ /MPa	δ/%	持久强度 /MPa	
铁基高温合金	GH1035	0.06~0.12	≤0.8	≤0.7	20~30	35~40	2.5~3.5			0.7~1.2		≤0.5		余	Ce0.05	固溶	600	300	35	$\sigma_{100}^{800}=80$	700~800 ℃燃烧室、火焰筒等
	GH2036	0.34~0.4	0.3~0.8	7.5~9.5	11.5~13.5	7~9	1.1~1.4		1.25~1.55	≤0.12	0.25~0.55			余	B0.01	固溶+时效	940	600	16	$\sigma_{100}^{600}=350$	600~700 ℃涡轮盘等
	GH1130	0.06~0.12	≤0.8	≤0.7	20~23	35~40	1.4~1.8	2.0~2.5		0.7~1.05		0.2~0.5		余	Ce0.05	固溶	670	260	40	$\sigma_{100}^{800}=83$	800~850 ℃燃烧室、火焰筒等
	GH1131	≤0.10	≤0.8	≤1.2	19~22	25~30	4.8~5.5	2.8~6.0			0.7~1.3			余	B0.05	固溶	850	450	41	$\sigma_{100}^{800}=110$	850~900 ℃燃烧室、火焰筒等
	GH2132	≤0.08	0.4~1.0	1.0~2.0	13.5~16	24~27				1.75~2.3		≤0.4		余		固溶+时效	1000	600	25	$\sigma_{100}^{660}=450$	650~700 ℃涡轮盘等
	GH2135	≤0.08	≤0.5	≤0.4	14~16	33~36	1.7~2.2		1.7~2.2		2.1~2.5		2.4~2.8	余	Ce0.03 B0.05	固溶+时效	1100	600	20	$\sigma_{100}^{660}=570$	700~750 ℃涡轮盘等
镍基高温合金	GH3030	≤0.12	≤0.8	≤0.7	19~22	余				0.15~0.35		≤0.15		≤1.0		固溶	750	280	39	$\sigma_{100}^{800}=45$	700~800 ℃燃烧室火焰筒等
	GH4033	≤0.06	≤0.65	≤0.35	19~22	余				2.2~2.8		0.55~1.0		≤1.0	Ce0.01 B0.01	固溶+时效	1020	660	22	$\sigma_{100}^{800}=250$	700 ℃涡轮叶片等
	GH4037	≤0.10	≤0.65	≤0.50	13~16	余	5~7	2~4	0.10~0.50	1.80~2.30		1.70~2.30		≤0.50	Ce0.02 B0.02	固溶+时效	1140	750	14	$\sigma_{100}^{800}=280$	800 ℃涡轮叶片等
	GH3039	≤0.08	≤0.8	≤0.4	19~22	余		1.8~2.8		0.35~0.75	0.9~1.3	0.35~0.75		≤3.0		固溶	850	400	45	$\sigma_{100}^{800}=70$	800~850 ℃燃烧室火焰筒等
	GH3044	≤0.1	≤0.8	≤0.5	23.5~26.5	余	13~16			0.3~0.7		≤0.5		≤4.0		固溶	830	350	55	$\sigma_{100}^{800}=110$	850~900 ℃燃烧室火焰筒等
	GH4049	≤0.07	≤0.65	≤0.35	9.5~11	余	5~6	4.5~5.5	0.2~0.5	1.0~1.4		3.7~4.4	14~16	≤1.5	Ce0.02 B0.02	固溶+时效	1100	770	9	$\sigma_{100}^{800}=430$	900 ℃涡轮叶片等

注：* GH 是高温合金；数字 1 为铁基固溶强化，2 为铁基实效硬化，3 为镍基固溶强化，4 为镍基时效硬化；其余数字为合金编号。

表 15 常用灰铸铁的牌号、力学性能与用途

牌号	铸件壁厚/mm		最小抗拉强度 σ_b/MPa	硬度/HBS	显微组织		应用举例
	大于	至			基体	石墨	
HT100	2.5	10	130	最大不超过170	F+P(少)	粗片	手工铸造用砂箱、盖、下水管、底座、外罩、手轮、把手、重锤等
	10	20	100				
	20	30	90				
	30	50	80				
HT150	2.5	10	175	150～200	F+P	较粗片	端盖、汽轮泵体、轴承座、阀壳、管子及管路附件、手轮；一般机床底座、床身及其他复杂零件、滑座、工作台等
	10	20	145				
	20	30	130				
	30	50	120				
HT250	4.0	10	270	190～240	细珠光体	较细片状	阀壳、油缸、汽缸、联轴器、机体、齿轮、齿轮箱、外壳、飞轮、衬筒、凸轮、轴承座等
	10	20	240				
	20	30	220				
	30	50	200				
HT300	10	20	290	210～260	索氏体或托氏体	细小片状	齿轮、凸轮、车床卡盘、铣床、压力机的机身；导板、转塔、自动车床及其他重负荷机床的床身；高压液压筒、液压泵和滑阀的壳体等
	20	30	250				
	30	50	230				
HT350	10	20	340	230～280			
	20	30	290				
	30	50	260				

表 16 常用球墨铸铁的牌号、力学性能与用途

牌号	基体组织	力学性能				应用举例
		σ_b/MPa	$\sigma_{0.2}$/MPa	δ/%	硬度/HBS	
		最小值				
QT400-18	铁素体	400	250	18	130～180	汽车、拖拉机底盘零件 1600～6400 MPa 阀门的阀体和阀盖
QT400-15	铁素体	400	250	15	130～180	
QT450-10	铁素体	450	310	10	160～210	
QT500-7	铁素体＋珠光体	500	320	7	170～230	机油泵齿轮
QT600-3	珠光体＋铁素体	600	370	3	190～270	柴油机、汽油机曲轴；磨床、铣床、车床的主轴；空压机、冷冻机缸体、缸套等
QT700-2	珠光体	700	420	2	225～305	
QT800-2	珠光体或回火组织	800	480	2	245～335	
QT900-2	贝氏体或回火马氏体	900	600	2	280～360	汽车、拖拉机传动齿轮

表 17　可锻铸铁的牌号、力学性能与用途

分类	牌号	试样直径/mm	σ_b/MPa	σ_s/MPa	δ/%($L_0=3d$)	硬度/HBS	应用举例
			不小于				
黑心可锻铸铁	KTH300-06	12 或 15	300	—	6	≤150	管道、弯头、接头、三通、中压阀门
	KTH330-08		330	—	8		各种扳手、犁刀、犁柱、车轮壳等
	KTH350-10		350	200	10		汽车、拖拉机前后轮壳、减速器壳、转向节壳、制动器等
	KTH370-12		370	—	12		
珠光体可锻铸铁	KTZ450-06		450	270	6	150～200	曲轴、凸轮轴、连杆、齿轮、活塞环、轴套、耙片、犁刀、摇臂、万向节头、棘轮、扳手、传动链条、矿车轮等
	KTZ550-04		550	340	4	180～230	
	KTZ650-02		650	430	2	210～260	
	KTZ700-02		700	530	2	240～290	

表 18　蠕墨铸铁的牌号、组织、力学性能与用途

牌号	σ_b/MPa	σ_s/MPa	δ/%	硬度/HBS	基体组织	应用举例
	不小于					
RuT420	420	335	0.75	200～280	P	活塞环、汽缸套、制动盘、玻璃模具、刹车鼓、钢珠研磨盘、吸泥泵体等
RuT380	380	300	0.75	193～274	P	
RuT340	340	270	1.0	170～249	P+F	重型机床件、大型齿轮箱体、盖、座、飞轮、起重机卷筒等
RuT300	300	240	1.5	140～217	P+F	排气管、变速箱体、汽缸盖、液压件、纺织机零件、钢锭模等
RuT260	260	195	3	121～197	F	增压器废气进气壳体、汽车底盘零件等

注：各牌号蠕墨铸铁的蠕化率不小于 50%。

表 19　常用铸造铝合金的牌号、化学成分、力学性能及用途

类别	代号	牌号	化学成分/% Si	Cu	Mg	其他	铸造方法	热处理	力学性能(不低于) σ_b/MPa	δ/%	HB	用途举例
铝硅合金	ZL102	ZAlSi12	10.0～13.0				SB	F	145	4	50	形状复杂的零件，如飞机、仪器零件、抽水机壳体
							J	F	155	2	50	
							SB	T2	135	4	50	
							J	T2	145	3	50	
	ZL104	ZAlSi9Mg	8.0～10.5		0.17～0.35	Mn0.2～0.5	J	T1	195	1.5	70	220 ℃以下形状复杂零件，如电机壳体、汽缸体
							J	T6	235	2	70	
	ZL105	ZAlSi5Cu1Mg	4.5～5.5	1.0～1.5	0.4～0.6		J	T5	235	0.5	70	250 ℃以下形状复杂件，如汽缸头、机匣、液压泵壳
							S	T7	175	1	65	
	ZL107	ZAlSi7Cu4	6.5～7.5	3.5～4.5			SB	T6	245	2	90	强度和硬度较高的零件
							J	T6	275	2.5	100	
	ZL109	ZAlSi12Cu1Mg1Ni1	11.0～13.0	0.5～1.5	0.8～1.3	Ni0.8～1.5	J	T1	195	0.5	90	较高温度下工作的零件，如活塞
							J	T6	245	—	100	
	ZL111	ZAlSi9Cu2Mg	8.0～10.0	1.3～1.8	0.4～0.6	Mn0.1～0.35	SB	T6	255	1.5	90	活塞及高温下工作的其他零件
						Ti0.1～0.35	J	T6	315	2	100	
铝铜合金	ZL201	ZAlCu5Mn		4.5～5.3		Mn0.6～1.0	S	T4	295	8	70	温度为 175～300 ℃零件，如内燃机汽缸头、活塞
						Ti0.15～0.35	S	T5	335	4	90	
	ZL203	ZAlCu4		4.0～5.0			J	T4	205	6	60	中等载荷、形状比较简单的零件
							J	T5	225	3	70	
铝镁合金	ZL301	ZAlMg10			9.5～11.0		S	T4	280	9	20	大气或海水中工作、承受冲击载荷、外形简单的零件，如舰船配件、氨用泵体等
	ZL303	ZAlMg5Si1	0.8～1.3		4.5～5.5	Mn0.1～0.4	S, J	F	145	1	55	
铝锌合金	ZL401	ZAlZn11Si7	6.0～8.0		0.1～0.3	Zn9.0～13.0	J	T1	245	1.5	90	结构形状复杂的汽车、飞机、仪器零件，也可制造日用品
	ZL402	ZAlZn6Mg			0.5～0.65	Cr0.4～0.6 Zn5.0～6.5 Ti0.15～0.25	J	T1	235	4	70	

注：(1) Al 为余量。(2) J—金属模；S—砂模；B—变质处理；F—铸态；T1—人工时效；T2—退火；T4—固溶处理＋自然时效；T5—固溶处理＋不完全人工时效；T6—固溶处理＋完全人工时效；T7—固溶处理＋稳定化处理。

表 20 常用变形铝合金的牌号、化学成分、力学性能及用途

类别	牌号	化学成分/%								热处理状态	力学性能			用途举例
		Si	Fe	Cu	Mn	Mg	Zn	Ti	其他		σ_b/MPa	δ/%	HB	
防锈铝合金	5A05 (LF5)	0.5	0.5	0.10	0.3～0.6	4.8～5.5	0.20			退火	280	20	70	中载零件、焊接油箱、油管、铆钉等
	3A21 (LF21)	0.6	0.7	0.20	1.0～1.6	0.05	0.10	0.15			130	20	30	焊接油箱、油管、铆钉等轻载零件及制品
硬铝合金	2A01 (LY1)	0.50	0.50	2.2～3.0	0.20	0.2～0.5	0.10	0.15		淬火+自然时效	300	24	70	工作温度不超过 100 ℃的中强铆钉
	2A11 (LY11)	0.7	0.7	3.8～4.8	0.4～0.8	0.4～0.8	0.30	0.15	Ni0.10 Fe+Ni0.7		420	18	100	中强零件、如骨架、螺旋桨叶片、铆钉
	2A12 (LY12)	0.50	0.50	3.8～4.9	0.3～0.9	1.2～1.8	0.30	0.15	Ni0.10 Fe+Ni0.7		470	17	105	高强、150 ℃以下工作的零件，如梁、铆钉
超硬铝合金	7A04 (LC4)	0.50	0.50	1.4～2.0	0.2～0.6	1.8～2.8	5.0～7.0	0.10	Cr0.10～0.25	淬火+人工时效	600	12	150	主要受力构件，如飞机大梁、起落架
	7A09 (LC9)	0.50	0.50	1.2～2.0	0.15	2.0～3.0	5.1～6.1	0.10	Cr0.16～0.30		680	7	190	主要受力构件，如飞机大梁、起落架
锻铝合金	2A50 (LD5)	0.7～1.2	0.7	1.8～2.6	0.4～0.8	0.4～0.8	0.30	0.15	Ni0.10 Fe+Ni0.7	淬火+人工时效	420	13	105	形状复杂、中等强度的锻件及模锻件
	2A70 (LD7)	0.35	0.9～1.5	1.9～2.5	0.20	1.4～1.8	0.30	0.02～0.1	Ni0.9～1.5		415	13	120	高温下工作的复杂锻件，如内燃机活塞
	2A14 (LD10)	0.6～1.2	0.7	3.9～4.8	0.4～1.0	0.4～0.8	0.30	0.15	Ni0.10		480	19	135	承受高载荷的锻件和模锻件

注：(1) Al 为余量。

(2) 其他元素单个含量为 0.05%，总量为 0.10%。

表 21　常用黄铜的牌号、化学成分、力学性能及用途

类别	牌号	化学成分/%				热处理状态	力学性能(≥)		用途举例
		Cu	Fe	Pb	其他		σ_b/MPa	δ/%	
加工普通黄铜	H62	60.5~6.35	≤0.15	≤0.08		M	294	40	散热器、垫圈、弹簧、螺钉、各种网
						Y	412	10	
	H68	67~70	≤0.10	≤0.03		M	294	40	弹壳、冷凝器等
						Y	392	13	
	H80	79~81	≤0.10	≤0.03		M	265	50	用于镀层及制作装饰品，造纸工业用金属网
						Y	392	3	
加工特殊黄铜	HPb59-1	57~60	≤0.5	0.8~1.9		M	343	25	又称快削黄铜，适用于热冲压及切削方法制作的零件
						Y	588	3	
	HMn58-2	57~60	≤1.0	≤0.1	Mn1.0~2.0	M	382	30	海轮制造业用零件及电信器材
						Y	588	3	
	HSn62-1	61~63	≤1.0	≤0.1	Sn0.7~1.1	M	294	35	船舶零件
						Y	392	5	
	HAl60-1-1	58~61	0.7~1.5	≤0.40	Al0.7~1.5	R	441	15	在海水中工作的高强度零件
铸造黄铜	ZCuZn38	60~63	≤0.8			S	295	30	一般结构件及耐蚀件，如法兰、阀座、螺杆、螺母、支杆、手柄等
						J	295	30	
	ZCuZn38Mn2Pb2	57~60	≤0.8	1.5~2.5	Mn1.5~2.5	S	245	10	一般用途结构件，船舶、仪表上外形简单的铸件，如套筒、衬套、滑块、轴瓦等
						J	345	18	
	ZCuZn31Al2	66~68	≤0.8	≤1.0	Al2.0~3.0	S	295	12	适于压力铸造，如电动机、仪表等压铸件及船舶、机械制造业的耐蚀零件
						J	390	15	
	ZCuZn16Si4	79~81	≤0.6	≤0.5	Si2.5~4.5	S	345	15	接触海水工作的管配件，水泵、叶轮、旋塞及在空气、海水、油、燃料中工作的铸件
						J	390	20	

注：(1) Zn 为余量。

(2) M—退火态；Y—冷作硬化态；R—热轧态；S—砂型；J—金属型。

表 22 常用青铜的牌号、化学成分、力学性能及用途

类别	牌号	化学成分/% Sn	Al	其他	状态	力学性能(≥) σ_b/MPa	δ/%	用途举例
锡青铜	QSn4-3	3.5～4.5		Zn2.7～3.3	M	350	40	弹性件，化工机械的耐磨、耐蚀件，抗磁零件
					Y	550	4	
	QSn4-4-2.5	3.0～5.0		Zn3.0～5.0 Pb1.5～3.5	Y	600	4	飞机、拖拉机、汽车用轴承和轴套的衬垫
	QSn6.5-0.4	6.0～7.0		P0.26～0.40	M	400	65	造纸业用铜网，弹簧及耐磨件
					Y	700	10	
铝青铜	QAl7		6.0～8.5		M	420	70	弹簧及其他耐蚀弹性件
					Y	1000	4	
	QAl9-4		8.0～10.0	Fe2.0～4.0	M	500～600	40	船舶及电器零件，耐磨件
					Y	800～1000	5	
	QAl10-4-4		9.5～11.0	Fe3.5～5.5 Ni3.5～5.5	M	650	40	高强度耐磨件及 500 ℃以下工作的零件，其他重要耐磨耐蚀件
					Y	1000	10	
铍青铜	QBe2			Be1.8～2.1	M	500	40	重要的弹簧及弹性件，耐磨件及在高速、高压、高温下工作的轴承
					Y	1250	3	
	QBe1.7			Be1.6～1.85	C	440	50	各种重要的弹簧和弹性元件
					CS	1150	3.5	
硅青铜	QSi3-1			Si2.7～3.5 Mn1.0～1.5	M	400	50	弹簧及弹性件，耐蚀件、蜗轮、轮、蜗杆、齿轮等耐磨件
					Y	700	5	
铸造青铜	ZCuSn10Pb1	9.0～11.5		P0.5～1.0	S	200	3	高载荷和高滑动速度下工作的耐磨件，如连杆、轴瓦、衬套、齿轮、蜗轮等
					J	310	2	
	ZCuPb15Sn8	7.0～9.0		Pb13.0～17.0	S	170	5	表面高压且有侧压的轴承，冷轧机的铜冷水管，内燃机双金属轴瓦、活塞销等
					J	200	6	
	ZCuAl9Mn2	8.0～10.0		Mn1.5～2.5	S	390	20	耐磨、耐蚀件，形状简单的大型铸件，管路配件
					J	440	20	

注：(1) Cu 为余量。

(2) C—淬火；CS—淬火＋人工时效，其余状态符号含义同表 21。

表 23　常用钛合金的牌号、化学成分、性能与用途

组别	牌号	化学成分/%	室温机械性能			高温机械性能			用途举例
			热处理	σ_b/MPa	δ/%	试验温度/℃	σ_b/MPa	σ_{100}/MPa	
工业纯钛	TA1	Ti(杂质极微)	退火	300～500	30～40				在 350 ℃以下工作强度要求不高的零件
	TA2	Ti(杂质微)	退火	450～600	25～30				
	TA3	Ti(杂质微)	退火	550～700	20～25				
α钛合金	TA4	Ti-3Al	退火	700	12				在 500 ℃以下工作的零件，导弹燃料罐、超音速飞机的涡轮机匣
	TA5	Ti-45Al-0.005B	退火	700	15				
	TA6	Ti-5Al	退火	700	12～20	350	430	400	
β钛合金	TB1	Ti-3Al-8Mo-11Cr	淬火	1100	16				在 350 ℃以下工作的零件，压气机叶片、轴、轮盘等重载荷旋转件，飞机构件
			淬火+时效	1300	5				
	TB2	Ti-5Mo-5V-8Cr-3Al	淬火	1000	20				
			淬火+时效	1350	8				
α+β钛合金	TC1	Ti-2Al-1.5Mn	退火	600～800	20～25	350	350	350	在 400 ℃以下工作的零件，有一定高温强度的发动机零件，低温用部件
	TC1	Ti-3Al-1.5Mn	退火	700	12～15	350	430	400	
	TC1	Ti-5Al-4V	退火	900	8～10	500	450	200	
	TC1	Ti-6Al-4V	退火	950	10	400	630	580	
			淬火+时效	1200	8				

表 24 锅炉受热面和蒸汽管道常用钢的钢号、特性及其主要应用范围

钢 号	特 性	主要应用范围
20(20G)	1. 良好的工艺性能，无回火脆性； 2. 在 530 ℃以下具有良好的抗氧化性能； 3. 在 470～480 ℃下长期运行，会珠光体球化和石墨化	1. 壁温≤425 ℃的蒸汽管道和联箱； 2. 壁温≤450 ℃的受热面管
15MoG (15Mo3、16Mo)	1. 成分最简单的低合金热强钢，其热强性和腐蚀稳定性优于碳素钢，工艺性能与碳素钢大致相同； 2. 在 500～550 ℃下长期运行，会发生珠光体球化和石墨化； 3. 焊接性能良好，需预热和焊后热处理	1. 壁温≤500 ℃的蒸汽管道和联箱； 2. 壁温≤530 ℃的受热面管
12CrMoG	1. 低合金耐热钢，综合性能较好； 2. 在 480～540 ℃下具有足够的热强性和组织稳定性，无热脆性现象	1. 壁温≤510 ℃的蒸汽管道； 2. 壁温≤540 ℃的受热面管
15CrMoG	1. 冷加工性能和焊接性能良好，无石墨化； 2. 在 500～550 ℃下长期运行会发生碳化物球化； 3. 在 520 ℃以下有较高的持久强度和良好的抗氧化性能	1. 壁温≤510 ℃的蒸汽管道； 2. 壁温≤540 ℃的受热面管
12Cr2MoG	1. 长期在高温下运行，会出现碳化物从铁素体基体中析出并聚集长大的现象； 2. 持久塑性较好	1. 壁温≤570 ℃的蒸汽管道和联箱； 2. 壁温≤580 ℃的受热面管
12CrMoV	1. 在铬钼钢中加入少量的钒，阻止长期在高温下钼向碳化物中的转移，提高钢的组织稳定性和热强性； 2. 与 12Cr1MoV 钢相比，当温度≤550 ℃时，其性能基本相同；当温度＞550 ℃时，其性能低于 12Cr1MoV 钢	1. 壁温≤540 ℃的蒸汽管道； 2. 壁温≤570 ℃的过热器管等
12CrMoVG	1. 在钢中加入少量的钒，降低合金元素由铁素体向碳化物中转移的速度，弥散分布的钒碳化物可强化铁素体基体； 2. 在 580 ℃时仍具有高的热强性和抗氧化性能，并具有高的持久塑性； 3. 工艺性能和焊接性能较好，但对热处理规范的敏感性较大，常出现冲击韧性不均匀的现象； 4. 在 500～700 ℃回火时，有回火脆性现象； 5. 长期在高温下运行，出现珠光体球化及合金元素向碳化物转移，使热强性下降	1. 壁温≤550 ℃的蒸汽管道和联箱； 2. 壁温≤570 ℃的受热面管
15Cr1Mo1V	1. 与 12Cr1MoV 钢相比，含钼量有所提高，故热强性稍高； 2. 在 570 ℃以下长期使用，组织稳定； 3. 具有良好的抗氧化性能和焊接性能	壁温≤580 ℃的蒸汽管道和联箱

续表一

钢　号	特　性	主要应用范围
12MoVWBSiXt （无铬 8 号）	1. 属贝氏体无铬低合金热强钢，具有较高的热强性，580 ℃时的持久强度比 12Cr1MoV 钢、2.25%Cr-1%Mo 钢高许多； 2. 抗氧化和热加工性能良好，组织稳定性好	壁温≤580 ℃的过热器管和再热器管
12Cr2MoWVTiB （钢 102）	1. 属贝氏体低合金热强钢，用于代替高合金奥氏体铬镍钢； 2. 具有良好的综合机械性能、工艺性能和相当高的持久强度，抗氧化性能良好，组织稳定性好	壁温≤600 ℃的过热器管和再热器管
12Cr3MoVSiTiB （II11）	1. 贝氏体热强钢，在 600 ℃有足够高的持久强度，无热脆倾向，组织稳定性好； 2. 为保证有较好的高温性能，回火温度≤710 ℃，工艺性能稍差	壁温≤600 ℃的过热器管和再热器管
X20CrMoV121 （F12）	1. 12%型马氏体热强钢，具有良好的耐热性能，热强性低于钢 102 和 II11； 2. 抗氧化能力可达 700 ℃，但工艺性能较差，在锻造轧制和焊接时易产生裂纹	1. 壁温在 540～560 ℃的蒸汽管道和联箱； 2. 壁温≤610 ℃的过热器管； 3. 壁温≤650 ℃的再热器管
10Cr5MoWVTiB （G106）	1. 中铬贝氏体钢； 2. 具有良好的抗氧化性能、耐腐蚀性和组织稳定性，热强性较高，工艺性能良好	壁温在 630～650 ℃的再热器管
1Cr9Mo1	1. 属马氏体型耐热钢，抗氧化和抗腐蚀性能优于低合金钢，但钢的热强性低于 12Cr1MoV 钢； 2. 焊接性能差，且有空淬现象	壁温≤650 ℃的再热器管
1Cr9Mo2	1. 属铁素体钢，具有高的抗气化和抗高温蒸汽腐蚀性能，具有高的热强性和组织稳定性；在 550 ℃时，该钢的许用应力比 2.25%Cr-1%Mo 钢、9Cr-1Mo 钢高，但比奥氏体不锈钢低； 2. 焊接性能较好、冷弯后需进行热处理	壁温≤620 ℃的亚临界、超临界锅炉过热器管、再热器管、联箱和导汽管
10Cr9Mo1VNb	1. 它是美国在 9Cr-1Mo 钢的基础上添加微量 V、Vb，调整 Si、Ni 和 Al 添加量后形成的超 9Cr 钢； 2. 高温强度优异，抗氧化和抗蒸汽腐蚀性能与 9Cr-1Mo 钢相当； 3. 在 550 ℃以上，其设计许用应力为 2.25Cr-1Mo 钢、T9 钢的两倍	1. 壁温≤600 ℃的蒸汽管道和联箱； 2. 壁温≤650 ℃的过热器管和再热器管

续表二

钢号	特性	主要应用范围
1Cr19Ni9	1. 属各国通用的18-8型铬镍奥氏体不锈热强钢； 2. 钢的热强性、耐腐蚀性和焊接性良好，冷变形能力非常高	1. 大型锅炉的再热器管、过热器管及蒸汽管道； 2. 用于锅炉管允许的抗氧化温度为705 ℃
0Cr17Ni12Mo2	1. 属各国通用的奥氏体不锈热强钢； 2. 由于钢中含2～3%的钼元素，对各种无机酸、有机酸、碱、盐类的耐腐蚀性和耐点蚀性显著提高； 3. 在高温下具有较高的蠕变强度	
0Cr17Ni12Ti	1. 属用钛稳定的铬镍奥氏体不锈热强钢； 2. 组织较稳定，并其有较高的热强性和持久断裂塑性	
1Cr19Ni11Nb	1. 属用铌稳定的铬镍奥氏体不锈热强钢； 2. 热强性高于18-8型TP304H钢； 3. 具有良好的耐腐蚀性能和焊接性能，在碱、海水和很多种酸有很好的耐腐蚀性	
EM12 (9Cr-2MoVNb)	1. 比利时研究的超级9Cr钢，其化学成分为9Cr-2Mo，并添加了Nb、V等合金元素； 2. 代替过去使用的不锈钢管； 3. 该钢种是二元结构，冲击韧性差，后来未得到广泛应用	1964年，法国电力公司批准EM12钢管可用于620 ℃的过热器和再热器
2.25Cr-1.6WVNb	1. HCM2S是在T22的基础上，吸收了钢102的优点改进的，600 ℃时的强度比T22高93%，与钢102相当； 2. 由于C含量降低，加工性能和焊接性能优于钢102，可以焊前不预热，焊后不热处理	1. 壁温≤600 ℃的过热器、再热器管； 2. 壁温≤600 ℃的联箱
9Cr-0.5Mo-2WVNb	1. 在T/P91钢的基础上加1.5%～2.0%的W，降低了Mo含量，大大增强了固溶强化效果； 2. 采用控轧控冷技术，改良了轧制工艺，使钢材的高温稳定性方面上了一个档次； 3. 600 ℃时的许用应力比T91高34%，达到TP347的水平，是可以替代奥氏体钢的候选材料之一	可取代超临界和超超临界锅炉中的奥氏体过热器、再热器，并可用于壁温≤620 ℃时的主蒸汽管
12Cr-0.4Mo-2WCuVNb	1. 在德国钢号X20CrMoV121的基础上改进的12%Cr钢，添加2%W、0.07%和1%Cu，固溶强化和析出强化的效果都有很大增加； 2. 600 ℃和650 ℃的许用应力分别比F11钢提高113%和168%，具有更高的热强性和耐蚀性； 3. 在650 ℃以下时，蠕变强度高于SUS347H； 4. 蒸汽氧化性能和抗高温腐蚀性能优于9%Cr钢； 5. 其热传导性比奥氏体钢好，热膨胀系数小，氧化垢不易剥离	替代奥氏体管材用于超临界、超(超)临界锅炉的过热器、再热器和主蒸汽管
11Cr-2.6W-2.5CoVNbB	1. 通过对12Cr-W-Co钢的研究表明，高的钨和低的碳含量能够提高蠕变断裂强度，而且Co的存在可以避免δ铁素体的形成； 2. 蠕变断裂强度高于P92、P91和F12钢	计划用于34.3 MPa、650 ℃的超(超)临界锅炉中

表 25　锅炉受热面固定件和吹灰器常用钢的钢号、特性及其主要应用范围

钢　号	特　性	主要应用范围
1Cr5Mo	马氏体型耐热钢，热强性不高，在 550 ℃以下，在含硫的氧化性气氛中具有良好的耐热性和耐蚀性；可焊性差，焊后应缓冷，并经 850 ℃高温回火，用以改善焊缝性能。此钢在 650 ℃以上开始剧烈氧化，但仍有一定的热强性	≤650 ℃的锅炉吊架
1Cr6Si2Mo	马氏体型耐热钢，在 800 ℃以下有良好的抗氧化性。含 Si 量比 1Cr5Mo 钢多 1.5%，使钢的回火脆性倾向增大，零件在高温下长时间工作时会产生脆性破断。该钢在含硫的氧化性气氛和热石油介质中的抗腐蚀性能很好。经正火、回火热处理后有较高的持久强度和蠕变强度。该钢有空淬现象，热加工后，如冷却过快，会发生裂纹，应缓冷。可焊性差，可采用电焊，不宜气焊，焊前须预热到 300～400 ℃，焊后进行 750 ℃回火处理	≤700 ℃的锅炉吊架及省煤器管夹
4Cr9Si2	马氏体型耐热钢，在 800 ℃以下有良好抗氧化性；低于 650 ℃具有较高的热稳定性和热强性。可焊性差，小截面零件经较高温度预热后可进行焊接，焊后需进行退火或调质处理	≤800 ℃的锅炉吊架
1Cr25Ti	铁素体型不锈钢。该钢在 700～800 ℃空冷状态下具有良好的抗晶间腐蚀性，在 1000 ℃耐热不起皮，具有良好的抗氧化性。塑性和韧性好，但强度低，热脆性倾向大，长期运行后韧性很快降低，因此，运行中不宜受冲击载荷。焊接性能较差	≤1000 ℃的锅炉吊架及吹灰器
1Cr20Ni14Si2 1Cr25Ni20Si2	Cr-Ni 奥氏体型耐热钢。1Cr20Ni14Si2 最高抗氧化使用温度为 1000 ℃，其氧化腐蚀率:900 ℃时为 0.1 mm/年，1100 ℃时为 1.1 mm/年。由于 1Cr25Ni20Si2 钢中 Cr、Ni 含量比 1Cr20Ni14Si2 钢高，抗氧化性更好，最高抗氧化使用温度达 1100 ℃，且抗疲劳性能较好，组织稳定。	1000～1100 ℃的锅炉吊架、夹马
3Cr18Mn12Si2N	属于 Cr-Mn-N 奥氏体型耐热钢，具有较高的抗氧化性、抗硫腐蚀和抗渗碳性。该钢有时效脆性倾向，但时效后，在高温下仍有较高的韧性。室温和高温性能优于 1Cr20Ni14Si2 钢	≤950 ℃的锅炉吊架和夹马
2Cr20Mn9Ni2Si2N	属 Cr-Mn-Ni-N 奥氏体型耐热钢，具有较高的高温强度和高温塑性、良好的抗氧化性、抗渗碳性和耐急冷急热的热疲劳性；在融盐中也有较好的耐蚀性；可焊性好，焊接裂纹敏感性小，可用各种焊接方法焊接，焊前不需要预热，焊后不需要热处理。该钢有冷加工硬化倾向。该钢 700～800 ℃时，由于析出碳化物和 σ 相，会使冲击值明显下降	≤1000 ℃的锅炉吊架
2Mn18Al15SiMoTi	属 Fe-Al-Mn 系双相型耐热钢，在 850 ℃具有良好的抗氧化性，在含硫的气氛具有较好的耐蚀性。与常用的高铬铁素体型耐热钢相比，有较高的组织稳定性和较小的时效脆性倾向。厚度≤6 mm 的扁钢可进行冷冲压成型、冷剪；厚度>6 mm 的扁钢应该用热冲压成型。焊接性能尚可，焊前可不预热	≤850 ℃的锅炉吊架

表 26 汽轮机叶片常用钢材的特性及应用范围

钢号	特性	主要应用范围
25Mn2V	以锰为主要合金元素的合金结构钢，经调质处理后，强度、韧性和塑性均比较满意，低温冲击值也比较高。钢中合金元素较少，符合我国资源情况，可作为低碳镍钢的代用钢	工作温度<450 ℃的汽轮机压力级各级动叶片和隔板叶片
25CrMo	广泛应用的铬钼结构钢，具有良好的机械性能和工艺性能，焊接性能尚好，在 520 ℃以下具有良好的高温持久性能	中压 125 MW 以下的汽轮机压力级叶片
20CrMoV	该钢有较高的强度，淬透性也较好，但当钢的强度偏高时，其冲击值往往稍低，因此，应严格控制其化学成分和热处理工艺	工作温度小于 500 ℃的汽轮机压力级各级动叶片
1Cr13	马氏体型铬不锈钢。碳含量较高、淬透性好，且有较高的耐蚀性、热强性、韧性和冷变形性能，减振性是已知钢中最好的。应严格控制钢的热加工始锻温度和终锻温度，否则钢易过热而导致晶粒粗大，并析出大量的δ铁素体，使钢的韧性降低。要求进行高温或低温回火，避免在 370～560 ℃之间进行回火。低温回火可消除淬火过程中形成的内应力，高温回火在保证良好的耐蚀性的同时，可获得优良的综合力学性能	工作温度<450 ℃的汽轮机变速级叶片及其他几级动、静叶片
2Cr13	马氏体不锈钢，在 700 ℃以下具有足够高的强度、热稳定性和良好的减振性，以及较高的韧性和冷变形能力。与 1Cr13 钢相比，含碳量稍高，故强度也稍高，但塑性和韧性稍低	工作温度<450 ℃且截面较大，强度要求较高的后几级叶片和低温段长叶片
1Cr11MoV	改型的 12%铬钢的典型钢种之一。由于钢中加入了钼和钒，其热强性和组织稳定性均比 13%铬钢高；具有良好的减振性和小线膨胀系数，工艺性能较好，对回火脆性不敏感	工作温度小于 540 ℃汽轮机变速级及高温区动、静叶片
1Cr12WMoV	是 12%铬钢的改型钢种之一。由于钢中加入钨钼钒等元素，提高了钢的热强性，具有较高的持久强度、持久塑性和组织稳定性，减振性能良好。钢的屈服强度较高，耐蚀性能较好，因加入了相当数量的铁素体元素钨、钼和钒，故组织中含有一定数量的δ铁素体	工作温度<580 ℃的汽轮机变速级及高温区动、静叶片
2Cr12WMoNbB	是 12%铬钢的改型钢种之一。由于钢中加入钨、钼、钒、铌、硼多种强化元素，因此，热强性较高，抗松弛性能较好	工作温度<590 ℃的汽轮机叶片
2Cr12NiMoWV	是强化的 12%型马氏体耐热不锈钢。与 1Cr12WMoV 钢相比，由于钢中碳、钼和钨含量均有所增加，并加入少量镍元素，因此，使钢的热强性得到提高，此外，钢的缺口敏感性小，并具有良好的减振性、抗松弛性能和工艺性能	工作温度<590 ℃的汽轮机叶片和围带
2Cr12Ni2W1Mo1V	在 12%铬钢的基础上加入较多量的镍、钨、钼、钒等强化元素改进而成的高强度马氏体不锈钢，具有高的强度及良好的韧性配合。与调质处理叶片和比，形变处理叶片晶粒细化且分布较为均匀，机械性能和断裂韧性较高	用于 300 MW 汽轮机末级和次末级动叶片
1Cr17Ni2	马氏体钢，经淬火加低温回火后，具有高的强度、韧性和耐蚀性。为避免钢中因α相增多而引起机械性能降低，应控制钢中的镍铬含量。热加工时，停锻温度应高一些，以改善塑性和表面质量，还应控制较大的加工比，以得到均匀的组织	工作温度<450 ℃，要求高耐蚀性和高强度的叶片
0Cr17Ni4Cu4Nb	属典型的马氏体沉淀硬化不锈钢，既保持了不锈钢的耐蚀性，又通过马氏体中金属间化合物的沉淀强化提高了强度。该钢的衰减性能好，抗腐蚀疲劳性能及抗水滴冲蚀的能力优于 12%铬钢。经过热处理的锻件，应具有均匀的回火马氏体组织，晶粒度为 ASTM6 号或更细，纤维状或块状各铁索体平均量不超过 5%，以保证锻件性能	用作既要求耐蚀性及要求较高强度的汽轮机低压末级动叶片

表 27 汽轮机转子、主轴和叶轮常用钢材的特性及主要应用范围

钢号	特性	主要应用范围
40Cr	具有良好的淬透性，较高的抗拉强度及疲劳强度；经调质后，具有良好的综合力学性能；切削加工性能尚好，冷加工塑性中等	中压以下汽轮机叶轮及各种重要的调质零件
17CrMo1V	有较高的热强性和低温冲击韧性，综合性能较好；合金元素含量不高，工艺性能良好，为条件性可焊接钢。为防止焊接裂纹及焊接引起的脆性，要尽量减少钢中的硫、磷含量	工作温度小于 520 ℃的汽轮机低压焊接转子
35CrMoV	钢的强度较高，淬透性亦较好，但强度偏高时，冲击韧性往往偏低并不稳定，需严格控制化学成分和热处理制度。该钢的焊接性能差，焊接预热温度为 300 ℃以上	500～520 ℃以下的工作转子和叶轮
30Cr1Mo1V	是国外在大型汽轮机机组中应用最广泛的高、中压转子钢，具有较好的热强性和淬透性，有良好的综合机械性能，切削加工性能良好，锻造工艺性能也较好，抗腐蚀性和抗氧化性尚可	工作温度小于 540 ℃的汽轮机高、中压转子
27Cr2MoV	珠光体热强钢，具有较高的强度和韧性，在 500 ℃及 550 ℃下长期保温仍有良好的塑性，组织稳定性较好，室温冲击值变化很小。钢的工艺性能不够稳定，浇注及锻造工艺性能较差	工作温度小于 535～550 ℃的汽轮机整锻转子和叶轮
28CrNiMoV	具有较高的蠕变强度和持久强度，一定的持久塑性和组织稳定性，良好的室温力学性能，较好的工艺性能及抗脆性破坏能力。高温性能稍低于 27Cr2MoV 钢	蒸汽参数为 500～540 ℃、9.8～15.7 MPa的汽轮机高、中压转子
25Cr2NiMoV	贝氏体类型钢。与 17CrMo1V 钢相比，该钢强度高、淬透性好、脆性转变温度低，有较高的高温性能和焊接性能，冶炼、锻造热处理工艺性能良好，但对回火温度及回火时间较敏感	汽轮机低压焊接转子
30Cr2Ni4MoV	该钢淬透性好、强度高，在冶炼和浇注时采用真空除气，提高了钢的纯净度，使其室温冲击值提高，脆性转变温度下降，具有回火脆性	300、600 MW 的汽轮机低压转子
20Cr3MoWV	具有高的热强性和抗松弛性能，良好的淬透佳。对转子解剖发现，中心与边缘性能相差较大	工作温度小于 550 ℃的汽轮机转子和叶轮等大型锻件
33Cr3MoWV	淬透性高，无回火脆性倾向，白点敏感性和缺口敏感性比 34CrNi3Mo 钢低。采用水淬油冷工艺，金相组织细密均匀，其性能良好	工作温度小于 450 ℃、截面厚度小于 450 mm 的汽轮机转子和叶轮
18Cr2MnMoB	是不含镍、含铬较低的大锻件用钢。钢的淬透性高，大截面上强度性能均匀，并有较好的锻造、焊接和切削加工等工艺性能。与相同强度等级钢相比，该钢使用合金元素少，成本低	工作温度在 450 ℃以下、轮毂厚度大于 300 mm 的叶轮，直径大于 500 mm 的汽轮机主轴和转子
30Mn2MoB	是不含铬、镍元素的大锻件用钢，性能接近于 34CrMo1 钢，具有较高的淬透性，热加工性能良好	工作温度小于 450 ℃的大截面中强度零件

表 28 汽轮发电机转子和护环的常用钢号、特性及其主要应用范围

钢 号	特 性	主要应用范围
35CrMoA 34CrMo1A	34CrMo1A 钢与 35CrMoA 钢的区别在于提高了钼的含量，以适应大型锻件，如主轴、叶轮和转子等的需要。该钢工艺性能较好，热强性较高，长期使用组织比较稳定；但淬透性较差，工件的尺寸和强度都受到一定的限制，热处理一般不采用激冷。为了得到较高的机械性能，冶炼时，希望将 C、Cr、Mo 元素含量控制在上限；当控制在下限时，对淬透性影响较大	35CrMoA 用于工作温度＜480 ℃的汽轮机主轴和叶轮。 34CrMo1A 可用于 390 MPa 强度级别的汽轮机发电转子和 200 MW 以下的主轴转子和叶轮轮盘
34CrNi1Mo 34CrNi2Mo 34CrNi3Mo	大截面高强度钢，淬透性高，综合性能良好，回火稳定性好，回火温度范围较宽(540～660 ℃)，有利于调整强度和韧性；冷热加工工艺性能良好；限制在 400 ℃以下使用，当温度达到 400～450 ℃时，力学性能急剧下降，超过 450 ℃时，其持久强度和蠕变强度都很低。由于含碳量较高，钢的裂纹敏感性和白点敏感性大	工作温度＜400 ℃的汽轮机及汽轮发电机转子和叶轮
25CrNi1MoV 25Cr2Ni4MoV 26Cr2Ni4MoV	与 34CrNi3MoV 钢相比，碳含量低，除 25CrNi1MoV 钢外，其合金元素含量增加，杂质元素受到严格控制，提高了导磁性能，增加了淬透性；综合性能好，脆性转变温度低，但具有回火脆性，这主要与杂质元素 P、Sn、As 等的含量有关，脆化温度范围大致为 350～575 ℃	25CrNi1MoV 钢用于 200 MW 及以下的汽轮发电机转子和 637～785 MPa 强度级别的汽轮机转子。 25Cr2Ni4MoV、26Cr2Ni4MoV 钢主要用于制造大功率汽轮机低压转子和汽轮发电机转子，已用于 300/600 MW 机组低压转子和汽轮发电机转子
40Mn18Cr3 40Mn18Cr4 40Mn18Cr4V 50Mn18Cr4 50Mn18Cr4N 50Mn18Cr4WN	均为锰铬系无磁性奥氏体钢，屈服强度较低。钢中钨、氮起强化作用，加氮能扩大和稳定奥氏体，加钨可使碳化物沉淀较慢，利于强化操作。强化方法有半热锻、冷扩孔或爆炸等加工硬化方法。加钒的钢可在固溶处理后，采用人工时效的方法，通过沉淀硬化来提高强度	强度级别较低的汽轮机发电机无磁性护环
50Mn18Cr5Mo3VN	是在 50Mn18Cr5 钢的基础上发展起来的钢种。采用变形强化和沉淀时效强化的复合强化，使其屈服强度大于 981 MPa，而塑性仍保持在较高的水平上。钼的增加是为了改善钢的抗点腐蚀能力	屈服强度大于 981 MPa 的汽轮发电机无磁性护环
50Mn18Cr5 50Mn18Cr5N	系锰铬系无磁性奥氏体钢，是在 50Mn18Cr4 的基础上，通过增加铬、氮的含量，增加奥氏体稳定性而发展起来的。该类钢具有较好的加工硬化特性，但在潮湿气氛中对开裂敏感	200 MW 以下汽轮发电机无磁性护环
1Mn18Cr18N	类似于 50Mn18Cr5 类钢，都用锰元素来稳定奥氏体组织和改善强度，具有很高的固溶处理强度和加工硬化能力，许多环节可以用相同的工艺方法及其装备进行生产。 通过增加铬含量，用氮代替碳，与 50Mn18Cr5 类钢相比，具有更高的韧性和良好的抗应力腐蚀性能，力学性能各向异性和残余应力较弱，强度受温度的影响较大	高强度级别的汽轮发电机无磁性护环，在 300～600 MW 汽轮发电机中作为护环用钢而被广泛应用

参考文献

[1] 冯端，师昌绪，刘治国．材料科学导论．北京：化学工业出版社，2002
[2] 高聿为，邱平善，崔占全．机械工程材料教程．哈尔滨：哈尔滨工程大学出版社，2009
[3] 涂铭旌．材料创造发明学．成都：四川大学出版社，2007
[4] 石德珂．材料科学基础．北京：机械工业出版社，2007
[5] 时海芳．材料力学性能．北京：北京大学出版社，2010
[6] 伍玉娇．金属材料学．北京：北京大学出版社，2011
[7] 史文．金属材料及热处理．上海：上海科学技术出版社，2011
[8] 崔振铎，刘华山．金属材料及热处理．长沙：中南大学出版社，2010
[9] 于文强，陈宗民．金属材料及工艺．北京：北京大学出版社，2011
[10] 朱张校，姚可夫．工程材料．北京：清华大学出版社，2011
[11] 王爱珍．机械工程材料．北京：北京航空航天大学出版社，2009
[12] 江树勇．工程材料．北京：高等教育出版社，2010
[13] 赵永宁，邱玉堂．火力发电厂金属监督．北京：中国电力出版社，2007
[14] 宋琳生．电场金属材料．北京：中国电力出版社，2006
[15] 崔朝英．火电厂金属材料．北京：中国电力出版社，2010
[16] 林介东，李正刚，何中吉，等．电站金属材料光谱分析．北京：中国电力出版社，2010
[17] 李维钺，李军．中外金属材料牌号速查手册．北京：机械工业出版社，2009
[18] 李炯辉．金属材料金相图谱．北京：机械工业出版社，2006
[19] 吴其晔，冯莺．高分子材料概论．北京：机械工业出版社，2004
[20] 黄丽．高分子材料．2 版．北京：化学工业出版社，2010
[21] 赵文元，王亦军．功能高分子材料．2 版．北京：化学工业出版社，2013
[22] 张留成，瞿雄伟，丁会利．高分子材料基础．3 版．北京：化学工业出版社,2013
[23] 吴玉胜，李明春．功能陶瓷材料及制备工艺．北京：化学工业出版社，2013
[24] 胡保全，牛晋川．先进复合材料．2 版．北京：国防工业出版社，2013
[25] 王荣国，武卫莉，谷万里，等．复合材料概论．哈尔滨：哈尔滨工业大学出版社，2011
[26] 边洁．机械工程材料学习方法指导．2 版．哈尔滨．哈尔滨工业大学出版社，2011
[27] 石力开．材料词典．北京：化学工业出版社，2006
[28] 郑昌琼．简明材料词典．北京：科学出版社，2002
[29] 中国科学院先进材料领域战略研究组．中国至 2050 年先进材料科技发展路线图．北京：科学出版社，2009
[30] 高聿为，王世刚，鞠刚．机械工程材料教程辅助教材．哈尔滨：哈尔滨工程大学出版社，2009
[31] 赵品，宋润滨，崔占全．材料科学基础教程习题及解答．哈尔滨：哈尔滨工业大学出版社，2005